“双证融通”试点配套教材

零件加工工艺分析与编制

主　编　沙　乾　唐益萍
副主编　张同彪　严龙伟

ZHEJIANG UNIVERSITY PRESS
浙江大学出版社

图书在版编目(CIP)数据

零件加工工艺分析与编制/沙乾,唐益萍主编.
—杭州:浙江大学出版社,2020.3
ISBN 978-7-308-19991-9

Ⅰ.①零… Ⅱ.①沙… ②唐… Ⅲ.①机械元件—加工—高等职业教育—教材 Ⅳ.①TH16

中国版本图书馆CIP数据核字(2020)第020909号

零件加工工艺分析与编制

主　编　沙　乾　唐益萍
副主编　张同彪　严龙伟

责任编辑　杜希武
责任校对　陈静毅　汪志强
封面设计　刘依群
出版发行　浙江大学出版社
　　　　　(杭州市天目山路148号　邮政编码310007)
　　　　　(网址:http://www.zjupress.com)
排　　版　杭州好友排版工作室
印　　刷　杭州高腾印务有限公司
开　　本　787mm×1092mm　1/16
印　　张　20
字　　数　499千
版 印 次　2020年3月第1版　2020年3月第1次印刷
书　　号　ISBN 978-7-308-19991-9
定　　价　49.00元

前　言

本教材根据中等职业学校数控技术应用专业双证融通人才培养的标准与方案，结合编者在数控技术应用领域多年的教学改革和工程实践的经验编写而成。教材通过编制车削加工工艺、编制铣削加工工艺等实践性学习任务，掌握分析与编制零件加工工艺方面必需的基础知识和基本技能，为后续专业课程的学习奠定基础。

本教材以"工作任务"为主线来设计教材，结合职业技能鉴定要求，以岗位需要即"必需、够用"为原则来确定教学内容，根据完成专业教学任务的需要来组织教材内容。充分考虑本专业学生对本课程相关理论知识的需要，融入车工（五级）、数控车工（四级）、数控铣工（四级）鉴定标准要求。

全书内容的组织遵循零件加工工艺分析与编制的认知规律，以服务专业知识和技能的学习为主线，包括职业素养与安全生产、零件加工工艺认知、机床选择、夹具与工件的安装、金属切削刀具选择、典型零件加工工艺分析与编制 6 个学习任务。内容力求形成一个清晰的机械加工主线，既要符合人的认知规律，又必须为学生今后的工作奠定良好的知识基础。本教材附有大量的工艺设计表格，学生在完成任务拓展时可将其作为资料选用。本教材所涉及的标准为最新国家标准。

本教材由上海市高级技工学校—上海工程技术大学高等职业技术学院沙乾、唐益萍担任主编，沙乾负责项目一、项目五、项目六，唐益萍负责项目二、项目三；上海市高级技工学校—上海工程技术大学高等职业技术学院张同彪、严龙伟担任副主编，分别负责项目四和绘制全书插图；参加本书编写工作的还有上海市高级技工学校—上海工程技术大学高等职业技术学院张伟、何军等。

由于编者水平有限，在编写中难免有不妥和错误之处，真诚希望广大读者批评指正。

目　　录

职业素养篇

基础知识篇

综合能力篇

职业素养篇

项目一　职业素养与安全生产

项目导学

- 掌握职业道德和职业守则
- 掌握企业管理和质量控制
- 掌握安全生产和相关法律法规

模块一　职业道德和职业守则

模块目标

- 掌握职业道德的含义
- 掌握良好职业道德体现的几个方面

学习导入

人在社会上生存，最重要的有两件事：一是学做人，二是学做事。人一出生就会受到方方面面的影响，这些有形的和无形的影响，使人在成长的过程中形成一定的概念及对社会的认识。社会要有序地发展，要不断地进步，就必须规范人的行为，提倡讲文明，讲礼貌，关心他人，自觉遵守各项法规，等。每个人在从事各项活动和工作中必须遵守其中的规则，才能使自己的事业得到发展，推动社会的进步。要做到这一点，就必须遵守道德。

任务一　职业道德

任务目标

1. 了解道德的内涵
2. 了解职业道德的特征
3. 理解职业道德在各方面的发展

知识链接

一、道德的内涵

道德是对人类而言的，非人类不存在道德问题。道德是区别人与动物的一个很重要的标志。它的产生和发展，是与人类社会以及每个人的生存发展密切相关的。由于社会制度不同，社会经济关系和人们之间的利益关系也不同。因此，道德观念也不同。道德是随着社会经济不断发展而变化的，没有永恒不变的抽象的道德。

道德是一定社会、一定阶级向人们提出的处理人和人、个人和社会、个人和自然之间各种关系的一种特殊的行为规范。比如在处理公共社会关系时要求人们做到文明礼貌、互相帮助、尊老爱幼、遵纪守法、保护环境、货真价实、童叟无欺、公平交易等。总之，道德就是告诉人们我们的言行"应该"怎样和"不应该"怎样的问题，其目的就是规范人们的言行，使其成为对社会有益的人。

二、职业道德的特征

道德是一个庞大的体系，职业道德是这个体系中的一个重要部分，它是社会发展到一定阶段的产物。

所谓职业道德，是指从事职业劳动的人们，在特定的工作和劳动中以其内心信念和特殊社会手段来维系的，以善恶进行评价的心理意识、行为原则和行为规范的总和，它是人们在从事职业的过程中形成的一种内在的、非强制性的约束机制。

职业道德具有范围上的有限性、内容上的稳定性和连续性、形式上的多样性三方面的特征。

1. 范围上的有限性

任何职业道德的运用范围都不是普遍的，而是特定的、有限的。一方面，它主要适用于走上社会岗位的成年人；另一方面，尽管职业道德也有一些共同性的要求，但某一特定行业的职业道德也只适用于专门从事本职业的人。

2. 内容上的稳定性和连续性

由于职业分工有其相对的稳定性，与其相适应的职业道德也就有较强的稳定性和连续性。

3. 形式上的多样性

职业道德的形式因行业而异。一般来说，有多少种不同的行业，就有多少种不同的职业道德。

三、社会主义市场经济与职业道德的发展

自从我国实行改革开放和建立社会主义市场经济体制以来，国家经济建设蒸蒸日上，各行各业焕发出新的生机和活力。企业形式多元化，给社会主义经济发展创造了广阔的前景。人们可以采取多种方式选择适合自己的职业，社会越进步，分工就越细，而社会分工往往体现为职业分工。在社会主义社会里，职业、职业分工是与国家利益、集体利益、个人利益紧密结合在一起的。劳动者通过职业劳动，改造自然，改造社会，并在做出贡献的过程中获得自己的基本生存资料，以满足自己生活上的需要。

在实行社会主义市场经济的过程中，我国的政治、经济、文化等方面发生的巨大变化，给人们的道德观念带来了许多正面影响。市场经济是一种自主经济，它激励人们最大限度地发挥自主性；它是一种竞争经济，激发人们积极进取；它也是一种经济利益导向的经济，要求人们义利并重；它重视科技，要求人们不断地更新知识、学习科学技术，增强人们学习创新的道德观念。

另一方面，社会主义经济体制不够健全，市场秩序不够完善等缺陷，也对人们的道德包括职业道德观念产生了一些消极影响。市场经济的利益机制，容易引发利己主义；它过分强调金钱价值，容易诱发拜金主义；其功利性又会使人们淡漠精神价值，追求享乐主义。在这种情况下，加强依法治国的同时，必须加强以德治国，加强社会道德和职业道德建设。

四、职业道德与个人发展

劳动造就了人，人必须依赖劳动才能维持自身的发展。从事一定的职业是人谋生的手段，是人的需要，是人全面发展最重要的条件。面对劳动中的种种关系，只有具有良好职业道德的人，才能处理好各种问题，做好工作，促进自身发展，实现人生价值。

具有职业道德是事业成功的保证。企业要在市场中求得生存和发展，不仅仅需要借助于现代经营管理和技术，还需要企业家和职工具有较高的职业道德水平。如果企业家不讲职业道德，进行不道德的经营，使假冒伪劣产品充斥市场，就会形成病态的市场，健康的社会主义市场经济就很难形成。如果职工不讲道德，不忠于职守，缺乏质量意识、协作精神，会造成生产混乱、人际关系紧张，而最终的结果将是企业效益差，甚至破产、倒闭。所以，无论是成功的企业或是个人，都需要具备良好的职业道德品质。

职业道德是人格的一面镜子。人的职业道德品质反映着人的整体道德素质。职业劳动不仅是一种生产经营的职业活动，也是一种能力、纪律和品格的训练。在劳动中，人的思维得到活跃，组织纪律性得到增强，还可以培养出勤奋、专心、自我控制等好品质。当一个人的职业道德水平在实际中有所提高，他的思想达到的整体水平也会得到很大的提高。

五、职业道德与企业发展

职业道德不仅对个人的生存和发展有重要的作用和价值，而且与企业的兴旺发达甚至生死存亡密切相关。

职业道德在企业文化中占重要地位。企业文化对企业的发展、社会的进步都具有重要的作用。职工是企业的主体，企业文化必须借助职工的各种生产、经营和服务行为来实现。如果职工缺乏一定的职业道德，自私自利，与企业貌合神离，就不可能有良好的企业文化。

职业道德是增强企业凝聚力的手段。职工若有良好的职业道德，有利于协调职工与领导之间、职工与职工之间的关系，有利于减少各种矛盾冲突，企业内的所有员工相互谅解、相互谦让、团结互助、共同奋斗，众志成城，企业凝聚力自然就会增强。

职业道德可以增强企业竞争力。提高职工职业道德觉悟，不仅有利于降低产品成本，提高劳动生产率，提高产品和服务质量，而且有利于企业的科技创新，从而有利于树立良好的企业形象，提高产品的市场竞争力。

任务二　职业守则

任务目标

1. 掌握职业道德的规范
2. 掌握职业道德的规定

知识链接

在职业生涯的全过程中，每个人都希望自己做得出色，取得一定的成就。越来越多的企事业单位开始注意自身的社会形象，致力于提高单位职工的道德品质，对新进职工进行企业文化和职业技能的培训，使他们具有良好的职业道德品质和过硬的专业技能。培训之后上岗的职工，能更好地从事本职工作，提供高质量的生产和服务。

良好的职业道德体现在爱岗敬业、诚实守信、办事公道、文明礼貌、勤劳节约、遵纪守法、团结互助、开拓创新等方面。

一、爱岗敬业

爱岗敬业作为一种职业道德规范，是用人单位挑选人才的一项非常重要的标准。它要求人们树立职业理想、强化职业责任、提高职业技能。

人类个体在环境和教育的影响下，随着知识和爱好、兴趣的发展，会逐步培养起对某种职业的爱好，并在此基础上形成一定的职业理想。职业理想分三个层次：低层次的理想是希望工作可以维持自己和家庭的生存，过安定的生活即可；较高层次的理想是希望工作可以适合个人能力和爱好，可以充分发挥自己的各种素质专长；更高层次的理想则是通过工作承担社会义务，为他人服务。社会主义职业道德建设中，根据实际情况，鼓励和倡导人们树立高层次的职业理想。人们职业理想的层次越高，就越能发挥自己的主观能动性，对社会的贡献也越大。

职业责任是指人们在一定的职业活动中所承担的特定的职责，它包括人们应该做的工作和应该承担的义务。职业责任由社会分工决定，是职业活动的中心，它往往通过行政的甚至法律的方式加以确定和维护。从业人员要有意识地进行职业责任方面的自我锻炼，自我改造和自我提高：学习与自己工作有关的各项岗位责任规章制度，理解它们存在的合理性和正确性，并领会它们的精神实质，在内心形成一定的责任目标；在职业实践中不断比照特定的责任规定对自己的思想和行为进行反省和检查，不断矫正自己的职业行为偏差，排除一切干扰，将正确的、尽职尽责的行为不懈地坚持下去，使之变成一种职业道德行为习惯，最终转化为内在的、稳定的、长期起作用的职业道德品质。从业人员的责任感如何，最终体现在他能否保质保量地完成自己的工作任务、能否很好地为自己的工作对象服务、能否为人民服务上。

职业技能由体力、智力、技术等因素构成，要通过长期的学习、实践才能获得。职业技能是发展自己和为人民服务的基本条件，努力提高自己的职业技能是爱岗敬业的一种体现。职业教育是形成人的职业技能的重要途径，可通过教育和培训使从业人员掌握相应的职业知识和技能。职业教育是培养从业人员职业技能的重要渠道，我国已逐步形成了一套初、中、高三级职业教育体系。企业内部主要通过培训的方式培养从业人员的职业技能。从业人员仅有为人民服务的认识和热情是远远不够的，只有在此基础上掌握熟练的职业技能才能胜任自己的工作，更好地为人民服务。

对于一个数控操作工来说，爱岗敬业还应体现在热爱数控操作工这个职业上。在工作中，要努力学习新知识、新技能，勇于开拓和创新；爱护机床设备、爱护工具和量具；保持工作环境清洁有序，文明生产。虽然这些事情看起来很平凡，但是它反映了一个人的精神面貌，反映了一个人是否热爱自己的工作，反映了一个人的基本职业素质。

二、诚实守信

诚实守信是为人之本、从业之要。从业人员必须遵守诚实守信的职业道德规定，忠诚于所属的企业、维护企业的信誉、保守企业秘密。

忠诚于所属企业首先要做到诚实劳动，不以次充好、缺斤少两，不制造假冒伪劣产品；其次要关心企业发展，积极参与企业的经营管理，为企业的发展献计献策；再次要遵守合同和契约，履行契约、依法办事是从业人员是否忠诚于所属企业的一个重要表现。对从业人员来说，遵守合同和契约是一种义务，是他对企业忠诚的表现，也是法律的强制要求。

诚实守信原则还要求每个职员都要做自觉维护企业信誉的模范。企业信誉和形象的树立，主要依赖产品质量、服务质量和信守承诺。职业人员要想成为自觉维护企业信誉的模范，就必须从这三方面着手，身体力行，树立产品质量意识，重视服务质量，培养信守承诺的品质。

保守企业秘密是每个从业人员的义务和责任。企业间的竞争异常激烈，只有收集把握市场行情的各种商业信息，才能获取商机，这就使企业的商业信息变得至关重要。许多不法商家和企业为了在竞争中取胜，总是想尽办法刺探竞争对手的商业信息，有时不惜巨资收买信息甚至采用其他不法手段。为了避免泄露企业信息，每个从业人员都应该树立保守企业秘密的概念。作为一名企业的职工，如果分不清什么是秘密，就要做到闲谈时少谈或是不要谈论企业内部的事。另外还要谨防亲朋好友泄密。亲朋好友都各自归属于不同的企业，在不同利益的驱使下，可能已经成了你的竞争对手，与现实利益相比，昔日的亲情、友情很可能不堪一击，所以，与这些人交往闲谈时更要谨慎。从业人员的使命就是为企业创造更多的财富，从而自己也获得更丰厚的报酬。

当然，这里提倡保守秘密，是从正面、积极意义上讲的。对于一些商家和企业从事非法生产和销售的黑幕，每一个从业人员不但不能为其保守“秘密”，相反，还要大胆检举揭发，投诉举报。知情不报，不仅会受到良心的谴责，还有可能被追究法律责任。

三、办事公道

办事公道是人加强自身道德品质修养的基本内容，也是社会主义市场经济条件下企业活动的根本要求。作为一个职工，在其职业活动中，必须奉行办事公道的基本原则，在处理个人与国家、集体、他人的关系时，要做到公私分明、公平公正、光明磊落。

办事公道是一种高尚的人格修养，是人的一种优良品质。要想做到办事公道，平时就要有意识地培养自己热爱真理、追求人格正直的品格。真理是指人们对客观事物及其规律的正确反映，坚持真理就是坚持实事求是的原则，就是办事、处理问题时做到合乎公理和正义。在改革开放的市场经济形势下，充满了各种诱惑和考验。无论在何种情况、何种环境下，职业工作者在自己的职业实践中，都要做到坚定立场，头脑清醒，自觉抵制腐朽思想文化，个人利益要服从集体利益，做到以大局为重。在实践中不断地坚定信仰、锤炼意志，确立高尚的人生追求和健康向上的生活情趣，积极地改造世界观。要做到照章办事，按原则办事，坚持正确的东西，与错误的行为斗争。不做不仁之举，不干不法之事，不取不义之财，不染不正之风，不受名位、权力、金钱、美色、人情等困扰，正确地把握好自己。

要做到办事公道，就要做到公私分明。“公”是指社会整体利益、集体利益和企业利益；“私”是指个人利益。职业实践中的公私分明是指不能凭借自己手中的职权谋取个人私利，损害社会集体利益和他人利益。个人的存在和发展与企业、集体的存在和发展不可分离，作为一个从业者，要正确认识公与私的关系，自觉培养集体意识和集体精神，注重集体利益。在个人利益与集体利益产生矛盾时，应顾全大局，以集体利益为重，在必要情况下，牺牲个人利益，甚至是自己的生命。要有奉献精神，在自己的职业实践中，能够主动地时时处处地想到国家和社会，想到集体和企业，与人为善，服务他人。从业者还要从细微处严格要求自己，不在小问题上放纵自己，以免铸成大错，走向犯罪。每个劳动者都要在诚实的劳动创造中谋取个人的利益和发展，同时为社会做出自己的贡献。

公平公正是指按照原则办事，处理事情合情合理，不徇私情。它是人们职业实践活动中应当普遍遵守的道德要求。每一个从业者都要坚持原则，在权势的压力下，在各种利益受到制约时，要拿出勇气，不计个人得失，要抱定维护正义和公道的决心，维护人民、集体、社会和国家的利益。

光明磊落是指做人做事没有私心，胸怀坦荡，行为正派。对于各行各业的从业人员来说，做到光明磊落，对于正确处理上下级之间、从业人员之间、部门内部人员与客户之同等各方面关系，调动各方面的积极性，赢得社会信誉，促进社会职业道德建设等都具有极为重要的意义。从业人员要把社会、集体利益放在首位，这是做到光明磊落的前提条件。无私才能无畏。不为争取一己之利而与集体、周围的人发生矛盾，不要为达到目的而不择手段。一个光明磊落的人应当说老实话、办老实事、做老实人，在任何时候，都言行一致，表里如一，不说假话、空话、大话；工作踏实，不图虚名；要正确地认识和剖析自己，正视自己的缺点和错误，自我批评，勇于改正。一个光明磊落的人在挫折、排挤和打击面前，要有极大的勇气和毅力，无私无畏，坚持原则，立场坚定，不屈不挠，不见风使舵；在职业实践中要敢于负责，承担风险，勇于开拓创新。

四、文明礼貌

文明礼貌是从业人员的基本素质，是树立企业形象的重要内容。作为社会主义职业道德的一条重要规范，它是人们在职业实践中长期修养的结果。从业人员应该严格要求自己，按照文明礼貌的具体要求从事职业活动，为塑造良好的企业形象贡献自己的力量。

在社会主义精神文明建设中，党和政府提倡公民的文明行为，企业内部也号召从业人员争做文明职工。文明职工是指在社会主义精神文明建设中起模范带头作用，自觉做到有理想、有道德、有文化、有纪律的先进职工。

1. 文明职工的基本要求

(1)热爱祖国、热爱人民、热爱共产党，努力提高政治思想水平。

(2)模范遵守国家法律和各项纪律。

(3)讲究文明礼貌，自觉维护社会公德，履行职业道德。

(4)保持和发扬工人阶级本色，抵制剥削阶级的腐朽思想和各种不正之风。

(5)努力学习现代科学技术知识，在业务上精益求精，做好本职工作，献身四化建设。

对于每一位从业人员，文明礼貌的具体要求是仪表端庄、语言规范、举止得体。

仪表端庄是指职业人员的外表端正庄重。着装要朴素大方，鞋袜搭配合理，饰品和化妆要适当，面部、头发和手指要整洁，站姿要端正。统一着装的要按照统一的规定，做到衣裤整齐，佩戴胸章，围巾和帽子须保持清洁和整齐的外形；不统一着装的，打扮以朴素为好，穿戴的颜色、样式等不浓艳，不华丽。对于数控操作工而言，企业中都有统一着装的要求。操作工一定要做好劳动防护，不能留长发。女工一定要戴帽子，工作时头发要掖进帽子中。操作机床时，衣服袖口和衣角一定要扎紧，绝对不能戴手套操作机床。有切屑飞溅时要戴好防护眼镜。禁止穿拖鞋、凉鞋和裙子进入车间工作地。这些都是对于一名数控操作工仪表和着装的基本要求。

一切从业人员都要遵守本行业的职业用语。语感自然，语气亲切，语调柔和，语流适中，语言简练，语意明确。要学会使用尊称敬语，不用忌语，还要讲究语言艺术。

从业人员在职业生活中，要做到行为、动作适当，不要有过分或出格的行为，做到举止得体。对待尊长或宾客态度要恭敬，严肃有礼貌，表情从容，保持镇静，行为适度，形象庄重，待人热情。

2. 文明生产行为准则

生产单位的职工，都要做到文明生产。文明生产是指以高尚的道德规范准则，按照现代化生产的客观要求进行生产活动的行为。在社会主义制度下，文明生产应做到：

(1)生产的组织者和劳动者要语言文雅、行为端正、精神振奋、技术熟练、以主人翁态度从事生产活动。

(2)在生产活动中，工序与工序之间，车间与车间之间，企业与企业之间，要发扬协作精神，互相学习，取长补短，互相援助，共同提高。

(3)生产管理严密，劳动纪律、工艺纪律严明，严格执行操作规程，现场整洁、明快、安全。

(4)企业环境卫生整洁、优美、无污染，实现庭院花园化。

(5)生产达到优质、低耗、高效。

五、勤劳节约

勤劳节约是中华民族的传统美德，也是中国共产党的优良作风。勤劳，就是辛勤劳动，努力生产物质财富和精神财富。节俭，就是节制、节省、爱惜公共财物和社会财富以及个人的生活用品。

勤劳是千百年来中华民族崇尚的道德行为规范。劳动是最光荣的事情，这是因为劳动不仅创造了人类，创造了财富，创造了人类社会发展的基本条件，同时它也是今天社会主义现代化建设的基础，是使人民富裕的源泉。无论从事何种职业，都要永葆中华民族勤劳刻苦的传统美德，从热爱劳动开始，在工作中磨炼我们不怕苦、不怕累的意志，养成艰苦奋斗的习惯和美德。

节俭是中华民族的光荣传统。节俭是维持人类生存的必需，是持家之本，是安邦定国的法宝。勤俭节约、反对浪费一直被人们视为一种美德，并把它看成是培养高尚品德的重要内容。节俭不仅关系到个人的道德问题，而且也关系到事业的成败。在社会主义现代化建设时期，我们更要大力提倡我国先贤、领袖、伟人的勤俭精神，努力发扬这种共产主义道德风尚。

在发展社会主义市场经济的新形势下，由于道德素质不高，一些理想信念淡化的人，私欲膨胀，禁不住诱惑，从奢侈浪费开始，最终导致腐败堕落。提倡勤劳节俭有利于防止腐败。勤劳节俭能造就社会良好的道德风尚，使社会稳定且具有凝聚力，促进国家能长治久安，和谐发展。

勤劳节俭有利于增产增效。勤劳可以促进生产率的提高。从业人员的勤劳品质是一种重要的人力资源，它关系到企业的成败。创新活动、科技开发和应用、社会财富的创造以及任何领域的成功，都是与勤劳和艰苦奋斗紧密相连的。节俭可以降低生产的成本。成本的大小直接制约着企业经济效益的高低，生产过程中节俭，直接降低了成本，提高了收益，在现代社会发展中具有极为重要的经济价值。勤劳节俭是当代职工应具备的优良品质。

要真正做到勤劳节俭，首先，必须有高度的事业心和责任心，对祖国、对人民的深深热爱，对人类幸福的无比关怀，对社会发展的高度责任感、义务感和强烈愿望以及对高尚道德生活的追求，这是勤奋的基础。其次，要不怕劳苦，在职业实践活动中，要刻苦耐劳，有毅力、有恒心，在困难面前不畏缩，不断拼搏。作为新世纪的从业人员，勤俭节约，艰苦奋斗，不断追求，不断进取，才能取得个人成功，铸就企业辉煌。

六、遵纪守法

遵纪守法作为社会主义职业道德的一条重要规范，是从业人员职业生活正常进行的基本保证。它直接关系到企业的发展和个人的前途，关系到社会主义精神文明的进步、创建和谐社会的顺利进行。

遵纪守法指的是每个从业人员都要遵守纪律和法律，尤其要遵守职业纪律和与职业活动相关的法律法规。做到学法、知法、守法、用法，遵守企业纪律和规范。

要做到遵纪守法，首先，必须认真学习法律知识，树立法制观念，增强法制意识，并且了解、明确与自己所从事的职业相关的职业纪律、岗位规范和法律规范。学法、知法首先要求认真学习和掌握宪法。宪法具有最高的法律效力，是制定其他法律的依据，是国家一切立法活动的基础。宪法是公民行为的最基本准则。在学好宪法的基础上，要对《刑法》《民法》《经济法》《劳动法》《诉讼法》《国防法》《知识产权保护法》《环境保护法》以及不断出台的各项基本法律进行认真的学习。

其次，要有针对性地学习和掌握与自己所从事的职业相关的法律、法规以及岗位规范，以期达到知法、守法、用法、护法。知法懂法并不等于就有法制观念，法制观念的核心在于能用法律来衡量、约束自己的行为，在于守法。守法，是指遵守一切法规，即遵守法律、法令、命令、条例、章程、决议等。社会主义的法律是体现人民意志的，它代表人民利益，规定了人民的各项权利和自由，并用强制力来保证这种权利和自由的有效行使。公民还要学会正确地使用法律武器，以保证自己的合法权益不受侵犯。

在从业人员的职业生涯中，遵纪守法经常体现在自觉遵守职业纪律上。职业纪律的基本内容，从大的方面看，主要表现为国家机关、人民团体和企事业单位根据国家宪法和相关法律结合职业活动所制定的各种规章制度，如条例、守则、公约、须知、誓词、保证等；从小的方面讲，则相当具体详细，如作息时间、操作规程、安全规则等。职业纪律把一些关系到职业活动能否正常进行的行为规范，上升到行政纪律的高度并加以明确规范，并以行政惩罚强制执行，以保证从业人员行为符合职业活动和职业道德的要求。由于职业不同，职业纪律的内容也不同。党有党纪，政有政纪，军有军纪，每个工厂、商店、学校、机关都有自己的纪律。

要遵守劳动纪律。任何单位要维持正常的生产秩序，就必须要求每个从业人员遵守劳动纪律，即在劳动过程中要求职工必须遵守行为规范。比如，按规定的时间工作，服从指挥调度，遵守操作规程，坚守岗位，值班时不酗酒、不睡觉、不打扑克等。现行法律、法规的规定和劳动争议仲裁实践表明，用人单位对严重违反劳动纪律职工的处理行为共有四种情况：开除、除名、辞退和解除劳动合同。在遵守劳动纪律中，还需要强调的是每一位职工必须严格执行相关标准、工作程序与规范、工艺文件和安全操作规程。

要遵守财经纪律。财经纪律是用制度的形式规定的人们在财经领域内必须遵循的行为规范，主要是要求从业人员，尤其是财经人员，必须按其规范严格要求自己，廉洁奉公，不谋私利，争取处理好财经管理过程中的各种关系。财经纪律还要求财务人员不仅要精通业务，并且要坚持原则，模范执行政策，不怕打击报复，敢于同不正之风作坚决斗争。

要遵守保密纪律，防止各种敌对势力对我国情报的窃取。每个从业人员在业务工作中，应该严格遵守党和国家有关的保密制度和纪律，严格遵守《中华人民共和国保密法》《知识产权保护法》以及企业技术秘密条例等。严守机密是每个从业人员的职业责任，它要求工作者无条件地遵守工作纪律，增强保密意识，严格依法办事，对保密资料的收集、整理、分析、提供

等环节严格把关，对保密资料的使用、保管要严格审定。绝不能为了个人私利向不法分子和敌对势力的威逼利诱所屈服，甚至做出泄露和出卖机密、危害人民、背叛国家的犯罪行为，否则，必将受到党纪国法的严厉制裁。

要遵守组织纪律，执行民主集中制原则。领导要实行民主管理，保障全体职工的权利，职工应该服从领导，服从指挥。党员要遵循少数服从多数，下级服从上级，全党服从中央的组织纪律原则。

要遵守群众纪律。其基本要求是为人民服务，对人民负责。主要体现为在职业活动中热爱群众，尊重群众，维护群众利益，保护群众的合法权益。

七、团结互助

团结互助，是指人与人之间的关系中，为了实现共同的利益和目标，互相帮助、互相支持、团结协助、共同发展。作为处理从业人员之间和集体之间关系的重要道德规范，它要求从业人员顾全大局，友爱亲善，真诚相待，平等尊重，搞好同事之间、部门之间的团结协作，以实现共同发展。

在职业活动中，平等尊重、相互信任是团结互助的基础和出发点。它要求每个从业者都有责任、有义务信守平等尊重的原则，上下级之间、同事之间、师徒之间要相互尊重，还要注意做到尊重服务对象。

顾全大局，是团结互助道德规范的一项重要的道德要求。它是指处理个人和集体利益的关系时，要树立全局观念，不计较个人得失，自觉服从整体利益的需要。无论从事任何职业，都要树立全局观念，都要有对社会负责、对人民负责的思想，都要以大局、整体的需要为基本出发点，在发生矛盾冲突时，要识大体、顾大局，个人利益服从集体利益，局部利益服从全局利益。

互相学习是团结互助道德规范要求的中心环节。首先要正确看待自己，谦虚谨慎，善于学习别人的长处，在相互学习和交流中加强合作，共同提高。职业活动中，在同行、同事师徒之外，还有许多顾客、朋友以及外界人员，他们都可能和我们发生这样或那样的关系，同样也有许多长处和优点值得我们学习。

加强协作作为团结互助道德规范的一项基本要求，是指在职业活动中，为了协调从业人员之间，包括工序之间、工种之间、岗位之间、部门之间的关系，完成职业工作任务，彼此之间互相帮助、互相支持、密切配合，搞好协作。要做到相互帮助，加强协作，要注意处理好主角与配角的关系，正确看待合作与竞争，紧密配合，以完成任务为己任，公平竞争，实现共同提高，促进发展。

八、开拓创新

创新是指人们为了发展的需要，运用已知的信息，不断突破常规，发现或产生某种新颖、独特的有社会价值或个人价值的新事物、新思想的活动。创新的本质是突破，即突破旧的思维定式、旧的常规戒律。

一切社会的发展，一切经济价值、经济增长和战略实力，实际上都与开拓创新紧紧相连。一个没有创新精神的民族是没有希望的民族，一个没有创新精神的企业是没有希望的企业。同样，一个没有创新意识的人是没有前途的人。企业要创新，是要更好、更有效地参与全球范围内的竞争与合作；个人要创新，是要不断地挖掘、开发自身的潜力和能力，实现自己的理想和价值，以期获得事业的成功。

首先，开拓创新要有创造意识和科学思维。在竞争中培养创造意识，要敢于标新立异，要有敏锐的发现问题的能力，敢于提出问题的勇气；要大胆设想，而不乱想，实事求是，遵循客观规律。确立科学思维，即以现代的思维方式，在主客体相互作用中形成主体观念，把握客体，善用相似、发散、逆向、侧向、动态等多种思维方式思考，做到持之以恒。

开拓创新要有信心和意志。生活中机遇和挑战并存，要有所作为，坚定的自信心和顽强的意志不可或缺。树立自信心，就要挣脱自卑的桎梏。自卑是一种心理状态，它是一种消极的自我暗示。创造需要在精神不受压抑的状态下才能产生，而自卑感却给人带来沉闷、紧张、焦虑和不安等一系列否定情绪，容易使思维处于一种抑制的状态，使人做事缺乏信心，更谈不上开拓创新了。要想有所创新，光有信心还不够，坚定的意志和顽强的拼搏是保证成功的关键。具有自觉、果断、顽强的意志，无论创新过程中遇到多少挫折，都能坚持到底，达到成功。

人的一生是一个不断学习和不断提高的过程，也是一个不断加强修养的过程。养成良好职业道德的过程就是一个加强自我修养的过程。各行各业的从业人员，要按照职业道德基本原则和规范，在学习工作中进行自我教育、自我锻炼、自我改造和自我完善，使自己形成良好的职业道德品质和达到一定的职业道德境界。将要或是正在从事某种职业的人，都必须加强职业道德修养，从培养自己良好的行为习惯着手，从一点一滴小事做起，全面提高自己的专业知识和文化素养，做有道德、有专业技能的社会主义新型人才。

作业练习

单项选择题

1. 职业道德的形式因(　　)而异。

A. 内容　　B. 范围　　C. 行业　　D. 行为

2. 希望工作可以适合个人的能力和爱好，这是职业理想的(　　)。

A. 低层次　　B. 较高层次　　C. 更高层次　　D. 最高层次

3. 说老实话、办老实事、做老实人体现一个人的(　　)。

A. 诚实守信　　B. 公私分明　　C. 公平公正　　D. 光明磊落

4. 法制观念的核心在于(　　)。

A. 学法　　B. 知法　　C. 守法　　D. 用法

5. 团结互助的基础和出发点是(　　)。

A. 相互信任　　B. 顾全大局　　C. 互相学习　　D. 加强协作

模块二　企业管理与质量控制

模块目标

- 掌握企业的质量方针与质量管理的内容
- 掌握生产过程中的质量管理

学习导入

企业的质量方针是企业总方针的一个重要组成部分，对最高管理者来说，具有十分重要的实际意义。现场质量管理是质量管理形成过程中的重要阶段，是对生产现场进行质量管理。它是实现企业基本任务的保证，是提高产品质量、增强企业经济效益的有效途径，是企业参与市场竞争的坚强后盾。

任务一　企业的质量方针与质量管理工作内容

任务目标

1. 掌握质量方针的概念及意义
2. 掌握质量管理的基本工作内容

知识链接

一、质量方针的概念

质量方针是“由组织的最高管理者正式发布的该组织的总的质量宗旨和方向”。由此可见，质量方针的建立是企业最高管理者的职能之一，它是企业在质量方面的宗旨和方向，所以，它对提高质量管理能力和管理体系的有效性有着决定性的作用。

二、企业制定质量方针的意义

每个企业在建立、发展过程中都有自己特定的经营总方针，这个方针反映了企业的经营目的和哲学。在总方针下又有许多子方针，如战略方针、质量方针、安全方针、市场方针、技术方针、采购方针、环境方针、劳动方针等。由于全社会对质量意识的不断提高，质量方针在企业总方针中的地位日益重要，相当多的企业直接把质量方针作为企业的总方针来对待。企业质量方针是企业所有行为的准则。企业设立目标、制定和选择战略、进行各种质量活动策划等都不能离开企业质量方针的指导。

1. 企业质量方针

企业质量方针是企业质量文化的旗帜。质量是事物的固有属性，正确认识和对待质量问题，提高员工的质量意识，是企业质量文化的重要组成部分。“态度决定一切”，企业员工有什么样的质量意识，就有什么样的质量管理体系，就有什么样的过程，就会生产出什么质量的产品。在没有企业质量方针作指导时，企业员工的质量意识是杂乱的、各行其是的，其生产的产品难以满足顾客的需求和期望。因此，提高员工的质量意识，企业领导需要擎起质量文化的大旗，将企业员工的质量意识统一在一个较高的水平，这面大旗就是企业的质量方针。最高管理者的质量意识，往往决定着企业的质量意识水平，而最高管理者的质量意识正是通过质量方针反映出来的。

2. 企业质量方针是企业解决质量问题的出发点

企业在生产经营过程中，质量问题无处不在，无时不有，如生产的产品是否合格、工作是否依据程序进行、出现不合格品应怎么处理等。质量管理就是在质量方面所进行的指导、协调、控制和处置等，当然也包括对质量问题的解决。质量方针是进行这些活动的依据和出发点。因为人们对事物的看法各不相同，所以，在处理问题时也各有差异，往往会出现矛盾和冲突。这时质量方针及体现质量方针的有关文件将会成为大家达成共识、解决问题的依据，质量方针会使大家在这些问题上有一个统一的认识。符合质量方针的事情和做法是正确的,不符合质量方针的事就不能做。即使文件或程序有规定,或是某位领导的决定,都应当按质量方针的要求修改或纠正,不能允许其与质量方针抵触和背离。在企业生产经营中经常会出现生产管理部门单纯追求产量,不顾质量,销售部门只考虑扩大销售,将有缺陷的产品推向市场等情况,这些都应当依据质量方针进行纠正。

3. 企业质量方针是制定和评审企业质量目标的依据

质量方针和质量目标是紧密相连的,质量方针提供了制定和评审质量目标的框架,质量目标是在质量方针的指导下建立起来的。企业是否合理地进行了资源的分配和利用,以达到质量目标所规定的结果,要看其是否符合质量方针这个大方向的要求。

4. 企业质量方针是企业建立和运行质量管理体系的基础

质量方针是企业运行的行动纲领,它作为一种指导思想,指导质量管理体系的建立,包括进行质量职能分解、组织机构设置、过程的确定、资源的分配等都要在质量方针这个大框架下统一进行。特别是企业质量管理体系的建立,更是质量方针在其中的体现和具体化。质量方针是检验质量管理体系是否有效运行的最高标准。

三、质量的概念

1. 质量

质量就是实体满足规定或潜在需要的特性的总和。

(1)“实体”对于企业而言,可以是一件产品、一个过程或一项服务。质量度量的不仅可以是产品,而且可以是活动、过程、组织、体系、人员以及上述各项的任意组合。

(2)“需要”是指技术规范中规定的或虽未规定但是实体必须达到的要求。“需要”是一个全面的概念,仅从产品质量而言,就包括内在质量、外在质量、包装质量和服务质量等。

2. 质量的内涵

应该从以下几个方面来理解质量的内涵。

(1)质量是一种标准

质量以确定的标准为保证,这种标准需要根据顾客满意的原则来制定。质量不是抽象的概念,它由各项可以量化的指标组成,它需要通过明确的标准和规范表明它的价值。在市场经济条件下,质量标准是根据用户满意的原则制定出来的,它不是凭借主观愿望所制定的标准。当企业掌握了顾客满意的高标准后,就可以根据这一标准,让其他厂家生产,然后贴上商标去销售,这就是所谓“贴牌生产”“虚拟经营”。

(2)质量是一种承诺

质量是企业通过产品对消费者的承诺。企业的市场魅力和社会影响力在于它的社会信誉,而这种信誉最直接的来源就是产品质量。消费者从产品质量中体验到企业的经营风格和经营理念,从而产生对企业恒久的信任。

(3)质量是一种系统

企业要使生产的产品超过同类产品,并且保持极高的稳定性,就要从系统着手,从多方面努力。这多方面的努力,首先是指技术含量、产品构造、销售网络、促销手段等多种因素。只有这些因素有机地组合在一起,才能在市场上体现出超越同行的质量。其次是指只有每一个环节都能按照质量标准达到要求,最后才能形成过硬的质量。

四、产品质量

产品质量有狭义和广义之分。狭义的产品质量是指产品能否符合规定的规格和技术条件，是否达到了产品质量标准。广义的产品质量，除上述狭义产品质量的含义之外，还要加上从用户的角度出发，让用户满意的生产和销售服务全过程的质量。广义的产品质量不仅指制造质量，而且包括设计质量和使用质量。

五、工作质量

工作质量就是企业的管理工作、技术工作、组织工作、服务工作和其他方面工作所能达到的对产品质量的保证程度。工作质量不像产品质量那样直观具体，但它却体现于企业的一切生产技术经营活动之中，并且通过企业的工作效率、工作成果，最终通过产品质量及经济效益集中表现出来。

产品质量是企业各方面工作的综合反映，产品质量的好坏取决于企业工作质量水平的高低，工作质量是产品质量的保证和基础。提高产品质量，不能孤立地抓产品质量，而必须从改进工作入手，在提高工作质量上下工夫。离开了工作质量的改善，提高产品质量是不可能的。用工作质量保证产品质量，是企业质量管理的基本思想。

六、质量管理

质量管理就是“确定质量方针、目标和责任，并借助质量体系中的质量策划、质量控制、质量保证和质量改进等手段来实施的全部管理职能的所有活动”。企业的质量管理是自上而下、分级负责、全员参与的一种系统性的活动。

质量管理是企业管理的中心环节，其职能是负责质量方针的制定与实施。一个企业要以质量求生存，以品种求发展，参与国内外市场竞争，就必须制订正确的质量方针以及适宜的质量目标。要保证质量方针及目标的实现，就必须建立健全质量体系，并使之有效地运行。为满足用户对产品质量越来越严格的要求，企业必须开展一系列的技术活动和管理活动，包括对直接和间接影响产品质量的各种要素的控制，并对这些控制活动进行严格的计划、组织、协调、审核和检查，以实现质量计划目标。所有这些活动统称为质量管理。

七、全面质量管理

1. 全面质量管理的概念

全面质量管理，是企业为了保证和提高产品质量，综合运用一整套质量管理体系、手段和方法所进行的系统管理方法。具体来说，就是组织企业全体职工及有关部门参加，综合运用现代科学和管理技术成果，控制影响产品质量的全过程和各因素，经济地研制、生产和提供用户满意的产品的系统管理活动。

2. 全面质量管理的特性

全面质量管理的特性是全员参加的、采取全面方法的和对企业经营全过程的全面管理。

（1）全员管理

全面质量管理强调产品质量是企业各个部门、各个环节工作的综合反映。因此，必须使企业的每一个人关心产品质量，重视产品质量，并且围绕产品质量做好本职工作。这样才能生产出让用户满意、物美价廉的产品。

（2）全面管理

不仅要管产品质量，而且要管产品质量赖以形成的工作质量，并且强调以提高人的工作质量来保证产品质量。

(3)全过程管理

由于产品质量形成于生产活动的全过程,因此,全面质量管理必须包括从产品研究设计、准备、制造直至使用服务的全过程的质量管理。

(4)全面方法

全面质量管理用以管理质量的方法是全面的、多种多样的,是综合性的质量管理。它不仅运用质量检验和数据统计等方法,而且还把数理统计等科学方法与改善组织管理、改革专业技术、思想教育等方面结合起来,综合发挥它们的作用。

3. 全面质量管理的基本观点

(1)让用户满意

全面质量管理中的"用户"包括两层意思:一是企业要为产品的用户和消费者服务;二是在企业内部上道工序要为下道工序服务。

(2)以预防为主

全面质量管理要求把管理的重点从"事后把关"转移到"事先预防"上来,从管结果变为管因素,实行以"预防为主"的方针,把不合格产品消灭在它的萌芽状态,做到防患于未然。全面质量管理在强调"预防为主"的同时,同样十分重视检验工作。检验工作的作用,既有把关,又有预防。

(3)用数据和事实说话

强调用真实、可靠的数据反映问题、分析问题和控制质量。

(4)全面质量管理是每个职工的本职工作

质量不仅是检验部门和技术部门的事情,而且是企业全体职工的事。能否以人为本,能否调动企业全体员工的积极性,特别是能否调动生产一线的职工的积极性,是全面质量管理取得成效的关键所在。

八、班组质量工作的内容与要求

1. 班组长的工作内容与要求

班组是企业组织生产活动的基本作业单位,又是企业管理的基础和一切工作的落脚点,还是培养职工队伍的基本阵地。因此,班组工作质量的好坏,直接影响到后继工序,以至整个企业的生产活动。它与产品质量和质量管理有着直接的关系。班组工作的好坏,班组长起着主导作用。

班组长是班组职工的当家人,是企业生产最前线的指挥官和建设工人队伍的组织者,他对保证产品质量和提高工作质量有着直接的影响。

在质量管理方面,对班组长的工作内容的要求主要有以下几点:

(1)根据上级全面质量管理工作的要求,负责制订班组全面质量管理工作计划,并组织实施检查。

(2)负责班组职工全面质量管理基本知识的培训工作,完成上级下达的培训任务。

(3)负责班组小组活动的注册和日常管理,并指导小组活动,不断提高活动水平。

(4)负责班组质量管理点的建立,编写质量管理点的管理制度和作业指导书,绘制质量管理点流程图、明细表、自检表。

(5)负责班组的质量信息工作,填报各种质量报表和质量信息单。

(6)参加班组设备大修、工程施工的质量检查验收工作,按设备大修技术规程、工程施工与检验技术标准严把质量关。

(7)参与制定和完善班组各岗位质量责任制,做好岗位质量责任制的考核和管理工作。

2. 班组操作人员的工作内容与要求

班组操作人员直接制造了产品。产品质量的好坏,在一定条件下是由每个工人的实际操作决定的。没有广大工人群众以高度的主人翁精神来积极参加和关心质量管理,质量管理是搞不好的。

在质量管理方面,班组操作人员的工作内容和要求主要有以下几点:

(1)要牢固树立“质量第一”“一切为用户服务”的思想和“下道工序就是用户”的观念,在生产工作中做到精益求精,好中求好,好中求快,好中求省。

(2)认真领会技术文件,精心地按照工艺要求进行操作,保证加工质量符合技术要求。

(3)认真执行自检、互检和首件交检,做好工号标记,主动挑出和隔离废、次品。

(4)消灭质量事故,保证不合格品不送检,不出手。

3. 班组质量检验人员的工作内容与要求

班组质量检验人员是产品质量的第一把关者,班组制造产品的质量状况及改善与班组质量检验人员有直接的关系。班组质量检验人员应帮助班组成员提高技术水平和质量意识,协助班组长抓好质量管理。

在质量管理方面,班组检验人员的工作内容和要求主要有以下几点:

(1)在班组长的领导下,负责质量管理工作。

(2)制订质量管理工作的长远规划及年度工作计划。

(3)贯彻、执行国家有关全面质量管理的方针、政策,执行各级质量管理的规章、制度。

(4)指导岗位职工的质量管理工作,帮助其解决存在的问题。

(5)参加班组质量管理委员会会议,提出质量管理工作中存在的问题和开展质量管理工作的情况,贯彻执行会议通过的决议。

(6)负责提出班组年度质量管理教育计划,会同教育人员开展质量管理教育工作,提高质量管理人员业务水平与全面质量管理意识。

(7)协助做好质量管理小组的管理工作,负责质量信息及质量情报工作,加强收集、整理、反馈等质量环节,做好登记、分析、处理工作。

(8)负责班组质量管理的数据收集、统计工作,按上级主管部门要求上报。

(9)负责质量管理的各种资料收集、整理工作,并按档案管理规定按时归档。

任务二　生产过程中的质量管理

任务目标

1. 掌握现场质量管理的目标和任务
2. 掌握工人在现场质量管理工作中的具体工作内容
3. 掌握保证现场质量的方法

知识链接

一、现场质量管理的目标和任务

1. 现场质量管理的目标

现场质量管理的目标，是生产符合设计要求的产品，或提供符合质量标准的服务，即保证和提高符合性质量。

符合性质量（也就是通常所说的制造质量）、现场服务质量同企业的经济效益有密切的关系。工业企业的符合性质量高，就意味着产品的合格率高和一次合格率高；意味着制造过程的工艺条件稳定，能够持久地保持高的合格率；意味着制造过程中影响质量的各项因素都处于受控状态，能够预防产生不符合设计要求的产品。所有这些都必然带来不合格品减少、废品损失费用下降的结果，从而为企业增加经济效益。

2. 现场质量管理的任务

根据产品质量的形成规律，以及全面质量管理的特点和要求，为了达到符合性质量的目标，稳定、经济地生产出用户满意的产品，现场质量管理的任务可以概括为四个方面，即质量缺陷预防、质量维持、质量改进、质量评定。

（1）质量缺陷预防

质量缺陷预防，也就是预防产生质量缺陷和防止缺陷的重复出现。质量缺陷，指的是产品加工后出现的不符合图样、工艺、标准的情况。有质量缺陷的产品可能造成产品报废、返修、降等级，给企业带来经济上的损失和生产上的被动。所以，做好质量缺陷的预防工作，把产品的缺陷消除在产生之前，防止成批产品报废，是现场质量管理的重要任务。

（2）质量维持

质量维持，就是利用科学的管理方法，采取技术措施去及时发现并消除质量下降或不稳定的趋势，把符合性质量控制在规定的水平上。

（3）质量改进

质量改进，也就是不断提高符合性质量。生产和服务现场的质量改进，指的是要运用质量管理的科学思想和方法，不断地去发现可以改进的主要问题，并组织实施改进，使产品质量水平从已经达到的水平向更高的水平突破。

（4）质量评定

质量评定，就是对产品评睦定其符合设计、工艺及标准要求的程度。质量评定的目的有三个：一是鉴定质量是否合格，或鉴别质量的等级，使不合格的原材料、半成品不投入生产线，不合格的产品不转入下道工序，不合格的产品不出厂；二是预防质量缺陷的产生；三是要为质量维持和质量改进提供有用的信息。

二、建立现场质量保证体系

1. 现场质量保证

现场质量保证，就是上道工序向下道工序承担自己所提供的在制品或半成品及服务质量方面的责任，满足下道工序在质量上的要求，以最终确保产品的整体质量。现场质量保证体现了生产现场上、下道工序之间新型的生产管理关系。从生产角度看，上道工序要为下道工序提供质量合格的在制品或半成品，保证不合格的原材料不投产，不合格的零部件不转工序，不合格的半成品不使用，这是强化生产现场各环节质量自我控制的机制。从管理角度看，上、下道工序之间是通过质量保证的有关文件或承担条件联系起来的，应加强彼此之间的信任，减少推诿，形成良好的相互监督、相互促进的循环。因此，现场质量保证是提高制造过程质量的重要内容。

2. 现场质量保证体系

建立和健全现场质量保证体系是保证生产现场制造质量稳定合格的关键。它可以把各环节、各工序的质量管理职能纳入统一的质量管理系统，形成一个有机整体，把生产现场的工作质量和产品质量联系起来，把现场内的质量管理活动同设计质量、市场信息反馈连接起来，成为一体，从而使现场质量管理工作制度化，有效地保证企业产品的最终质量。建立这样的质量保证体系可以使生产现场的质量问题做到自动发展、自动调整、自动改善、自动反馈。由此可见，现场质量管理不仅要抓好某个时期、某批产品的质量，更重要的是要建立一个完善的、高效率的现场质量保证体系。现场质量保证体系是企业全面质量管理保证体系的组成部分，它的活动既要有自己的特性，又要服从企业质量保证系统活动的需要，形成质量管理活动的一体化。

建立现场质量保证体系要以系统论的观点为指导，紧紧围绕质量管理的目标来开展。在落实质量目标的过程中，要保证物流和信息流在系统中各个环节和层次上运行畅通，使质量保证体系的活动程序化、规范化和制度化。

三、工人在现场质量管理工作中的具体工作内容

生产或服务现场的管理人员、技术人员和生产工人都要执行现场质量管理的任务。但是，由于各类人员所处的地位、承担的职责，以及在质量管理活动中应发挥的作用各不相同，所以他们执行任务的具体内容也不相同。这里着重介绍现场工人在质量管理中应该了解和从事的具体工作内容。

1. 掌握产品质量波动规律

产品是由各道工序联合加工而形成的。由于每道工序的操作者、机床、材料、工艺技术等因素在不断变化，因此，即使是同一种产品，其质量也是有差异的，这种差异表现为产品质量的波动。产品质量波动按照原因不同，可以分为正常波动和异常波动。

(1)正常波动

正常波动是由一些系统性因素引起的质量差异，如设备、刀具的正常磨损，机床的微小振动，材料的微小变化，等。这些波动是大量的、经常存在的，也是不可能完全避免的。

(2)异常波动

异常波动是由一些偶然因素、随机因素引起的质量差异，如原材料质量不合格，工具过度磨损，机床振动太大，等。这些波动带有方向性，质量波动较大，使工序处于不稳定或失控状态，这是质量管理中不允许的波动。

由于产品有质量波动，为此许多产品的质量标准都规定有上、下限值，也就是规定了允许波动的公差范围。产品质量特性值的波动只要在规定的公差范围内，就可以认为是合格的；超出了规定的公差范围，就是不合格的。要预防、控制不合格品，必须掌握产品质量波动规律的性质和特点。通过质量数据的收集、整理和分析，及时采取恰当措施，把正常波动控制在允许的范围内，及时预防和消除由于异常原因引起的异常波动。

2. 做好文明生产和“5S”活动

文明生产和“5S”活动是现场质量管理的一项重要工作内容。生产管理中的5S即整理

(SEIRI)、整顿(SEITON)、清扫(SEISO)、清洁(SEIKETSU)、素养(SHITSUKE),又被称为“五常法则”。工业产品的加工过程都是人、机、料、法、环五大因素相结合综合作用的过程,也就是说组成一个生产环节都离不开人、物和现场这三个基本条件。唯有这三者结合得好,才能高效地保证加工质量。我们要通过文明生产和“5S”活动,使人与物在现场中的结合关系和结合状态科学化、规范化、标准化。

3. 生产工人在现场质量管理中的职责

工人是企业的主人。每一个生产工人(即操作者)都承担着一定的工序加工任务,而操作者的技能、工作质量是影响产品质量的直接因素。生产工人应认真执行本岗位的质量职责,坚持“质量第一”,以预防为主,把保证工序加工的符合性质量作为自己必须完成的任务,争取最大限度地提高工序加工的合格率和一次合格率,以优异的工作质量保证产品质量,使下道工序或用户满意。在现场质量管理中,生产工人要认真做好以下几点:

(1)熟悉设计图样、内控标准和工艺,正确理解和掌握每一项要求,分析达到要求的可能性和存在的问题。

(2)按图样标准和工艺要求,核对原材料、半成品,调整设备、工具、量具、仪器、仪表等加工设施,使之处于完好状态,严格遵守工艺纪律。

(3)研究分析工序能力,预防和消除异常因素,使工序处于稳定的控制状态,对关键部位或关键质量特性值的影响因素进行重点控制。

(4)定期按规定做好加工原始记录及合格率、一次合格率的记录与统计,并将其同规定的考核指标比较,进行自我质量控制。

(5)研究、提高操作技能,适应质量要求的需要,练好基本功。

(6)严格“三按”生产,做好“三自”和“一控”。“三按”是按图样、按工艺、按标准生产。“三自”是工人对自己的产品进行检查,自己区分合格与不合格的产品,自己做好加工者、日期、质量状况等的记录。“一控”是指控制自检正确率。自检正确率是专检人员检验合格数与生产工人自检合格数的比率。操作者应力求自检正确率达到100%。

(7)做好原材料、半成品的清点和保管。做到按限额领料,专料专用,余料、废料及时退回。严防混料,严防材料变质。

(8)搞好设备、工夹具、模具和计量器具的维护、保养和正确使用,坚持贯彻关键部位的日常点检制度。

(9)坚持文明生产,做好经常性的整理、整顿、清扫和定置管理,保持良好的环境条件。为操作方便,做到工作场地、设备、工具、材料、半成品、成品等清洁整齐,走道畅通,消除一切可能造成产品磕碰、划伤、生锈、腐蚀、污染、发霉的因素。

(10)做好不合格品的管理。对已经产生的不符合标准的不合格品要严格管理。对于不合格品要做好记录、标记,按规定予以报废、降级、筛选或按规定程序经核准后予以返修或回用。要严格防止以次充好,将不合格品作为合格品处理。同时,对不合格品进行统计分析,查清原因,制定改进措施,以减少不合格品,预防不合格品的再次产生

(11)坚持均衡生产,正确处理好质量和数量的关系。在保证质量的前提下争取提高速度,防止为赶任务而不顾质量。

(12)积极参加质量管理小组的活动,不断开展现场改善活动。每一个工人都要树立不断进取的思想,永不满足已取得的工作成绩;要不断努力去寻找并发现本岗位的不良、不稳定、不

均衡、不充分、不合理的现象和问题，制定新的进取目标，挖掘潜力，不断提高符合性质量水平。

四、保证现场质量的方法

1. 推行标准化作业法和“三检制”

(1)标准化作业法

企业里有各种各样的规范，如规程、规定、规则、标准、要领等，这些规范形成的文字化的东西统称为标准。制定标准，而后依照标准行动则称为标准化。

标准化有四大目的：技术储备、提高效率、防止再发、教育训练。

标准化的作用主要是把企业内的成员所积累的技术、经验，通过文件的方式加以保存而不会因为人员的流动，使整个技术、经验跟着流失。

标准化作业法主要是操作工人作业方法的标准化和质量检验人员工作方法的标准化。推行标准化作业法花钱少，收益大，可以减少因个人情绪波动对质量的影响，有利于保证和提高产品的质量。标准化作业的内容同工种有关。例如，机械加工车间的标准化作业包括：工人作业时的操作程序与要领；机床的切削用量；设备定期、定点润滑；刀具定时更换；等。

(2)“三检制”

“三检制”是操作者“自检”、操作者之间“互检”和专职检验员“专检”相结合的检验制度。

“自检”就是“自我把关”。操作者对自己加工的产品或完成的工作进行检验，起到自我监督的作用。自检又进一步发展成“三自检验制”，即操作者“自检、自分、自做标记”的检验制度。“三自检验制”是操作者参与检验工作，确保产品质量的一种有效方法。

“互检”就是操作者之间对加工的产品、零部件和完成的工作进行相互检验，起到相互监督的作用。互检的形式很多，有班组质量检验员对本班组工人的抽查，下道工序对上道工序的交接检验，本组工人之间的相互检验等。

“专检”是指专职检验员对产品质量进行的检验。在专检管理中，还可以进一步细分为专检、巡检和终检。

2. 加强现场不良品的统计与管理

不良品是指不符合产品图样要求的在制品、返修品、回用品、废品和赔偿品。生产制造过程中产生的不良品，应根据有关质量的原始记录进行分类统计；同时还要对废品种类、数量、产生废品所消耗的人工和材料、产生废品的原因和责任者等，分门别类地加以统计，并将各类数据资料汇总制成表，为单项分析和综合分析提供依据。不良品经过统计分析后，要查明原因，及时处理，防止再度发生。

质量检验员对现场出现的不良品要进行确认，涂标记，开不良品票证，建台账。车间质量员根据检验员开出的票证进行数量统计，将“不良品统计日报”公布于众，由技术员、质量员、检验员、班长及有关人员会诊分析，判定责任，限期改进，防止事故重演。

3. 建立质量管理点

质量管理点是指制造现场在一定时期内和一定条件下，将需要特别加强监督和控制的关键工序、关键部位作为质量管理的重点，集中解决问题，使工序处于良好控制状态，保证达到规定的质量要求。

质量管理点的工作主要包括以下两项内容。

(1)质量管理点的设置

设置质量管理点，一般要考虑下列因素：

1)对产品的适用性有严重影响的关键质量特性和关键部位。

2)在工艺上有严格要求,对下道工序有严重影响的关键质量特性和部位。

3)质量不稳定,出现不良品多的工序。

4)用户经常反馈的不良项目。

一种产品在制造过程中,需设立多少质量管理点,要根据产品的复杂程度以及技术文件上标记的特性分类、缺陷分级的要求而定。产品在设计、工艺方面有特殊要求的加工工序一般要进行长期控制;工序质量不稳定和不良品多的加工点,以及用户经常反馈的项目,在特定时期内需要设置短期质量管理点,待问题解决后,该质量管理点便可撤销,纳入一般的质量管理范围。

(2)质量管理点的落实和实施

根据技术文件规定的分类、分级,结合加工工序的具体情况及技术要求,运用质量分析技术分析出主要因素,再把主要因素逐级展开,直到能采取对策措施为止,然后制定控制办法,并规定这些主要因素的控制项目、允许界限。质量管理点的管理,实质上也就是重点工序控制。

4. 积极开展质量管理小组活动

质量管理小组,也就是通常所说的 QC 小组。凡是在生产或工作岗位上从事劳动的职工,围绕企业的方针目标,运用质量管理理论和方法,以改进质量(产品质量、运输质量、工程质量、工作质量、服务质量)、提高经济效益为目标,组织起来开展活动的小组,均可称为质量管理小组。

质量管理小组的活动方式,一般有以下几种:

(1)围绕企业的方针、目标,开展质量管理活动。努力实现企业发展的方针目标,是全面质量管理的根本任务,也是质量管理小组的主攻方向。

(2)围绕现场实际问题,开展质量管理小组活动。生产和施工现场是提高产品质量的关键场所,有许多实际问题需要解决。这些实际问题都可作为开展质量管理小组活动的课题。

(3)结合攻关,开展质量管理小组活动。这是一种以攻克技术难关,解决技术关键问题为目标,采取领导、技术人员和操作人员三结合攻关的方法开展的质量管理小组活动。

(4)以实现优质服务为目标,开展质量管理小组活动。如后勤服务部门的职工为提高服务质量而开展的质量管理小组活动。

质量管理小组的活动范围和活动内容非常广泛,它活跃在企业生产和管理的各个环节和各个部门,从取得生产技术成果到提高小组成员的素质和各项工作的管理水平,都能发挥重要作用。因此,它是企业实行全面质量管理,用工作质量保证产品质量的可靠基础。

作业练习

单项选择题

1. 良好的人际关系体现出企业良好的(　　)。

A. 企业文化　　B. 凝聚力　　C. 竞争力　　D. 管理和技术水平

2. 企业质量文化的旗帜就是(　　)。

A. 战略方针　　B. 质量方针　　C. 安全方针　　D. 市场方针

3. 产品质量形成于生产活动的全过程,所以要(　　)。

A. 全过程管理　　B. 全面管理　　C. 全员管理　　D. 全面方法管理

4. 企业里各种各样的规范不包括(　　)。

A. 规程　　B. 规则　　C. 爱好　　D. 要领

模块三　安全生产和相关法律法规

模块目标

- 掌握安全管理基础知识
- 掌握作业现场的基本安全知识
- 掌握电气安全知识
- 掌握机械安全的基础知识
- 掌握防火防爆安全知识
- 掌握相关法律法规

学习导入

安全两字时刻警钟长鸣，在生活中、在工作中始终离不开注意安全。我们作为机械行业的生产者和经营者，更要重视安全生产。

任务一　安全管理基础知识

任务目标

1. 了解安全生产基本概念和方针
2. 掌握正确使用和佩戴劳动防护用品的方法
3. 掌握安全色、安全线和安全标志

知识链接

一、安全生产基本概念和方针

安全泛指没有危险、不受威胁和不出事故的状态。而生产过程中的安全是指不发生工伤事故、职业病、设备或财产损失的情况，也就是指人不受伤害，物不受损失。要保证生产作业过程中的作业安全，就要努力改善劳动条件，克服不安全因素，杜绝违章行为，防止发生伤亡事故。

工伤也称职业伤害，是指劳动者(职工)在工作或者其他职业活动中因意外事故伤害和职业病造成的伤残和死亡。一般而言，意外事故必须与劳动者从事的工作或职业的时间和地点有关，而职业病必须与劳动者从事的工作或职业的环境、接触有害有毒物质的浓度和时间有关。

工伤保险又称职业伤害保险，是指劳动者由于工作原因并在工作过程中遭受意外伤害，或因接触粉尘、放射线、有毒有害物质等职业危害因素引起职业病，由国家或社会给负伤者、致残者以及死亡者生前供养亲属提供必要的物质帮助的一项社会保险制度。

安全生产是指为了使劳动过程在符合安全要求的物质条件和工作秩序下进行，防止伤亡事故、设备事故及各种灾害的发生，保障劳动者的安全健康和生产作业过程的正常进行而采取的各种措施和从事的一切活动。

安全管理是指以国家法律、法规、规定和技术标准为依据，采取各种手段对生产经营单位生产经营活动的安全状况实施有效制约的一切活动。

每一位员工在安全生产中都享有他们的权利并承担相应的义务。

1. 员工在安全生产方面的权利

(1)享受工伤保险和伤亡求偿权。

(2)危险因素和应急措施知情权。

(3)安全管理的批评检控权。

(4)拒绝违章指挥、强令冒险作业权。

(5)紧急情况下的停止作业和紧急撤离权。

2. 员工在安全生产方面的义务

(1)遵章守规、服从管理的义务。

(2)佩戴和使用劳动防护品的义务。

(3)接受培训，掌握安全生产技能的义务。

(4)发现事故隐患及时报告的义务。

二、正确使用和佩戴劳动防护用品

劳动防护用品的种类很多，一般生产制造中最常用到的就是安全帽、防护眼镜和面罩、防护手套。

1. 安全帽的防护作用

安全帽用于防止机械性损伤。它可以防止旋转的机床主轴、叶轮、皮带运输设备将操作人员的头发等卷入其中。

2. 防护眼镜和面罩的作用及使用注意事项

防护眼镜用于防止异物进入眼睛。在机械加工作业过程中会产生砂粒、金属碎屑等，这些异物进入眼内会对眼睛造成伤害。有的固体异物会高速飞出(如旋转的金属碎片)，若击中眼球，可能会造成严重的眼球破裂或穿透性损伤。

选用护目镜时要选用经产品检验机构检验合格的产品，宽窄和大小要适合使用者的脸形。镜片磨损粗糙、镜架损坏会影响操作人员的视力，应及时调换。护目镜要专人使用，防止传染眼病。焊接护目镜的滤光片和保护片要按规定作业需要选用和更换。防止重摔重压，防止坚硬的物体摩擦镜片和面罩。

3. 防护手套的作用和使用注意事项

防护手套有防止高温烫伤、低温冻伤、撞击、切割和划伤手指等作用。选用时要明确防护对象，仔细检查，切勿误用。操作旋转机床时禁止戴手套作业。

三、安全色、安全线和安全标志

1. 安全色的使用

安全色包括四种颜色，即红色、黄色、蓝色、绿色。

(1)红色

红色表示禁止、停止的意思。禁止、停止和有危险的器件、设备或环境涂以红色标记，如禁止标志、交通禁令标志、消防设备等。

(2)黄色

黄色表示注意、警告的意思。需提醒人们注意的器件、设备或环境涂以黄色标记，如警告标志、交通警告标志等。

(3)蓝色

蓝色表示指令、必须遵守的意思，如必须佩戴个人防护用具指令标志、交通标志等。

(4)绿色

绿色表示通行、安全和提供信息的意思。可以通行或安全情况涂以绿色标记，如表示通行、机器启动按钮、安全信号旗等。

(5)对比色

对比色有黑、白两种颜色。黄色安全色的对比色为黑色。红、蓝、绿安全色的对比色为白色。而黑、白两色互为对比色。

1)黑色用于安全标志的文字、图形符号，警告标志的几何图形和公共信息标志。

2)白色作为安全标志中红、蓝、绿色安全色的背景色，也可用于安全标志的文字和图形符号及安全通道、交通的标线及铁路站台上的安全线等。

3)红色与白色相间的条纹比单独使用红色更加醒目，表示禁止通行、禁止跨越等，用于公路交通等方面的防护栏及隔离墩。

4)黄色与黑色相间的条纹比单独使用黄色更为醒目，表示要特别注意，用于起重吊钩、剪板机压紧装置、冲床滑块等。

5)蓝色与白色相间的条纹比单独使用蓝色醒目，用于指示方向，如交通导向标。

2. 安全线的使用

工矿企业中用安全线划分安全区域与危险区域。厂房内安全通道的标示线，铁路站台上的安全线都是常见的安全线。根据国家有关规定，安全线用白色，宽度不小于60mm。在生产过程中，有了安全线的标示，就能区分安全区域和危险区域，有利于对危险区域的认识和判断。

3. 安全标志的使用

安全标志由安全色、几何图形和图形符号构成，用以表达特定的安全信息。使用安全标志的目的是提醒人们注意不安全的因素，防止事故的发生，起到保障安全的作用。当然，安全标志本身不能消除任何危险，也不能取代预防事故的相应设施。

安全标志分为禁止标志、警告标志、指令标志和提示标志四大类型。

(1)禁止标志

禁止标志是禁止人们不安全行为的图形标志。其基本形式为带斜杠的图形框，圆环和斜杠为红色，图形符号为黑色，衬底为白色。

(2)警告标志

警告标志是提醒人们对周围环境引起注意，以避免可能发生危险的图形标志。其基本形式是正三角形边框，三角形边框及图形为黑色，衬底为黄色。

(3)指令标志

指令标志是强制人们必须做出某种动作或采用防范措施的图形标志。其基本形式是圆形边框，图形符号为白色，衬底为蓝色。

(4)提示标志

提示标志是向人们提供某种信息的图形标志。其基本形式是正方形边框,图形符号为白色,衬底为绿色。安全标志在安全管理中的作用非常重要,作业场所或者有关设备、设施存在的较大危险因素,员工可能不清楚,或者常常忽视,如果不采取一定措施加以提醒,看似不大的疏忽,就可能造成严重的后果。因此,在有较大危险因素的生产经营场所或者有关设施、设备上,设置明显的安全警示标志以提醒、警告员工,使他们能时刻清醒认识所处环境的危险,提高注意力,加强自身安全保护,对于避免事故发生将起到积极的作用。

在设置安全标志方面,相关法律法规已有诸多规定。如《安全生产法》第二十八条规定,生产经营单位应当在有较大危险因素的生产经营场所和有关设施、设备上,设置明显的安全警示标志。安全警示标志必须符合国家标准。设置的安全标志,未经有关部门领导批准,不准移动和拆除。

任务二　作业现场的基本安全知识

任务目标

1. 能识别和预防违章操作行为
2. 掌握杜绝违反劳动纪律的行为

知识链接

一、识别和预防违章操作行为

违章操作行为是指在劳动生产过程中违反国家法律和生产经营单位制定的各种章程、规则、条例、办法和制度等以及有关安全生产的通知、决定的行为。出现违章操作行为的原因是操作人员安全技术素质不高,不知道正确的操作方法,或明知道正确的操作方法,但怕麻烦,图省事而采取违章操作行为。

常见的违章操作行为有:

(1)不按规定正确穿戴和使用各类劳动保护用品。在生产作业过程中穿拖鞋、凉鞋、高跟鞋、裙子、喇叭裤,系围巾以及长发辫不放入帽内等。

(2)工作不负责任。擅自离岗、串岗、饮酒、干私活及在工作时间内从事与本职无关的活动。

(3)发现设备或安全防护装置缺损,不向领导反映,继续操作,自作主张将安全防护装置拆除并弃之不用。忽视安全警告,冒险进入危险区域、场所,攀、坐不安全位置(如平台护栏、汽车挡板、吊篮等)。

(4)不按操作规程、工艺要求操作设备。擅自用手代替工具操作、用手清除切屑、用手拿工件进行加工等。

(5)擅自动用未经检查、验收、移交或已查封的设备和车辆,以及未经领导批准任意动用非本人操作的设备和车辆。

(6)不按操作规定,擅自在机器运转时加油、修理、检查、调整、焊接、清扫和排除故障等。

(7)不按规定及时清理作业现场,清除的废料、垃圾不向规定地点倾倒,工件和工量具任意摆放,堵塞通道。

(8)使用已失去额定负荷能力或不符合安全要求的各种吊起设备、设施和工具(如绳、链、钩、环以及各种吊具等)。

(9)不执行规定的安全防范措施,对违章指挥盲目服从,不加抵制。

(10)对易燃、易爆、剧毒物品,不按规定进行储运、收发和处理。

(11)特种作业工种无证单独操作,机动车辆持学员证单独驾驶和无证驾驶。

(12)以拼设备、拼体力来抢时间、赶速度、冒险蛮干,或不按工艺要求操作设备,使设备超负荷运行。

(13)其他违反法律、法规和规章的行为。

二、杜绝违反劳动纪律的行为

劳动纪律是指在劳动生产过程中,为维护集体利益,保证工作的正常进行而制定的,要求每个员工遵守的规章制度。在生产作业场所,员工在共同劳动过程中,需要将各个工作有秩序地协调起来,越是现代化的生产,这种严密的协调作用就越明显。因此,这就需要依靠员工自觉维护和遵守劳动纪律,只有这样,才能保证正常的生产秩序和工作秩序。如果员工存在个人主义,自由散漫,无视规章制度的约束,不但会破坏正常的生产工作秩序,甚至会造成严重的人身设备事故。

劳动纪律是多方面的,它包括组织纪律、工作纪律、技术纪律以及规章制度等。常见违反劳动纪律的表现有:

(1)迟到、早退、中途溜号。

(2)工作时间干私活、办私事。

(3)擅离岗位、东游西逛、聚集闲谈、嬉戏。

(4)上班不干活、消极怠工,严重影响生产任务的完成。

(5)上班睡觉、看电视、下棋、打扑克。

(6)工作时间看与本职工作无关的书籍。

(7)工作中不服从分配,不听从指挥。

(8)无理取闹、打架斗殴、酗酒肇事。

(9)私自动用他人的设备、工具。

(10)不遵守各项规章制度、违反工艺纪律和操作规程等。

任务三 电气安全知识

任务目标

1. 了解触电事故的类型
2. 掌握防止直接触电的防护措施
3. 掌握员工必须遵守的安全用电基本要求
4. 掌握预防触电事故的方法和措施

知识链接

一、电气事故的分类

按照灾害形式分为人身事故、设备事故、火灾、爆炸事故等。

按照电路状况分为短路事故、断线事故、接地事故、漏电事故等。

按事故基本原因分为触电事故、雷电和静电灾害、射频伤害、电路故障等。

二、触电事故的类型

触电事故是由电流的能量造成的。触电是电流对人体的伤害。电流对人体的伤害可分为电击和电伤。电击是电流通过人体内部，破坏人体细胞正常工作造成的伤害。由于人体触及带电的导线、漏电设备的外壳或其他带电体，以及由于雷击或电容器放电，都可能导致电击。电伤是电流的热效应、化学效应或机械效应对人体造成的局部伤害，包括电弧烧伤、烫伤、电烙印等。绝大部分触电事故是电击造成的。

1. 按照发生电击时带电体的状态分类

按照发生电击时带电体的状态，电击分为直接接触电击和间接接触电击。

(1)直接接触电击

直接接触电击是触及设备或线路正常运行时带电的导体发生的电击，也称为正常状态下的电击。

(2)间接接触电击

间接接触电击是触及正常状态下不带电，而当设备或线路发生故障时意外带电的导体发生的电击，也称故障状态下的电击。

2. 按照人体触及带电体的方式和电流通过人体的途径分类

按照人体触及带电体的方式和电流通过人体的途径，触电可分为单相触电、两相触电和跨步电压触电 3 种情况。

(1)单相触电

单相触电是指人体在地面或其他接地导体上，人体的某一部位触及单相带电体的触电事故。大部分触电事故都是单相触电事故。

(2)两相触电

两相触电是指人体两处同时触及带电体的触电事故。两相触电的危险性一般是比较大的。

(3)跨步电压触电

跨步电压触电是指人在接地点附近，由两脚之间的跨步电压引起的触电事故。高压设备接地处，或有大电流(如雷电)流过的接地装置附近都可能出现较高的跨步电压。

三、常用的防直接触电的防护措施

1. 绝缘

绝缘就是用绝缘物把带电体封闭起来，防止触及带电体。各种线路和设备都是由导电部分和绝缘部分组成的。设备或线路的绝缘必须与所采用的电压相符合，必须与周围环境和运行条件相适应。

2. 屏护

屏护就是用屏障或围栏防止触及带电体。开关电器的可动部分一般不能包以绝缘，而需要屏护。其中，防护式开关电器本身带有屏护装置，如胶盖刀开关的胶盖、铁壳开关的铁壳等。开启、裸露的保护装置或其他电气设备也需要加设屏护装置。某些裸露的线路，如人体可能触及或接近的天车滑线或母线也需要加设屏护装置。对于高压设备，由于全部绝缘往往有困难，如果人接近至一定程度时，即会发生严重的触电事故。因此，不论高压设备是否有绝缘，都应采取屏护或其他防止接近的措施。

3. 间距

保持间距可以防止无意触及带电体。就是在带电体与地面之间、带电体与其他设施和设备之间、带电体与带电体之间均需保持一定的安全距离。

4. 漏电保护装置

利用电气线路或电气设备发生单相接地短路故障时产生的剩余电流来切断故障线路或设备电源以保护电器，即为通常所称的漏电保护器。由于漏电保护器动作灵敏，切断电源时间短，因此，只要能合理选用和正确安装、使用漏电保护器，对于保护人身安全、防止设备损坏和预防火灾会有明显的作用。

5. 安全电压

就是根据作业场所的特点，采用相应等级的安全电压。安全电压又称安全特低电压，指保持独立回路的，其带电导体之间或带电导体与接地体之间不超过某一安全限值的电压。具有安全电压的设备称为Ⅲ类设备。我国规定工频有效值的额定值有 42V、36V、24V、12V 和 6V。

四、员工必须遵守的安全用电基本要求

车间内的电气设备不要随便乱动。自己使用的设备、工具，如果电气部分出了故障，不得私自修理，也不能带故障运行，应立即请电工检修。

自己经常接触和使用的配电箱、配电板、刀开关、按钮开关、插座、插销以及导线等，必须保持完好，不得有破损或将带电部分裸露出来。

在操作刀开关、磁力开关时，必须将盖盖好，防止万一短路时发生电弧或熔丝熔断飞溅伤人。

使用的电气设备，其外壳按有关安全规程，必须进行防护性接地或接零。接地或接零的设施要经常进行检查，一定要保证连接牢固，接地或接零的导线不得有任何断开的地方。

需要移动某些非固定安装的电气设备，如电风扇、照明灯、电焊机等时，必须先切断电再移动。同时导线要收拾好，不得在地面上拖来拖去，以免磨损。如果导线被物体压住，不要硬拉，防止将导线拉断。

工作台上、机床上使用的局部照明灯，其电压不得超过 36V。使用的行灯要有良好的绝缘手柄和金属护罩。灯泡的金属灯口不得外露。引线要采用有护套的双芯软线，并装有“T”形插头，防止插入高电压的插座上。行灯的电压在一般场所不得超过 36V，在特别危险的场所，如锅炉、金属容器内、潮湿的地沟等处，其电压不得超过 12V。

在一般的情况下，禁止使用临时线。如必须使用时，必须经过有关部门批准，同时临时线应按有关安全规定装好。不得随便乱拉乱拽，同时应按规定时间拆除。

在进行容易产生静电火灾、爆炸事故的操作(如使用汽油洗涤零件、擦拭金属板材等)时必须有良好的接地装置，以便及时导除聚集的静电。

在雷雨天，不要走近高压电杆、铁塔、避雷针的接地导线周围 20m 之内，以免有雷击时发生雷电流入地下产生跨步电压触电的情况。

在遇到高压电线断落到地面时，导线断落点周围 10m 以内禁止人员入内，以防跨步电压触电。如果此时已有人在 10m 之内，为了防止跨步电压触电，不要跨步奔走，应用单足或并足跳离危险区。

发生电气火灾时，应立即切断电源，用黄沙、二氧化碳灭火器等灭火。切不可用水或泡

沫灭火器灭火，因为它们有导电的危险。

救火时应注意自己身体的任何部分及灭火器均不得与电线、电气设备接触，以防发生触电。

在打扫卫生、擦拭设备时，严禁用水去冲洗电气设施，或用湿抹布去擦拭电气设施，以防发生短路和触电事故。

五、预防触电事故的方法和措施

触电事故的发生是人接触到带电部件或意外带电部件时电流通过人体造成的。如果把带电部件用绝缘材料隔开，或将导线装在人们不会接触到的地方，电流就无法通过人体，触电就可以预防。因此，要加强安全用电的教育，正确地使用电气设备。

1. 电气设备管理

所有电气设备，都应有专人负责保养。这样可以及时发现接地不良、绝缘损坏等隐患，请电工及时修理，避免设备“带病运行”。

大扫除时不要用湿布去擦拭或用水冲洗电气设备，以免触电或使设备受潮腐蚀而形成短路。不要在电气控制箱内放杂物，不要把物体堆置在电气设备旁边。

2. 认真检查

在使用或移动电器前，必须认真检查，特别是插头和电线等最易损坏的部位，更要仔细查看。搬动、移动电器前，一定要切断电源。切断电源时绝不可毛手毛脚，更不能将插头远距离拉下，致使插头和电线损坏，留下隐患。

电风扇在每年使用前必须进行全面检查，检验合格后方可使用。电风扇的引线不要拖在地上。

检修后的电气设备在没有验明无电以前，一律认为有电，不准盲目触及。

3. 采取防护措施

使用电钻等手持电动工具必须戴好橡胶绝缘手套，两脚站在绝缘垫或干木板上(或穿绝缘鞋)。调换钻头时应切断电源。工作中发现电钻发热或漏电应立即停止使用，并切断电源，及时请电工修理。不可在雨天冒雨操作电钻等手持电动工具，以免发生触电事故。

任务四　机械安全基础知识

任务目标

1. 了解机械设备的危险因素
2. 掌握常用机械设备的危险因素与防护

知识链接

机械是各行各业不可缺少的生产设备。在生产的人机环境中，机械具有劳动生产率高，能量大，误差小，灵敏度高，可靠性、耐用性和适应性强等优点。同时，机械设备在运行过程中，也带来了一定的危险，易引发机械伤害事故。

一、机械设备的危险因素

1. 静止状态的危险因素

静止状态的危险因素指设备处于静止状态时存在的危险。当人接触或与静止设备作相对运动时可能引起危险：例如车床上的车刀、铣床上的铣刀、钻床上的钻头、磨床上的磨轮、锯床上的锯条等，在触及时可能造成的伤害有烫伤、刺伤、割伤；机械设备上突出的、较长的机械部分，如设备表面的螺栓、吊钩、手柄等可能会造成碰伤或绊倒；毛坯、工具、设备锋利的边缘和粗糙表面，如未打磨的毛刺、锐角、翘起的铭牌等，可能会造成刺伤或割伤；工件、毛坯、工量具的滑跌、坠落可能会造成砸伤。

2. 直线运动的危险因素

直线运动的危险指作直线运动的机械所引起的危险，可分为接近式危险和经过式危险。接近式危险，指当人处在机械直线运动的正前方而未躲让时，将受到运动机械的撞击或挤压。经过式危险，指人体经过运动的部件引起的危险，例如刨床的刨刀、带锯床的带锯、压力机的冲模等。

3. 旋转运动的危险因素

(1)人体或衣服卷进旋转机械部位引起的危险，如卷进主轴、卡盘、砂轮、铣刀、锯片等。

(2)卷进旋转运动中两个机械部件间的危险，如朝相反方向旋转的两个轧辊之间、相互啮合的齿轮等。

(3)卷进旋转机械部件与固定构件间的危险，如砂轮与砂轮支架之间、旋转蜗杆与壳体之间等。

(4)卷进旋转机械部件与直线运动部件间的危险，如带与带轮、齿条与齿轮等。

(5)旋转运动加工件打击或绞轧的危险，如伸出机床的细长加工件等。

(6)旋转运动件上凸出物的打击，如转轴上的键、联轴器螺钉等。

(7)孔洞部分有些旋转零部件具有更大的危险性，如风扇、叶片、齿轮和飞轮等。

(8)旋转运动和直线运动引起的复合运动，如凸轮传动机构、连杆和曲轴的运动等。

4. 振动部件夹住的危险

如机械的一些振动部件的振动引起被振动部件夹住的危险。

5. 飞出物击伤的危险

如被锻造加工中飞出的工件、机械加工中未夹紧的刀具飞出击伤的危险。

6. 电气系统造成伤害的危险

工厂里使用的机械设备，其动力绝大多数是电能，因此，每台机械设备都有自己的电气系统，主要包括电动机、配电箱、开关、按钮、局部照明灯以及接零(地)和馈电导线等。电气系统对人的伤害主要是电击

7. 手用工具造成伤害的危险

一般有锤子的锤头飞出伤人，扁铲头部卷边、毛刺飞出伤人，等。

8. 其他的伤害

机械设备除了能造成以上各种伤害外，还可能造成其他一些伤害。例如，有的机械设备在使用时伴随着强光、高温，还有的放出化学能、辐射能，以及尘毒危害物质等，这些对人体都可能造成伤害。

二、机械伤害类型

1. 绞伤

直接绞伤手部，如外露的齿轮、带轮等直接将手指，甚至整个手部绞伤或绞掉。将操作者的衣袖、裤脚或者穿戴的个人防护用品如手套、围裙等绞进去，随之绞伤人，甚至危及人的生命。

另外，如车床上的光杠、丝杠等还可能将女工的长发绞进去，造成严重的人身事故。

2. 物体打击

旋转的零部件由于其本身强度不够或者固定不牢固，从而在旋转运动时甩出去，将人击伤。如车床的卡盘，如果不用紧固螺钉固定住或者固定不牢，在打反车时就会飞出伤人。

在可以进行旋转的零部件上，摆放未经固定的东西，从而在旋转时，由于离心力的作用，将东西甩出伤人。

3. 烫伤

如刚切下来的切屑具有较高的温度，如果接触手、脚、脸部的皮肤，就会造成烫伤。

4. 刺、割伤

如金属切屑都有锋利的边缘，像刀刃一样，接触到皮肤，就会导致刺伤或割伤。最严重的是飞出的切屑打入眼睛，会造成眼睛受伤甚至失明。

5. 触电

如机械设备的电气系统有故障，不请电工修理，操作者私自修理而造成触电；机械设备漏电造成触电；开关的刀片、按钮的触头等裸露在外造成触电；使用临时线不按规定发生触电；等。

三、常用机械设备的危险因素与防护

1. 车削加工

车削加工最主要的不安全因素是切屑的飞溅以及车床的附件和工件造成的伤害。切削过程中形成的切屑卷曲、边缘锋利，特别是连续而且成螺旋状的切屑，易缠绕操作者的手或身体造成伤害。车削加工时暴露在外的旋转部分，容易钩住操作者的衣服或将手卷入转动部分造成伤害事故。长棒料工件和异形加工物的凸出部分更容易伤人。

车床运转中用手清除切屑、测量工件或用砂布打磨工件毛刺，极易造成手与运动部件相撞。

工件及装夹附件没有夹紧就开机工作，易使工件等飞出伤人。工件、半成品及手用工具、夹具、量具放置不当，如卡盘扳手插在卡盘孔内，易造成扳手飞落、工件弹落的伤人事故。

机床局部照明不足或灯光刺眼，不利于操作者观察切削过程而产生错误操作，导致伤害事故。

车床周围布局不合理、卫生条件不好、切屑堆放不当，也易造成事故。车床技术状态不好、缺乏定期检修、保险装置失灵等，也会造成由机床事故而引起的伤害事故。

针对以上危险，加工中应该采取的防护措施有：

(1)采取断屑措施，如采用断屑器或在车刀上磨出断屑槽等，以减少切屑对人体的伤害。

(2)在车床上安装活动式透明防护挡板。也可用气流或乳化液对切屑进行冲洗，以改变切屑的射出方向。

(3)使用防护罩式安全装置将危险部位罩住。如采用安全型鸡心夹头、安全拨盘等。

(4)对切削下来的带状切屑、螺旋状长切屑，应用钩子进行清除，切忌硬拉。

(5)除车床上装有自动测量的量具外，均应停车测量工件，并将刀架移到安全位置。

(6)用砂布打磨工件表面时，要把刀具移到安全位置，并注意不要让手和衣服接触到工件表面。

(7)磨内孔时，不可用手指支持砂布，应用木棍代替，同时，主轴转速不宜太快。

(8)禁止把工具、夹具或工件放在床身上和主轴变速箱上。

2. 铣削加工

高速旋转的铣刀及铣削中产生的振动和飞屑是主要的不安全因素。加工中应该采取的防护措施有：

(1)为防止发生铣刀伤手事故，可在旋转的铣刀上安装防护罩。

(2)铣床要有减振措施。

(3)在切屑飞出的方向安装合适的防护网或防护板。操作者工作时要戴防护眼镜，铣铸铁零件时要戴口罩。

(4)在开始切削时，铣刀必须缓慢地向工件进给，切不可有冲击现象，以免影响机床精度或损坏刀具刃口。

(5)加工工件要垫平、夹牢，以免工作过程中发生松脱造成事故。

(6)调整速度和方向，以及校正工件、工具时均须停车后进行。

(7)工作时不应戴手套。

(8)随时用毛刷清除床面上的切屑，清除铣刀上的切屑要停车进行。

(9)铣刀用钝后，应停车磨刀或换刀，停车前先退刀，当刀具未全部离开工件时切勿停车。

3. 钻削加工

在钻床上加工工件时，主要危险有：

(1)旋转的钻头、钻夹头及切屑易卷住操作者的衣服、手套和长发。

(2)工件装夹不牢或根本没有夹具而用手握住进行钻削，在切削力作用下，工件松动歪斜，甚至随钻头一起旋转而伤人。

(3)切削中用手清除切屑、用手制动钻头或主轴而造成伤害事故。使用修磨不当的钻头、钻削量过大等易使钻头折断而造成伤害事故。

(4)卸下钻头时用力过大，钻头落下砸伤脚。

(5)机床照明不足或有刺眼光线、制动装置失灵等都是造成伤害事故的原因。

钻削加工常用的防护措施有：

(1)在旋转的主轴、钻头四周设置圆形可伸缩式防护网。

(2)采用带把手楔铁，可防止卸钻头时钻头落地伤人。

(3)各运动部件应设置性能可靠的锁紧装置，台钻的中间工作台、立钻的回转工作台、摇臂钻及主轴箱等，钻孔前都应锁紧。

(4)凡须紧固才能保证加工质量和安全的工件，必须牢固地夹紧在工作台上，尤其是轻型工件更须夹紧牢固，切削中发现松动，严禁用手扶持或运转中紧固。

(5)安装钻头及其他工具前，应认真检查刃口是否完好，与钻套配合表面是否有磕伤或拉痕，刀具上是否黏附着切屑等。

(6)更换刀具应停机后进行。

(7)工作时不准戴手套。

(8)不要把工件、工具及附件放置在工作台或运行部件上，以防落下。使用摇臂钻床时，在横臂回转范围内不准站人，不准堆放障碍物。钻孔前横臂必须紧固。

(9)钻薄铁板时，下面要垫平整的木板。较小的薄板必须用克丝钳夹牢，快要钻透时要慢进。

(10)钻深孔时要经常抬起钻头排屑,以防钻头被切屑挤死而折断。工作结束时,应将横臂降到最低位置,主轴箱靠近立柱。

4. 磨削加工

旋转砂轮的破碎及磁力吸盘上工件的窜动、飞出是造成伤害事故的主要原因。

(1)开车前必须检查工件的装夹是否正确、可靠,磁性吸盘是否正常,否则不允许开车。开车时应用手调方式使砂轮和工件之间留有适当的间隙,开始时进刀量小些,以防砂轮崩裂。

(2)测量工件或调整机床及清洁工作都应停车后再进行。

(3)为防止砂轮破损时碎片伤人,磨床须装有防护罩,禁止使用没有防护罩的砂轮。

5. 钳工作业的注意事项

(1)禁止使用有裂纹、毛刺及手柄松动等不符合要求的工具,锉刀、刮刀柄部必须安装牢固,防止戳伤手掌、手腕。不得使用淬火硬度过高的錾子,防止锤击时崩碎伤人。扳手不要沾油,防止打滑撞伤手臂。

(2)台虎钳上不要放置工具,以防掉下伤人。台虎钳口要保持完好,钳口松紧程度要以灵活为准。

(3)工件必须夹正、夹紧,装夹工件时防止掉下伤人。使用回转台虎钳,必须把固定螺钉紧牢。台虎钳手柄要置于下部。

(4)錾切时,工件要夹紧,锤子头不得松动,錾子刃部要保持锋利,锤击端不得有卷边和飞刺。

(5)錾削时不准正对人行道和他人工作的地方,避免铁屑伤及他人。

(6)锯条要装正,松紧适当,过松或过紧容易使锯条折断伤人。锯切时锯条要靠近钳口,不得扭摆,用力不可过大,否则容易折断锯条。工件要夹牢,即将锯断时应减小压力或单手锯切,另一手扶住锯下的部分,防止掉下砸脚。

(7)钻孔、打锤时不得戴手套,钻孔时要按安全操作规程进行。

(8)刮研较大工件时,必须要安放平稳,座架牢固可靠,防止大件散落伤人。吊装、翻转时绳子要控牢,以防滑脱。

(9)不可用手清除碎屑,以免划伤。三角刮刀用毕,不要放在与手经常接触的地方,并要妥善保管。

任务五　防火防爆安全知识

任务目标

1. 了解防火防爆守则
2. 掌握灭火的基本方法
3. 掌握灭火器的使用方法

知识链接

一、防火防爆守则

(1)应具有一定的防火防爆知识,并严格贯彻执行防火防爆规章制度。禁止违章作业。

(2)应在指定的安全地点吸烟,严禁在工作现场和厂区内吸烟和乱扔烟头。

(3)使用、运输、储存易燃易爆气体、液体和粉尘时,一定要严格遵守安全操作规程。

(4)在工作现场禁止随便动用明火。确需使用时,必须报请主管部门批准,并做好安全防范工作。

(5)对于使用的电气设施,如发现绝缘破损、老化、超负荷以及不符合防火防爆要求时,应停止使用,并报告领导予以解决。不得带故障运行,防止发生火灾、爆炸事故。

(6)应学会使用灭火工具和器材。对于车间内配备的防火防爆工具、器材等,应加以爱护,不得随便挪用。

二、灭火基本方法

1. 隔离法

就是将可燃物与火源(火场)隔离开来,消除可燃物,燃烧即停止。隔离法采取的措施有:

(1)设法关闭容器与管道的阀门,将可燃物与火源隔离,阻止可燃物进入着火区。

(2)在火场及其邻近的可燃物之间形成一道"水墙",加以隔离,或将可燃物从着火区搬走;采取措施阻拦正在流散的液体进入火场。

(3)拆除与火源毗连的易燃建筑物等。

2. 冷却法

就是将燃烧物的温度降至着火点以下使燃烧停止,或者将邻近火场的可燃物温度降低,避免形成新的燃烧条件。如用水或干冰进行降温灭火。

3. 窒息法

就是消除燃烧条件之一的助燃物,如空气、氧气或其他氧化剂,使燃烧停止。主要是采取措施阻止助燃物进入燃烧区,或者用惰性介质和阻燃性物质冲淡、稀释助燃物,使燃烧得不到足够的氧化剂而熄灭。窒息法采取的常用措施有:

(1)将灭火剂如二氧化碳、泡沫灭火剂等不燃气体或液体,喷洒覆盖在燃烧物的表面上,使之不与助燃物接触。

(2)用惰性介质、水蒸气充满容器设备将正在着火的容器设备严密封闭。

(3)用不燃或难燃材料捂盖燃烧物等。

三、灭火器使用方法

1. 手提式水成膜泡沫灭火器

使用时不需倒置,只要拔出保险销,一手握住开启压把,另一手紧握喷枪,用力捏紧开启压把,泡沫即可从喷枪口喷出。

2. 舟车式泡沫灭火器

先将瓶盖机构向上扳起,中轴即向上弹出开启瓶口,然后颠倒筒身,将酸碱两种溶液混合,产生泡沫,对准火焰喷出。

3. 推车式泡沫灭火器

将灭火器推到火场,一人放喷射管,手握喷枪,对准火场,另一人逆时针方向旋转手轮,开启胆塞,然后将筒身放倒,摇晃几次,使拖杆触地,打开阀门,将泡沫液喷出。

4. 二氧化碳灭火器

二氧化碳灭火器有手轮式和鸭嘴式两种,使用手轮式二氧化碳灭火器,只要将手轮逆时针旋转即可喷出二氧化碳;使用鸭嘴式二氧化碳灭火器,只要拔出保险销,将鸭嘴压下,二氧化碳即能喷出灭火。在室外使用二氧化碳灭火器,人应站在上风处;在室内使用二氧化碳灭火器,人员应立即撤离现场。

5. 手提式1211灭火器

用手提压把,拔出保险销,然后握紧压把,灭火剂即可喷出。当松开压把时,压杆在弹簧的作用下,恢复原位,阀门关闭,便停止喷射。使用时,应垂直操作,不可放平或颠倒使用,喷嘴要对准火源根部,并向火源边缘左右扫射,快速向前推进,要防止回火复燃,如遇零星小火可点射灭火。

6. 推车式1211灭火器

取下喷枪,展开胶管,先打开钢瓶阀门,拉出伸缩喷杆,使喷嘴对准火源,握紧手握开关,将药剂喷向火源根部,并向前推进。将火扑灭后,只要关闭钢瓶阀门,则剩余药剂仍能继续使用。

7. 手提式干粉灭火器

在距离起火点5m左右处放下灭火器。使用前将灭火器上下颠倒几次,使筒内干粉松动。然后开阀门喷粉,并将喷嘴对准火焰根部左右摆动。内装式的使用方法:先拔下保险销,一只手握住喷嘴,另一只手向上提起提环,握住提柄,干粉即喷出。灭火时,应将喷嘴对准火焰的根部左右摆动。干粉灭火器在喷粉过程中应始终保持直立状态,不能横卧或颠倒使用,否则不能喷粉

任务六 相关法律法规

任务目标

1. 了解知识产权
2. 了解基本国策——环境保护

知识链接

一、知识产权

知识产权是一种无形财产,它指智力的创造性劳动取得成果后,智力劳动者对其成果依法享有的一种权利。这种权利包括人身权利和财产权利,也称之为精神权利和经济权利。所谓人身权利,是指权利同取得知识产品的人的人身,二者不可分离,是人身关系在法律上的反映,如作者在其作品上署名的权利,即为精神权利;所谓财产权利,是指知识产品被法律承认以后,权利人可利用其知识产品取得报酬或奖励的权利,此种权利也称之经济权利。知识产权所涉及的内容有:工业产权、版权、高新技术的产权。

1. 工业产权

工业产权即工业所有权。这里的"工业"泛指工业、农业、交通运输业、采掘业、商业等各个产业和科学技术部门等。狭义上讲的工业产权主要是指专利权与商标权;广义上讲的工业产权的内容应包括发明专利、实用新型专利、外观设计专利、商标、服务标记、厂商名称、货源标记、原产地名称、制止不正当竞争等。

专利是专利权的简称,指的是专利权人依法对其发明创造取得的专有权。专利权是受专利法保护的,即专利发明人(或委托人)将其发明创造申请专利,应按一定的法律程序提交

给国家专利局受理和审查。对于符合专利法规定的发明创造，授予专有权，即专利权，它具有排他性，且在专利法规定的有效期内，专利权人对其专利享有独占权。专利法是一种部门法，它是由国家制定的，是确认和保护发明人或其权利继承人对其发明享有独占权的法律。

商标是指商品生产者或经营者为使自己生产、制造、加工或经营的商品区别于其他生产者或经营者的商品而置于商品表面或商品包装上的一种特殊标志。商标法是保护商品生产者、经营者的商标专用权，制止不法者的侵权行为，保护广大消费者利益的法律规范。

不正当竞争行为是指：采用假冒或混淆手段从事市场交易的行为；侵犯他人商业秘密的行为；利用贿赂性销售进行竞争的行为；损害竞争对手正常生产经营活动的行为；虚假广告宣传，损害其他经营者和消费者利益的行为；公有企业或其他具有独占地位的经营者限定他人购买指定商品，排挤其他竞争对手的行为；政府利用行政权力限制商品流通的行为；以排挤对手为目的，以低于成本的价格销售商品的行为；搭售商品或附加其他不合理条件的行为；串通投标的行为；违反《中华人民共和国反不正当竞争法》的有奖销售行为；等。

2. 版权

版权在我国又称为著作权，是作者依法对自己在科学研究、文化艺术诸方面的著作或作品所享有的专有权利。版权法（或称著作权法）是确认作者对其创作的文学、科学和艺术作品享有某些特殊权利，规定因创作和使用作品而产生的权利与义务的法律规范。它是民法的一部分，根据宪法制定。版权保护的课题是：文字作品，口述作品，音乐、戏剧、曲艺、舞蹈、杂技艺术作品，美术、建筑作品，摄影作品，电影作品和以类似摄制电影的方法创作的作品，图形作品和模型作品，计算机软件，法律、行政法规规定的其他作品。

3. 高新技术的产权

随着科学技术的发展，不断出现新的智力成果，如计算机软件、集成电路、生物工程及卫星、电缆传输等高新技术成果。对它们的保护已超出了传统知识产权的范畴，因此，产生了一些新的专门法律，如《半导体芯片法》《关于集成电路的知识产权条约》《保护计算机软件示范条约》等，其保护内容和条件兼有版权和工业产权的特点。

与数控加工联系最紧密的知识产权保护法的问题是我们应该杜绝使用盗版的 CAD/CAM 软件。这一方面保护了产权人的合法利益，另一方面避免由盗版软件给我们带来的各种不利因素和生产中的损失。享受正版软件带给我们的技术服务和技术支持，能使我们的生产经营和技术开发得到更快更大的发展。

二、环境保护

环境保护是我国的一项基本国策。企业应根据《中华人民共和国环境保护法》和国务院有关规定，认真执行国家环境保护法律、法规及方针、政策和标准，强化环境监督管理，把环境保护纳入本单位经济发展计划，实现经济建设和环境建设同步规划、同步实施、同步发展，做到经济效益、社会效益和环境效益的统一。

保护环境，人人有责。各级领导要实行环境保护目标责任制，广大职工要自觉遵守环境保护法规，对污染或破坏环境的单位和个人，有权监督、检举和控告，任何人不得打击报复。要健全环境管理和检测制度，完善环境管理档案。新建或技术改造项目为防治环境污染，应采用无污染或低污染、低噪声的新工艺、新设备，采用无毒无害或低毒低害的原材料，采用技术先进、高效的处理设备，把污染消除在生产过程中。严禁各单位将有毒有害的产品和加工设备、设施转让给没有污染防治能力的其他单位。排放物超过标准，对环境造成污染的单位，必须积极制订治理规划及计划，做到达标排放。保护好水源，合理利用水资源，减少污水排放量。散发有害气体、烟雾、粉尘的单位和作业场所应积极采用密闭生产设备及工艺，安装通风、吸尘、净化回收设施。

根据《工业企业设计卫生标准》，工业企业的生产区、居住区、废渣堆放场和废水处理厂等用地及生活饮用水水源、工业废水和生活污水排放地点，应同时选择，并应符合当地建设规划的要求。废气扩散、废水排放、废渣堆置不得污染大气、水源和土壤。

在工业区或场区内布置不同性质的工业企业或车间，应避免互相影响。生产工作场所应保证室内有良好的自然采光、自然通风并应防止过度日晒。工业企业生活饮水的水源选择、水源卫生防护及水质标准，应符合现行的《生活饮用水卫生标准》的要求。工业企业自备的生活饮用水供水系统，不得与城镇供水系统连接。必须连接时，应采取行之有效的措施，并应取得当地卫生、环境保护和有关管理部门的同意。含汞、镉、砷、六价铬、铅、氰化物、有机磷及其他毒性大的可溶性工业废渣，必须专设具有防水、防渗措施的存放场所，严禁埋入地下与排入地面水体。车间卫生应注意防尘、防毒、防暑、防寒、防湿。产生危害较大的粉尘、有毒物质或酸碱等强腐蚀性物质的车间，应有冲洗地面和墙壁的设施。车间地面要平整防滑，易于清扫。生产工艺流程的设计应使操作工人远离热源，并根据具体条件采取必要的隔热降温措施。自然通风的进气窗，在冬季应采取有效措施，防止冷风吹向工作地点。对产生强烈振动和噪声的机械设备，必须采取减振、消声、隔音等措施。电磁波辐射要采取屏蔽措施，放射性物质及剧毒化学品要严加管理，防止污染危害。工业废渣要充分利用，没有利用途径的工业废渣必须进行无害化处理或妥善堆放。禁止将垃圾及其他有毒有害废弃物倒入排水明沟、下水道、检查井、进水井等设施。企业内部全体员工要搞好环境绿化规划，利用厂区、住宅区内的空地、路旁、沟边，大力植树造林，栽花种草，绿化、净化、美化环境。生产时用水较多或产生大量湿气的车间，应采取必要的排水防湿设施，防止顶棚滴水或地面积水。另外，工业企业应根据生产特点和实际需要设置休息室、食堂等，方便职工休息、学习、取暖、进餐及吸烟之用。厕所与作业地点不宜过远，应有排臭、防蝇措施。

目前，数控加工也向着更加环保、更加经济、更加高效的方向发展。高速加工、干切削就是其典型的体现。最初提出干切削的概念就是为了改善环境，降低成本。数控加工会用到大量的切削液。用过的切削液要妥善处理，不要使之污染环境。切屑要分类存放，以便回收。

职工身体健康的程度，主要取决于作业环境的优劣和设备的防护能力，劳动保护和环境保护工作是密不可分的。工厂认真遵守执行环境保护法律法规，为全体劳动者提供宽敞、明亮、整洁、舒适、卫生、安全的劳动条件和作业环境，不仅能增进劳动者的健康体质，预防和消除伤亡事故，还能保持和提高劳动者持久的作业能力，不断促进劳动生产率的提高、增创企业经济效益，为社会提供更多、更好、更丰富的商品，繁荣社会主义市场经济，促进安定团结的社会局面，促进社会和谐与可持续发展的顺利实现。

作业练习

单项选择题

1. 安全色中的黄色表示(　　)。

A. 禁止、停止　　B. 注意、警告　　C. 指令、必须遵守　　D. 通告、安全

2. 属于违章操作而不属于违反劳动纪律的行为是(　　)。

A. 迟到、早退　　B. 工作时间干私活

C. 擅自用手代替工具操作　　D. 上班下棋、看电视

3. 不属于安全电压的是(　　)。

A. 110V　　B. 42V　　C. 24V　　D. 12V

4. 放置的零部件甩出来将人击伤属于(　　)。

A. 绞伤　　B. 物体打击　　C. 烫伤　　D. 刺割伤

5. 用不燃物捂盖燃烧物属于(　　)。

A. 隔离法　　B. 冷却法　　C. 窒息法　　D. 扑打法

6. 当碰到有人触电时,下列哪种做法是不正确的(　　)。

A. 打 120 急救　　B. 用铁棒挑开电线

C. 人工呼吸　　D. 尽快送往医院

基础知识篇

项目二　零件加工工艺认知

项目导学

- 了解金属切削运动的概念
- 熟悉工艺规程的内容和格式
- 能根据图纸拟定机械加工工艺路线
- 能识读理解机械加工工艺规程卡片

模块　识读工艺文件

模块目标

- 能拟定机械加工工艺路线
- 能识读工艺卡片、工序卡片

学习导入

机械加工中的工艺文件好比我们生活中的一些规章制度，生活中我们需要一些规章制度来约束我们的行为，机械加工中的工艺文件也是为了保证产品质量对操作者进行一定约束要求，这样才能保质保量地完成生产任务。那么作为操作者，我们首先要学会看懂这些文件，会大致地拟定工艺路线，这样我们不但能保证质量，还能保证产量。

任务一　机械加工工艺过程

任务目标

1. 熟悉机械加工工艺过程的几个基本概念
2. 了解不同生产类型的特征

知识要求

- 掌握工序、工步、走刀、安装、工位的定义
- 掌握机械加工工艺过程的组成
- 了解不同生产类型的特征

技能要求

- 能正确划分工序与工步、安装与工位的区别

任务描述

根据图纸完成工序卡片的填写。

任务准备

图纸如图 2-1 所示。

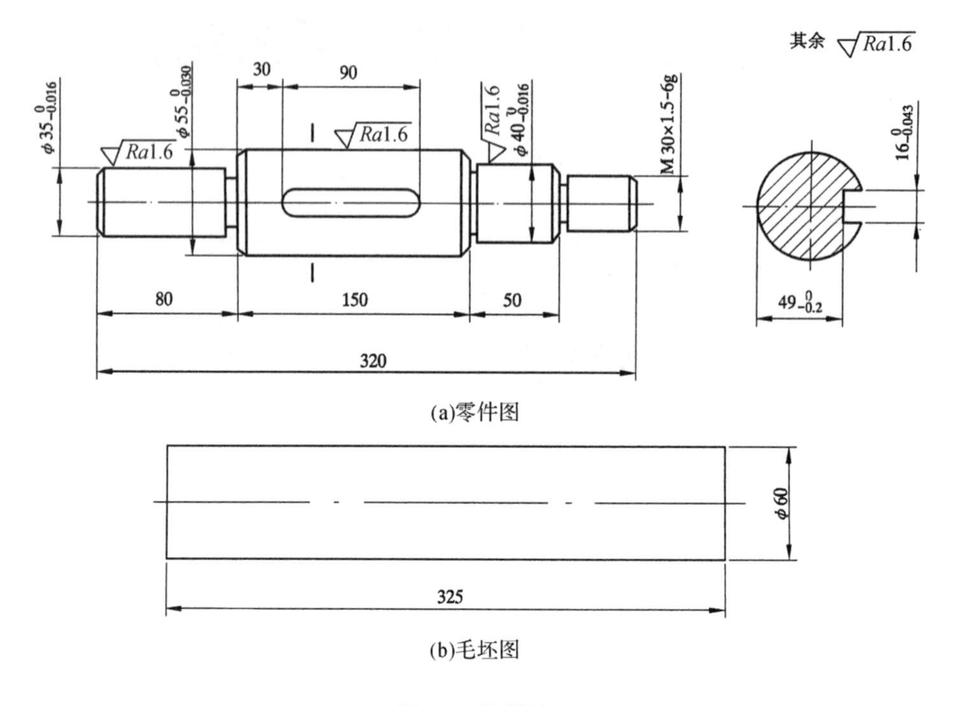

图 2-1　阶梯轴

任务实施

1. 操作准备

图纸、空白工序卡片、笔等

2. 操作步骤

(1)分析题目

单件、阶梯轴;表面粗糙度 Ra 为 6.3,采用车床加工;有一条键槽,铣床加工

(2)填写工序卡(见表 2-1)

表 2-1　工序卡片

工序号	安装	工序内容	工步	工位	设备

3. 任务评价(见表 2-2)

表 2-2 任务评价

序号	评价内容	配分	得分
1	分析零件图	15	
2	工序安排	20	
3	工步安排	20	
4	设备选用	10	
5	卡片填写	15	
6	职业素养	20	
合计		100	
总分			

注意事项:

工序与工步是最容易混淆的,编制工艺时必须区分清楚。

知识链接

一、生产过程和工艺过程

将原材料或半成品转变为成品的各有关劳动过程的总和,称为生产过程。生产过程可以分为以下几个阶段:

1. 生产技术准备工作,如产品的开发和设计、工艺设计、专用工艺装备的设计和制造、各种生产资料的准备,以及生产组织等方面的准备工作。

2. 毛坯制造过程,如铸造、锻造、冲压、焊接等。

3. 零件的加工过程,如机械切削加工、冲压、焊接、热处理和表面处理等。

4. 产品的装配过程,包括组装、部装、总装、调试、油漆及包装等。

5. 产品的辅助劳动过程,如原材料、半成品和工具的供应、运输、保管等过程。

由此可见,机械产品的生产过程是一个十分复杂的过程。在这些过程中,改变生产对象的形状、尺寸、相对位置及性质,使其成为成品或半成品的过程称为工艺过程。它是生产过程的主要部分,主要包括铸造、锻压、冲压、焊接、机械加工、热处理等。其中,采用机械加工的方法,直接改变毛坯的形状、尺寸和表面质量等,使其成为合格零件的过程,称为机械加工工艺过程。

二、机械加工工艺过程的组成

机械加工工艺过程是由一个或若干个顺序排列的工序组成的。毛坯依次通过这些工序而变为成品。因此,工序是工艺过程的基本组成部分,也是生产组织和计划的基本单元。而工序又可细分为安装、工位、工步和走刀。

1. 工序

工序是指一个(或一组)工人,在一个工作地点对同一个(或同时对几个)工件所连续完成的那一部分工艺过程。划分工序的主要依据是工作地(或设备)是否变动及工作是否连续。

工序的内容可繁可简,需根据被加工零件的批量及生产条件而定。如图 2-2 所示的阶梯轴，当单件小批生产时，其加工过程的安排见表 2-3；而当大批大量生产时，其加工过程的安排见表 2-4。

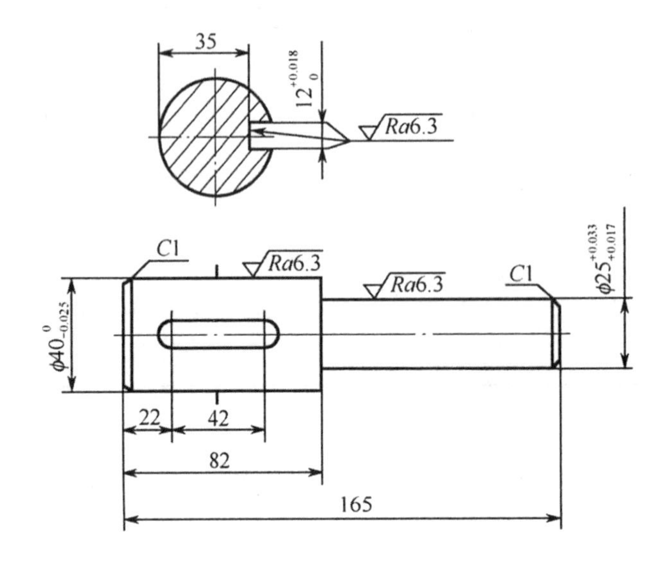

图 2-2　阶梯轴

表 2-3　阶梯轴加工工艺过程(单件小批生产)

工序号	安装	工序内容	工步	工位	设备
5		毛坯锻造			空气锤
10	2	车端面，打顶尖孔	1. 车左端面 2. 打左顶尖孔 3. 调头车右端面 4. 打右顶尖孔	2	车床
15	2	车外圆，倒角	1. 车大端外圆及倒角 2. 调头车小端外圆及倒角	2	车床
20	1	铣键槽，去毛刺	1. 铣键槽 2. 去毛刺	1	铣床

表 2-4　阶梯轴加工工艺过程(大批大量生产)

工序号	安装	工序内容	工步	工位	设备
5		毛坯锻造			空气锤
10	1	车端面，打顶尖孔	1. 两边同时铣端面 2. 打顶尖孔	2	铣端面打顶尖孔机床
15	1	车大端外圆及倒角	1. 车大端外圆 2. 倒角	1	车床

续表

工序号	安装	工序内容	工步	工位	设备
20	1	车小端外圆及倒角	1. 车小端外圆 2. 倒角	1	车床
25	1	铣键槽	铣键槽	1	铣床
30		去毛刺	去毛刺		
35		检验			

2. 安装

工件在加工前，确定其在机床或夹具中所占有正确位置的过程称为定位。工件定位后将其固定，使其在加工过程中保证定位位置不变的操作称为夹紧。这种定位与夹紧的工艺过程，即工件(或装配单元)经一次装夹后所完成的那一部分工序就称为安装。

见表 2-3，工序 10 就需进行 2 次安装；先装夹工件一端，车端面打顶尖孔称为安装 1；再调头装夹，车另一端面并打顶尖孔，称为安装 2。为减少装夹时间和装夹误差，工件在加工中应尽量减少装夹次数。

3. 工位

为了完成一定的工序部分，减少工件的装夹次数，常采用各种回转工作台、回转夹具，使工件在一次装夹后完成多个工作位置的加工。工件在机床上所占据的每一个加工位置就称为工位。如图 2-3 所示，为一种用回转工作台在一次安装中顺利完成装卸工件、钻孔、扩孔和铰孔四个工位的加工。这种加工既节省了时间，又减少了安装误差。

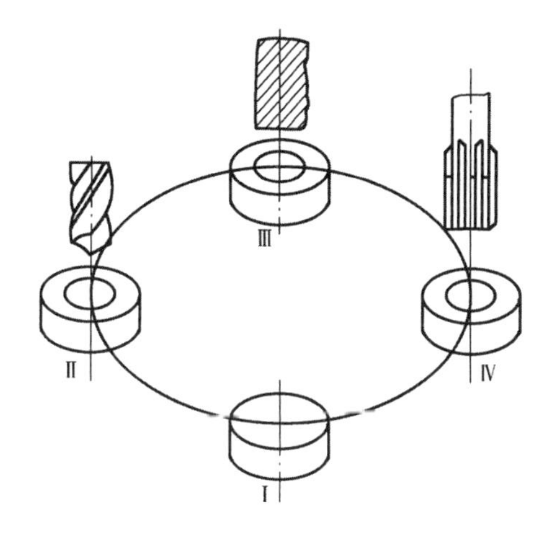

工位Ⅰ—装卸工件；工位Ⅱ—钻孔；工位Ⅲ—扩孔；工位Ⅳ—铰孔。

图 2-3 多工位回转工作台

4. 工步和走刀

在一个工序中，往往需要采用不同的刀具和切削用量，对不同的表面进行加工。为便于分析和描述工序的内容，工序还可以进一步划分为工步。工步是指加工表面、加工刀具和切削用量(切削速度与进给量)均不变的情况下，所连续完成的那一部分工序。一个工序可以包括一个工步或者几个工步，见表 2-3 和表 2-4。

为了简化工艺文件，对于那些连续进行的若干个相同工步，通常都看作是一个工步。例如，加工如图 2-4 所示的零件，在同一工序中，连续钻六个孔，就可看作是一个工步。

为了提高效率，用几把刀具同时加工几个表面，也可看作一个工步，称作复合工步，如图 2-5 所示。

在一个工步内，若被加工零件表面需切去的金属层很厚，需分几次切削，则每切削一次就是一次走刀。一个工步可包括一次或多次走刀。

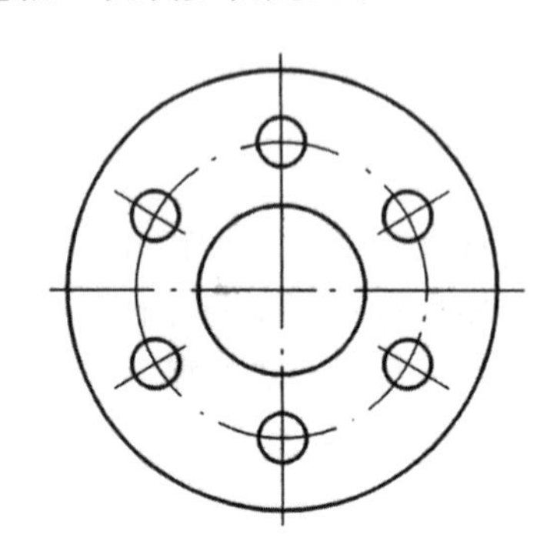

图 2-4　含有六个相同加工表面的工步

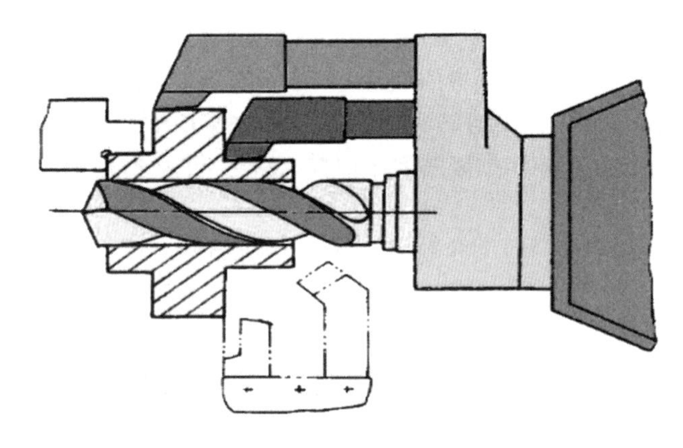

图 2-5　复合工步

三、生产纲领

机械制造工艺过程的安排取决于生产类型，而企业的生产类型又是由企业产品的生产纲领决定的。

1. 生产纲领

生产纲领是指企业在计划期内生产的产品产量和进度计划。计划期根据市场的需要而定。计划期经常定为一年，所以生产纲领也称年产量。

零件的生产纲领包括备品和废品的数量。可按下式计算：

$$N=Qn(1+\alpha\%+\beta\%) \tag{2-1}$$

式中：N——零件的年产量(件/年)；

Q——产品的年产量(台/年)；

n——每台产品中，该零件的数量(件/台)；

$\alpha\%$——备品的百分率；

$\beta\%$——废品的百分率。

2. 生产类型

根据生产纲领的大小和产品品种的多少，机械制造业的生产一般可分为单件生产、成批生产和大量生产三种类型。生产类型是企业生产专业化程度的分类。

(1)单件生产

单件生产是指单件地制造一种产品或少数几个，很少重复生产。例如，新产品的试制和专用夹具的制造等都属于单件生产。

(2)成批生产

成批生产是指一次成批地制造相同的产品，每隔一定时间又重复进行生产，即分期、分批地进行生产各种产品。例如，机床、机车和电机的制造等常属于成批生产。

每批所制造的相同产品的数量称为批量。根据批量的大小，成批生产又可分为小批生产、中批生产、大批生产三种类型。在工艺上，小批生产和单件生产相似，常合称为单件小批生产；大批生产和大量生产相似，常合称为大批大量生产。

(3)大量生产

大量生产是指相同产品数量很大，大多数工作地点长期重复地进行某一零件的某一工序的加工。例如，汽车、柴油机、拖拉机、轴承等的制造多属大量生产。

在生产中，一般按照生产纲领的大小选用相应规模的生产类型。而生产纲领和生产类型的关系，还随着零件的大小及复杂程度不同而有所不同。

另外，生产类型不同，产品和零件的制造工艺、所用的设备及工艺装备和生产组织的形式就会不同。各种生产类型的工艺特征见表 2-5。

表 2-5　各种生产类型的工艺特征

	单件、小批生产	中批生产	大批、大量生产
毛坯制造	锻件用自由锻，铸件用木模手工造型。毛坯精度低，加工余量大	部分锻件用模锻，部分铸件用金属模造型。毛坯精度中等，加工余量中等	锻件广泛采用模锻，铸件广泛采用金属模及机器造型、压力铸造等高效方法。毛坯精度高，加工余量小
机床设备	采用通用机床	采用部分通用机床和部分高生产率机床或专用机床	广泛采用高生产率的专用机床、自动机床、组合机床
刀、夹、量具	采用通用刀、夹、量具	采用部分通用刀、夹、量具和部分专用刀、夹量具	广泛采用高生产率的专用刀、夹、量具
对工人的技术要求	需要技术熟练、水平较高的工人	需要具有一定熟练程度的技术工人	需要技术熟练的调整工，对一般操作工人的技术要求较低
车间平面布置	按照机床的种类及大小，采用机群式排列布置	按加工零件类型，分工段排列布置	按流水线或生产自动线形式排列布置

续表

	单件、小批生产	中批生产	大批、大量生产
工艺技术文件	有简单的工艺过程卡片	有工艺规程	有详细的工艺规程
零件的互换性	没有互换性，一般配对制造，采用修配方法	大部分有互换性，少数用钳工修配	全部要求互换性，对精度要求高的配合件，采用分组选配
生产率	低	较高	高
经济性	生产成本高	生产成本较低	生产成本低

任务拓展

拓展任务描述：根据所学知识，写出工艺过程。

1)想一想

- 生产过程、工艺过程和机械加工工艺过程三者的区别。

2)试一试

- 写出如图 2-1 所示阶梯轴的工艺过程安排。

作业练习

一、判断题

1. 在机械加工中，一个工件在同一时刻只能占据一个工位。(　　)
2. 在同一工作地长期地重复进行某一工件、某一工序的加工，为大量生产。(　　)

二、单项选择题

1. 阶梯轴的加工过程中“调头继续车削”属于变换了一个(　　)。

A. 工序　　B. 工步　　C. 安装　　D. 走刀

2. 加工内容不多的工件，工序划分常采用(　　)。

A. 按所用刀具划分　　B. 按安装次数划分

C. 按粗精加工划分　　D. 按加工部位划分

3. 加工表面多而复杂的零件，工序划分常采用(　　)。

A. 按所用刀具划分　　B. 按安装次数划分

C. 按加工部位划分　　D. 按粗精加工划分

4. 加工中心的工序划分常采用(　　)。

A. 按所用刀具划分　　B. 按安装次数划分

C. 按粗精加工划分　　D. 按加工部位划分

5. 零件的生产纲领是指包括(　　)在内的年产量。

A. 废品　　B. 样品

C. 废品和备品　　D. 废品、样品和备品

6. 批量是指(　　)。

A. 每批投入制造的零件数　　B. 每年投入制造的零件数

C. 一个工人一年加工的零件数　　D. 在一个产品中的零件数

7. 单件小批生产的特征是(　　)。

A. 毛坯粗糙,工人技术水平要求低　　B. 毛坯粗糙,工人技术水平要求高

C. 毛坯精化,工人技术水平要求低　　D. 毛坯精化,工人技术水平要求高

8. (　　)的特点是工件的数量较多,成批地进行加工,并会周期性的重复生产。

A. 单件生产　　B. 成批生产　　C. 单件小批生产　　D. 大批大量生产

任务二　机械加工工艺规程的制定

任务目标

1. 理解机械加工工艺规程编制
2. 熟悉工艺规程的内容和格式
3. 能填写工艺过程

知识要求

- 掌握机械加工工艺过程、机械加工工艺规程的含义
- 掌握工艺过程卡片的填写
- 掌握工序顺序的安排原则
- 掌握基准的选择要求

技能要求

- 能初步地填写工艺卡片

任务描述

根据图纸,完成工艺卡片的填写。

任务准备

图纸,如图 2-6 所示。

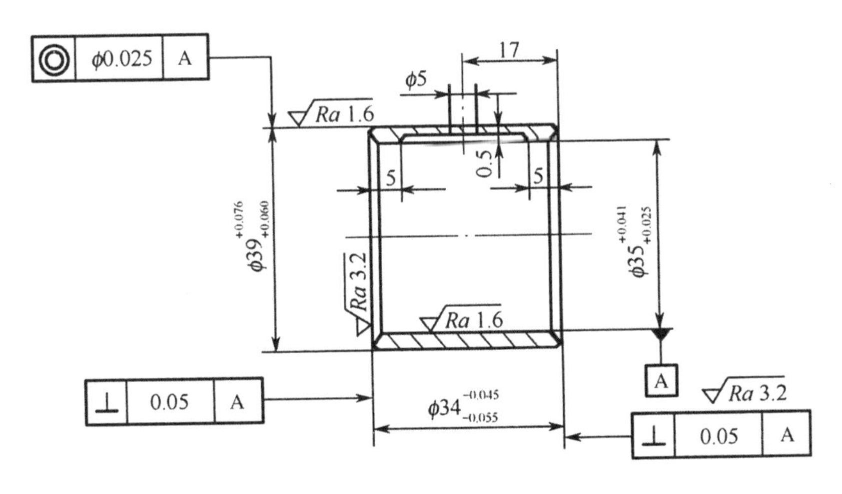

图 2-6　衬套简图

材料:铸造锡青铜

产量:中批产量

任务实施

1. 操作准备

图纸、空白工艺卡片、空白刀具卡片、笔等

2. 操作步骤

(1)分析题目

● 套类零件的结构特点:长度大于直径;主要由同轴度要求较高的内外旋转表面组成;零件壁的厚度较薄、易变形。此衬套零件为薄壁零件

● 保证内外圆同轴度:粗加工:先外圆后内孔;精加工:先内孔后外圆

● 防止变形:粗精分开;减少夹紧力;精加工前安排热处理

(2)填写工艺卡片(见表 2-6)

表 2-6 工艺卡片

序号	工序名	工序内容	定位夹紧	设备

3. 任务评价(见表 2-7)

表 2-7 任务评价

序号	评价内容	配分	得分
1	图纸分析	15	
2	基准与定位	20	
3	工序顺序	20	
4	设备选择	15	
5	文件填写	10	
6	职业素养	20	
合计		100	
总分			

注意事项:

注意区分工序卡片和工艺卡片。

知识链接

一、工艺规程的内容、作用与格式

1. 工艺规程的内容

机械加工工艺规程是规定产品或零部件制造工艺过程和操作方法等的工艺文件，用以指导工人操作、组织生产和实施工艺管理。它一般包括下列内容：毛坯类型和材料定额；工件的加工工艺路线；所经过的车间和工段；各工序的内容要求及采用的机床和工艺装备；工件质量的检验项目及检验方法；切削用量；工时定额及工人技术等级；等。

2. 工艺规程的作用

工艺规程主要有以下几方面的作用。

(1)工艺规程是指导生产的主要技术文件

合理的工艺规程是在总结广大技术人员和工人实践经验的基础上，依据工艺理论和必要的工艺试验而制定的，它体现了一个企业或部门的智慧。生产中有了这种工艺规程，就有利于稳定生产秩序，保证产品质量，便于计划和组织生产，充分发挥设备的利用率。实践证明，不按照科学的工艺进行生产，往往会引起产品质量的明显下降，生产效率的显著降低甚至使生产陷入混乱状态。但是，也应注意要及时地吸收国内外先进技术，对现行工艺不断改进和完善，以便更好地指导生产。

(2)工艺规程是生产组织和管理工作的基本依据

由工艺规程所涉及的内容可以看出，在生产管理中，产品投产前原材料及毛坯的供应、通用工艺装备的准备、机械负荷的调整、专用工艺装备的设计和制造、作业计划的编排、操作工人的组织以及生产成本的核算等，都是以工艺规程作为基本依据的。在设计新厂或扩建、改建旧厂时，更需要有产品的全套的工艺规程作为决定设备、人员、车间面积和投资额等的原始资料。

3. 工艺规程的格式

将工艺规程的内容，填入一定格式的卡片，即成为工艺文件。工艺文件一般有两种：

(1)机械加工工艺过程卡片

机械加工工艺过程卡片主要列出了整个零件加工所经过的工艺路线，包括毛坯制造、机械加工和热处理等。它是制定其他工艺文件的基础，也是生产技术准备、编制作业计划和组织生产的依据。

在这种卡片中，一般工序的说明不够详细，故一般不能直接指导工人操作，而多作为生产管理使用。在单件小批生产中，通常不编制其他详细的工艺文件，而是以这种卡片指导生产，这时应编制得详细些。机械加工工艺过程卡片的格式见表2-8。

(2)机械加工工序卡片

机械加工工序卡片则更详细地说明零件的各个工序应如何进行加工。它是以工艺卡片为依据，对每一个工序分别进行编制，列出详细的生产工步，绘制工序图。它用于大批量生产的现场操作，生产行动直接根据工序卡片进行，机械加工工序卡片的格式见表2-9。

表 2-8　机械加工工艺过程卡片

工厂	机械加工工艺过程卡片			产品型号			零(部)件图号					共　页
				产品名称			零(部)件名称					第　页
材料牌号		毛坯种类		毛坯外形尺寸		毛坯件数		每台件数			备注	
工序号	工序名称	工序内容			车间	工段	工艺装备				工时	
											准终	单件
										编制（日期）	审核（日期）	会签（日期）
标记	处记	更改文件号	签字	日期	标记	处记	更改文件号	签字	日期			

表 2-9　机械加工工序卡片

工厂	机械加工工序卡片	产品型号		零(部)件图号		共　页
		产品名称		零(部)件名称		共　页
材料牌号		毛坯种类	毛坯外形尺寸	每件毛坯件数	每台件数	
工序图			车间	工序号	工序名称	材料牌号
			设备名称	设备型号	设备编号	同时加工件数
			夹具编号	夹具名称	冷却液	
					冷却液	
					工序工时	
					准终	单件

二、制定工艺规程的原则、原始资料

1. 制定工艺规程的原则

制定工艺规程的原则是：在一定的生产条件下，以最少的劳动消耗、最低的费用和按规定的速度、最可靠地加工出符合图样要求的零件，同时应注意以下问题。

(1)产品质量的可靠性

工艺规程要充分考虑和采取一切确保产品质量的措施，以期能够全面、可靠和稳定地达到设计图样上所要求的精度、表面质量和其他技术要求。

(2)技术上的先进性

在制订工艺规程时，要充分利用现有设备，挖掘企业潜力，并要了解国内外本行业工艺技术的发展水平，通过必要的工艺试验，积极采用适用的先进工艺和工艺装备。

(3)经济上的合理性

在一定的生产条件下，可能会有几种工艺方案，应通过反复比较，选择经济上最合理的方案，使产品的能源、原材料消耗和成本最低。

(4)有良好的劳动条件

在制订工艺规程时，要注意保证工人在操作时有良好、安全的劳动条件，在制订工艺方案时要注意采取机械化或自动化的措施，将工人从一些繁重的体力劳动中解放出来。

2. 需要的原始资料

在制订工艺规程时，一般应具备下列原始资料：

(1)产品的装配图和零件图。

(2)产品验收的质量标准。

(3)产品的生产纲领。

(4)毛坯资料。工艺人员要了解毛坯车间的生产能力与技术水平、各种型材的品种规格，并对毛坏提出制造要求。

(5)现场设备和工艺装备。为了使制订的工艺规程切实可行，一定要考虑现场的生产条件。要深入生产实际，了解毛坯的生产能力及技术水平，了解车间设备和工艺装备的规格及性能，熟悉工人的技术水平和专用设备、工艺装备的制造能力等。

(6)国内外生产技术的发展情况。结合本厂的实际情况进行推广，以便制订出先进的工艺规程。

(7)有关的工艺手册及图册。

三、制订机械加工工艺规程的步骤

1. 根据零件的年生产纲领确定生产类型

在制订工艺规程时，只有使所制订的工艺规程与生产类型相适应，才能取得良好的经济效益。

2. 研究图样，对零件进行工艺分析

其步骤如下：

(1)通过对零件图和有关装配图的分析，明确该零件在部件或总成中的位置、功用和结构特点，了解零件各项技术条件制定的依据，找出其主要技术要求和关键技术问题。

(2)通过对零件材料的类别、机械性能、热处理要求和可加工性等进行分析，以便初步确定适当的加工方法，合理选择刀具的材料、几何形状以及切削用量。

(3)检查零件图上的视图、尺寸、表面粗糙度、表面形状和位置公差等是否标注齐全以及各项技术要求是否合理，并审查零件的结构工艺性是否合理。表2-10是一些关于零件结构分析的典型实例。

表 2-10 典型零件结构工艺性分析

序号	结构工艺性不好	结构工艺性好	说明
1	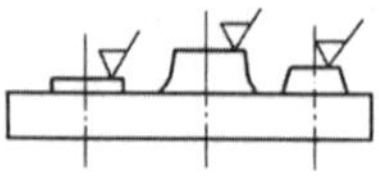	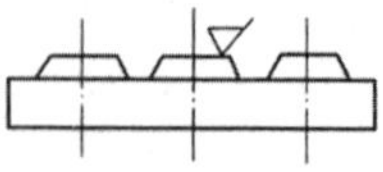	加工面设计在同一平面上，可用高生产率的方法一次加工
2	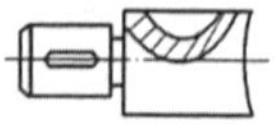	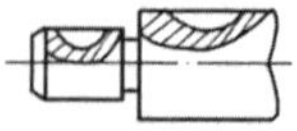	键槽方位相同，可减少装夹次数，提高生产率
3	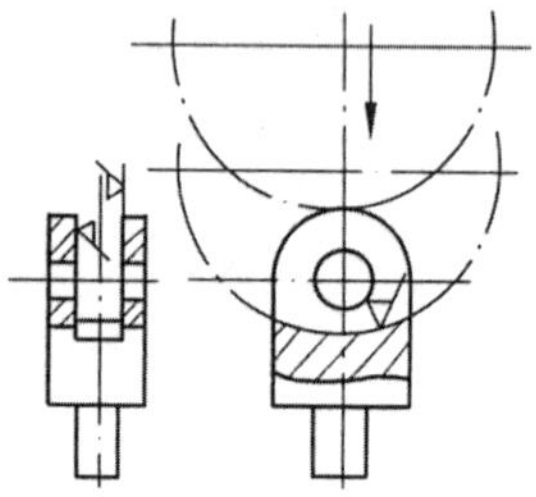	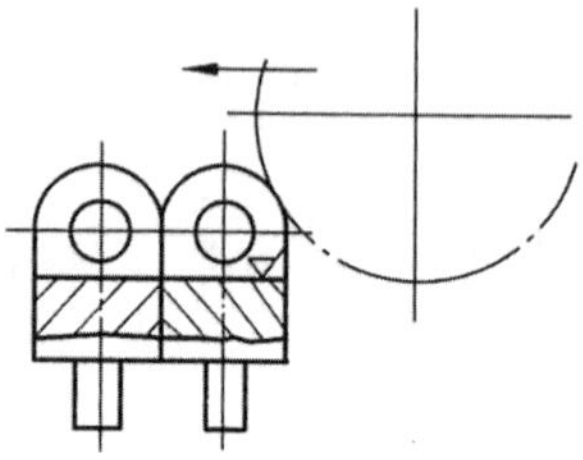	加工表面的几何形状应力求简单，如为平面时，可多件串联起来同时加工，以提高生产率，并可选用任何直径的铣刀进行铣削
4	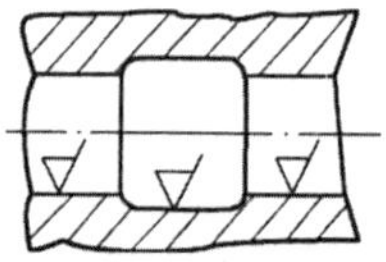	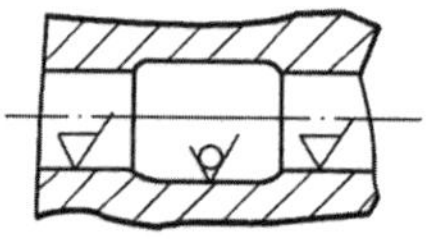	非配合表面不要设计成加工表面，以减少切削工作量
5	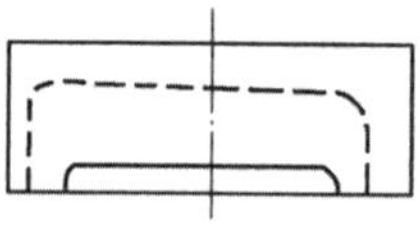	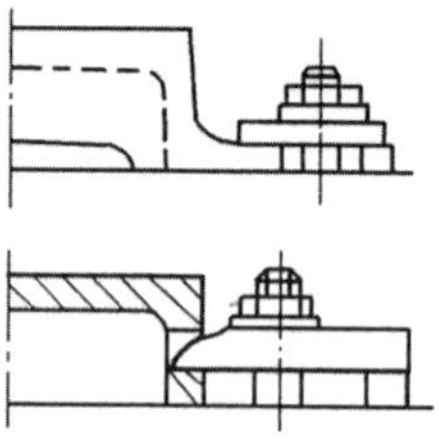	增加夹紧边缘或夹紧孔，使工件装夹时夹紧方便可靠
6	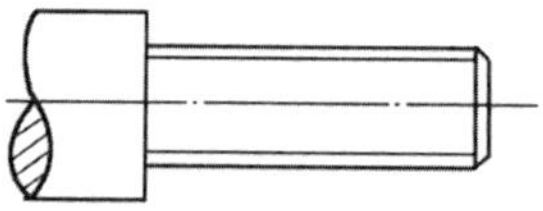	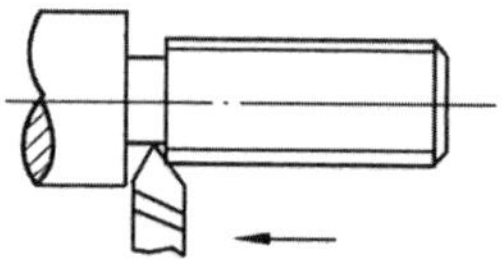	车螺纹时应设计退刀槽，以便于退刀，保证加工质量
7	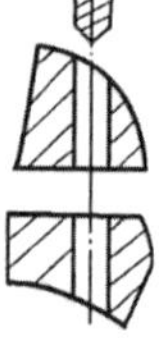	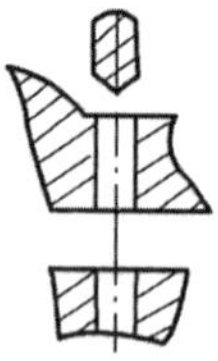	钻头切入和切出时，应避免单边切削，以防止刀具损坏或造成钻孔偏斜
8	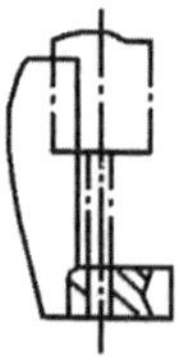	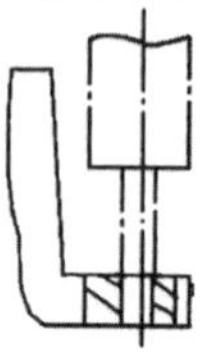	加工面便于标准刀具的引入

续表

序号	结构工艺性不好	结构工艺性好	说明
9			箱体类零件的外表面比内表面容易加工，应以外部联接表面代替内部联接表面
10			采用凸台，以减少切削面积，从而减少加工的劳动量
11			增加工件刚性，以防止装夹变形，有利于保证加工精度
12	R3 R1.5 2 2.5 3	R2 R2 2.5 2.5 2.5 6 6	轴上的圆角半径、沉割槽和键槽的宽度应尽量统一，以减少刀具种类和调整时间
13	R	R	复杂的内孔面可采用组合件，以便简化加工，这样既可减少劳动量，也易于保证加工质量

（4）根据零件主要表面的精度和表面质量要求，初步确定为达到这些要求所需的最终加工方法和相应工序；根据零件主要表面的位置精度，初步确定各加工表面的加工顺序；根据零件的热处理要求，初步确定热处理种类及其在工艺路线中的位置安排。

3．确定毛坯

在确定毛坯时，可从下面几个方面加以综合考虑：

（1）根据零件的材料及其机械性能要求确定毛坯。例如，零件材料为铸铁时，须用铸造毛坯。

(2)根据零件的结构形状和外形尺寸确定毛坯。例如,结构复杂的零件采用铸件比锻件合理;大型轴类零件一般多采用锻件。

(3)根据生产类型确定毛坯。大批大量生产应采用精度和生产率都比较高的毛坯制造方法。例如模锻、压力铸造等。单件小批生产则应采用自由锻造锻件或木模手工造型铸件。

(4)根据毛坯车间现有生产能力确定毛坯。

(5)确定毛坯时,要充分注意利用新工艺、新技术和新材料的可能性。例如,采用精密铸造、精锻、冷挤压、粉末冶金、异型钢材和工程塑料等。

4. 选择定位基准

(具体内容参见项目四)

5. 拟订工艺路线

(1)加工方法的选择

在选择各表面的加工方法时,应从以下几个方面加以综合考虑:

1)要考虑加工表面的精度和表面质量要求,确定加工方法及分几次加工。一般可按表 2-11～表 2-13 选择较合理的加工方案。

2)要考虑被加工材料性质。例如,淬火钢应采用磨削或电加工,而有色金属一般都用精车、精镗和高速精铣等方法进行精加工。

3)根据生产类型选择。在单件小批量生产时,一般采用通用设备和一般加工方法;在大批大量生产中,可采用专用高效率设备和专用工艺装备。

4)要考虑本厂(或车间)的现有设备状况和技术条件,充分利用现有设备,挖掘企业潜力。

表 2-11　外圆表面加工方案

序号	加工方案	经济精度等级	表面粗糙度 Ra	适用范围
1	粗车	IT12～IT11	50～12.5	适用于淬火钢以外的各种金属
2	精车—半精车	IT9～IT8	6.3～3.2	
3	粗车—半精车—精车	IT7～IT6	1.6～0.8	
4	粗车—半精车—精车—滚压(或抛光)	IT6～IT5	0.2～0.025	
5	粗车—半精车—磨削	IT7～IT6	0.8～0.4	主要用于淬火钢,也可用于未淬火,但不宜加工有色金属
6	粗车—半精车—粗磨—精磨	IT6～IT5	0.4～0.1	
7	粗车—半精车—粗磨—精磨—超精加工(或轮式超精磨)	IT5	0.1～0.012	
8	粗车—半精车—精车—金刚石	IT6～IT5	0.4～0.025	主要用于要求较高的有色金属加工
9	粗车—半精车—精磨—精磨—超精磨(或镜面磨)	IT5 以上	0.025～0.006	极高精度的外圆加工
10	粗车—半精车—粗磨—精磨—研磨	IT5 以上	0.1～0.006	

表 2-12 孔加工方案

序号	加工方案	经济精度等级	表面粗糙度 Ra	适用范围
1	钻	IT12～IT11	12.5	加工未淬火钢及铸铁的实心毛坯，也可用于加工有色金属，但表面粗糙度稍大，孔径小于 20mm
2	钻—铰	IT9～IT8	3.2～1.6	
3	钻—粗铰—精铰	IT8～IT7	1.6～0.8	
4	钻—扩	IT11～IT10	12.5～6.3	同上，但是孔径大于 20mm
5	钻—扩—铰	IT9～IT8	3.2～1.6	
6	钻—扩—粗铰—精铰	IT7	1.6～0.8	
7	钻—扩—机铰—手铰	IT7～IT6	0.4～0.1	
8	钻—扩—拉	IT9～IT7	1.6～0.1	大批量生产（精度由拉刀的精度确定）
9	粗镗（或扩孔）	IT12～IT11	12.5～6.3	除淬火钢外各种材料，毛坯有铸出孔或锻出孔
10	粗镗（粗扩）—半精镗（精扩）	IT9～IT8	3.2～1.6	
11	粗镗（扩）—半精镗（精扩）—精镗（铰）	IT8～IT7	1.6～0.8	
12	粗镗（扩）—半精镗（精扩）—精镗—浮动镗刀块精镗	IT7～IT6	0.8～0.4	
13	粗镗（扩）—半精镗—磨孔	IT8～IT7	0.8～0.2	主要用于淬火钢，也可用于未淬火钢，但不宜用于加工有色金属
14	粗镗—半精镗—精磨—精磨	IT7～IT6	0.2～0.1	
15	粗镗—半精镗—精镗—金刚镗	IT7～IT6	0.4～0.05	主要用于精度要求高的有色金属加工
16	钻—扩—精铰—精铰—珩磨 钻—扩—拉—珩磨 粗镗—半精镗—精镗—珩磨	IT7～IT6	0.2～0.025	精度要求很高的孔
17	以研磨代替上述方案中的珩磨	IT6～IT5	0.1～0.006	

表 2-13 平面加工方案

序号	加工方案	经济精度等级	表面粗糙度 Ra	适用范围
1	粗车—半精车	IT9～IT8	6.3～3.2	端面
2	粗车—半精车—精车	IT7～IT6	1.6～0.8	
3	粗车—半精车—磨削	IT9～IT7	0.8～0.2	
4	粗刨（或粗铣）—精刨（或精铣）	IT9～IT7	6.3～1.6	不淬硬平面（端铣的表面粗糙度可较小）

续表

序号	加工方案	经济精度等级	表面粗糙度 Ra	适用范围
5	粗刨(或粗铣)—精刨(或粗铣)—刮研	IT7～IT5	0.8～0.1	精度要求较高的不淬硬平面，批量较大时宜采用宽刃精刨方案
6	粗刨(或粗铣)—精刨(或精铣)—宽刃精刨研	IT6	0.8～0.2	
7	粗刨(或粗铣)—精刨(或精铣)—磨削	IT7～IT6	0.8～0.2	精度要求较高的淬硬平面或不淬硬平面
8	粗刨(或粗铣)—精刨(或精铣)—粗磨—精磨	IT6～IT5	0.4～0.025	
9	粗铣—拉	IT9～IT6	0.8～0.2	高精度平面
10	粗铣—精铣—磨削—研磨	IT5	0.1～0.006	

(2)加工阶段的划分

零件的加工质量要求较高时，常把整个加工过程划分为以下几个阶段：

1)粗加工阶段。其主要任务是切除大部分加工余量，应着重考虑如何提高生产率。

2)半精加工阶段。完成一些次要表面的加工，并为主要表面的精加工做好准备。

3)精加工阶段。使各主要表面达到图纸规定的技术要求。

4)光整加工阶段。对于质量要求很高的表面(IT6 及 IT6 以上，$Ra \leqslant 0.32\mu m$)需要进行光整加工，主要用于进一步提高尺寸精度和减小表面粗糙度值。

划分加工阶段的原因是可保证加工质量，可合理使用机床，可及时发现毛坯缺陷，可适应热处理工序的需要。

上述阶段的划分并不是绝对的，需要根据具体情况来决定。如当工件质量要求不高、工件的刚性不足、毛坯质量高、加工余量小时，则可以不划分加工阶段。

(3)加工顺序的安排

1)机加工工序的安排原则

①先粗后精。先进行粗加工，后进行精加工。

②先基面后其他。先用粗基准定位加工出精基准面，再以精基准定位加工其他表面。若精基准不止一个，则应按照基面转换顺序和逐步提高加工精度的原则来安排基面和主要表面的加工。

③先主后次。先加工零件上的装配基面和工作表面等主要表面，后加工键槽、紧固用的光孔和螺孔等次要表面。

④先面后孔。先加工平面，后加工孔。

2)热处理工序的安排

①预备热处理。退火与正火常安排在粗加工之前，以改善切削加工性能和消除毛坯内应力；调质一般安排在粗加工之后，以保证调质层的厚度；时效处理用以消除毛坯制造和机械加工中产生的内应力。对精度要求不高的铸件，一般在粗加工之前安排一次人工时效处理即可；对高精度复杂铸件，应在粗加工前后都要进行时效处理；对刚性差的精密零件(如精密丝杠)应在粗加工、半精加工和精加工过程中安排多次人工时效。

②最终热处理。主要用以提高零件的表面硬度和耐磨性以及防腐、美观等。淬火、渗碳

淬火等安排在半精加工之后、磨削加工之前进行。氮化处理应安排在粗磨之后、精度之前进行。表面镀层、发蓝等表面处理，应安排在机械加工完毕之后进行。

3)辅助工序的安排。检验工序是重要的辅助工序，除各工序操作者自检外，在关键工序之后、送往外车间加工前后、零件全部结束加工后，一般均要安排检验工序。

此外，去毛刺、清洗、涂防锈油等都是不可忽视的辅助工序，应分别安排于工艺过程所需之处。

4)工序的集中与分散。工序集中与工序分散是拟订工艺规程的两个不同原则。工序集中是指工艺过程中所安排的工序数较少，而每道工序中所包括的工步数则较多。集中到极限时，仅一道工序就可把工件加工到图样规定的要求。工序分散则是工艺过程所包括的序数较多，而每一工序中所包括的工步数则较少。分散到极限时，每道工序仅包括一个简单工步。

工序集中的特点是工序数目少、工件装夹次数少，缩短了工艺路线，相应减少了操作工人人数和生产面积，并简化了生产管理；可在一次安装中加工许多表面，容易保证各面的相互位置精度；使用设备少，大量生产可采用高效专用机床，以提高生产率。但采用复杂的专用设备和工艺装备，使调整费时费事，生产准备工作量大。

工序分散的特点是工序内容简单，有利于选择最合理的切削用量；便于采用通用设备、简单的机床和工艺装备，生产准备工作量小，容易变换产品；对工人的技术水平要求不高。但需要的设备和工人数量多，生产面积大，工艺路线长，生产管理复杂。

在一般情况下，单件小批生产适于采用工序集中原则，而大批大量生产中既可采用工序集中原则，也可采用工序分散原则。由于近代计算机控制的数控机床及加工中心的飞速发展，现代生产一般趋向于采用工序集中来组织生产。

6. 加工余量及工序尺寸与公差的确定

(1)加工余量的确定

加工余量是指在毛坯变为零件的加工过程中，从被加工表面上切除的金属层厚度，它分为加工总余量和工序余量。毛坯尺寸与零件设计尺寸之差称为加工总余量，相邻两工序的尺寸之差称为工序余量。加工总余量等于各工序余量之和。

回转表面(外圆及内孔)的加工余量是对称的双边余量，即加工余量是从直径上计算的，其实际切除的金属层厚度是直径上加工余量的一半；平面加工余量是非对称的单边余量，它等于实际切除的金属层的厚度。

由于毛坯制造和各工序尺寸都有误差，所以加工余量又分为公称余量、最大余量和最小余量。如图 2-7 所示，公称余量是前工序和本工序基本尺寸之差，从手册上查到的余量一般都是公称余量；最大余量是前工序最大工序尺寸与本工序最小工序尺寸之差；最小余量是前工序最小工序尺寸与本工序最大工序尺寸之差。工序余量的变动范围等于前工序与本工序两工序尺寸公差之和。工序尺寸公差的标注规则：孔与孔(或平面)之间距离尺寸应按对称偏差标注。毛坯尺寸偏差一般是双向标注的。工序尺寸的公差一般规定按“入体原则”标注，即对被包容(如轴、键宽)取上偏差为零，工序的基本尺寸等于最大极限尺寸；对包容面(如孔、键槽)取下偏差为零，工序的基本尺寸等于最小极限尺寸。

确定加工余量方法有分析计算法、经验估计法和查表法，其中查表法在实际生产中应用广泛。

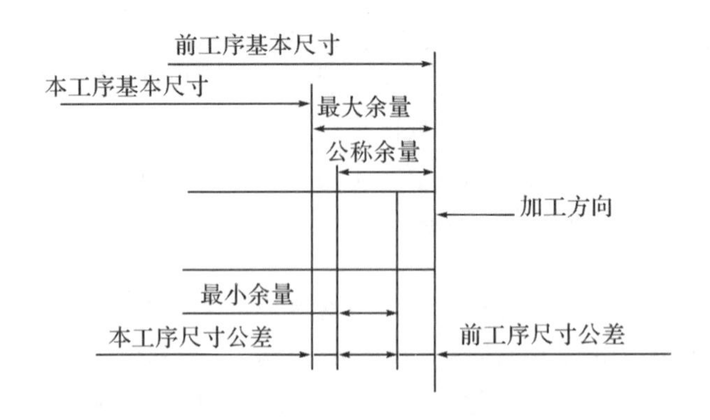

图 2-7　被包容加工余量和工序尺寸及公差

(2)工序尺寸及其公差的确定

当工序基准与设计基准重合时，被加工表面最终工序的尺寸及公差可直接按零件图样规定的尺寸和公差确定。通过查表法确定各工序的加工余量，根据表 2-11～2-13 中经济精度等级确定各工序尺寸公差，中间各工序尺寸则根据零件图样规定尺寸依次加上(对于被包容面)或减去(对于包容面)各工序余量求得，计算的顺序是由后向前推算，直到毛坯尺寸。

例　某小轴上有一外圆面，直径为ϕ28h6，表面粗糙度 Ra 值为 0.8μm，其加工方案为粗车、精车、淬火和磨削。生产类型为成批生产，毛坯为普通精度热轧圆钢，试计算各次加工的工序尺寸及其公差。

查工艺手册可得各工序的加工余量和所能达到的加工经济精度，见表 2-14 所示的第 2、4 两列，计算结果列于第 3、5 两列。

表 2-14　工序尺寸及其公差的计算

工序名称	工序余量	工序基本尺寸	工序尺寸的公差	工序尺寸及其公差
磨外圆	0.3	28	0.013(IT6)	$\phi 28_{-0.013}^{0}$
精车外圆	0.9	28＋0.3＝28.3	0.084(IT10)	$\phi 28.3_{-0.084}^{0}$
粗车外圆	(2.8)	28.3＋0.9＝29.2	0.28(IT12)	$\phi 29.2_{-0.013}^{0}$
毛坯	4	28＋4＝32	${}_{-0.25}^{+0.40}$	$\phi 32_{-0.25}^{+0.40}$

7. 确定各工序机床设备及工艺装备

(1)机床的选择

确定了工序集中或分散的原则后，基本上也确定了设备的类型。如工序集中时，可选择高效、多刀、多轴机床；若采用工序分散原则，可选用简单通用的机床。

在选择机床时应注意以下几点：

1)机床的主要规格尺寸应与加工零件的外形轮廓尺寸相适应，即小零件应选小的机床，大零件应选大的机床，使设备合理使用。

2)机床的精度应与工序要求的加工精度相适应，即加工高精度的零件应选择高精度的机床，在缺乏精密设备时，可通过设备改装，以粗代精。

3)机床的生产率与加工零件的生产纲领相适应，即单件小批选择通用设备，大批大量选择专用设备。

4)机床的选择应结合现场的实际情况,即现有设备的实际精度、类型及规格状况、设备负荷的平衡状况以及操作者的实际水平等。

(2)工艺装备的选择

工艺装备包括夹具、刀具、模具和量具等。

1)夹具的选择

一般而言,单件小批生产应尽量选择通用夹具,如各种卡盘、平口钳、回转台等。大批大量生产应尽量选择高生产率的气、液传动的专用夹具,也可选择成组夹具。夹具的精度应与加工精度相适应。

2)刀具的选择

一般情况下采用标准刀具,必要时也可采用各种高生产率的复合刀具,以及一些专用刀具。刀具的类型、规格及精度等级应符合加工要求。

3)量具的选择

单件小批生产应选择通用量具,如游标卡尺和百分尺等;大批大量生产应选择各种量规和设计一些高生产率的专用量具。量具的精度必须与加工精度相适应。

8. 确定各工序切削用量及时间定额

(1)确定切削用量

在工艺规程中一般对切削用量不作规定,由操作者结合具体生产情况来选取。但对大量生产中,在自动机床、组合机床上加工的工序及加工质量要求很高的关键工序,应科学合理地规定切削用量

(2)时间定额的估算

在一定生产条件下,规定生产一件产品或完成一道工序所需要的时间,称为时间定额。合理的时间定额能促进工人的生产技能和技术熟练程度的不断提高,能调动工人的积极性,从而不断促进生产向前发展和不断提高生产效率。时间定额是安排生产计划和成本核算的主要依据,在设计新厂时,是计算设备数量、布置车间、计算工人数量的依据。

为了合理确定时间定额和探讨提高生产效率的工艺途径,必须了解单件生产时间及其组成。一般将完成零件一个工序的时间称为单件时间,它包括以下组成部分。

1)作业时间 t_z

直接用于制造产品或零部件所消耗的时间称为作业时间。它是由基本时间 t_j 和辅助时间 t_f 组成的

直接改变生产对象的尺寸、形状、相对位置、表面状态或材料性质等工艺过程所消耗的时间,称为基本时间 t_j。它包括刀具的趋近、切入、切削加工和切出等所消耗的时间。

以外圆车削为例。

$$t_j=\frac{L_{计}\times i}{n\times f} \tag{2-2}$$

式中:t_j—— 基本时间(min);

$L_{计}$——工作行程长度(它包括刀具切入、切出长度,mm);

i——走刀次数;

n——工件转速(r/min);

f——刀具进给量(mm/r)。

为实现工艺过程所必须进行的各种辅助动作所消耗的时间，称为辅助时间 t_f。如装卸工件、启动和停开机床、改变切削用量、测量工件等所消耗的时间。

2)布置工作地时间 t_p

为使加工正常进行，工人管理工作地（如更换刀具、润滑机床、清理切屑、收拾工具等）所消耗的时间称为布置工作地时间。t_p 很难精确估计，一般按作业时间 t_z 的百分数 α（2%～7%）来计算。

3)休息与生理需要时间 t_x

指工人在工作时间内为恢复体力和满足生理上的需要所消耗的时间，也按作业时间的百分数 β（一般取 2%）来计算。

所有上述时间的总和称为单件时间 $t_{单件}$，即

$$t_{单件}=t_z+t_p+t_x=(1+\alpha+\beta)t_z=(1+\alpha+\beta)(t_j+t_f) \tag{2-3}$$

4)生产准备与终结时间 t_{zj}

工人为了生产一批产品或零部件，进行准备和结束工作所消耗的时间，称为生产准备与终结时间。

在成批生产中，每加工一批工件的开始和终了时，需要一定时间完成以下工作：加工一批工件开始时，需熟悉工艺文件，领取毛坯、刀具、量具，安装刀具、夹具，调整机床等；在加工一批工件终结时，还要拆下并归还工艺装备，送交成品等。准备与终结对一批零件只需要一次，零件批量 m 越大，分摊到每个工件上的准备与终结时间越小。为此，成批生产时的单件时间定额为

$$t_{定额}=t_{单件}+\frac{t_{zj}}{m}=(1+\alpha+\beta)(t_j+t_f)+\frac{t_{zj}}{m} \tag{2-4}$$

大批生产（零件批量 m 很大）时，$\frac{t_{zj}}{m}$ 可忽略不计，这时的单件时间定额为

$$t_{定额}=(1+\alpha+\beta)(t_j+t_f)=t_{单件} \tag{2-5}$$

大量生产时，每个工作地始终完成某一固定工作，由于数量 m 很大，所以在计算单件工时中不计入准备和终结时间。

(3)提高劳动生产效率的途径

在制订工艺规程时，必须妥善处理劳动生产效率与经济性问题。机械制造工艺规程的优劣，是以经济效果的好坏为判别标准的，也就是说要力求机械制造的产品优质、高产、低成本。

劳动生产效率是指一个工人在单位时间内生产出的合格产品的数量，也可用完成单件产品或单个工序所耗费的劳动时间来表示。机械加工的经济性，则是研究如何用最少的消耗来生产出合格的机械产品。

提高劳动生产效率不单纯与机械加工技术有关，还与产品设计、生产组织与管理工作有关，是个系统工程的问题。这里主要讨论与机械加工工艺有关的提高劳动生产效率的途径。

合理地利用高生产效率的机床和工艺装备，采用先进的工艺方法，进而达到缩减各个工件的单件时间，是提高生产效率的根本途径。

9. 填写工艺文件

例　表 2-15 为定位片机械加工工艺卡片。

表 1-15　定位片机械加工工艺卡片

零件图	厂　名		机械加工工艺卡片	
	车　间			
	产品名称	零件名称	零件号	
	蒸汽轮机	定位片		
	材料牌号	25Cr2MoV	零件毛重	
	毛坯种类	方型条钢	零件净重	
	形状与尺寸	方条 44×34×104	材料消耗定额/kg	
			每台产品零件数	312
	零件由何处收到	零件送交何处	第　页	
			共　页	

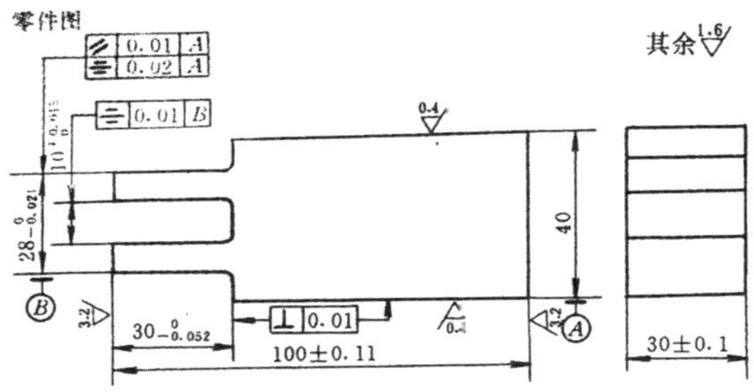

工序号数	安装号数	工步号数	工序、安装和工步说明	机床设备名称和编号	夹具名称和编号	切削工具名称和编号	量具名称和编号	辅助工具名称和编号	计算的加工长度	铣削用量						工人等级	单件基本时间/min
										铣削层宽度	铣削层深度	进给速度	铣削速度	主轴转速	进给次数		
1	A	1	铣基准面	双轴铣	专用夹具	φ163 镶片端铣刀	游标卡尺		160	40	2	150	33	150	1		1.6
2	A	1	磨基准面	平面磨床			千分尺										
3	A	1	精铣另二侧面	双轴铣	专用夹具	φ163 镶片端铣刀	游标卡尺		160	40	2	118	40	195	1		2
4	A	1	铣准两端面	双轴铣	专用夹具	φ163 镶片端铣刀	游标卡尺		46	40	2	150	33	150	1		0.3
5	A	1	粗铣阶台、沟槽	卧式铣床	专用夹具	组合专用铣刀	样板		45	40	40	60	20	60	1		0.9
6	A	1	精铣阶台、沟槽	精密卧式铣床	专用夹具	组合专用铣刀	样板	扭力扳手	45	40	0.5 (40)	47.5	30	95	1		1

表 2-16 为铣削样板外形的工序卡片。

表 2-16　铣削样板外形的工序卡片

工厂名称	产品名称	样　板	工艺规程号码		零件图号
	零件名称	外形样板			
制卡部门					
			工序名称		工序号码
			铣外形		1
			装配成样板		2 件
			材　料		
			名　称	尺　寸	
			50	210mm×260mm×12mm	
			设备	工种	等级
			X52 型立式铣床	铣工	
			下一工序的名称		
			铣　圆　槽		

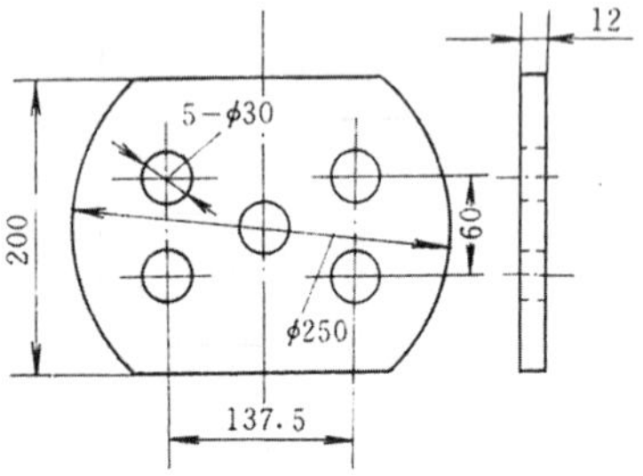

安装号码	工步号码	工步和安装的内容	工　步　图	夹具	工具		铣　圆　槽					
					刀具	量具	铣削层深度 t /mm	每齿进给量 f_s /(mm·z^{-1})	铣削速度 v/(m·min^{-1})	铣刀每分钟转数 n	行程次数	同时加工零件的数量
A		用中间 ϕ30mm 孔把毛坯装在圆转台的销钉上，并用两个螺栓固定在工作台上		圆转台								
A	1	按照划线铣外形一面的直线部分	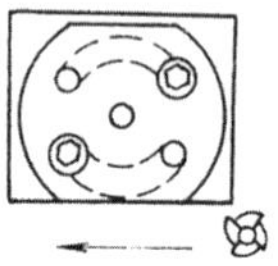	圆转台	ϕ30mm 的高速钢带尾铣刀	游标卡尺	5	0.08	24	235	1	1
	2	按照划线铣外形一面的曲线部分	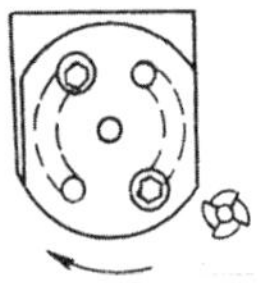	圆转台	ϕ30mm 的高速钢带尾铣刀	游标卡尺	5	0.08	24	235	4	1
	3	按照划线铣外形另一面的直线部分	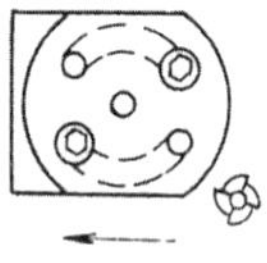	圆转台	ϕ30mm 的高速钢带尾铣刀	游标卡尺	3	0.08	24	235	1	1
	4	按照划线铣外形另一面的曲线部分	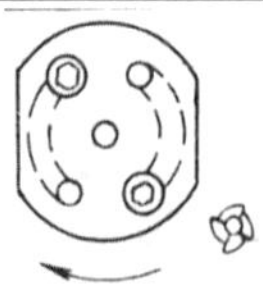	圆转台	ϕ30mm 的高速钢带尾铣刀	游标卡尺	3	0.08	24	235	1	1

任务拓展

拓展任务描述：写出表 2-16 样板图纸的工艺规程。

1)想一想

- 表 2-16 样板图纸的工艺规程。

2)试一试

- 写出表 2-16 样板图纸的工艺规程。

作业练习

一、判断题

1. 轴类零件常用两中心孔作为定位基准，这是遵循了“自为基准”原则。(　　)
2. 选择平整和光滑的毛坯表面作为粗基准，其目的是可以重复装夹使用。(　　)
3. 在同一工作地长期地重复进行某一工件、某一工序的加工，为大量生产。(　　)
4. 在机械加工中，一个工件在同一时刻只能占据一个工位。(　　)
5. 单件生产时，应尽量利用现有的专用设备和工具。(　　)
6. 划分加工阶段的目的之一是便于安排热处理工序。(　　)
7. 箱体类零件一般先加工孔，后加工平面。(　　)
8. 数控机床加工的零件，一般按工序分散原则划分工序。(　　)
9. 基本时间和辅助时间的总和称为作业时间。(　　)
10. 加工路线是指刀具相对于工件运动的轨迹。(　　)

二、单项选择题

1. 生产过程、工艺过程机械加工工艺过程的关系下列正确的是(　　)。

A. 生产过程＜工艺过程＜机械加工工艺过程

B. 生产过程＞工艺过程＞机械加工工艺过程

C. 工艺过程＞生产过程＞机械加工工艺过程

D. 生产过程＜工艺过程＜机械加工工艺过程

2. 单件小批生产时，工序划分通常(　　)。

A. 采用分散原则　　B. 采用集中原则

C. 采用统一原则　　D. 随便划分

3. 直接切除工序余量所消耗的时间称为(　　)。

A. 基本时间　　B. 辅助时间　　C. 作业时间　　D. 准备和终结时间

4. 直接选用加工表面的(　　)作为定位基准称为基准重合原则。

A. 精基准　　B. 粗基准　　C. 工艺基准　　D. 工序基准

5. 基准统一原则的特点是(　　)。

A. 加工表面的相互位置精度高　　B. 夹具种类增加

C. 工艺过程复杂　　D. 加工余量均匀

6. 关于粗基准选择的说法中正确的是(　　)。

A. 粗基准选得合适，可重复使用

B. 为保证其重要加工表面的加工余量小而均匀，应以该重要表面作粗基准

C. 选加工余量最大的表面作粗基准

D. 粗基准的选择,应尽可能使加工表面的金属切除量总和最大

7. 以(　　)装夹轴类零件,既符合基准重合原则,又能使基准统一。

A. 三爪自定心卡盘　　B. 四爪单动卡盘

C. 两顶尖　　D. 一夹一顶

8. 套类零件以心轴定位车削外圆时,其定位基准面是(　　)。

A. 心轴外圆柱面　　B. 工件内圆柱面

C. 心轴中心线　　D. 工件孔中心线

9. 在车削轴类零件时,各档外圆的加工余量相差较多时,应选择余量(　　)的外圆进行校正或装夹。

A. 较多　　B. 较少　　C. 无要求　　D. 一般

10. 数控机床加工的零件,工序划分通常(　　)。

A. 采用集中原则　　B. 采用分散原则　　C. 采用统一原则　　D. 随便划分

11. 必须保证所有加工表面都有足够的加工余量,保证零件加工表面和不加工表面之间具有一定的位置精度,这两个基本要求的基准称为(　　)。

A. 精基准　　B. 粗基准　　C. 工艺基准　　D. 辅助基准

12. 下列选项中,正确的切削加工工序安排的原则是(　　)。

A. 先孔后面　　B. 先次后主　　C. 基面先行　　D. 先远后近

任务三　切削运动

任务目标

1. 掌握切削过程中的工作运动

2. 掌握切削过程中在工件上形成的表面

知识要求

- 掌握各种切削加工运动
- 掌握切削加工时在工件上形成的三个表面的含义

技能要求

- 能熟练指出切削过程中形成的表面

任务描述

根据图纸,在任务表中按顺序分别写出车削、铣削加工中的运动表面。

任务准备

图纸,如图 2-8 所示。

任务实施

1. 操作准备

笔

2. 操作步骤

(1)阅读与该任务相关的知识

(2)分析图纸

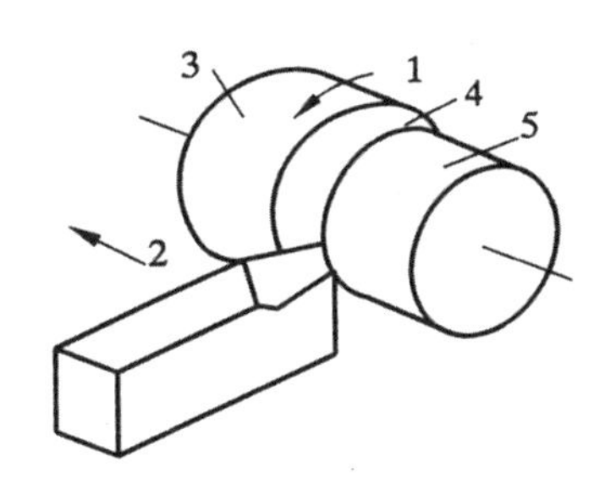

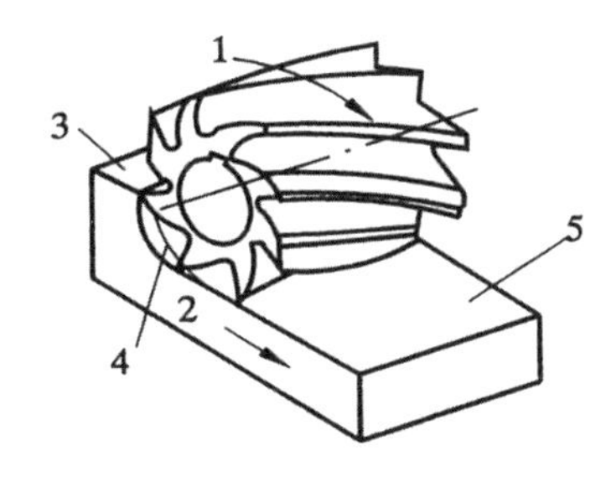

图 2-8　车削加工与铣削加工

3. 任务评价(见表 2-17)

表 2-17　任务评价

项目	序号	评价内容	配分	得分
车削加工	1		9	
	2		9	
	3		9	
	4		9	
	5		9	
铣削加工	1		9	
	2		9	
	3		9	
	4		9	
	5		9	
职业素养			10	
合计			100	
总分				

注意事项:
在判断加工过程中形成的表面时,一定要先分析刀具或工件的运动方向。

知识链接

一、切削运动

在金属切削加工过程中,一方面必须使刀具的材料比工件材料硬,另一方面必须使刀具与工件之间有相对运动,这样刀具才能切除工件上多余的金属层。刀具与工件之间的这种相对运动就称之为切削运动。按切削运动在切削加工中的功用不同,可分为主运动和进给运动。

1. 主运动

主运动是指由机床或人力提供的主要运动,它使刀具和工件之间产生相对运动,从而使

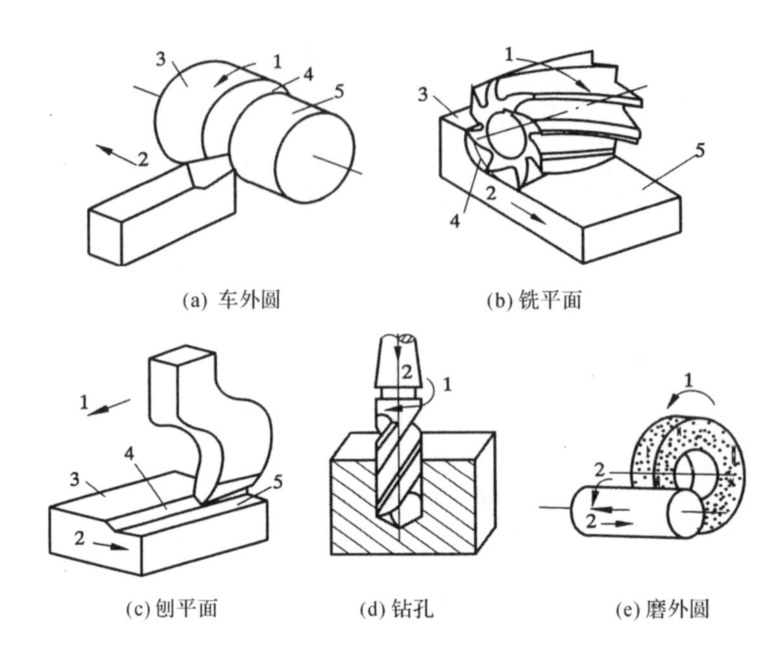

1-主运动　2-进给运动　3-待加工表面　4-过渡表面　5-已加工表面

图 2-9　常见的切削运动

刀具前刀面接近工件并切除切削层。它可以是旋转运动，如车削(图 2-9(a))时工件的旋转运动；铣削(图 2-9(b))时铣刀的旋转运动；也可以是直线运动，如刨削时刀具的往复直线运动(图 2-9(c))。

2. 进给运动

进给运动是指由机床或人力提供的运动，它使刀具与工件之间产生附加的相对运动。加上主运动，即可间断地或连续地切除切削层，并得出具有所需几何特性的已加工表面。它可以是连续的运动，如车削外圆时车刀平行于工件轴线的纵向运动(图 2-9(a))；也可以是间断运动，如刨削平面时工件的间歇横向直线运动等。进给运动的特点是消耗的功率比主运动小得多。

主运动可以由工件完成(如车削、龙门刨削等)，也可以由刀具完成(如钻削、铣削等)。进给运动同样可以由工件完成(如铣削、磨削等)或刀具完成(如车削、钻削等)。

在各类切削加工中，主运动只有一个，而进给运动可以有一个(如车削)、两个(如磨削)或多个，甚至没有(如拉削)。

二、加工中的工件表面

切削过程中，工件上多余的材料不断地被刀具切除而转变为切屑。因此，工件在切削过程中形成了 3 个不断变化着的表面，如图 2-9 所示。

1. 已加工表面

工件上经刀具切削后产生的表面称为已加工表面。

2. 过渡表面

过渡表面就是由切削刃形成的那部分表面，它在下一切削行程(如刨削)、刀具或工件的下一转(如单刃镗床或车床)里被切除，或者由下一切削刃(如铣削)切除。

3. 待加工表面

工件上有待切除切削层的表面称为待加工表面。

作业练习

一、判断题

切削加工中进给运动可以是一个、两个或多个，甚至没有。(   )

二、单项选择题

1. 切削过程中，工件与刀具的相对运动按其所起的作用可分为(   )。

A. 主运动和进给运动　　B. 主运动和辅助运动

C. 辅助运动和进给运动　　D. 主运动、进给运动和辅助运动

2. 切削加工中，(   )主运动。

A. 只有一个　　B. 可以有两个　　C. 可以有三个　　D. 可以有多个

3. 合成切削运动是由(   )合成的运动。

A. 主运动和进给运动　　B. 主运动和辅助运动

C. 辅助运动和进给运动　　D. 主运动、进给运动和辅助运动

任务四　切削用量三要素

任务目标

1. 熟悉切削用量三要素的定义
2. 熟悉切削用量的选择原则
3. 了解影响切削用量的因素

知识要求

- 掌握切削用量三要素的定义
- 掌握切削用量的选择原则
- 了解影响切削用量的因素

技能要求

- 能熟练计算切削用量

任务描述

完成切削用量的计算。

任务准备

计算：在车床上车一直径为60mm的轴，现要一次进给车至直径为52mm。如果选用切削速度为80m/min，求车床主轴转速和背吃刀量。

任务实施

1. 操作准备

计算器

2. 操作步骤

(1)阅读与该任务相关的知识

(2)分析题目

列出已知条件

已知:$D=60,d=52,V_c=80$

(3)计算

3. 任务评价(表 2-18)

表 2-18　任务评价

序号	评价内容	配分	得分
1	切削速度	45	
2	背吃刀量	45	
3	职业素养	10	
合计		100	
总分			

注意事项:

计算切削速度时 D 是最大直径,不要选错,转速是整数,不能有小数。

知识链接

一、切削用量三要素

切削用量是表示切削加工中主运动和进给运动的参数。切削用量包括完成切削工作具备的切削速度 V_c、进给量 f、背吃刀量(切削深度)a_p,称为切削用量三要素。

1. 切削速度

进行切削加工时,刀具切削刃上的某一点相对于待加工表面在主运动方向上的瞬时速度称为切削速度,用 V_c 表示,单位是 m/min。

主运动为旋转运动时,切削速度取其线速度,计算公式为:

$$V_c=\frac{\pi Dn}{1000} \tag{2-6}$$

式中:D——工件待加工表面(或刀具)最大直径(mm);

n——工件(或刀具)转速,r/min。

2. 进给量

进给量是工件或刀具每回转一周时,两者沿进给运动方向移动的距离,如图 2-9 所示,用 f 表示,单位是 mm/r。

进给速度是指单位时间内工件或刀具沿进给方向移动的距离,用 V_f 表示,单位为 mm/min。

$$V_f=nf$$

对于铣刀、铰刀、拉刀、齿轮滚刀等多刃切削工具,在它们进行工作时,还应规定每一个刀齿的进给量 f_z,即后一个刀齿相对于前一个刀齿的进给量,单位为 mm/z(z 为铣刀齿数)。

$$f_z=\frac{f}{z} \tag{2-7}$$

3. 背吃刀量

对车削和刨削加工来说，背吃刀量为工件上已加工表面和待加工表面间的垂直距离，如图 2-10 所示，用 a_p 表示，单位为 mm。

$$a_p=\frac{D-d}{2} \tag{2-8}$$

式中：D——工件待加工表面直径，mm；

d——工件已加工表面直径，mm。

对于钻孔工作，$a_p=\frac{d}{2}$。

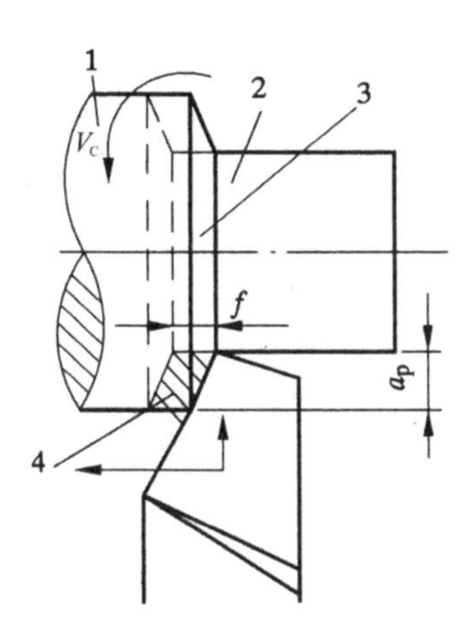

1-待加工表面　2-已加工表面　3-过渡表面　4-切削横截面

图 2-10　背吃刀量和进给量

二、切削用量选择原则

切削用量三要素中影响刀具耐用度最大的是背吃刀量，其次是进给量，最小的是切削速度。在粗加工选择切削用量时，首先选择尽可能大的背吃刀量；其次，根据机床动力和刚度限制或已加工表面粗糙度的要求，选择尽可能大的进给量 f；最后选定合理的切削速度。半精加工和精加工时，首先要保证价格精度和表面质量，同时要兼顾必要的刀具耐用度和生产效率。因此，一般都选用较小的背吃刀量和进给量，在保证合理刀具耐用度的前提下，确定合理的切削速度。

三、影响切削用量的因素

1. 影响切削速度的因素

(1)刀具材质

刀具材料不同，允许的最高切削速度不同。高速钢刀具耐高温切削速度不到 50m/min，碳化物刀具耐高温切削速度可达 100m/min 以上，陶瓷刀具的耐高温切削速度可高达 1000m/min。

(2)工件材料

工件材料硬度高低会影响刀具切削速度，同一刀具加工硬材料时切削速度需降低，而加工软材料时，切削速度可以提高。

(3)刀具寿命

刀具使用时间(寿命)要求长,则应采用较低的切削速度。反之,可采用较高的切削速度。

(4)背吃刀量与进给量

背吃刀量与进给量大,切削抗力也大,切削热会增加,故切削速度应降低。

(5)刀具的形状

刀具的形状、角度的大小、刃口锋利程度都会影响切削速度的选取。

(6)切削液使用

在切削时使用切削液,可有效降低切削热,从而提高切削速度。

(7)机床性能

机床刚性好、精度高可提高切削速度,反之,则须降低切削速度。

2. 影响背吃刀量与进给量的因素

背吃刀量主要受机床刚度的制约,在机床刚度允许的情况下,尽可能取大值,如果不受加工精度的限制,可以使背吃刀量等于零件的加工余量。这样可以减少进给次数。

进给量或进给速度要根据工件的加工精度、表面粗糙度、刀具和刀具材料来选。它们对断屑的影响最大。最大进给量或进给速度受机床刚度和进给驱动及数控系统的限制。

任务拓展

拓展任务描述:在铣削、磨削过程中,它们的切削运动三要素计算是否一致?

1)想一想

- 铣削加工中表示进给量的方法有三种。

2)试一试

- 铣削、磨削过程中,主运动的速度计算。

作业练习

一、判断题

切削用量包括切削速度、进给量和背吃刀量。(　　)

二、单项选择题

1. 进给量是刀具在进给运动方向上相对于(　　)的位移量。

A. 机床主轴　　B. 工件　　C. 夹具　　D. 机床工作台

2. 背吃刀量一般指工件上(　　)间的垂直距离。

A. 待加工表面和过渡表面　　B. 过渡表面和已加工表面

C. 已加工表面和待加工表面　　D. 过渡表面中点和已加工表面

3. 在计算切削速度的公式中,车外圆时直径是指(　　)的直径。

A. 待加工表面　　B. 过渡表面　　C. 已加工表面　　D. 过渡表面中点处

4. 车削直径 $d=60\text{mm}$ 的工件外圆,车床主轴转速 $n=600\text{r/min}$,则切削速度是(　　)m/min。

A. 103　　B. 95　　C. 108　　D. 113

5. 切削用量选择的一般顺序是(　　)。

A. a_p-f-V_c　　B. a_p-V_c-f　　C. V_c-f-a_p　　D. $f-a_p-V_c$

6. 粗加工切削用量选择原则为(　　)。

A. $V_c\downarrow$、$f\uparrow$、$a_p\uparrow$　　B. $V_c\downarrow$、$f\downarrow$、$a_p\downarrow$

C. $V_c\uparrow$、$f\downarrow$、$a_p\uparrow$　　D. $V_c\uparrow$、$f\downarrow$、$a_p\downarrow$

7. 精加工切削用量选择原则为(　　)。

A. $V_c\uparrow$、$f\uparrow$、$a_p\uparrow$　　B. $V_c\downarrow$、$f\downarrow$、$a_p\downarrow$

C. $V_c\uparrow$、$f\downarrow$、$a_p\uparrow$　　D. $V_c\uparrow$、$f\downarrow$、$a_p\downarrow$

8. 粗加工时,尽可能选择较(　　)的进给量。

A. 小　　B. 中　　C. 大　　D. 任意

9. 精加工时,尽可能选择较(　　)的背吃刀量。

A. 小　　B. 中　　C. 大　　D. 任意

项目三　机床选择

项目导学

- 能进行常用机床型号识读
- 熟悉常用机床的加工内容及加工特点
- 能了解常用机床的结构
- 能掌握各种切削中的主运动和进给运动
- 熟悉各机床的工艺特点

模块　选择机床

模块目标

- 能根据零件特点和加工要求选择合适的机床

学习导入

在工序工步的学习中，有同学会不清楚怎么安排具体的工序步骤，是因为对一些机床的加工特性不熟悉，所以这个章节要了解各机床的基本结构，特别是各机床的加工范围。

任务　常见机床介绍

任务目标

1. 了解金属切削机床的分类及型号
2. 了解普通车床、铣床、磨床的结构及其加工特点
3. 了解各切削方式的应用

知识要求

- 掌握机床型号含义
- 掌握各种切削方式应用范围

技能要求

- 能合理选择合适的加工方式

任务描述

1. 解释 CM6132、MGB1432 机床型号含义。
2. 根据零件图合理安排工序、选择机床。

任务实施

图纸,如图 3-1 所示。

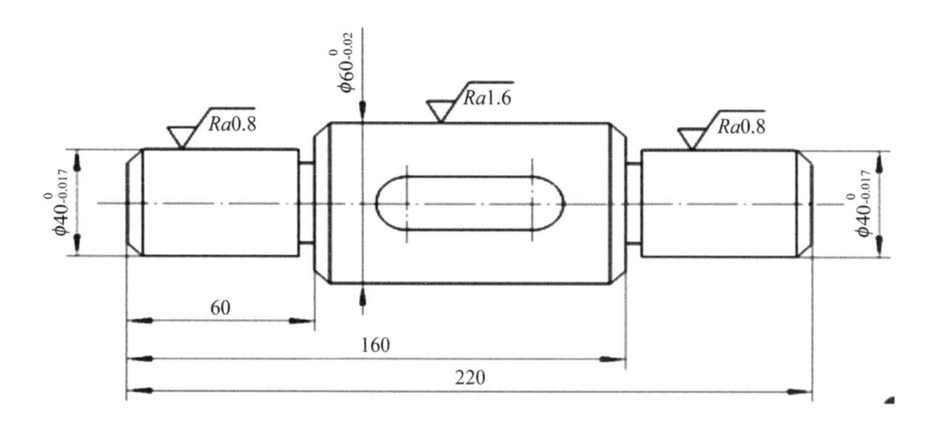

图 3-1　台阶轴

任务准备

1. 操作准备

图纸、题目、笔

2. 操作步骤

(1)阅读与该任务相关的知识

(2)分析题目

1)完成下面的机床型号含义

CM6132:C——

M——

6——

1——

32——

MGB1432:M——

G——

B——

1——

4——

32——

2)根据图纸,通过分析按要求填写表 3-1 工序表

①零件分析:图纸为轴类零件

加工内容:外圆、退刀槽、长度、中心孔、键槽

车削内容:外圆、长度、退刀槽、倒角

铣削内容:键槽

磨削:两档外圆精度要求 *Ra*0.8

②复习机械加工工艺过程，合理安排工序

车—铣—钳—磨

表 3-1　工序表

工序号	工序内容	设备

3．任务评价(见表 3-2)

表 3-2　任务评价

序号	评价内容	配分	得分
1	机床型号含义	30	
2	工序安排	30	
3	机床选择	30	
4	职业素养	10	
合计		100	
总分			

注意事项：

熟悉各类机床的型号及其加工内容，才能更好地选择合适的机床进行零件加工。

知识链接

一、金属切削机床的分类

随着机械制造工业的发展，新的机床不断出现，机床的类型和品种很多，为了便于区别、管理和使用，需要对机床进行分类和编制型号。

1．按机床加工性质和所用刀具分类

可分为车床、钻床、镗床、磨床、齿轮加工机床、螺纹加工机床、铣床、刨插床、拉床、超声波及电加工机床(又称特种加工机床)、切断机床及其他机床，共 12 大类，这是目前我国机床基本的分类方法。

2．按机床工艺范围的宽窄分类

可分为通用机床(万能机床)、专门化机床(专能机床)和专用机床。机床的工艺范围是指在机床上可以完成的工序种类，能加工的零件类型、毛坯和材料种类，适用的生产规模等。

(1)通用机床

通用机床可以加工一定尺寸范围内的多种零件，能完成多种工序，工序范围很宽，但结构比较复杂，自动化程度和生产率往往较低，适用于批量小、加工对象经常变动的单件、小批生产。普通车床、万能升降台铣床、卧式镗床等，都属于通用机床。

(2)专门化机床

专门化机床只能加工一定尺寸范围内的一类或几类零件，完成一种或几种特定工序，工艺范围较窄。精密丝杠车床、凸轮轴车床等，都属于专门化机床。

(3)专用机床

专用机床通常只能完成某一特定零件的特定工序，工艺范围最窄。例如，机床主轴箱的专用镗床、车床床身导轨的专用磨床等，都属于专用机床。

通常，专门化机床和专用机床的结构较通用机床简单，自动化程度和生产率较高，适用于大批量生产。

3. 按机床的加工精度分类

机床还可以按照机床的加工精度分为普通精度机床、精密级机床和超精密级机床；按照机床的自动化程度，分为手动机床、机动机床、半自动机床和自动机床；按照机床主要工作部件的数目，分为单轴、多轴或单刀、多刀机床；按照机床的重量，分为仪表机床、中型机床、大型机床和重型机床；等。随着机床的发展，机床的分类方法也在不断地完善和发展。

二、金属切削机床的型号

根据国标 GB/T 15375—94《金属切削机床型号编制方法》，机床型号采用汉语拼音字母和阿拉伯数字相结合的方式来表示。下面介绍通用机床、专用机床、组合机床及其自动线的型号表示方法。

1. 通用机床型号

通用机床用下列方式表示：

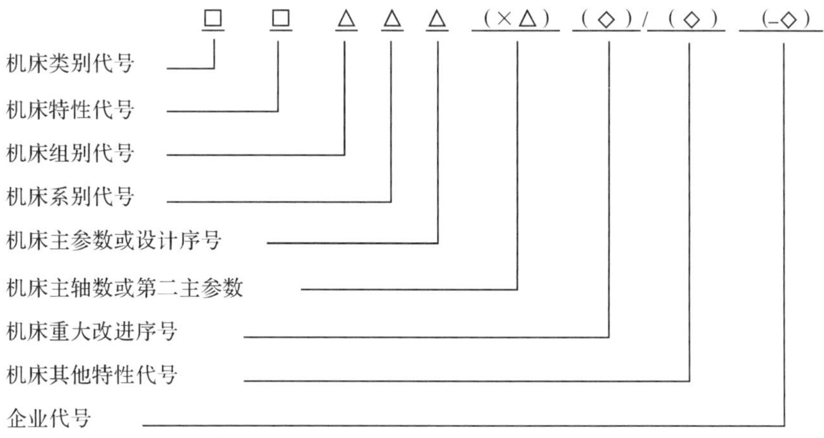

其中，□表示大写汉语拼音字母；△表示数字；括号中表示可选项，无内容时不表示，有内容时不带括号；◇既可表示大写汉语拼音字母，也可表示数字。

(1)机床的类别代号

机床的类别代号用大写的汉语拼音字母表示。例如，车床用"C"表示，铣床用"X"表示。机床的类别代号如表 3-3 所示。

表 3-3 机床的类别代号

类别	车床	钻床	镗床	磨床			齿轮加工机床	螺纹加工机床	铣床	刨插床	拉床	电加工机床	切断机床	其他机床
代号	C	Z	T	M	2M	3M	Y	S	X	B	L	D	G	Q
参考读音	车	钻	镗	磨	2磨	3磨	牙	丝	铣	刨	拉	电	割	其

(2)机床的特性代号

机床的特性代号用大写的汉语拼音字母表示。

1)通用特性代号。当某类型机床除有普通形式外,还有某种通用特性时,则在类别代号之后按表3-4所示的通用特性代号予以区别。如果机床同时具有两种通用特性,可以用两个通用特性代号同时表示。如CJK6140型数控车床中的"J"表示简易,"K"表示数字程序控制。

表3-4 机床通用特性代号

通用特性	代号	通用特性	代号
高精度	G	自动换刀	H
精密	M	仿形	F
自动	Z	万能	W
半自动	B	轻型	Q
数字程序控制	K	简易	J

2)结构特性代号。用汉语拼音字母区别主参数相同而结构不同的机床。结构特性的代号字母由各生产厂家自己确定,在不同型号中的意义可以不一样。例如,CA6140型(沈阳第一机床厂生产)普通机床型号中的"A",表示该机床在结构上与C6140型及CY6140型(云南机床厂生产)普通车床的结构不同。当机床有通用特性代号时,结构特性代号应安排在通用特性代号之后。通用特性代号中已用的字母及"I"和"O"不能作为结构特性代号。

(3)机床的组别和系别代号

每类机床按用途、性能、结构相近或有派生关系分为10组(从0组~9组),每组中又分为若干系。机床的组别和系别代号用两位阿拉伯数字表示,位于类代号及特征代号之后的第一位数字表示组别,第二位数字表示型别。机床的类、组、系的划分及其代号可以查阅有关资料。

(4)主参数代号

机床主参数是表示机床规格大小的一种参数,型号中的主参数用折算值表示,位于组别、系别代号之后。各类主要机床的主参数名称及折算系数如表3-5所示。折算系数多为1/10或1/100。

表3-5 各类主要机床的参数名称及折算系数

机床	主参数名称	折算系数	第二主参数
单轴自动车床	最大棒料直径	1/1	
六角车床	最大棒料直径	1/1	
立式车床	最大车削直径	1/100	
普通车床	床身上工件最大回转直径	1/10	最大工件长度
摇臂钻床	最大钻孔直径	1/1	最大跨距
卧式镗床	主轴直径	1/10	
坐标镗床	工作台工作面宽度	1/10	工作台工作面长度
内圆、外圆磨床	最大磨削直径	1/10	最大磨削长度

续表

机床	主参数名称	折算系数	第二主参数
万能工具磨床	工作台上工件最大回转直径	1/10	最大工件长度
导轨磨床	最大磨削宽度	1/10	最大磨削长度
矩台平面磨床	工作台工作面宽度	1/10	工作台工作面长度
齿轮加工机床	最大工件直径	1/10	最大模数
丝杠机床	最大工件长度	1/100	最大工件直径
龙门铣床	工作台工作面宽度	1/100	工作台工作面长度
立式及卧式升降台铣床	工作台工作面宽度	1/10	工作台工作面长度
龙门刨床	最大刨削宽度	1/100	最大刨削长度
插床及牛头刨床	最大插削及刨削长度	1/10	
拉床	额定拉力(吨)	1/1	最大行程

(5)机床的第二主参数

机床的第二主参数一般指主轴数、最大跨距、最大工件长度、工作台工作面长度及最大模数等。第二主参数列于主参数之后，并用“×”分开，读作“乘”。各类主要机床的第二主参数见表3-5。

(6)机床重大改进序号

当机床的性能和结构有重大改进时，按其设计改进的次序分别用汉语拼音大写字母“A、B、C……”表示，附在机床型号的末尾。

1)CA6140型卧式车床

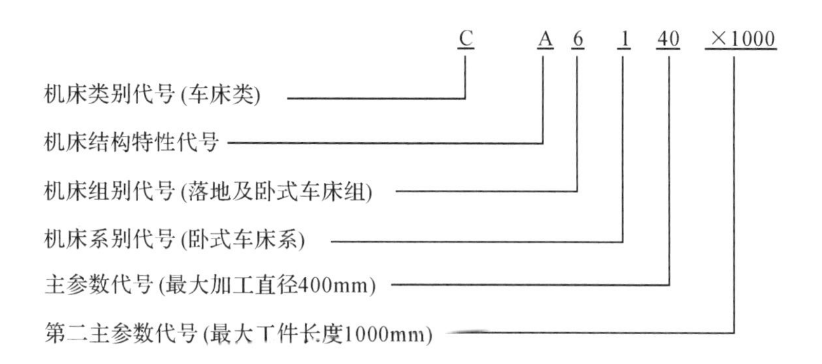

2)MG1432A型万能外圆磨床

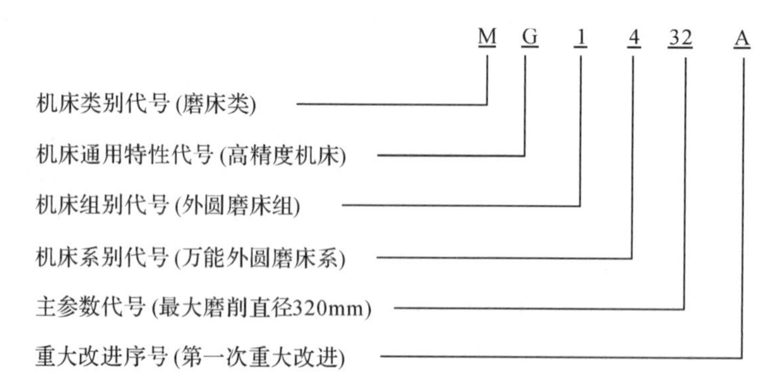

3)XK5040 型数控立式升降台铣床

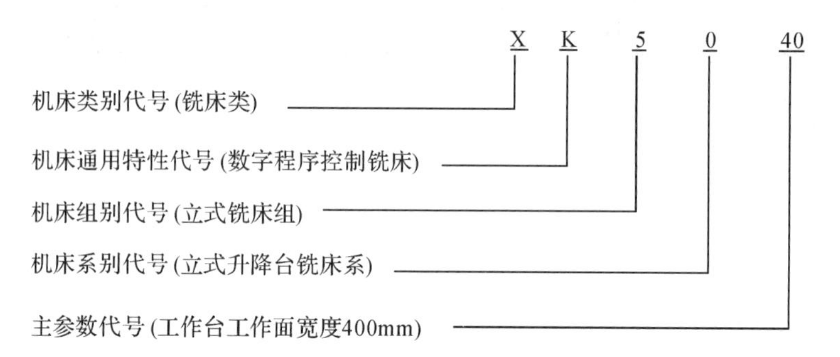

2. 专用机床型号

专用机床型号表示方法如下：

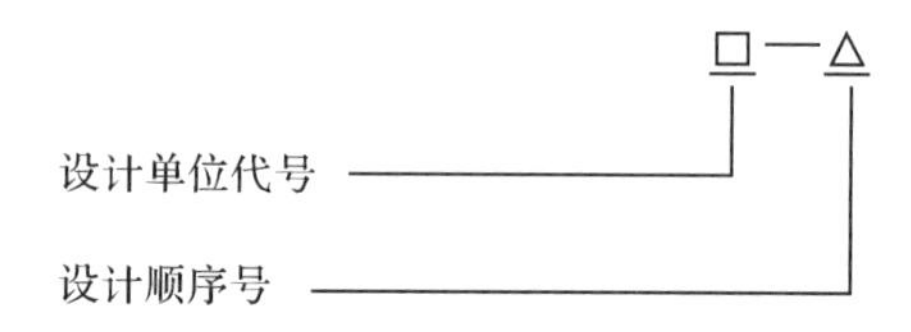

1)设计单位代号。由北京机床研究所统一规定,用汉语拼音大写字母表示。凡无代号或新成立的单位,均可向北京机床研究所申请授予。

2)设计顺序号。按该单位的设计顺序编排,用阿拉伯数字表示,由“001”开始。

3. 组合机床及其自动线型号

组合机床及其自动线型号表示如下：

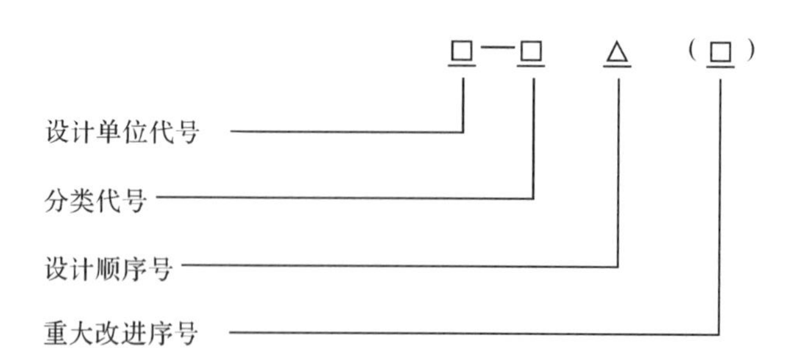

设计单位的代号及设计顺序号，与专用机床的型号表示方法相同。重大改进顺序号的表示方法与通用机床相同。

组合机床及其自动线的分类代号如表 3-6 所示。

表 3-6　组合机床及其自动线的分类代号

分类	代号	分类	代号
大型组合机床	U	大型组合机床自动线	UX
小型组合机床	H	小型组合机床自动线	HX
自动换刀数控组合机床	K	自动换刀数控组合机床自动线	KX

三、车削加工

在车床上利用工件的旋转运动和刀具的移动进行切削加工的方法，称为车削加工。其中工件的旋转运动是主运动，刀具在机床上使工件材料层不断投入切削的运动称为进给运动。车削加工是金属切削加工中最基本的方法，在机械制造业中应用十分广泛。

1. 车削加工范围

用车削方法可以进行车外圆、车平面、车孔、车槽、车螺纹、车成型面等加工。此外，还可以完成钻孔、铰孔、滚花等工作。图 3-2 所示为车削的主要内容。

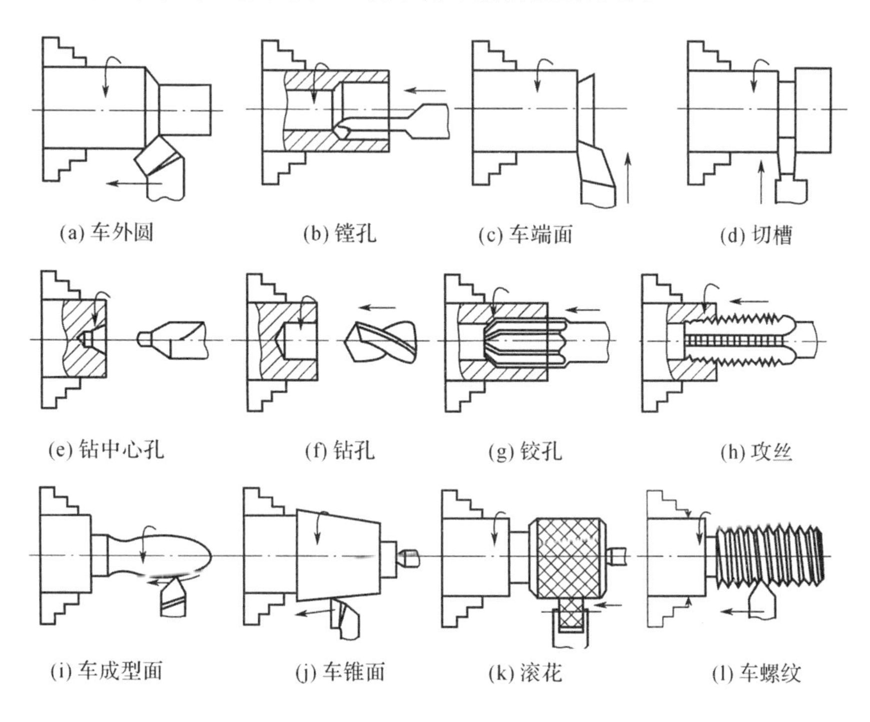

图 3-2　车削加工的应用范围

2. 车床

车床的种类很多，按其用途和结构不同，主要可分为卧式车床、立式车床、转塔车床、马鞍车床、多刀半自动车床、仿形车床、多轴车床等。其中以普通卧式车床应用最为广泛。

图 3-3 为 CA6140 型卧式车床的结构图。

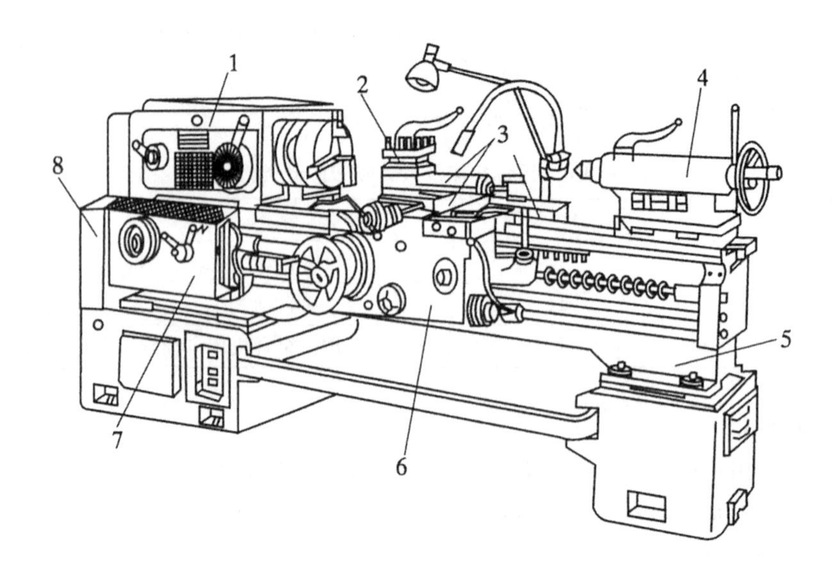

1-主轴箱　2-刀架　3-滑板　4-尾座　5-床身　6-溜板箱　7-进给箱　8-挂轮箱

图 3-3　CA6140 型卧式车床

3. 车削加工的工艺特点

(1)车削适合于加工各种内、外回转表面。车削的加工精度范围为 IT13～IT6,表面粗糙度 Ra 值为 12.5～1.6μm。

(2)切削过程比较平稳。车削是连续切削,切削力变化小,切削过程平稳,有利于采用较大的切削用量,加工效率较高。

(3)车刀结构简单,制造容易,刃磨与装夹较方便;还可根据加工要求,选择不同的刀具材料与刀具角度。

(4)车削加工的工件材料种类多。车削不仅可加工各种钢件、铸铁和有色金属,还可加工玻璃钢、尼龙等非金属,尤其是一些有色金属件的精加工,只能用车削完成。

四、铣削加工

铣削是利用多刃回转刀具在铣床上对平面、台阶面、沟槽、成型表面、型腔表面、螺旋表面进行切削加工的方法。它是加工平面的主要方法之一。铣削是以铣刀旋转作为主运动、工件或铣刀作进给运动的切削加工方法。

1. 铣削加工范围

在铣床上使用不同的铣刀可以加工平面、阶台、沟槽、特性面和切断材料等。此外,使用分度装置可加工需周向等分的花键、齿轮、螺旋槽等。在铣床上还可以完成钻孔、铰孔和铣孔等工作。图 3-4 所示为铣削加工的应用。

2. 铣床

铣床的类型很多,主要有卧式及立式升降台铣床、龙门铣床、万能工具铣床、仿形铣床等。其中最普遍的为卧式升降台铣床。图 3-5 为 X6132 型卧式升降台铣床结构。

3. 铣削加工的工艺特点

(1)生产效率高

铣刀是典型的多刃刀具,铣削时有几个刀刃同时参加工作,总的切削宽度较大。铣削的

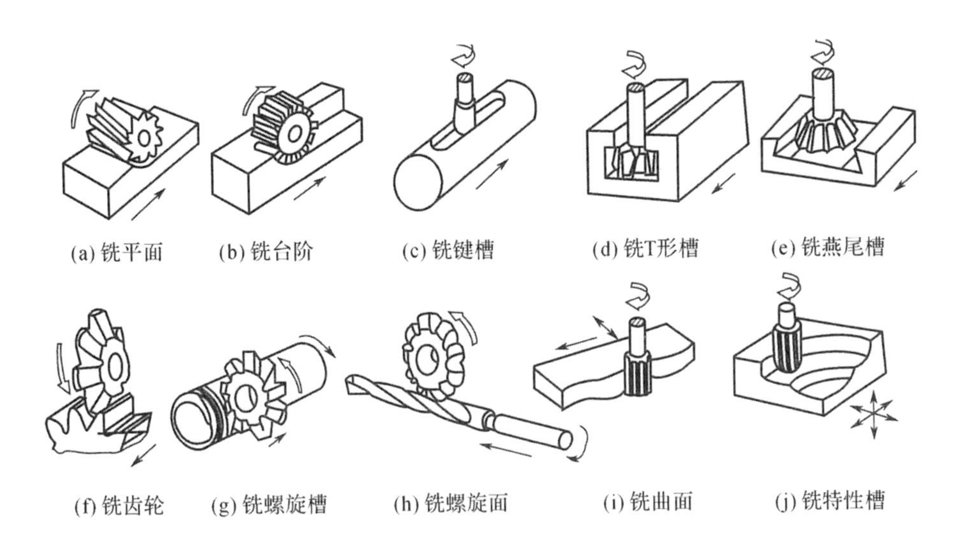

图 3-4 铣削加工的应用

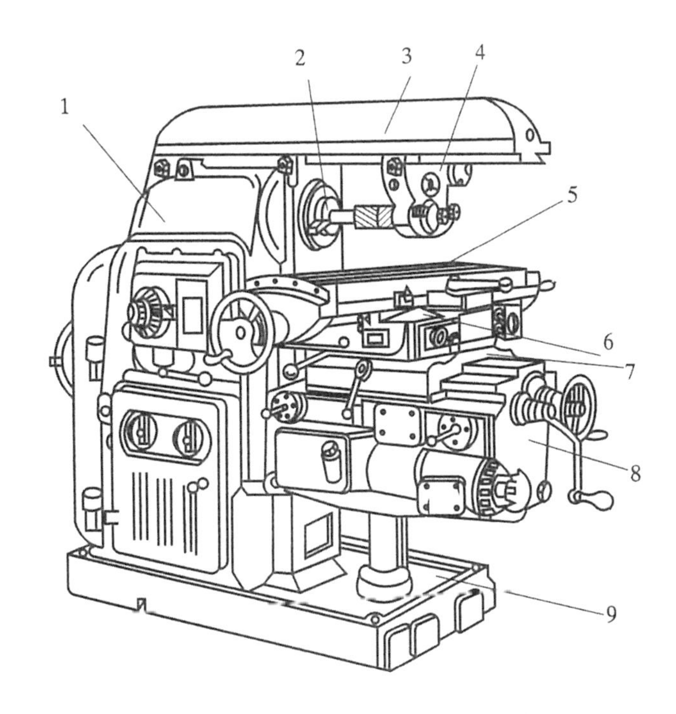

1-床身 2-主轴 3-横梁 4-挂架 5-工作台
6-转台 7-横向溜板 8-升降台 9-底座

图 3-5 X6132 型卧式铣床

主运动是铣刀的旋转运动,有利于采用高速铣削,所以铣削的生产效率较高。

(2)容易产生振动

铣刀的刀刃切入和切出时会产生冲击,并引起同时工作刃数的变化,每个刀刃的切削厚度是变化的,这将使切削力发生变化。因此,铣削过程不平稳,容易产生振动。

(3)散热条件较好

铣刀刀刃间歇切削,可以得到一定的冷却,因而散热条件较好。但是,切入和切出时热的变化、力的冲击,将加速刀具的磨损,甚至可能引起硬质合金刀片的碎裂。

(4)加工成本高

这是因为机床的结构比较复杂,铣刀的制造和刃磨也较困难。

铣削加工精度一般可达 IT7~IT8,表面粗糙度 Ra 值可达 1.6~6.3μm。目前在高性能的数控铣床或加工中心上,配以先进刀具,则铣削加工精度可达 IT6 左右,表面粗糙度 Ra 值可达 6.3μm 左右。

五、磨削加工

在磨床上用磨具(砂轮、砂带、油石、研磨剂等)以较高的线速度对工件进行切削加工的方法称为磨削。磨削加工是零件精加工的主要方法。磨削时,砂轮的回转是主运动。进给运动包括:砂轮的轴向、径向移动,工件的回转运动,工件的纵向、横向移动等。

1. 磨削加工范围

磨削的主要内容如图 3-6 所示。

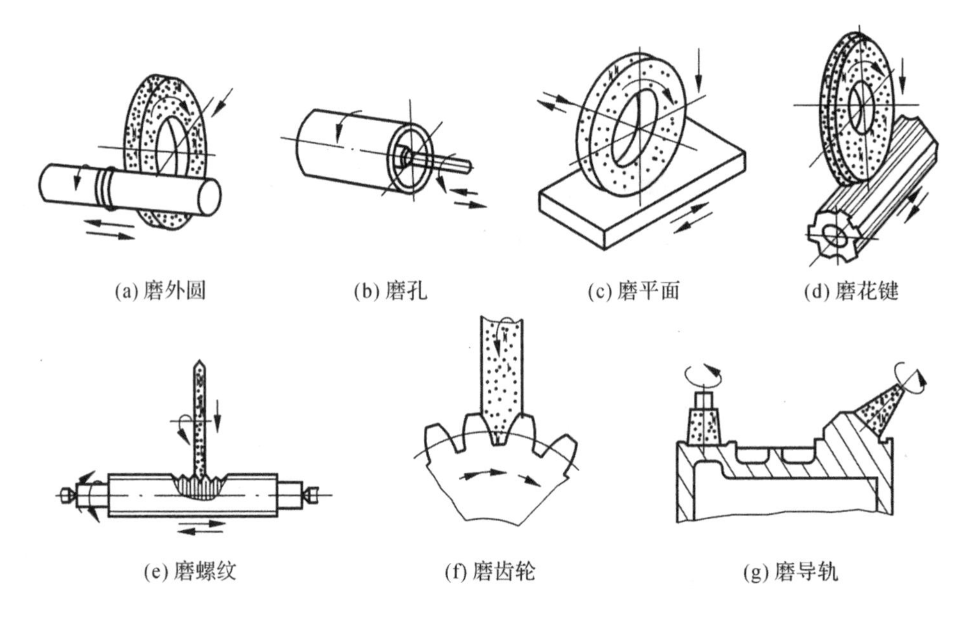

图 3-6　磨削的主要内容

2. 磨床

磨床种类很多,主要有外圆磨床、内圆磨床、无心磨床、平面磨床、工具磨床及专用磨床等。应用最普遍的是万能外圆磨床和平面磨床。图 3-7 为 M1432B 型万能外圆磨床。

3. 磨削加工的工艺特点

(1)加工精度高及表面粗糙度小,广泛用于工件的精加工。一般磨削加工可获得的尺寸精度等级为 IT5~IT6,表面粗糙度 Ra 值为 0.2~0.8μm。若采用精密磨削、超精密磨削及镜面磨削,则所获得的表面粗糙度值将更小,Ra 值可达 0.06~0.10μm。

磨削能达到高精度与高表面质量的原因如下:

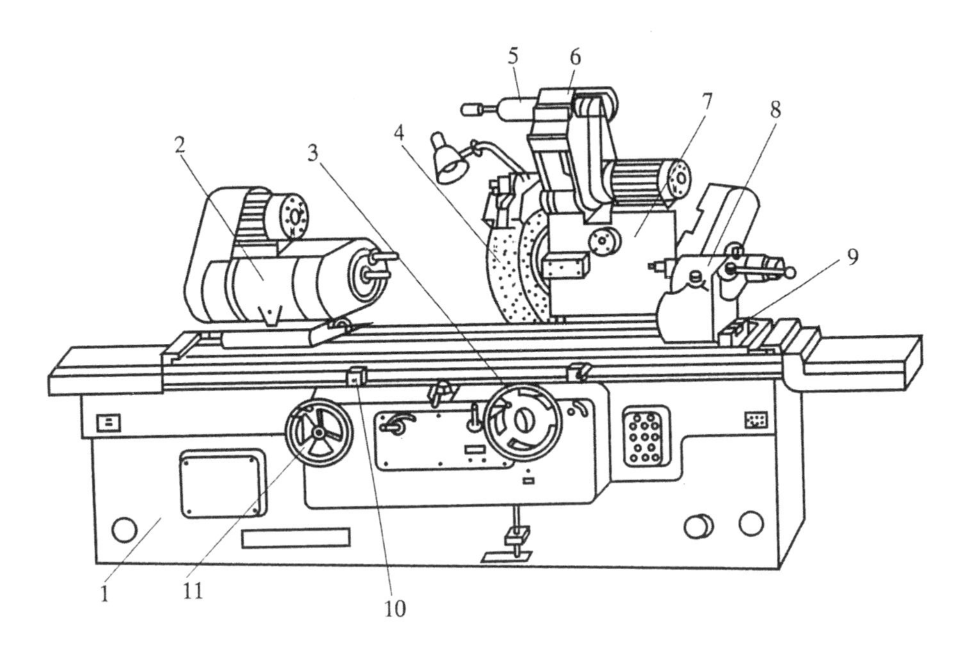

1-床身　2-头架　3-横向进给手轮　4-砂轮　5-内圆磨具
6-内圆磨头　7-砂轮架　8-尾座　9-工作台 10-挡块　11-纵向进给手轮

图 3-7　M1432B 型万能外圆磨床

1)磨削所用的磨床比一般切削加工机床精度高,刚性及稳定性较好,并且具有控制小吃刀量的微量进给机构,可以进行微量切削,从而实现了精密加工。

2)磨削时切削速度很高,如普通外圆磨削 $v=30\sim35$m/s,高速磨削 $v>50$m/s。当磨粒以很高的切削速度从工件表面切过时,同时有很多切削刃进行切削,每个磨刃仅从工件上切下极少量的金属,残留面积高度很小,有利于形成光洁的表面。

(2)径向磨削分力较大。径向分力大,易使工艺系统产生变形,影响加工精度。

(3)磨削温度高。在磨削过程中,磨削速度很高,为一般切削加工的 10～20 倍,磨削区的温度可高达 800～1000℃,甚至能使金属微粒熔化。磨削温度高时还会使淬火钢工件的表面退火,使导热性差的工件表层产生很大的磨削应力,甚至产生裂纹。此外,必须以一定压力将切削液喷射到砂轮与工件接触部位,以降低磨削温度,并冲刷掉磨屑。

(4)砂轮有自锐作用。磨削过程中,砂轮的自锐作用是其他切削刀具所没有的。一般刀具的切削刃,如果磨钝或损坏,则切削不能继续进行,必须换刀或重磨。而砂轮的磨损变钝后,磨粒就会破碎,产生新的较锋利的棱角;或者圆钝的磨粒从砂轮表面脱落,露出一层新鲜锋利的磨粒,可继续对工件的切削进行加工。砂轮的这种自行推陈出新,以保持自身锋锐的性能,称为"自锐性"。在实际生产中,有时就利用这一性能,进行强力连续磨削,以提高磨削加工的生产率。

六、数控机床

数控机床是数字控制机床(computer numerical control machine tools)的简称,是一种装有程序控制系统的自动化机床。该控制系统能够有逻辑地处理具有控制编码或其他符号指令规定的程序,并将其译码用代码化的数字表示,通过信息载体输入数控装置。经运算处理由数控装置发出各种控制信号，控制机床的动作，按图纸要求的形状和尺寸，自动地将零件加工出来。

数控机床较好地解决了复杂、精密、小批量、多品种的零件加工问题，是一种柔性的、高效能的自动化机床，代表了现代机床控制技术的发展方向，是一种典型的机电一体化产品。

1. 数控机床的特征及发展

为了进一步满足市场的需要，达到现代制造技术对数控技术提出的更高要求，当前，世界数控技术及其装备的发展主要体现为以下几方面技术特征。

(1)高速、高效　机床向高速化方面发展，不但可以提高加工效率、降低加工成本，而且可以提高零件的表面加工质量。超高速加工技术对制造业实现高效、优质、低成本生产有广泛的适用性。

20 世纪 90 年代以来，欧洲国家及美、日各国竞相开发应用新一代高速数控机床，加快机床高速化发展步伐。高速主轴单元(转速 15000～100000r/min)、高速且高加/减速度的进给运动部件(快移速度 60～120m/min)、高性能数控和伺服系统以及数控工具系统都出现了新的突破，达到了新的技术水平。随着超高速切削机器、超硬耐磨长寿命刀具材料和磨料磨具、大功率高速电主轴、高加/减速度直线电动机驱动进给部件以及高性能控制系统(含监控系统)和防护装置等一系列技术领域中关键技术的解决，为开发应用新一代高速数控机床提供了技术基础。

目前，在超高速加工中，车削和铣削的切削速度已达到 5000～8000m/min 以上；主轴转数在 30000 r/min(有的高达 10 万 r/min)以上；工作台的移动速度(进给速度)：在分辨率为 1μm 时，在 100m/min(有的到 200m/min)以上，在分辨率为 0.1μm 时，在 24m/min 以上；自动换刀速度在 1s 以内；小线段插补进给速度达到 12m/min。

(2)高精度　从精密加工发展到超精密加工(特高精度加工)，是世界各工业强国致力发展的方向。其精度从微米级到亚微米级，乃至纳米级(＜10nm)，应用范围日趋广泛。超精密加工主要包括超精密切削(车、铣)、超精密磨削、超精密研磨抛光及超精密特种加工(三束加工及微细电火花加工、微细电解加工和各种复合加工等)。随着现代科学技术的发展，对超精密加工技术不断提出新的要求。新材料及新零件的出现、更高精度要求的提出等都需要超精密加工工艺，发展新型超精密加工机床，完善现代超精密加工技术，以适应现代科技的发展。

当前，机械加工高精度的要求如下：普通的加工精度提高了一倍，达到 5μm；精密加工精度提高了两个数量级；超精密加工精度进入纳米级(0.001μm)；主轴回转精度要求达到 0.01～0.05μm；加工圆度为 0.1μm；加工表面粗糙度 Ra＝0.003μm；等。

精密化是为了适应高新技术发展的需要，也是为了提高普通机电产品的性能、质量和可靠性，减少其装配时的工作量，从而提高装配效率的需要。随着高新技术的发展和对机电产品性能与质量要求的提高，机床用户对机床加工精度的要求也越来越高。为了满足用户的需要，近 10 多年来，普通级数控机床的加工精度已由±10μm 提高到±5μm，精密级加工中心的加工度精度则从±(3～5)μm，提高到±(1～1.5)μm。

(3)高可靠性　这是指数控系统的可靠性要高于被控制设备的可靠性在一个数量级以上，但也不是可靠性越高越好，因为是商品，受性能价格比的约束。对于每天工作两班的无人工厂而言，如果要求在 16h 内连续正常无工伤，无故障率在 $P(t)$＝99％以上的话，则数控

机床的平均无故障运行时间(MTBF)就必须大于3000h。MTBF大于3000h,对于由不同数控数量的数控机床构成的无人化工厂差别就大多了,我们只对一台数控机床而言,如主机与数控的失效率之比为10∶1(数控的可靠性比主机高一个数量级)。此时数控系统的MTBF就要大于33333.3h,而其中的数控装置、主轴及驱动等的MTBF就必须大于10万h。

当前国外数控装置的MTBF值已达6000h以上,驱动装置达30000h以上。

(4)复合化　在零件加工过程中有大量的无用时间消耗在工件搬运、上下料、安装调整、换刀和主轴的升、降速上,为了尽可能减少这些无用时间,人们希望将不同的加工功能整合在同一台机床上,因此,复合功能的机床成为近年来发展很快的机种。

柔性制造范畴的机床复合加工概念是指将工件一次装夹后,机床便能按照数控加工程序,自动进行同一类工艺方法或不同类工艺方法的多工序加工,以完成一个复杂形状零件的主要乃至全部车、铣、钻、镗、磨、攻螺纹、铰孔和扩孔等多种加工工序。加工中心便是最典型的进行同一类工艺方法多工序复合加工的机床。事实证明,机床复合加工能提高加工精度和加工效率,节省占地面积,特别是能缩短零件的加工周期。

(5)多轴化　随着5轴联动数控系统和编程软件的普及,5轴联动控制的加工中心和数控铣床已经成为当前的一个开发热点,由于在加工自由曲面时,5轴联动控制对球头铣刀在铣削三维曲面的过程中始终保持合理的切速,从而显著改善加工效率,而在3轴联动控制的机床无法避免切速接近于零的球头铣刀端部参与切削,因此,5轴联动机床以其无可替代的性能优势成为各机床厂家积极开发和竞争的焦点。

(6)智能化　智能化是21世纪制造技术发展的一个大方向。智能加工是一种基于神经网络控制、模糊控制、数字化网络技术和理论的加工,它是要在加工过程中模拟人类专家的智能活动以解决加工过程许多不确定性的、要由人工干预才能解决的问题,智能化的内容包括在数控系统中的以下几个方面:

1)为追求加工效率和加工质量的智能化,如自适应控制,工艺参数自动生成。

2)为提高驱动性能及使用连接方便的智能化,如前馈控制、电动机参数的自适应运算、自动识别负载、自动选定模型、自整定等。

3)简化编程,简化操作的智能化,如智能化的自动编程,智能化的人机界面等。

4)智能诊断、智能监控,方便系统的诊断及维修等。

(7)网络化　数控机床的网络化,主要指机床通过所配装的数控系统与外部的其他的控制系统或者为计算机进行网络连接和网络控制。数控机床一般首先面向生产现场和企业内部的局域网,然后再经由因特网通向企业外部。

随着网络技术的成熟和发展,信息化技术的大量采用,越来越多的国内用户在进口数控机床时要求具有过程通信服务等功能。机械制造企业在普遍采用CAD/CAM的基础上,越来越广泛地使用数控加工设备。数控应用软件日趋丰富和具有“人性化”,虚拟设计、虚拟制造等高端技术也越来越多地为工程技术人员所追求。通过软件智能替代复杂的硬件,正在成为当代机床发展的重要趋势。在数字制造的目标下,通过流程再造和信息化改造,ERP等一批先进企业管理软件已经脱颖而出,为企业创造出更高的经济效益。

(8)柔性化　数控机床向柔性自动化系统发展的趋势是:从点(数控单机、加工中心和数控复合加工机床)、线(FMC、FMS、FTL、FML)向面(工段车间独立制造岛、FA)、体(CIMS、分布式网络集成制造系统)的方向发展,另一方面向注重应用性和经济性方向发展。柔性自动化技术是制造业适应动态市场需求及产品迅速更新的主要手段，是各国制造业发展的主流趋势，是先进制造领域的基础技术。其重点是以提高系统的可能性、实用化为前提，以易于联网和集成为目标；注重加强单元技术的开拓、完善；CNC单机向高精度、高速度和高柔性方向发展；数控机床及其构成柔性制造系统能方便地与CAD、CAM、CAPP、MTS联结，向信息集成方向发展；网络系统向开放集成和智能化方向发展。

2. 数控机床的分类

(1)普通数控机床　普通数控机床一般指在加工工艺过程中的一个工序上实现数字控制的自动化机床，如数控铣床、数控车床、数控钻床、数控磨床与数控齿轮加工机床等。普通数控机床在自动化程度上还不够完善，刀具的更换与零件的装夹仍需人工来完成。

(2)加工中心　加工中心是带有刀库和自动换刀装置的数控机床，它将数控铣床、数控镗床、数控钻床的功能组合在一起，零件在一次装夹后，可以将其大部分的加工面进行铣、镗、钻、扩、铰及攻螺纹等多工序加工。由于加工中心能有效地避免因多次安装造成的定位误差，所以它适用产品更换频繁、零件形状复杂、精度要求高、生产批量不大而生产周期短的产品。

3. 数控机床的特点

(1)加工精度高　数控机床是由精密机械和自动控制系统组成的，所以其传动系统与机床结构都有较高的精度、刚度、热稳定性及动态敏感度。目前，数控机床的刀具或工作台最小移动量(脉冲当量)普遍达到了0.001mm，普通的中、小型数控机床定位精度普遍可达0.02mm，重复定位精度可达0.01mm。

(2)生产效率高　加工零件所需时间包括机动时间和辅助时间两部分。数控机床能有效地减少这两部分时间。如一台能实现多道工序连续加工的数控加工中心，生产效率的提高就更加明显。

(3)减轻劳动强度、改善劳动条件和劳动环境。

(4)能产生良好的经济效益　数控机床加工精度稳定，降低了废品率，使生产成本进一步下降。

(5)有利于生产管理的现代化　数控机床使用数字信号与标准代码作为输入信号，不仅能与计算机通过串行接口直接通信，还适用于与计算机网络连接，通过计算机远程控制，为计算机辅助设计、制造及管理一体化奠定了基础，实现生产管理的现代化。

利用数控机床生产加工，初期设备投资大，维修费用高，对管理及操作人员的专业技术要求较高。因此，应合理地选择及使用数控机床，提高企业的经济效益和竞争力。

4. 数控机床的应用

数控机床优点多，应用较广。但其技术含量高、生产成本高，使用和维修均有一定难度，若从性价比考虑，数控机床一般适用于下列加工情况：

(1)零件批量小　在多品种、小批量零件的生产中优先考虑使用数控机床。

(2)轮廓要求高　结构较复杂、精度要求较高或必须用数字方法决定的复杂曲线、曲面轮廓的零件加工多以数控机床为主。

(3)试制阶段　在产品需要频繁改型或试制阶段，数控机床可以随时适应产品的变化。

(4)关键零件　价格昂贵，不允许报废的关键零件可以由数控机床来保证。

(5)周期短　对于需要最小生产周期的急需零件，数控机床可以缩短加工时间。

(6)多工序零件　需进行多工序联合加工的零件,如需要进行钻、扩、铰、攻螺纹及铣削等的箱体、壳体零件,多由数控加工中心来完成。箱体类零件尤其适合于用带回转工作台的卧式加工中心来加工。

任务拓展

拓展任务描述:了解钻削、镗削、刨削等加工特点。

1)想一想

- 钻削、镗削、刨削等加工特点。

2)试一试

- 根据进给方向,标注各部分的名称。

作业练习

一、判断题

1. 车削加工是在车床上利用工件相对于刀具旋转而对工件进行切削加工的方法。(　　)

2. 型号CA6140后两位数表示床身上最大工件回转直径为40mm。(　　)

二、单项选择题

1. 车削加工最基本的操作是(　　)。

A. 外圆车削　　B. 端面车削　　C. 内孔车削　　D. 台阶车削

2. 车削加工时,工件作旋转运动,这是(　　)运动;刀具作直线运动,这是(　　)运动。

A. 主　　B. 进给　　C. 回转　　D. 纵向

3. X6132型表示(　　)。

A. 刨床　　B. 磨床　　C. 卧式铣床　　D. 卧式车床

4. CA6140车床能加工最大直径(　　)的盘形零件。

A. 40mm　　B. 400mm　　C. 210mm　　D. 200mm

项目四　夹具与工件的安装

项目导学

- 掌握六点定位的原理；
- 掌握定位的方式；
- 掌握常用的定位元件；
- 掌握粗基准和精基准的概念；
- 掌握机床常用的夹具；
- 了解常用的夹具种类；
- 掌握工件的安装。

模块一　定位基准的选择

模块目标

- 能运用六点定位原理，根据图纸加工要求，合理选择定位元件及定位方式
- 能根据图纸标注要求完成粗基准的选择
- 能合理设定零件加工精基准

学习导入

定位基准的选择与工艺路线的拟定是密切相关的。同一零件，采用不同的定位基准，会有完全不同的工艺路线方案。因此在选择定位基准时要多考虑几种定位方案，比较它们的优劣，分析它们与整个工艺过程的关系，尤其是对加工精度的影响和夹具结构的影响，以便选用合适的夹具安装工件。

任务一　六点定位原理

任务目标

1. 理解掌握六点定位原理要点
2. 能分析定位情况是完全定位或不完全定位
3. 能了解判断欠定位和重复定位

知识要求

- 熟悉六点定位原理
- 掌握完全定位和不完全定位概念

● 掌握欠定位和重复定位理论

技能要求

● 能根据工件在夹具中定位状态分析出被控制哪几个自由度，是什么定位情况，及能判断定位合理性。

任务描述

完成工件在夹具中定位分析。

任务准备

完成工件在夹具中被控制自由度分析并判断定位的合理性和改进方案。

任务实施

1. 操作准备

图纸，如图 4-1 所示工件定位图，笔。

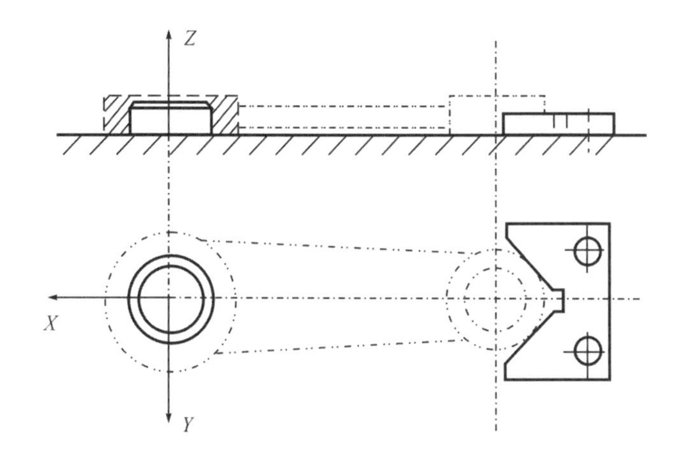

图 4-1　工件定位图

2. 操作步骤

(1)阅读与该任务相关的知识

(2)分析图纸

1)工件定位图各定位元件限制的自由度

平面限制几个自由度

圆柱销限制几个自由度

V 型铁限制几个自由度

2)判断得出结论

3)改进方案

3. 任务评价见表 4-1

表 4-1 任务评价

序号	评价内容	配分	答案	得分
1	平面限制自由度数	15		
2	圆柱销限制自由度数	15		
3	V 型铁限制自由度数	15		
4	结论	15		
5	改进方案	30		
6	职业素养	10		
合计		100		
总分				

注意事项：

一定要判断出哪个方向的移动或绕什么轴转动重复限制。

知识链接

机械加工中，为保证一批工件某工序的加工要求，常用夹具来保证工件相对刀具有正确的位置。这包括三方面要求：

第一、一批工件在夹具中占有一致的准确位置；

第二、夹具在机床的准确位置；

第三、刀具相对夹具的准确位置。

在本任务中我们讨论的定位问题仅限于第一方面。

工件在夹具中的定位就是选定工件的定位基准，并使其获得确定位置，这是夹具设计首先要解决的问题。当工件以回转轴线为定位基准时，此基准并不具体存在，只能以回转面(外圆表面、内孔表面、顶尖孔表面等)来定位，间接体现了以轴心线为定位基准。上述具体表面称为定位基面。工件以平面定位时，平面度为零的理想平面是定位基准，而工件上实际存在的面是定位基面。把定位基面和定位元件合称为定位副。

一、六点定位原理

工件未定位前，在夹具中的位置是不确定的，可以看作在空间直角坐标系中的自由刚体。它对于相互垂直的三个坐标轴共有六个自由度，如图 4-2 所示，它们分别是沿 X 轴方向的移动和绕 X 轴的转动，分别以 $\vec{X}$ 和 $\widehat{X}$ 表示；沿 Y 轴方向的移动和绕 Y 轴的转动，分别以 $\vec{Y}$ 和 $\widehat{Y}$ 表示；沿 Z 轴方向的移动和绕 Z 轴的转动，分别以 $\vec{Z}$ 和 $\widehat{Z}$ 表示。

要使工件在空间的位置完全确定下来(即定位)，就必须同时限制这六个自由度。通常是用一个支承点限制工件的一个自由度，用合理分布的六个支承点限制工件的六个自由度，使每个工件在夹具中的位置完全确定，这就是常说的“六点定位原理”。

实际上工件是以定位基面与夹具的定位元件的定位表面保持接触或配合来限制工件的自由度以实现定位的。当工件定位基面与定位元件的定位表面脱离接触或配合，就失去了定位作用，这就是定位作用的实质。利用这一特性可判别某定位元件限制了工件哪几个自由度。

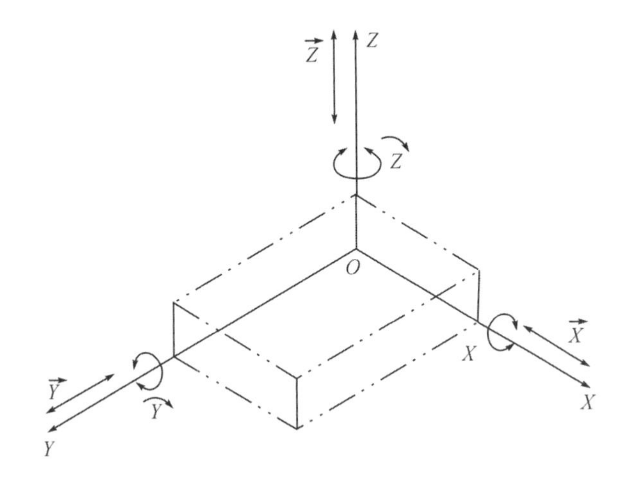

图 4-2　工件的六个自由度

根据工件的形状及加工要求，六个支承点的分布形式是不同的，如图 4-3、4-4 所示。

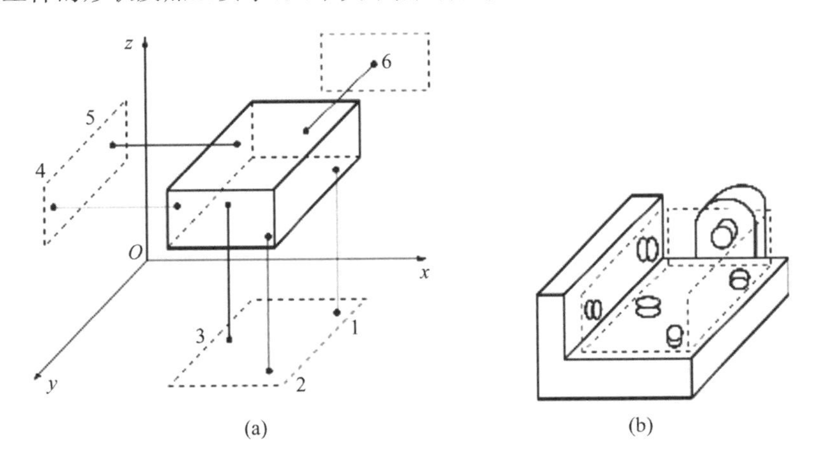

图 4-3　长方体工件定位时支承点的分布示例

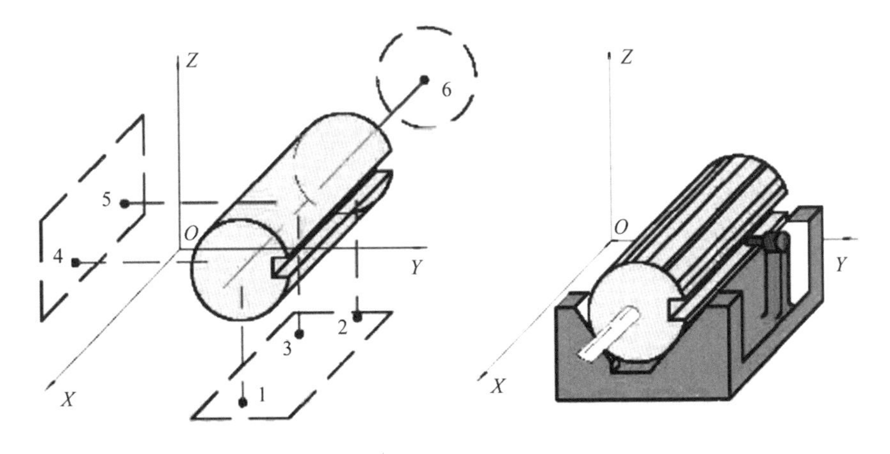

图 4-4　轴类工件定位时支承点的分布示例

在实际定位中，并不是所有的工件都需要限制其六个自由度，而是针对不同的情况采用不同定位方式。

二、完全定位和不完全定位

1. 完全定位

工件的六个自由度都被限制的定位称为完全定位。如图 4-5(a)所示，是在长方体上加工键槽要控制的自由度情况。

2. 不完全定位

如图 4-5(b)所示，由于是铣贯穿的阶台只对深度和宽度有要求，故只要限制 $\vec{X}$、$\vec{Z}$、$\overset{\frown}{X}$、$\overset{\frown}{Y}$、$\overset{\frown}{Z}$ 五个自由度就行。又如图 4-5(c)所示平板工件在平面磨床上用电磁工作台定位夹紧磨平面，工件只有厚度及平行度要求，那么只要限制 $\vec{Z}$、$\overset{\frown}{X}$、$\overset{\frown}{Y}$ 三个自由度。上述各例，根据加工要求，并不需要全部限制工件六个自由度的定位，称为不完全定位。

在设计定位方案时，有时考虑到工件安装方便和承受切削力等因素，实际的支承点数，可以多于理论分析所需要限制的自由度数，如图 4-5(a)所示工件改为通槽后，在铣削力的相对方向上也设置支承点，这样可减少夹紧力，使加工稳定，并有利于铣床工作台纵向行程的自动控制。

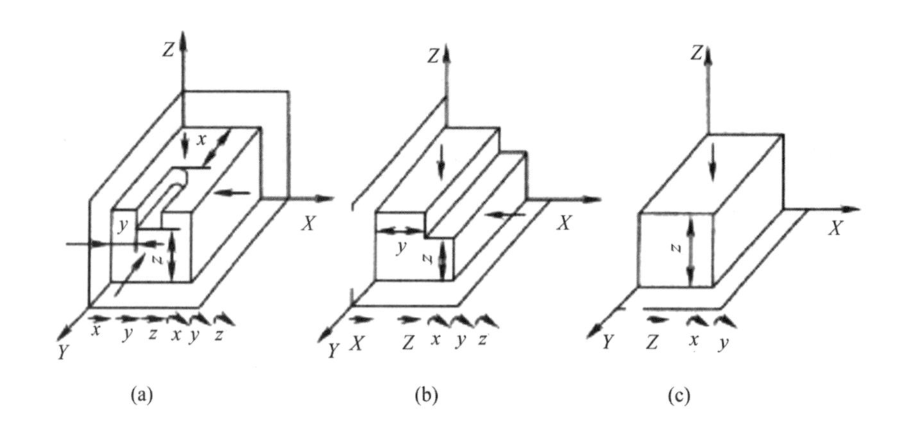

图 4-5 工件定位图

应该指出，理论上的支承点在实际夹具中都是定位元件。不同形状的定位元件所相当的支承点，并不那样直观明显，必须从它实际上能限制几个自由度来判断。表 4-2 为常用定位元件所能限制的自由度。

表 4-2　常用定位元件所限制的自由度

工件定位基准面	定位元件	定位方式简图	定位元件特点	限制的自由度
	支承钉		平面组合	1、2、3—$\vec{Z}\ \widehat{X}\ \widehat{Y}$ 4、5—$\vec{X}\ \widehat{Z}$ 6—$\widehat{Y}$
	支承板		平面组合	1、2—$\vec{Z}\ \widehat{X}\ \widehat{Y}$ 3—$\vec{X}\ \ \widehat{Z}$
圆孔	定位销(心轴)		短销 (短心轴)	$\vec{X}\ \ \vec{Y}$
			长销 (长心轴)	$\vec{X}\ \ \vec{Y}$ $\widehat{X}\ \ \widehat{Y}$
	菱形销		短菱形销	$\vec{Y}$
			长菱形销	$\vec{Y}\ \ \widehat{X}$
圆孔	锥销		单锥销	$\vec{X}\ \vec{Y}\ \vec{Z}$
			1—固定锥销 2—活动锥销	$\vec{X}\ \vec{Y}\ \vec{Z}$ $\widehat{X}\ \ \widehat{Y}$

续表

工件定位基准面	定位元件	定位方式简图	定位元件特点	限制的自由度
外圆柱面 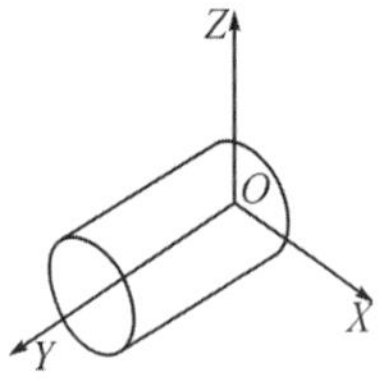	支承板或支承钉	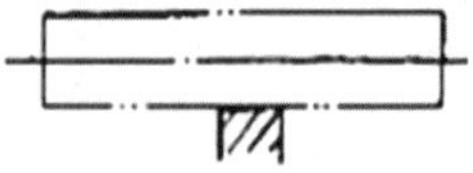	短支承板或支承钉	$\vec{Z}$
			长支承板或两个支承钉	$\vec{Z}$ $\overset{\frown}{X}$
	V 型架	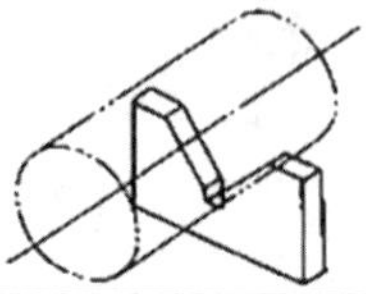	窄 V 型架	$\vec{X}$ $\vec{Z}$
	定位套	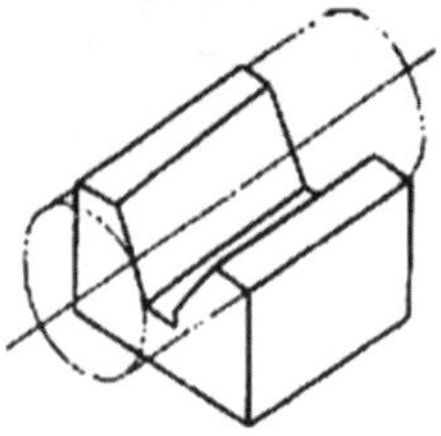	宽 V 型架	$\vec{X}$ $\vec{Z}$ $\overset{\frown}{X}$ $\overset{\frown}{Z}$
		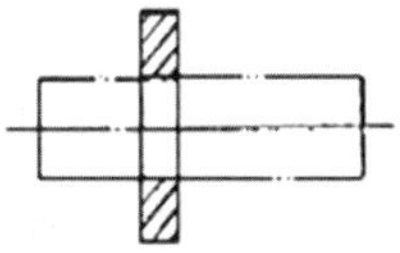	短套	$\vec{X}$ $\vec{Z}$
外圆柱面 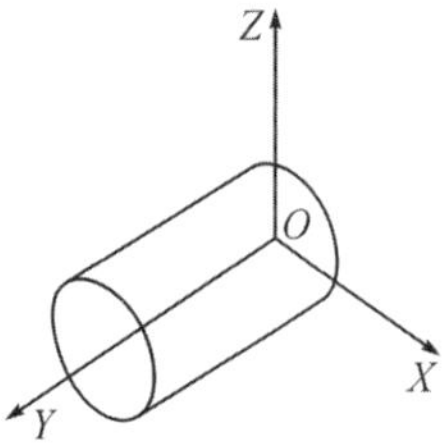	定位套	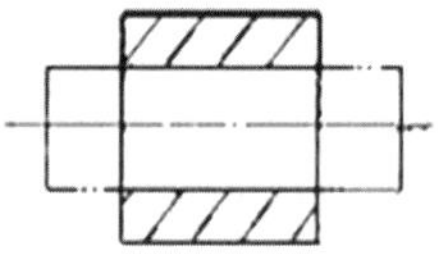	长套	$\vec{X}$ $\vec{Z}$ $\overset{\frown}{X}$ $\overset{\frown}{Z}$
	半圆套	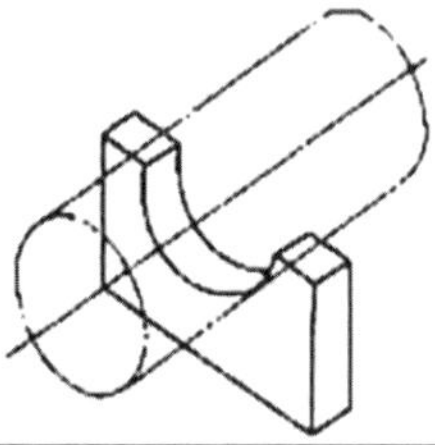	短半圆套	$\vec{X}$ $\vec{Z}$
			长半圆套	$\vec{X}$ $\vec{Z}$ $\overset{\frown}{X}$ $\overset{\frown}{Z}$
	锥套	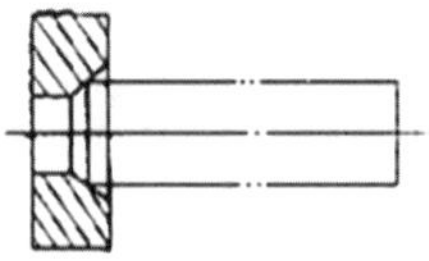	单锥套	$\vec{X}$ $\vec{Y}$ $\vec{Z}$
		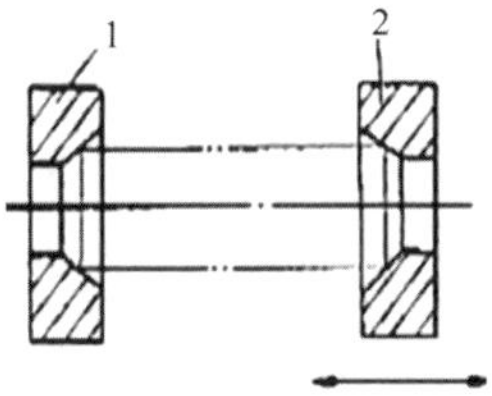	1—固定锥套 2—活动椎套	$\vec{X}$ $\vec{Y}$ $\vec{Z}$ $\overset{\frown}{X}$ $\overset{\frown}{Z}$

三、欠定位和重复定位

1. 欠定位

按照加工要求应限制的自由度没被限制的定位称为欠定位。欠定位是不被允许的，因为欠定位保证不了工件的加工要求。如图 4-5(a)所示，如果不限制 $\vec{Y}$，就不能保证槽和面的距离 x。

2. 重复定位

工件上某一个或几个自由度被重复限制的定位，称为重复定位或过定位。一般来说，对工件上以形状精度和位置精度很低的面作定位基准时，不允许出现重复定位；对精度较高的面(包含相互位置精度)作定位基准时，为提高工件定位的刚度和稳定性，在一定条件下是允许采用重复定位的。

如图 4-6 所示是在立式铣床上用端铣刀加工矩形件上的表面，用四个支承钉定位工件的一毛坯平面便形成重复定位现象。因为工件的定位面形状精度很低，工件放在支承钉上，只能与任意三个支承钉接触，因而一批工件在夹具中的位置便不会一致。为避免重复定位，一般定位毛坯面都只用三个支承钉。如果工件底面是加工过的精基准，用处于同一平面上的四个支承钉或两条支承板来定位，则一个工件或一批工件在夹具中的位置基本上是一致的，对工件加工精度有好处，是允许的。

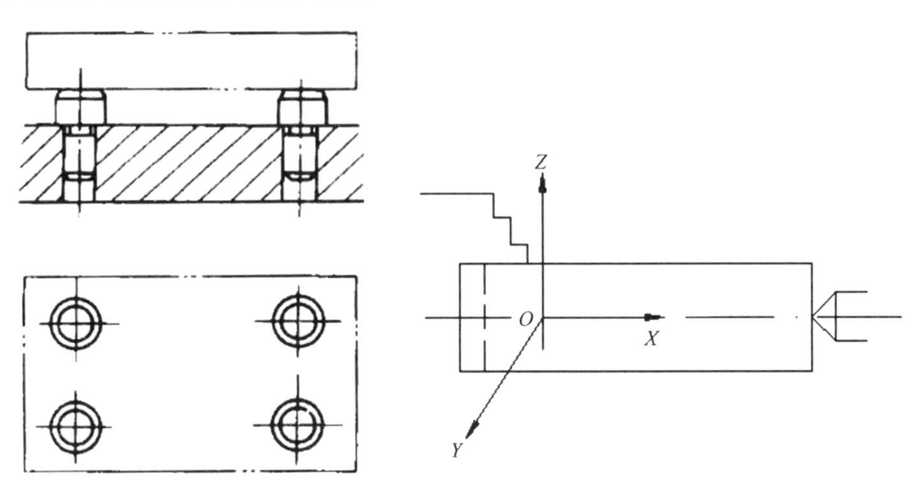

图 4-6　矩形工件的过定位　　　　图 4-7　轴类工件定位

如图 4-7 所示是轴类工件的定位，例如车削光轴外圆时，用三爪卡盘夹住工件很长一段时，限制工件 $\vec{Y}$、$\vec{Z}$、$\widehat{Y}$、$\widehat{Z}$ 四个自由度，尾顶尖限制 $\widehat{Y}$、$\widehat{Z}$ 两个自由度，虽然定位点数为六个，但 $\widehat{Y}$、$\widehat{Z}$ 被重复限制，是重复定位。工件上的顶尖孔轴线与尾顶尖轴线不重合，易使工件变形。如果三爪卡盘夹住工件很短一段(见图虚线)这时只限制 $\vec{Y}$、$\vec{Z}$ 自由度，尾顶尖限制 $\widehat{Y}$、$\widehat{Z}$ 自由度，解决了重复定位的问题。

任务拓展

拓展任务描述：判别是否允许采用重复定位。

1)想一想

- 为什么此任务工件二孔中心线连线方向移动自由度不能采用重复定位？

2)试一试

- V 型铁在工件二孔中心线连线方向固定,工件放放看。

作业练习

一、判断题

1. 有六点定位,就可以进行切削加工了。(　　)

2. 虽然不完全定位限制的自由度数少于六个,但仍能满足加工要求。(　　)

3. 重复定位,可使定位精度更高。(　　)

4. 一个自由刚体,在空间有且仅有五个自由度。(　　)

5. 在完全定位中,工件的所有六个自由度全被限制。(　　)

6. 欠定位工件处于任意位置状态,所以不能保证工件形位精度。(　　)

二、单项选择题

1. 一个物体在空间如果不加任何约束限制,应有(　　)自由度。

A. 四个　　B. 五个　　C. 六个　　D. 七个

2. 工件在定位时,根据加工技术要求实际限制的自由度数少于六个,仍满足加工要求,这种情况称为(　　)。

A. 欠定位　　B. 不完全定位　　C. 完全定位　　D. 过定位

3. 在外圆柱上铣平面时,用两个固定短 V 型块作定位,其限制了工件的(　　)自由度。

A. 二个　　B. 三个　　C. 四个　　D. 五个

4. 完全定位,能保证工件在空间的位置(　　)。

A. 是唯一确定的　　B. 尚不能确定

C. 能否确定,要看是否夹紧　　D. 不是唯一确定的

5. 将平面工件放在铣床工作台面上,还剩下一个轴的转动和(　　)个轴的移动的自由度未被限制。

A. 二　　B. 一　　C. 三　　D. 四

6. 完全定位(　　)保证工件的定位精度。

A. 不能　　B. 能　　C. 不一定能

7. 在满足加工要求的条件下,定位限制工件的自由度数少于六个为(　　)。

A. 重复定位　　B. 不完全定位　　C. 完全定位　　D. 欠定位

8. 三爪卡盘夹紧消除(　　)自由度。

A. 二　　B. 六　　C. 五　　D. 四

9. 工件以两孔一面为定位基面,采用一面两圆柱销为定位元件,这种定位属于(　　)。

A. 完全定位　　B. 部分定位　　C. 重复定位　　D. 欠定位

10. 一夹一顶加工的定位方法是(　　)。

A. 完全定位　　B. 部分定位　　C. 重复定位　　D. 欠定位

11. 如果工件和定位元件的精度非常高,才允许(　　)。

A. 完全定位　　B. 重复定位　　C. 部分定位　　D. 欠定位

12. 工件被限制的自由度数少于其应该被限制的自由度数,称为(　　)。

A. 欠定位　　B. 部分定位　　C. 重复定位　　D. 完全定位

任务二　定位方式及定位元件

任务目标

1. 能根据工件形状及图纸加工要求，合理选择定位方式
2. 能合理使用定位元件

知识要求

- 掌握定位方式的特点及定位元件使用场合
- 熟识了解常用定位元件及定位特点

技能要求

- 能根据如图 4-8 所示，分析出它采取了何种定位方式及定位元件，并能简述此定位元件的作用。

任务描述

对工件定位方式及定位元件进行判断。

任务准备

完成工件定位方式的判断，分辨出是什么支承及有什么作用。

任务实施

1. 操作准备

图纸，如 4-8 所示工件定位图，笔。

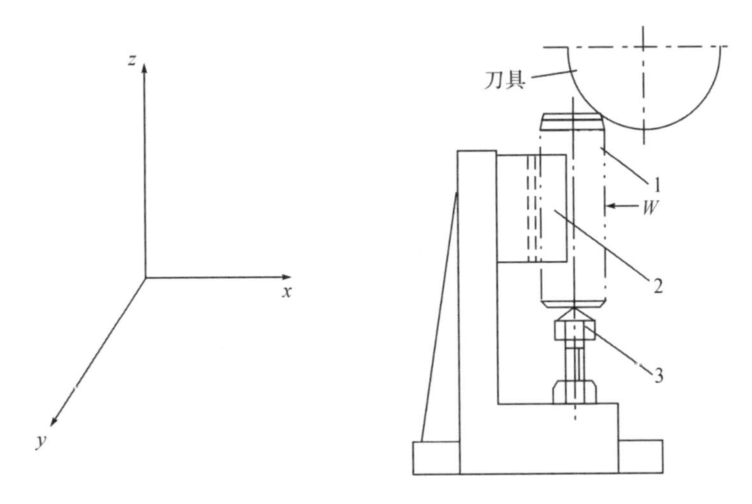

1-圆柱工件　2-V 型铁　3-支承

图 4-8　工件定位图

2. 操作步骤

(1)阅读与该任务相关的知识

(2)分析图纸

1)分辨定位方式

2)判断定位元件

3)简述此 V 型铁定位、可调支承定位特点

3. 任务评价(见表 4-3)

表 4-3 任务评价

序号	评价内容	配分	答案	得分
1	以工件外圆定位	15		
2	以平面定位	15		
3	定位元件 V 型铁	15		
4	定位元件可调支承	15		
5	V 型铁定位、可调支承定位特点	30		
6	职业素养	10		
合计		100		
总分				

注意事项:

看清定位图空间坐标表示什么及是什么元件,然后根据学过的知识分析判断解答。

知识链接

根据工件的结构形状、加工要求、定位基准和外力的作用情况,工件的定位方式有很多,有以平面定位的,也有以外圆、内孔等定位的,各种定位方式都有其特有的定位元件。夹具上的定位元件是工件的定位基准(基面)直接接触(或配合),保证工件相对于机床和刀具有正确位置的元件。多数情况下还需要承受工件的重量、夹紧力和切削力,因此要求定位元件具有足够的精度、强度和刚性,良好的耐磨性和工艺性。

一、工件以平面定位及定位元件

当工件以平面作为定位基准时,由于工件的定位表面和定位件的表面不可能是绝对的理想平面(尤其是毛坯平面作定位基准时),只能由最突出的三点接触。并且在一批工件中这三点的位置是不确定的,有可能这三点的距离很近,使工件的定位不稳定,为了保证定位的稳定可靠,应采用三点定位的方法,并尽量增大支承之间的距离 L,使这三点所构成的支撑的三角形面积 F 尽可能大。

工件以平面定位时的定位元件,主要有以下几种:

1. 支承钉

支承钉的结构有平头式、球面式、网纹顶面式三种,如图 4-9 所示,平头支承钉适用于已加工平面的定位,球面支承钉适用于未加工平面的定位。网纹顶面支承钉有利于增大摩擦力,但在水平位置时,容易积铁屑,影响定位,故常用于未加工过的侧平面定位。支承钉材料一般为 T7A 或 20 钢渗碳淬火至 HRC60~64。支承钉与夹具体的配合为 H7/r6。为了使所有的支承钉等高,平头支承钉头部留有 0.2~0.3mm 余量,待支承钉全部装配后一次磨平。

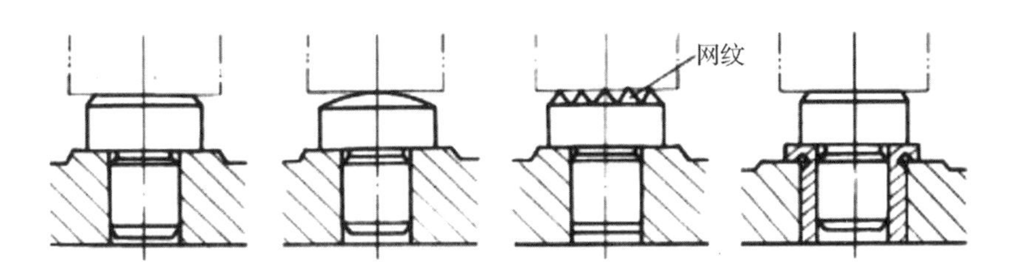

图 4-9　支承钉

2. 支承板

支承板如图 4-10 所示，适用于精加工过的平面定位。A 型支承板沉头螺钉凹坑处积屑不易清除，会影响定位，所以使用侧面定位；B 型支承板由于有斜槽，容易清除切屑，且支承板与工件接触少，定位较准确。

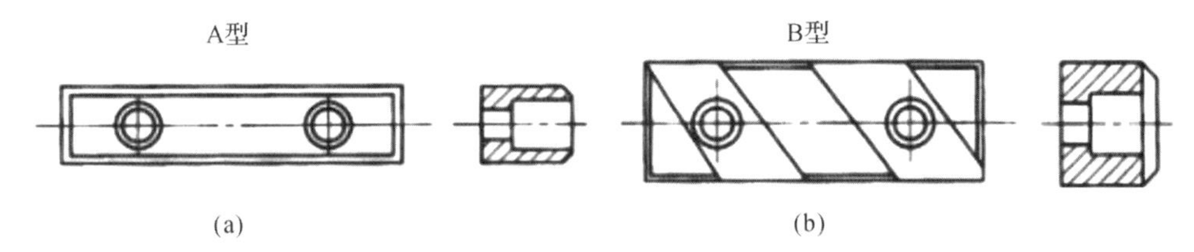

图 4-10　支承板

3. 可调支承

可调支承如图 4-11 所示，其顶端位置能在一定范围内调整，它多用于毛坯面的定位，也可用于同一夹具加工形状相同而尺寸不同的工件。这种夹具也称为成组夹具。

虽然可调支承的顶端位置可以调整，但这仅对一批零件而言，在对单个工件的定位中，它仍是刚性的，起着限制自由度的作用。

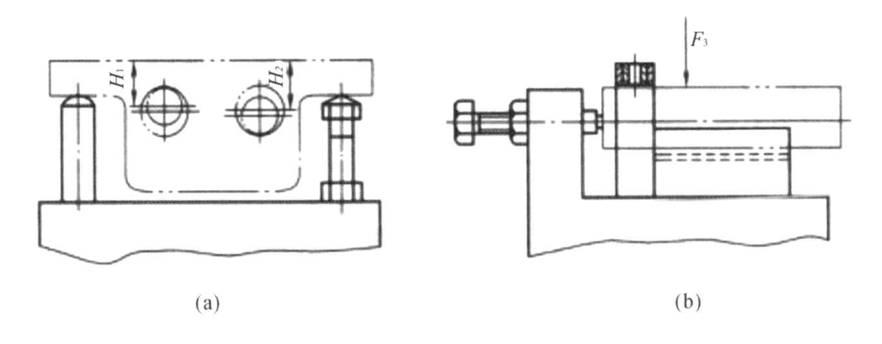

图 4-11　可调支承

4. 辅助支承

由于工件的形状以及夹紧力、切削力及工件重力等原因可能使工件在定位后，还会产生变形或定位不稳定现象。为了提高工件的装夹刚性和稳定性，需另外设置辅助支承。如图 4-12 所示，辅助支承不起定位作用，只是增加工件的装夹稳定性。因此，每次定位后，都必须调整一次，否则将破坏原有的定位，或者不起增加刚性的作用。

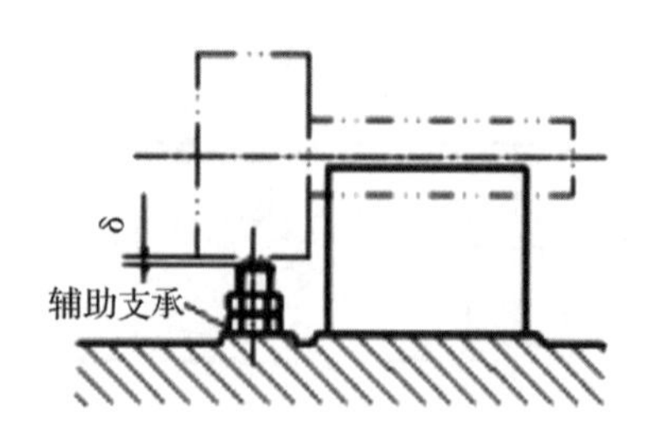

图 4-12　辅助支承

二、工件以外圆定位及定位元件

工件以外圆作为定位基准时，常用的定位元件有 V 型铁、定位孔和半圆弧等装置。

V 型铁定位根据表 4-2 可限制外圆工件的四个自由度($\vec{X}\ \vec{Z}\ \widehat{X}\ \widehat{Z}$)。当工件外圆直径发生变化时，可保证圆柱体轴线在 X 轴线方向的定位误差为零，但在 Z 轴方向仍有一定的误差。当 V 型铁两斜面的夹角为 90°时，其定位误差值为工件外圆公差的 0.707 倍。

V 型铁的材料可采用 20 钢或 20Cr 钢，表面渗碳并淬硬至 HRC60～62。如图 4-13 所示为工件在 V 型铁上定位。

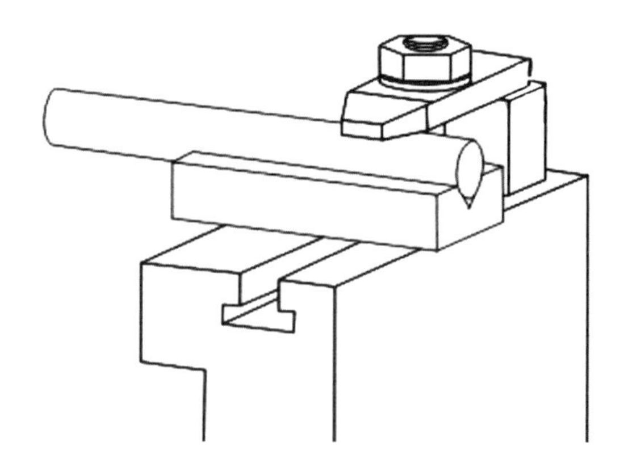

图 4-13　工件在 V 型铁上定位

三、工件以内孔定位及定位元件

在加工齿轮、套筒及盘类等零件的外圆时，一般以加工好的内孔作为定位基准，它能较好地保证工件的同轴度要求。常用的定位元件有各种定位心轴。

1. 圆柱心轴上定位

圆柱心轴是以外圆柱面定心、端面压紧来装夹工件的，如图 4-14(a)所示。心轴外圆与工件孔的配合一般采用 H7/h6、H7/g6 的间隙配合，所以工件能很方便地套在心轴上。但是，由于配合间隙较大，其定心精度差。

2. 在小锥度心轴上定位

为了消除间隙，提高心轴的定心精度，心轴可做成锥体。通常锥度为 1/1000～1/5000。定位时，工件楔紧在心轴上，楔紧后孔会产生弹性变形，如图 4-14(b)所示，从而使工件不致倾斜。小锥度心轴的定心精度较高，但工件的轴向位移较大。

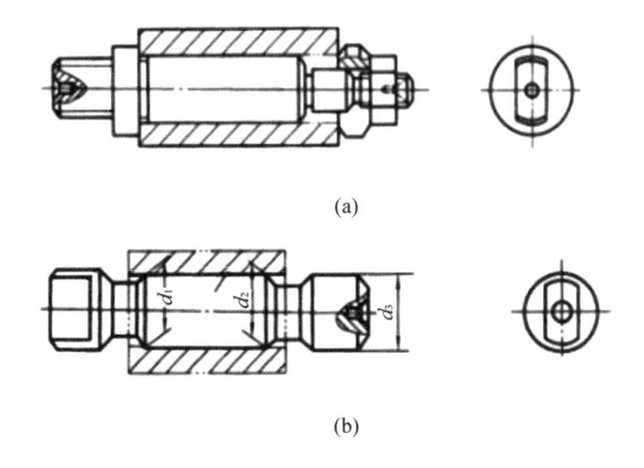

(a)

(b)

图 4-14　圆柱心轴

3. 圆锥心轴

当工件带有圆锥孔时，一般可用于与工件孔锥度相同的圆锥心轴定位，如图 4-15 所示。配上螺母是为了卸下工件方便，起旋出工件作用。

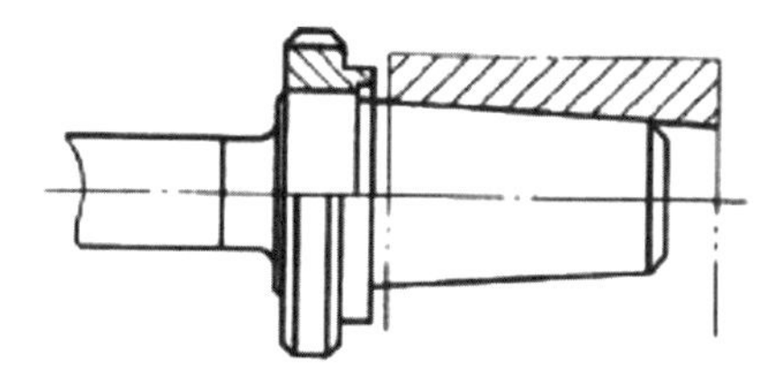

图 4-15　圆锥心轴

4. 螺纹心轴

当工件带有螺孔时，可用于与工件螺孔相同的螺纹心轴定位，如图 4-16 所示，配上螺母是为了卸下工件方便，起旋出工件作用。由于受螺纹牙形、中径等误差的影响，其定位精度较低。

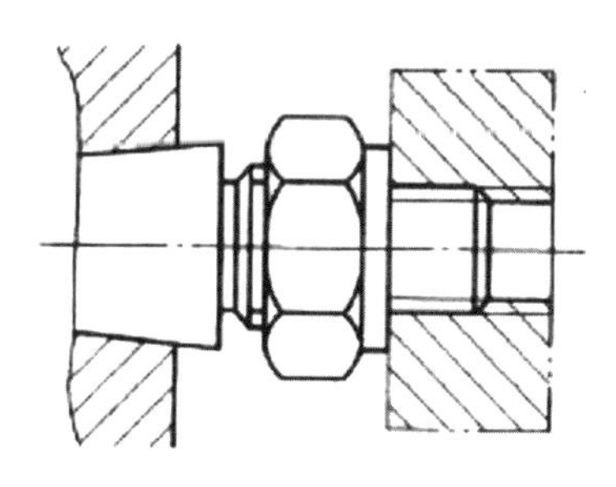

图 4-16　螺纹心轴

5. 花键心轴

当工件带有花键孔时，一般都安排在花键心轴上精车外圆和端面，如图 4-17 所示。为了保证同轴度和装卸方便，心轴工作部分带有 1/1000～1/5000 的锥度。

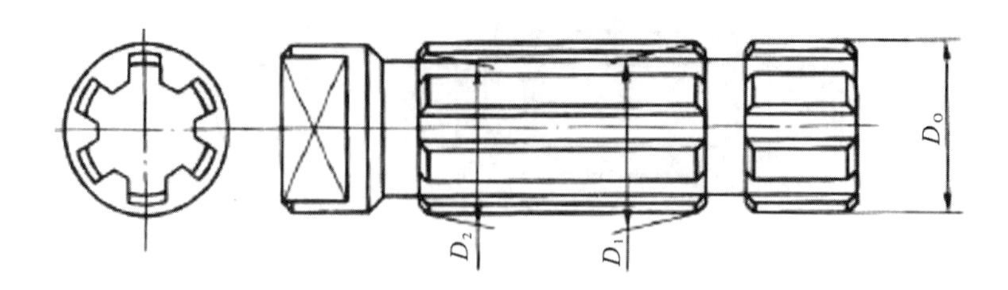

图 4-17　花键心轴

四、工件以组合表面定位

工件以组合表面定位时要注意防止产生重复定位。如工件以两个平行的孔与跟其相垂直的平面作为定位基准时，如图 4-18 所示，若用两个短圆柱销和一个平面作为定位元件，平面限制三个自由度，每个短圆柱销各限制两个自由度。装上工件时第一个孔能正确装到第一个圆柱销上，但第二个孔往往因工件孔距误差和夹具销距误差的影响而装不进，如图 4-18(b)所示。这时，如果把第二个销的直径减小，并使其减小量足以补偿销中心距和孔中心距误差的影响，虽然工件是装得进了，但却加大了孔、销之间的配合间隙，增大了工件的转角误差。所以一般是把第二个销做成削边销，如图 4-18(a)所示。这样，在两孔连心线方向上仍有减小第二个销直径的作用，而在垂直于连心线方向上，由于销的直径并没有减小，因此工件的转角误差没有增加，能保证加工精度。

使用削边销时应注意使它的横截面长轴垂直于两销连心线。否则，不仅起不到削边销的作用，而且转角误差反而会增加。

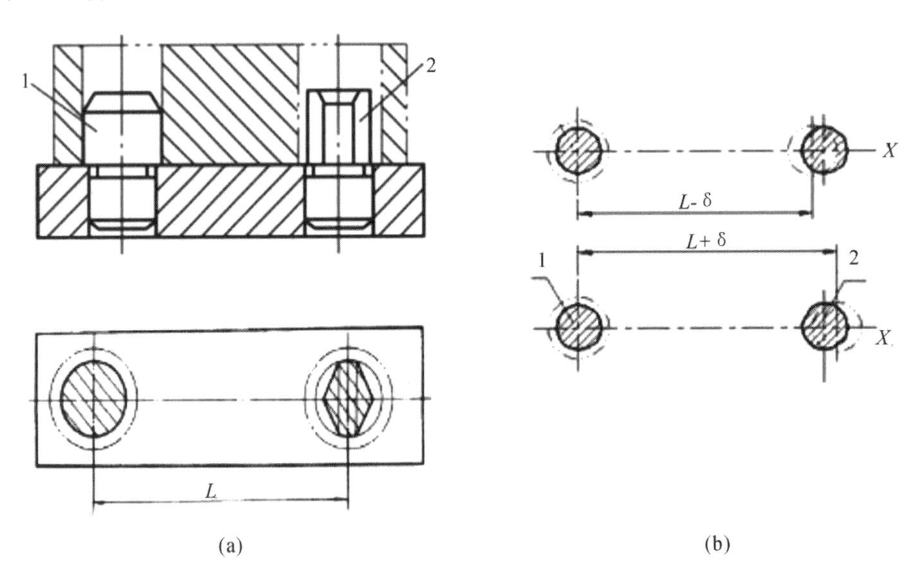

图 4-18　两孔一面定位

任务拓展

拓展任务描述：在何种情况下任务夹具 V 型铁定位的定位误差会被影响加工？

1)想一想

● 任务夹具V型铁定位，当V型铁两斜面的夹角为90°时，X方向定位误差是工件外圆公差的0.707倍，工件顶面何种加工会被影响？

2)试一试

● 加工若干工件不通槽，不通槽X方向有尺寸要求，观察槽此尺寸变化。

作业练习

一、判断题

1. 当工件既要求定心精度高，又要装卸方便时，常以圆柱孔在小锥度心轴上定位。(　　)

2. 具有独立的定位作用且能限制工件的自由度的支承，称为辅助支承。(　　)

3. 可调支承适用于精加工过的平面定位。(　　)

4. 工件定位时，作为定位基准的点和线，往往由某些具体表面体现出来，这种表面称为定位基面。(　　)

二、单项选择题

1. 辅助支承的作用是提高工件的装夹(　　)和稳定性。

A. 强度　B. 速度　C. 牢固　D. 刚度

2. (　　)适用于精加工过的平面定位。

A. 支撑钉　B. 支承板　C. 可调支承　D. 辅助支承

3. (　　)是以外圆柱面定心，端面压紧来装夹工件的。

A. 圆柱心轴　B. 小圆锥心轴　C. 圆锥心轴　D. 螺纹心轴

4. 小锥度心轴，锥体的锥度很小，常用的锥度为(　　)。

A. $K=1/1000\sim1/2000$　B. $K=1/1000\sim1/3000$

C. $K=1/1000\sim1/4000$　D. $K=1/1000\sim1/5000$

5. 工件的定位精度主要靠(　　)来保证。

A. 定位元件　B. 辅助元件　C. 夹紧元件　D. 其他元件

6. 平头支撑钉适用于(　　)平面的定位。

A. 未加工　B. 已加工　C. 未加工过的侧面　D. 都可以

任务三　工件的基准和定位基准的选择

任务目标

1. 熟悉掌握基准概念及分类
2. 能了解定位基准的选用原则
3. 能根据图纸要求选择合理的粗精准及精基准

知识要求

● 熟悉粗基准和精基准的概念

● 掌握理解粗基准和精基准的选用原则

技能要求

● 能根据零件图纸加工要求，合理选择粗基准及精基准

任务描述

确定定位基准及与基准选用原则对照，选择加工的粗基准。

任务准备

由工件某道工序的加工夹具，分析它的定位基准及与基准选用原则是否相符，加工下平面它的粗基准如何选择。

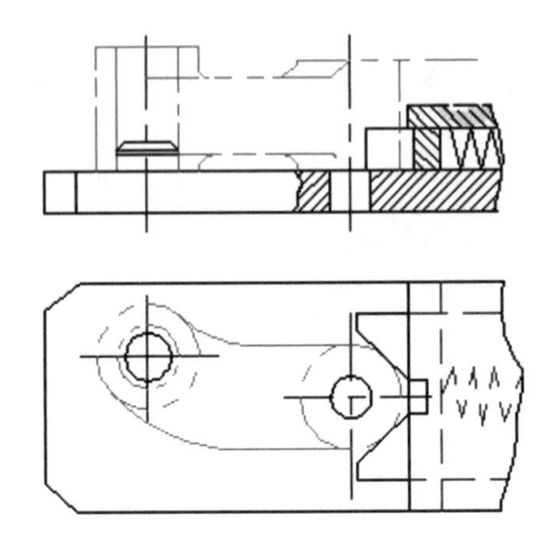

图 4-19　工件定位夹具图

任务实施

1. 操作准备

如图 4-19 所示工件定位夹具图，笔。

2. 操作步骤

(1)阅读与该任务相关的知识

(2)分析图纸

1)分析工件此次加工工序的定位基准

2)根据精基准的选择原则分析判断是否合理

3)选择粗基准

3. 任务评价(见表 4-4)

表 4-4　任务评价

序号	评价内容	配分	答案	得分
1	孔作为定位基准	18		
2	下平面作为定位基准	18		
3	圆弧面作为定位基准	18		
4	分析是否符合	18		
5	选择粗基准	18		
6	职业素养	10		
合计		100		
总分				

注意事项：

看清定位图各部分表示什么，是什么元件，然后根据学过的知识分析判断解答。

知识链接

一、工件的基准

1. 基准的概念

任何一个零件都是由若干表面组成的，这些表面之间有一定的尺寸和相互位置要求。因此，在零件加工、测量或装配过程中，也必须以某个或几个表面为依据来进行其他表面的加工、测量或装配，零件表面间的这种相互依赖关系，就引出了基准的概念。

基准就是“依据（或根据）”的意思，它是用来确定生产对象上几何要素间的几何关系所依据的那些点、线、面。

基准有不同的作用，根据作用可分为设计基准、工艺基准两大类。工艺基准又可分为定位基准、测量基准和装配基准等几种，如图 4-20 所示。

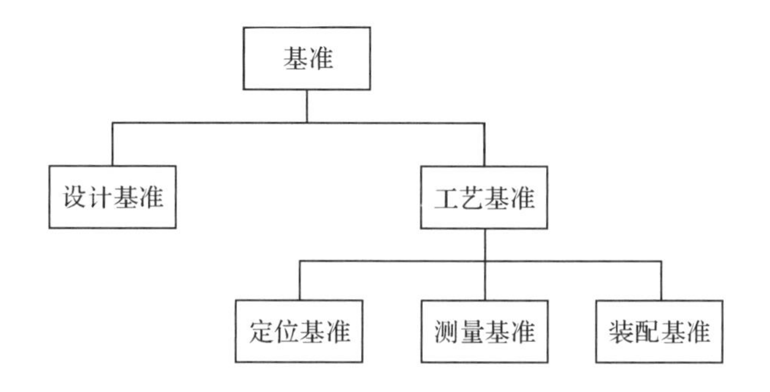

图 4-20　基准的类别

2. 基准的分类

（1）设计基准

设计图样上所采用的基准，称为设计基准。如图 4-21 所示的机床主轴，各级外圆的设计基准为轴的轴线。长度尺寸是以端面 B 为基准，又如图 4-22 所示的轴承座，ϕ50H7 孔中

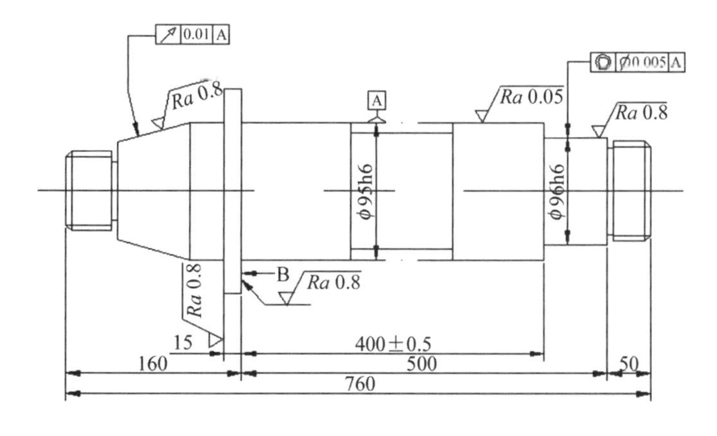

图 4-21　机床主轴

心高的设计基准为底平面 A。

(2)工艺基准

1)定位基准　在加工中用作定位的基准,称为定位基准。

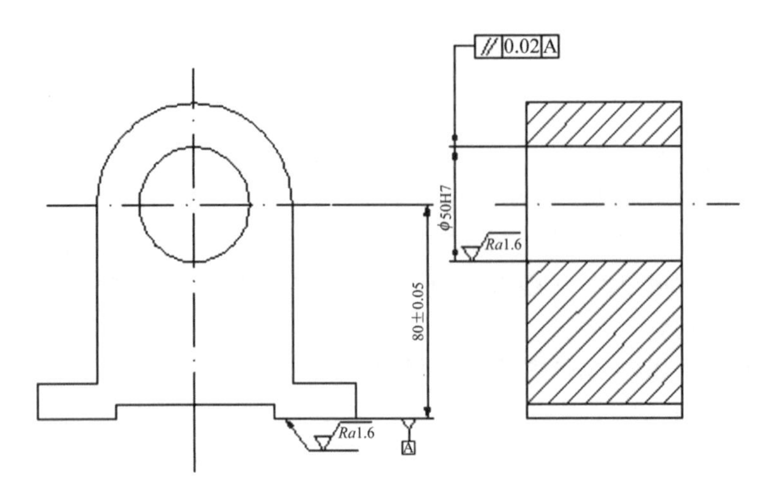

图 4-22　轴承座

如图 4-21 所示的机床主轴,用两顶尖装夹车削或磨削时,其定位基准是两端中心孔。又如图 4-22 所示轴承座,用花盘角铁装夹车削轴承孔时,底面 A 即为定位基准。如图 4-23 所示的圆锥齿轮,在车削齿轮时,以ϕ25H7 和端面 B 装夹在心轴上,保证齿坯圆锥面与孔同轴和长度 $18.53_{-0.07}^{\ 0}$ 的尺寸精度。内孔就是径向定位基准,端面 B 为轴向定位基准。

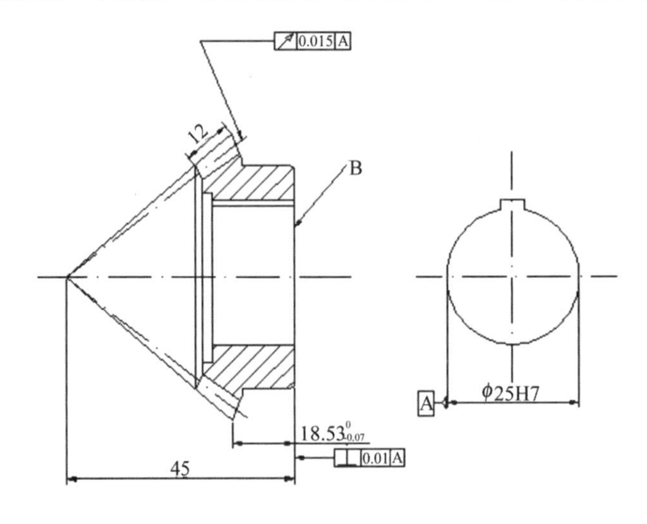

图 4-23　圆锥齿轮

2)测量基准　测量时所采用的基准,称为测量基准。

如图 4-24 所示,对已加工面 A 的检验,(a)图是以工件的上素线 B 作为测量时的依据,因此素线 B 就是 A 面的测量基准。(b)图是以下素线 C 为测量基准。

如图 4-22 所示的轴承座,测量时把工件放在平板上,孔中插入一根心轴,以底平面为依据,用百分表根据量块的高度,用比较法来测量中心高 80±0.05 的尺寸;再用百分表在心轴的两端测量轴承孔与底平面的平行度误差，轴承座的底平面就是测量基准。

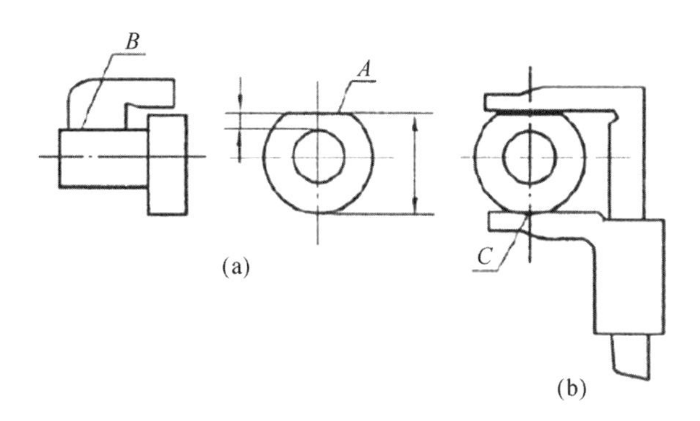

图 4-24　测量基准

3)装配基准　装配时用来确定零件或部件在产品中的相对位置所采用的基准，称为装配基准。

如图 4-25所示 A 为齿轮的装配基准。

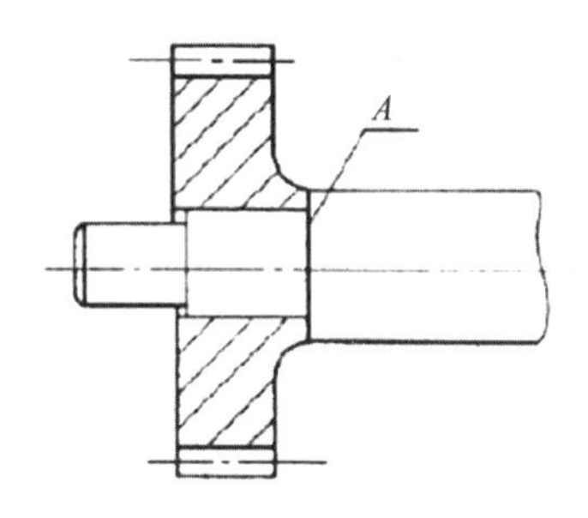

图 4-25　齿轮的装配基准

二、定位基准的选择

在零件的机械加工工艺过程中合理选择定位基准对保证零件的尺寸精度和相互位置精度起决定性作用。

定位基准有粗基准和精基准两种，毛坯在加工时，它的表面是未经过加工的毛坯表面，所以最初的工序中只能以毛坯定位(或根据某毛坯表面找正)，这种基准为粗基准，在以后的工序中，用已加工的表面作为定位基准，这种基准称为精基准。

1. 粗基准的选择

选择粗基准时，必须达到以下两个基本要求：首先应该保证所有的加工表面都有足够的加工余量；其次应保证零件上加工表面和不加工表面之间具有一定的位置精度。粗加工的选择原则如下：

(1)应选择不加工表面作为粗基准

如图 4-26 所示的手轮，因为铸造时有一定的形位误差，在第一次装夹时，应选择手轮内缘的不加工表面作为粗基准，这样加工后就能保证轮缘厚度 a 基本相等。如果选择外圆(加工表面)作为粗基准，加工后因铸造误差不能消除，使轮缘厚薄明显不一致，也就是说，在车削时，应根据手轮内缘找正，或用三爪支撑在手轮内缘上进行车削。

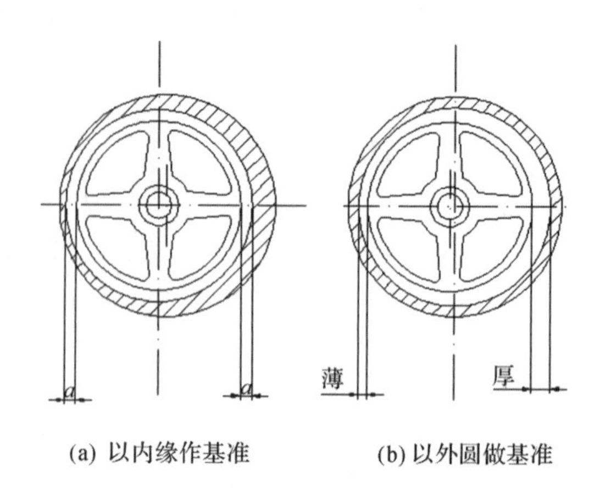

图 4-26　车手轮时粗基准的选择

(2)对所有表面都要加工的零件,应根据加工余量最小的表面找正。这样不会因位置偏移而造成余量太少的部分车不出。如图 4-27 所示的阶梯轴,应选择$\phi 55$外圆表面作粗基准。

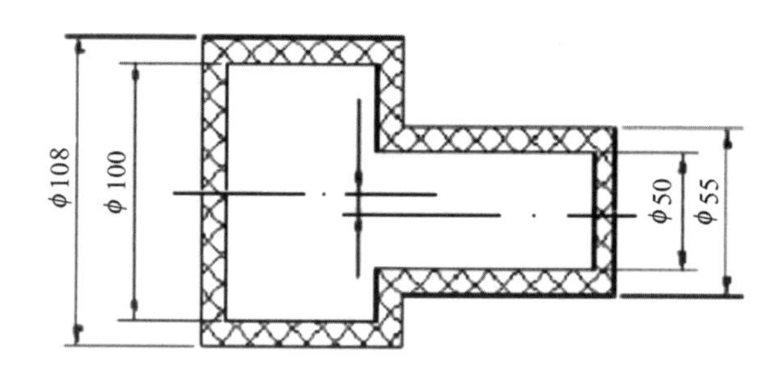

图 4-27　阶梯轴

(3)应该选用比较牢固可靠的表面作为粗基准,否则会使工件夹坏或松动。

(4)粗基准应选择平整光滑的表面。铸件装夹时应让开浇冒口部分。

(5)粗基准不能重复使用。

2. 精基准选择

精基准的选择原则如下:

(1)尽可能采用设计基准或装配基准作为定位基准。一般的套、齿轮坯和带轮,精加工时,多数利用心轴以内孔作为定位基准来加工外圆及其他表面。这样,定位基准与装配基准重合,装配时较容易达到设计所要求的精度。

在车配三爪卡盘连接盘时,一般先车好内孔和内螺纹,然后把它旋在主轴上再车配安装三爪卡盘的凸肩和端面,这样容易保证三爪卡盘和主轴的同轴度。

(2)尽可能使定位基准和测量基准重合。如图 4-28 所示的套,长度尺寸及公差要求是端面 A 和 B 之间的距离为 $42_{-0.2}^{\ 0}$,测量基准面为 A。用心轴加工时,轴向定位基准是 A 面,这样定位基准跟测量基准重合,使工件容易达到长度公差要求。用 C 面作为长度基准,由于 C 面和 A 面之间也有一定误差,这样就产生了间接误差,很难保证长度 $42_{-0.2}^{\ 0}$ 的要求。

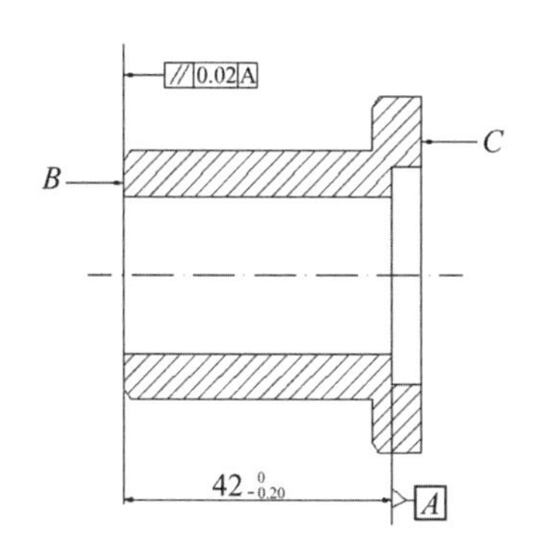

图 4-28　定位基准与测量基准

(3)尽可能使基准统一。除第一道工序外,其余加工表面尽量采用同一个精基准。因为基准统一后,可以减少定位误差,提高加工精度,使装夹方便。如一般轴类零件的中心孔,在车、铣、磨等工序中,始终用它作为精基准。如齿轮加工,先把内孔加工好,然后始终以孔作为精基准。

必须指出,当本原则跟原则(2)相抵触而不能保证加工精度时,就必须放弃本原则。

(4)自为基准原则。某些要求加工余量小而均匀的精加工工序,选择加工表面本身作为定位基准,称为自为基准原则。如图 4-29 所示,磨削车床导轨面,用可调支承支承床身零件,在导轨磨床上,用百分表找正导轨面相对机床运动方向的正确位置,然后加工导轨面以保证其余量均匀,满足对导轨面的质量要求。还有浮动镗刀镗孔、珩磨孔、拉孔、无心磨外圆等也都是自为基准的实例。

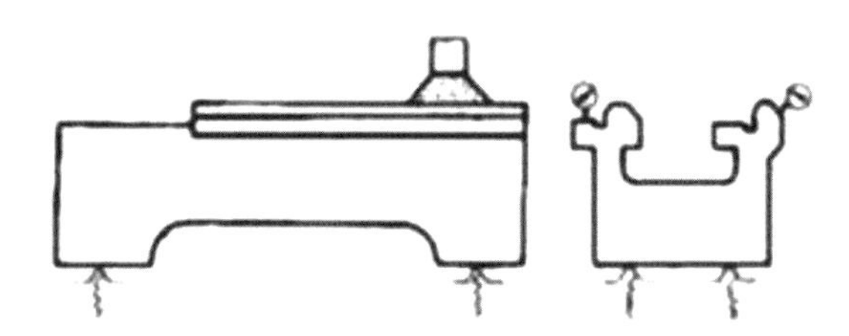

图 4-29　按加工表面本身找正定位

(5)互为基准原则。当对工件上两个相互位置精度要求很高的表面进行加工时,需要用两个表面互相作为基准,反复进行加工,以保证位置精度要求。例如要保证精密齿轮的齿圈跳动精度,在齿面淬硬后,先以齿面定位磨内孔,再以内孔定位磨齿面,从而保证位置精度。再如车床主轴的前锥孔与主轴支承轴颈间有严格的同轴度要求,加工时就是先以轴颈外圆为定位基准加工锥孔,再以锥孔为定位基准加工外圆,如此反复多次,最终达到加工要求。这都是互为基准的典型实例。

(6)选择精度较高、装夹稳定可靠的表面作为精基准,并尽可能选用形状简单和尺寸较大的表面作为精基准,这样可以减少定位误差和使定位稳固。

如图 4-30(a)所示的内圆磨具套筒。外圆长度较长,形状简单,而两端要加工的内孔长度较短,形状复杂。在车削和磨削内孔时,应以外圆作为定位精基准。

车削内孔的内螺纹时，应该一端用软卡爪夹住，一端搭中心架，以外圆作为精基准，如图4-30(b)所示。磨削两端内孔时，把工件装夹在V型夹具中如图4-30(c)所示，同样以外圆作为精基准。

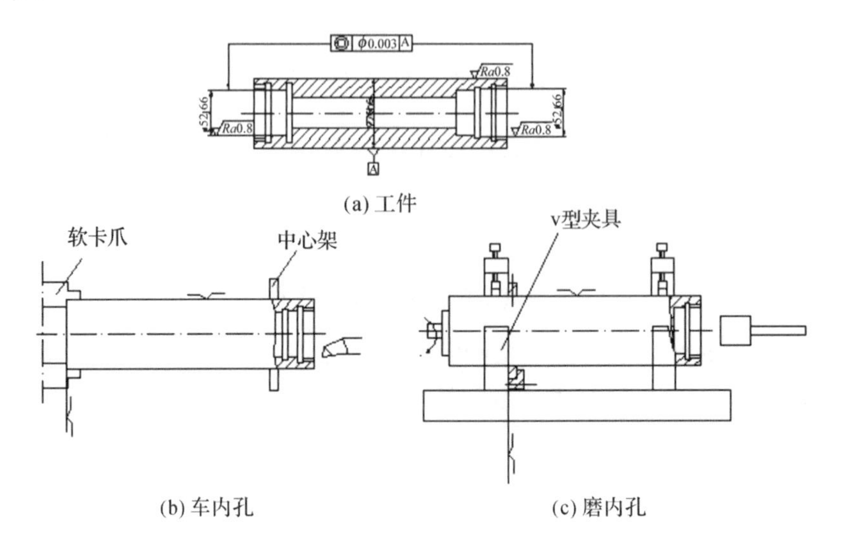

图 4-30　以外圆为精基准

又如内孔较小，外径较大的三角带轮，就不能以内孔装夹在心轴上车削外缘上的梯形槽。这是因为心轴刚度不够，容易引起振动，并使切削用量无法提高。如图4-31(a)所示。因此，车削直径较大的三角带轮时，可采用如图4-31(b)所示反撑的方法，使内孔和各条梯形槽再一次安装加工。或先把外圆、端面及梯形槽车好以后，装夹在软卡爪中以外圆为基准精车内孔，如图4-31(c)所示。

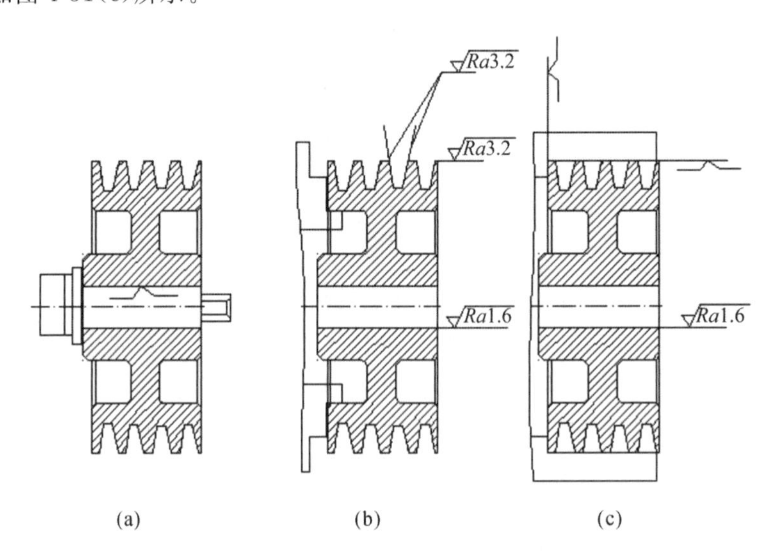

图 4-31　车三角带轮时精基准的选择

任务拓展

拓展任务描述:本任务还包含哪些粗基准的选择原则?

1)想一想

- 粗基准还有哪些选择原则?

2)试一试

- 上毛坯面作粗基准定位的后果。

作业练习

一、判断题

1. 定位基准是用以确定加工表面与刀具相互关系的基准。(　　)
2. 轴类零件常用两中心孔作为定位基准,这是遵循了“自为基准”原则。(　　)
3. 定位基准需经加工,才能采用V型块定位。(　　)

二、单项选择题

1. 在每一工序中确定加工表面的尺寸、形状和位置所依据的基准,称为(　　)。

A. 设计基准　　B. 工序基准　　C. 定位基准　　D. 测量基准

2. 选择不加工表面为粗基准,则可获得(　　)。

A. 加工余量均匀　　B. 无定位误差

C. 不加工表面与加工表面壁厚均匀　　D. 金属切除量减少

3. 基准统一原则的特点是(　　)。

A. 加工表面的相互位置精度高　　B. 夹具种类增加

C. 工艺过程复杂　　D. 加工余量均匀

4.需要多次装夹才能完成加工的轴类零件,采用(　　)装夹,确保工件定心准确。

A. 三爪卡盘　　B. 四爪卡盘　　C. 二顶尖　　D. 一夹一顶

5.(　　)就是在加工中用作定位的基准。

A. 设计基准　　B. 工艺基准　　C. 测量基准　　D. 定位基准

6. 工件在夹具中要想获得正确定位,首先应正确选择(　　)。

A. 定位基准　　B. 工艺基准　　C. 测量基准　　D. 设计基准

三、多项选择题

定位误差产生的原因有(　　)。

A. 工件定位基面的制造误差

B. 定位元件工作表面的制造误差

C. 工序基准与测量基准不重合误差

D. 工序基准与定位基准不重合误差

E. 工序基准与装配基准不重合误差

模块二　夹具的选用

模块目标

- 能根据加工要求完成夹具的正确选择
- 能利用工具完成夹具的正确安装
- 能利用百分表完成夹具的找正

学习导入

夹具是一种装夹工件的工艺装备，它广泛应用于机械制造过程的切削加工、热处理、装配、焊接和检测等工艺过程中。在金属切削机床上使用的夹具统称为机床夹具。在现代生产中，机床夹具是一种不可缺少的工艺装备，它直接影响着加工精度、劳动生产率和产品的制造成本等。

任务一　机床夹具

任务目标

1. 能分辨机床夹具的各组成部分及名称
2. 能简述各组成部分及作用
3. 能利用工具完成夹具的正确安装
4. 能利用百分表完成夹具的找正

知识要求

- 理解掌握机床夹具的各部分名称
- 掌握夹具的各部分作用
- 掌握夹具的正确安装方法

技能要求

- 能利用工具或百分表对夹具在机床上进行正确安装

任务描述

能详细说出图示夹具的各部分名称及其作用，并能安装夹具

任务准备

根据如图 4-32 所示夹具的各部分名称简述其作用，并假设夹具无定位键只有夹具侧面为基准时怎样用百分表校正。

任务实施

1. 操作准备

图纸，如图 4-32 所示拨叉夹具图，笔。

2. 操作步骤

(1)阅读与该任务相关的知识

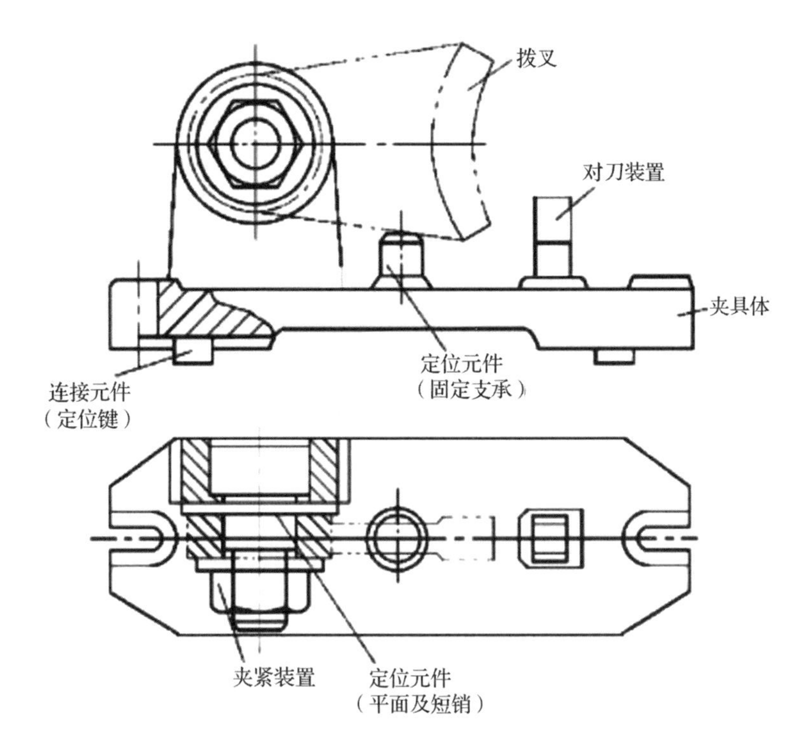

图 4-32　拨叉铣夹具

(2)分析图纸

1)简述图示夹具各组成部分名称及作用

2)夹具无定位键，夹具体侧面有找正用基准，用百分表校正

3. 任务评价(见表 4-5)

表 4-5　任务评价

序号	评价内容	配分	答案	得分
1	定位元件作用	15		
2	夹紧装置作用	15		
3	对刀装置作用	15		
4	连接元件作用	15		
5	夹具体作用	15		
6	简述找正过程	15		
7	职业素养	10		
合计		100		
总分				

注意事项：

用百分表找正时一定要将表座吸附于机床立柱或主轴上，与纵向工作台形成相对运动。

知识链接

一、机床夹具

用于安装工件的装置称为机床夹具。机床夹具的种类和结构虽然繁多，但它们的组成均可概括为以下几个部分，这些组成部分既相互独立又相互联系。

1. 定位元件

定位元件保证工件在夹具中处于正确的位置。如图4-33所示，钻后盖上的ϕ10mm孔，其钻夹具如图4-34所示。夹具上的圆柱销5、菱形销9和支承板4都是定位元件，通过它们使工件在夹具中占据正确的位置。

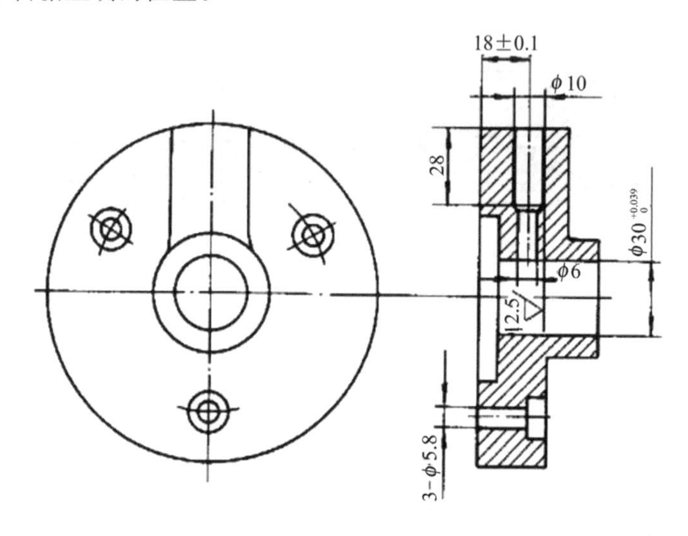

图4-33 后盖零件钻径向孔的工序图

2. 夹紧装置

夹紧装置的作用是将工件压紧夹牢，保证工件在加工过程中受到外力(切削力等)作用时不离开已经占据的正确位置。如图4-34所示的螺杆8(与圆柱销合成一个零件)、螺母7和开口垫圈6就起到了上述作用。

3. 对刀或导向装置

对刀或导向装置用于确定刀具相对于定位元件的正确位置。如图4-34所示钻套1和钻模板2组成导向装置，确定了钻头轴线相对定位元件的正确位置。铣床夹具上的对刀块和塞尺为对刀装置。

4. 连接元件

连接元件是确定夹具在机床上正确位置的元件。如图4-34所示夹具体3的底面为安装基面，保证了钻套1的轴线垂直于钻床工作台以及圆柱销5的轴线平行于钻床工作台。因此，夹具体可兼作连接元件。车床夹具上的过渡盘、铣床夹具上的定位键都是连接元件。

5. 夹具体

夹具体是机床夹具的基础件，如图4-34所示的件3，通过它将夹具的所有元件连接成一个整体。

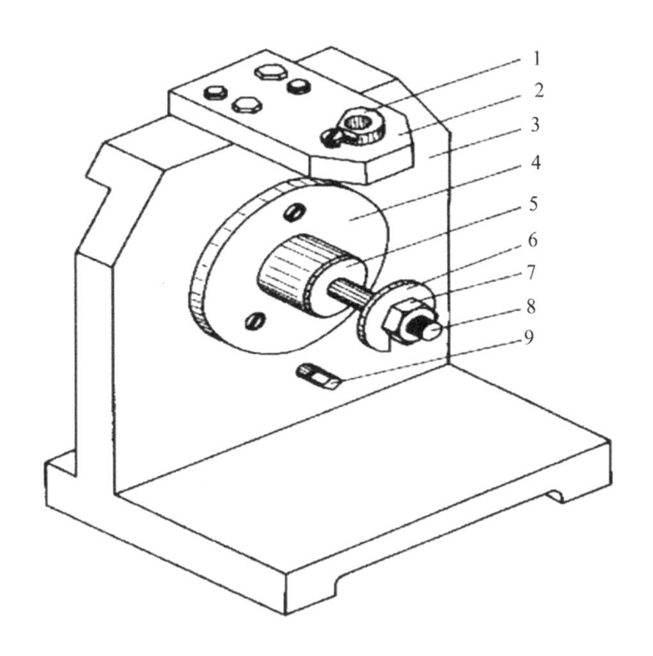

1-钻套　2-钻模板　3-夹具体　4-支承板　5-圆柱销
6-开口垫圈　7-螺母　8-螺杆　9-菱形销
图 4-34　后盖钻夹具

6. 其他装置或元件

它们是指夹具中因特殊需要而设置的装置或元件。若需加工按一定规律分布的多个表面时，常设置分度装置；为了能方便、准确地定位，常设置预定位装置；对于大型夹具，常设置吊装元件等。

二、夹具的对定

工件在夹具中的位置是由与工件接触的定位元件的定位表面(简称元件定位面)所确定的。为了保证工件对刀具及切削成形运动有正确位置，还需要使夹具与机床连接和配合时用的夹具定位表面(简称夹具定位面)相对刀具及切削成形运动处于正确的位置。这种过程称为夹具的对定，也是继续上一模块学习任务一要讨论的定位问题，即夹具在机床的准确位置和刀具相对夹具的准确位置。夹具的对定包括三个方面：一是夹具的定位，即夹具对切削成形运动的定位；二是夹具的对刀，指夹具对刀具的对准；三是分度和转位定位，这方面只有对分度和转位夹具才考虑。

1. 夹具对切削成形运动的定位

由于刀具相对工件所做的切削成形运动是由机床提供的，所以夹具对成形运动的定位即为夹具在机床的定位。但其本质则是对成形运动的定位，这一点应予以注意。

例如铣键槽的夹具，其在机床的定位如图 4-35 所示。需要保证 V 型块中心对成形运动(铣床工作台的纵走刀运动)平行。在垂直面内，这种平行度要求是靠夹具底平面放置在工作台上保证的。因此对夹具来说，应保证 V 型块中心对夹具底平面 A 平行。对机床来说，应保证工作台面与成形运动(纵走刀)平行。夹具底平面与工作台应有良好的接触。在水平内，这种平行度要求，则是靠夹具的两个定向键 1 和 2 嵌在机床工作台 T 形槽内保证的。

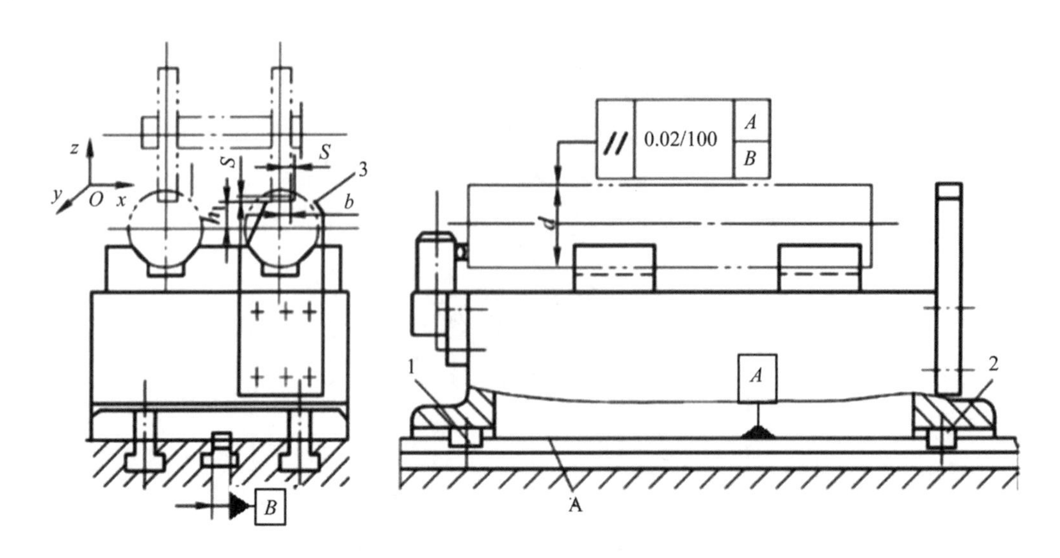

1-定向键　2-定向键　3-定向件

图 4-35　铣键槽夹具对成形运动的定位

因此，对夹具来说，应保证 V 型块中心对定向键 1 和 2 的中心线（或一侧）平行。对机床来说，应保证 T 形槽中心（或侧面）对纵走刀方向平行。另外，定向键应与 T 形槽有很好的配合。

上述例子是依靠夹具的专门装置（底平面和定向键）、机床工作台面和 T 形槽相连接、配合来实现定位的。因此，用这种夹具定位方法简单方便，能节省时间，不需要很高的技术，适用于在通用机床上用专用夹具进行多品种加工。但这种方法影响夹具对成形运动的定位精度的环节较多。其中有元件定位面对夹具定位面的位置误差；机床上用于与夹具连接和配合的表面（简称机床定位面）对成形运动的位置误差；以及连接处的配合误差等。因此要使元件定位面对机床成形运动占据准确位置，就要解决好夹具与机床的连接和配合问题，以及正确规定元件定位面夹具定位面的位置要求。至于机床定位面对成形运动的位置误差则是由机床精度所决定。

(1)夹具与机床的连接

根据机床工作的特点，夹具在机床上定位，最基本有两种形式。一种是夹具安装在机床的平面工作台上，如铣床、钻床、镗床、平面磨床等；一种是安装在机床的回转主轴上，如车床、内外圆磨床等。

1)夹具安装在工作台上

夹具在平面工作台上是用夹具定位面 A 定位的，如图 4-36 所示。为保证夹具的底平面与工作台有良好的接触，对于较大的夹具来说，应采用周边接触，如图 4-36(a)所示，两端接触，如图 4-36(b)所示，以至四只脚接触，如图 4-36(c)所示等方式。夹具体定位面应在一次安装中同时磨出或刮研出。

除上述定位外，夹具通常还通过两个定位键或定向键与机床工台上的 T 形槽连接，以保证夹具在工作台上的正确方向。如图 4-37 所示为标准定位键(GB 2206-91)的结构及其应用。对于 A 形键，其与夹具体槽和工作台 T 形槽的配合尺寸均为 B，其极限偏差可选 h6

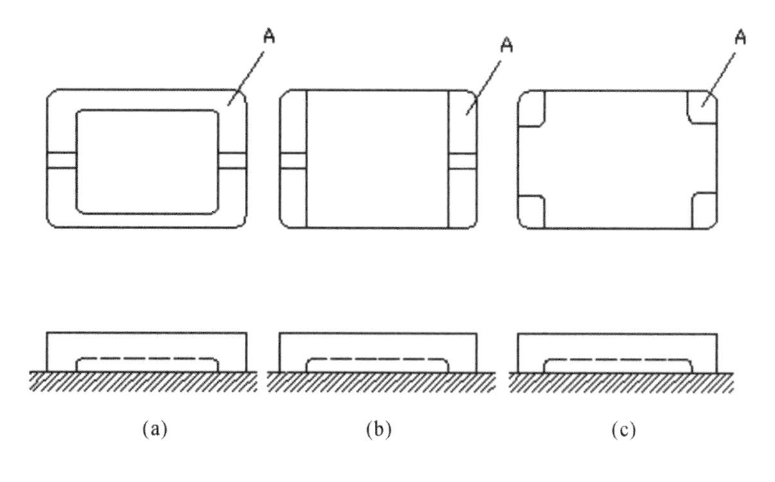

图 4-36　夹具与工作台的连接

或 h8。夹具体上用于安装定位键的槽宽 B_2 取与 B 相同的基本尺寸，极限偏差可选 H7 或 js6。为了提高定位精度，可选用 B 形定位键，其与 T 形槽配合的尺寸 B_1 留有 0.5mm 的磨量，可按机床 T 形槽实际宽度配作，极限偏差取 h6 或 h8。

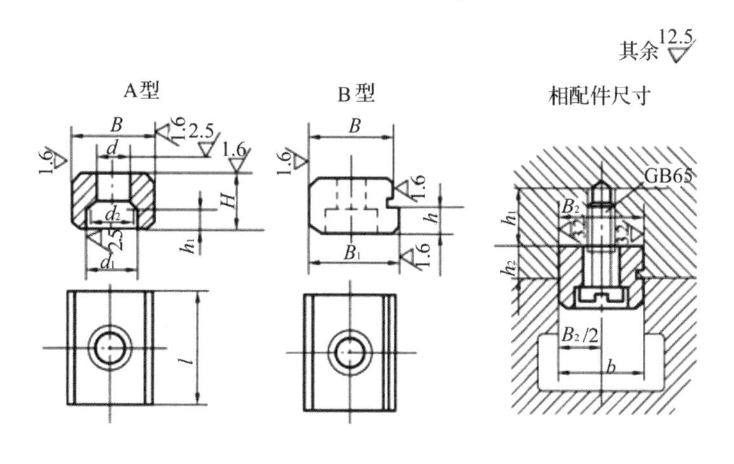

图 4-37　定位键

如图 4-38 所示为标准定向键(GB 2207-91)的结构及其应用。上述定位键用螺钉紧固于夹具体上，因此每个夹具都有一对定位键。定向键则不同，只要在工作台上配备一对定向键，就可以用于不同夹具的定向。键与夹具槽的配合取 H7 或 h6，与 T 形槽的配合尺寸 B_1 亦留有 0.5mm 磨量，可按 T 形槽尺寸配作，极限偏差取 h6 或 h8。

为了提高定向精度，两个定位键(或定向键)之间距离，在夹具底座的允许范围内，尽可能大些；键应嵌在精度较高的 T 形槽内(通常工作台中间的 T 形槽精度较高)；安装夹具时，让键靠向 T 形槽一侧，以消除间隙；夹具定位后，用螺钉紧固在工作台上，以提高连接刚度。

键的材料常用 45 号钢，淬火 HRC40～45。

2)夹具安装在主轴上

夹具在回转主轴上安装，取决于所使用的机床主轴端部结构，常见的有如图 4-39 所示的几种形式。图(a)中夹具以长锥柄安装于主轴孔内，锥柄一般为莫氏锥度。根据需要可用

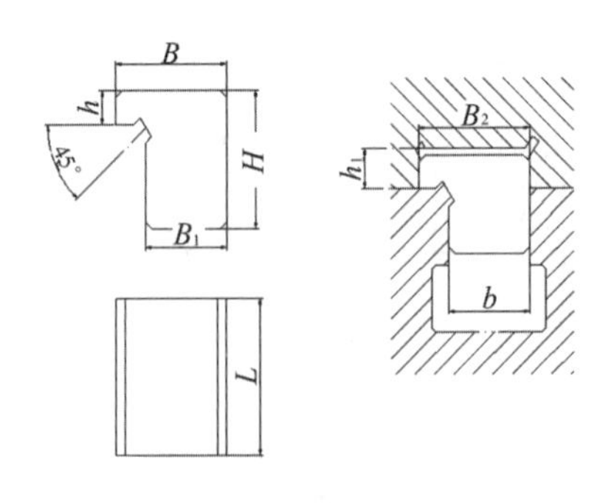

图 4-38　定向键

拉杆从主轴尾部拉紧。这种定位迅速方便，由于没有配合间隙，定位精度高，但刚性较低，适用于轻切削的小型夹具，夹具的轮廓直径 D 一般小于 140mm，或 $D \leqslant (2 \sim 3)d$，d 为锥柄大端直径。为了保护主轴孔，夹具锥柄的硬度小于 HRC45。当夹具悬伸较大时，应加尾座顶尖。图(b)中夹具体以端面 A 和短圆柱孔 D 在主轴轴颈上定位。定位孔 D 和主轴轴颈的配合一般采用 H7/h6 或 H7/js6。此种定位形式的定位精度不高，适用于精度较低的加工。夹具的紧固依靠螺纹 M，两只压板 1 起防松作用。图(c)中夹具体用短锥 K（锥角通常为 14°15′）和端面 T 定位。这种定位方式因为没有间隙所以具有较高的定心精度，并且连接刚性也较高。制造夹具时，除需要保证锥孔锥度外，还需要严格控制尺寸及锥孔与端面 T 的垂直度误差，并使夹具安装在主轴上后，端面 T 与主轴端面间有一小间隙(0.05～0.1mm)，然后用 3～4 个螺钉将夹具拧紧在主轴上(端面贴紧)。若不能保证上述要求，将会严重影响定位精度。对于通用卡盘，为了能在各种主轴端部结构不同的机床上使用，可以设计专用的过渡盘。过渡盘的一端与机床主轴连接，结构形式应满足所使用机床的主轴端部结构要求。过渡盘的另一端与夹具体连接，通常做成以平面(端面)和短圆柱面定位的形式。如图 4-40 所示它适用于短圆锥面主轴端，而与夹具体则常用 H7/h6 短圆柱配合。为了保护机床主轴表面，过渡盘的材料应采用铸铁。

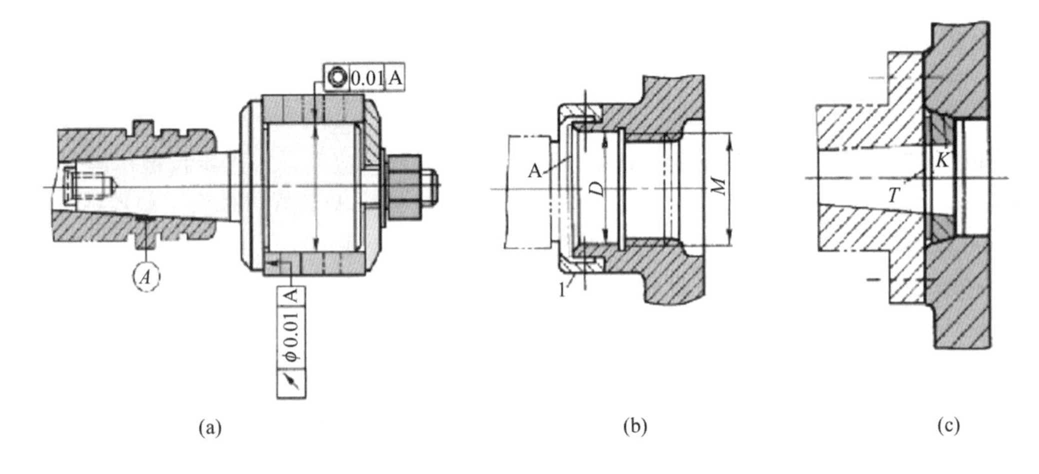

图 4-39　夹具在主轴上安装

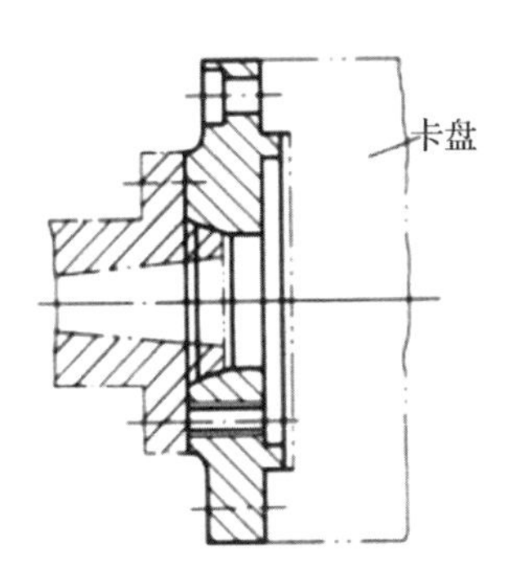

图 4-40 夹具过渡盘

(2)元件定位面对夹具定位面的位置要求

在设计夹具时,元件定位面对夹具定位面的位置要求,应在夹具装配图上标出,或以文字注明,作为夹具验收标准。

用找正方法安装夹具,可使元件定位面对机床成形运动获得较高的位置精度。例如安装铣床夹具如图 4-41 所示时,在 V 型块内放入精密心棒,通过用固定在床身或主轴上的测表 2 进行找正,就可以获得所需的夹具准确位置。找正夹具在水平面内的位置时,移动工作台,用表沿心轴侧母线 b 进行测量。根据表的指针指示,调整夹具在水平内的位置,直至指针摆动很小为止。找正夹具在垂直面内位置时,用表沿心棒上母线 a 测量,亦根据表针指示,在夹具底面与机床工作台间加垫(一般用薄铜片),以调整夹具位置,直至指针摆动很小为止。只要测量用表精度高、找正精心,就可以使夹具达到很高的位置精度。因为用这种方法是直接按成形运动来确定元件定位面的位置,避免了前述很多中间环节的影响,而且元件定位面与夹具定位面的相对位置也不需要严格要求,方便了夹具的制造。为了找正方便,可在夹具体上专门加工出找正用基准(如图 4-42 所示平面 A),用以代替对元件定位面的直接测量,元件定位面与找正基准要有严格的相对位置要求。不过用找正方法安装夹具费时间,要求技术水平高,应适用于夹具不更换(例如专用机床)或很少更换,以及用前述方法达不到夹具位置精度的情况下。

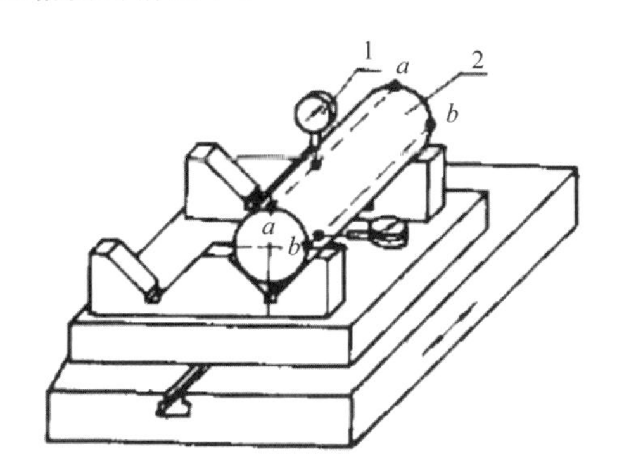

图 4-41 夹具位置的找正

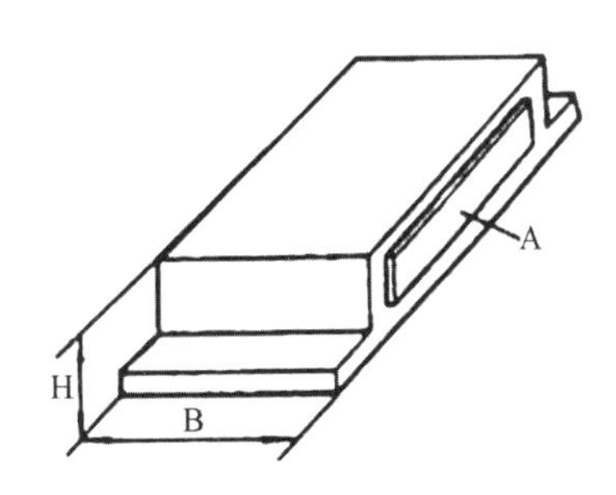

图 4-42 夹具上的找正基准

另外还有一种获得元件定位面对成形运动的准确位置的所谓元件定位面的“临床加工”法。就是夹具初步在机床上找好位置后，即对元件定位面进行加工，以“校准”位置。如图 4-43所示，三爪卡盘装在机床主轴上之后，三爪卡盘内夹上工件 1，在夹紧状态下，把元件定位面（即夹爪的定位面）按夹紧工件的需要尺寸 D 加工出。这样用切削成形运动本身来形成元件定位面，便能准确地保证三爪的定位弧面 D 的中心与主轴旋转中心同轴，平面 T 垂直于旋转中心线。同理在铣削、刨削、磨削加工时，也可以在机床上对元件的定位面进行“临床加工”。

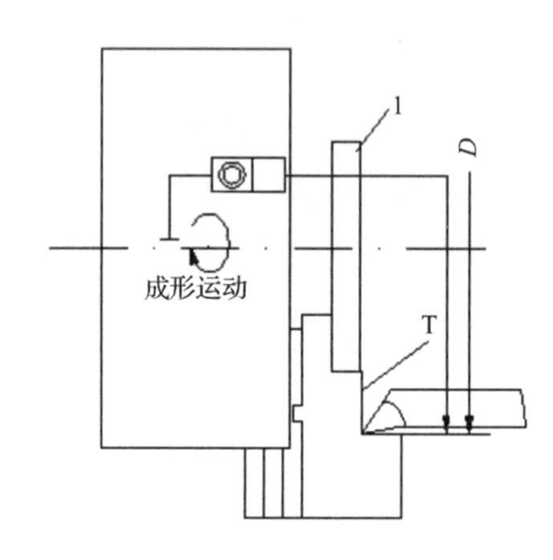

图 4-43　对定位表面进行“临床”加工

2. 夹具的对刀

夹具在机床上定位后，接下来就需进行夹具的对刀，如图 4-35 所示，在 X 方向应使铣刀对称中心面与夹具 V 型块中心重合，在 Z 方向应使铣刀的圆周刃最低点离心棒中心的距离为 $h1$。

对刀方法通常有三种：一种为单件试切法。另一种方法是每加工一批工件，安装调试一次夹具，刀具相对于元件定位面的正确位置都是通过试切数个工件来对刀的。还有一种方法，就是用样件或对刀装置对刀，只是再制造样件和调整对刀装置时，才需要试切一些工件，而在每次安装使用夹具时，不需要再试切工件，这种方法最为方便。如图 4-35 中采用直角对刀块 3 对刀。由于夹具制造时已保证对刀块对元件定位面的相对位置要求的尺寸 b 和 $h1$，因此只要将刀具对准到离对刀块表面距离 S，即可认为夹具对刀具已经对准。在铣刀和对刀装置表面之间留有空隙 S，并用塞尺进行检查，主要是便于操作和控制刀具位置。因为刀具直接与对刀块接触，容易碰伤铣刀刃口和对刀块工作表面，而且接触情况不易察觉，尺寸不易控制。S 由设计决定，一般取 1，3，5mm。如图 4-44 所示为几种铣刀对刀装置。图(a)为标准的圆形对刀块(GB 2240-91)，用于对准铣刀的高度。图(b)为标准的直角对刀块(GB 2242-91)，用于同时对准铣刀的高度和水平方向位置。图(c)，(d)所示为各种成形刀具的对刀装置。图(e)为标准的方形对刀块(GB 2241-91)，用于组合铣刀的垂直方向和水平方向对刀。根据加工要求和夹具结构需要还可以设计其他非标准对刀装置。图 4-45 所示为标准的对刀塞尺，图(a)为平塞尺(GB 2244-91)，按厚度 a 不同，有 1，2，3，4，5mm 五种规格；图(b)为圆柱塞尺(GB 2245-91)，直径 d 有 3mm 和 5mm 两种规格。两种塞尺的尺寸 a 和 d 均按极限偏差 $h8$ 制造。对刀块和塞尺的材料可用 T8，淬火 HRC55～60。

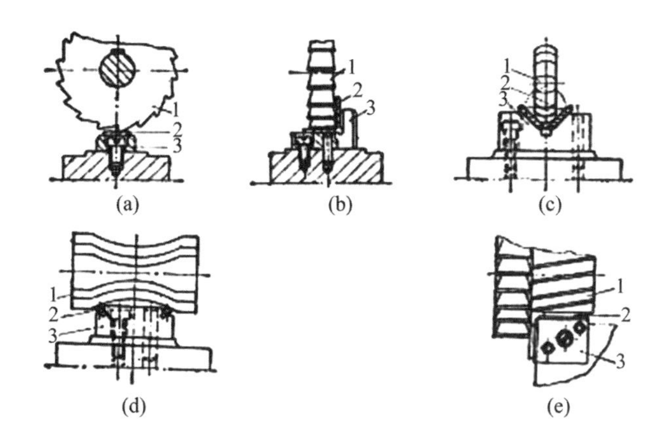

1-铣刀　2-塞尺　3-对刀块

图 4-44　铣刀对刀装置

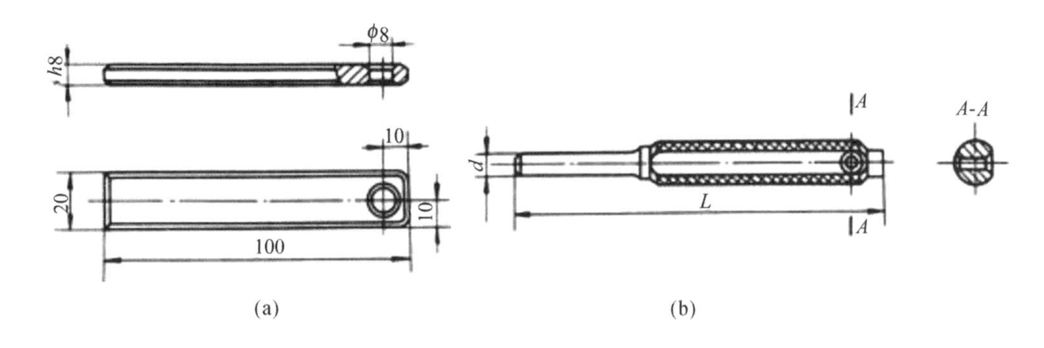

图 4-45　铣刀对刀塞尺

在钻床夹具中，通常用钻套实现刀具的对准。如图 4-46 所示是一个用钻套对刀的例子，只要钻头对准了钻套中心，钻出的孔的位置就能达到工序要求。

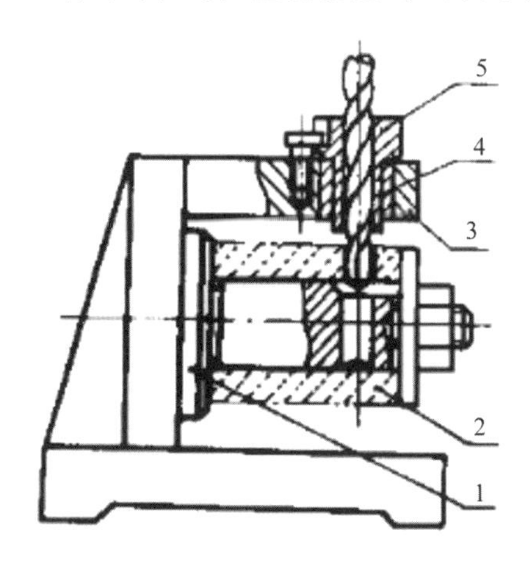

图 4-46　用钻套对刀

3. 夹具的分度和转位

分度和转位夹具的特点是能使工件在一个位置上加工后连同定位元件相对于刀具及成形运动转动一定角度或移动一定距离，在另一个位置上再进行加工。在这里我们不作讨论。

任务拓展

拓展任务描述：识别定位键和定向键。

1)想一想

- 定位键和定向键的区别。

2)试一试

- 进工厂实地观察。

作业练习

一、判断题

1. 机床夹具包括定位元件、测量装置、引导元件、夹具体。(　　)

2. 夹具体是将所有机构连接成一体，并通过夹具与机床连接。(　　)

二、单项选择题

1. 夹具中的(　　)装置，用于保证工件在夹具中的正确位置。

A. 定位元件　　B. 辅助元件　　C. 夹紧元件　　D. 其他元件

2. 以下不属于机床夹具组成部分的是(　　)。

A. 测量装置　　B. 定位元件　　C. 引导元件　　D. 夹具体

3. 夹具与机床(　　)是用来确定夹具对机床主轴工作台或导轨的相对位置。

A. 定位装置　　B. 夹紧装置　　C. 连接元件　　D. 对刀和导向元件

4. 以下不属于机床夹具组成部分的是(　　)。

A. 夹紧装置　　B. 定位元件　　C. 引导元件　　D. 装配元件

5. 以下不属于机床夹具组成部分的是(　　)。

A. 机床　　B. 定位元件　　C. 引导元件　　D. 夹具体

6. 用于保证刀具与工件之间正确位置的元件为(　　)。

A. 定位装置　　B. 夹紧装置　　C. 连接元件　　D. 对刀和导向元件

7. 以下不是夹具组成部分的是(　　)。

A. 定位装置　　B. 夹紧装置　　C. 工作台　　D. 对刀和导向元件

任务二　夹具的种类

任务目标

1. 理解掌握夹具按不同方式的分类

2. 熟悉典型机床夹具的加工特点

知识要求

- 熟悉各种机床夹具的分类方式
- 了解典型机床夹具的加工特点
- 了解按零件的批量、加工要求、企业生产条件等因素选择夹具

技能要求

● 能根据夹具的形状特点，分辨出是何种夹具

任务描述

根据夹具特点能判断是何种夹具并知道与机床的连接方式。

任务准备

对于如图4-47所示的机床夹具，依据其形状特点判断是何种夹具并简述理由及与机床连接方式；为什么要钻孔。简述为什么选择专用夹具。

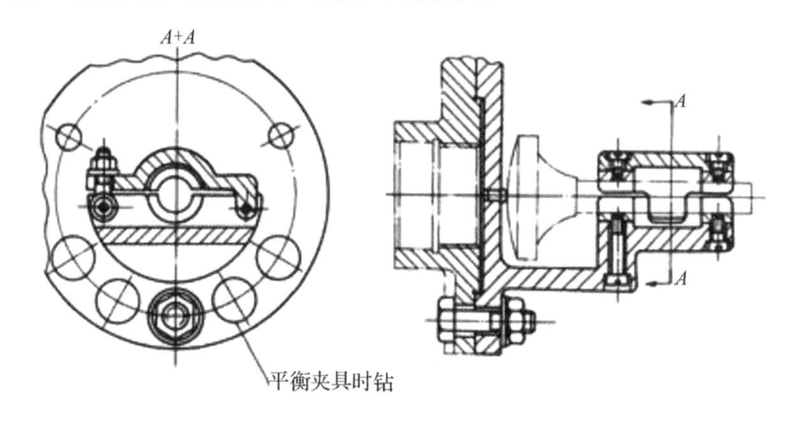

图4-47　工件某工序夹具

任务实施

1. 操作准备

图纸，如图4-47所示工件某工序夹具图，笔

2. 操作步骤

(1)阅读与该任务相关的知识

(2)分析图纸

1)根据图示机床夹具形状判断是什么机床夹具

2)说明理由

3)它与机床用什么方法连接

4)为什么要钻孔

5)简述选择专用夹具的理由

实现工件的准确定位，既能保证加工质量，又便于采用各种快速夹紧机构，提高生产效率。适用批量大的工件，分摊到每一工件成本低。

3. 任务评价(见表4-6)

表4-6　任务评价

序号	评价内容	配分	答案	得分
1	判断	18		
2	理由	18		

续表

序号	评价内容	配分	答案	得分
3	连接方式	18		
4	回答问题	18		
5	简述	18		
6	职业素养	10		
合计		100		
总分				

注意事项：

看清图意，带着不同类型机床的特点和图示夹具对比。

知识链接

一、机床夹具的发展

若单从解决工件的安装出发，最好是针对每一种工件，设计和制造一种夹具，即所谓专用夹具。这样既容易实现工件的准确定位，保证加工质量，又便于采用各种快速夹紧机构，提高生产效率。但是，夹具本身的设计和制造多为单件和小批量生产，生产费用较高，因此若被加工工件的批量较小，专用夹具的生产费用分摊到每个工件上就很高，在经济上不合算。这时，往往采用效率较低的通用夹具。因为通用夹具的生产费用分摊到每个工件上较低，而且能适用于各种不同工件。这是受到经济法则的约束。随着社会生产的发展，介乎于大批大量生产和单件小批量生产之间的多品种中小批量生产日益增多，单有专用夹具和通用夹具已不能满足生产要求。于是出现了介于通用夹具与专用夹具之间的一系列新的夹具新形式。这些夹具形式大体上可分为两大类：由通用件临时组成专用夹具的专门化拼装夹具及用于有限通用目标的专用可调夹具。

二、夹具的种类

夹具在机床上对工件进行切削加工，可根据不同的分类方式分类。

1. 按夹具的使用特点分类

根据夹具在不同生产类型中的通用特性，机床夹具可分为通用夹具、专用夹具、可调夹具、组合夹具和拼装夹具五大类。

(1)通用夹具　已经标准化的可加工一定范围内不同工件的夹具，称为通用夹具，其结构、尺寸已规格化，而且具有一定通用性，如三爪自定心卡盘、机床用平口虎钳、四爪单动卡盘、台虎钳、万能分度头、顶尖、中心架和磁力工作台等。这类夹具适应性强，可用于装夹一定形状和尺寸范围内的各种工件。这些夹具已作为机床附件由专门工厂制造供应，只需选购即可。其缺点是夹具的精度不高，生产率也较低，且较难装夹形状复杂的工件，故一般适用于单件小批量生产中。

(2)专用夹具　专为某一工件的某道工序设计制造的夹具，称为专用夹具。在产品相对稳定、批量较大的生产中，采用各种专用夹具，可获得较高的生产率和加工精度。专用夹具的设计周期较长、投资较大。

专用夹具一般在批量生产中使用。除大批大量生产之外，中小批量生产中也需要采用

一些专用夹具,但在结构设计时要进行具体的技术经济分析。

(3)可调夹具　某些元件可调整或更换,以适应多种工件加工的夹具,称为可调夹具。可调夹具是针对通用夹具和专用夹具的缺陷而发展起来的一类新型夹具。对不同类型和尺寸的工件,只需调整或更换原来夹具上的个别定位元件和夹紧元件便可使用。它一般又可分为通用可调夹具和成组夹具两种。前者的通用范围比通用夹具更大;后者则是一种专用可调夹具,它按成组原理设计并能加工一组相似的工件,故在多品种,中、小批量生产中使用有较好的经济效果。

(4)组合夹具　采用标准的组合元件、部件,专为某一工件的某道工序组装的夹具,称为组合夹具。组合夹具是一种模块化的夹具。标准的模块元件具有较高精度和耐磨性,可组装成各种夹具。夹具用毕可拆卸,清洗后留待组装新的夹具。由于使用组合夹具可缩短生产准备周期,元件能重复多次使用,并具有减少专用夹具数量等优点,因此组合夹具在单件,中、小批量多品种生产和数控加工中,是一种较经济的夹具。

(5)拼装夹具　用专门的标准化、系列化的拼装零部件拼装而成的夹具,称为拼装夹具。它具有组合夹具的优点,但比组合夹具精度高、效能高、结构紧凑。它的基础板和夹紧部件中常带有小型液压缸。此类夹具更适合在数控机床上使用。

2. 按使用机床分类

夹具按使用机床不同,可分为车床夹具、铣床夹具、钻床夹具、镗床夹具、齿轮机床夹具、数控机床夹具、自动机床夹具、自动线随行夹具以及其他机床夹具等。

3. 按夹紧的动力源分类

夹具按夹紧的动力源可分为手动夹具、气动夹具、液压夹具、气液增力夹具、电磁夹具以及真空夹具等。

三、车床、铣床夹具

1. 车床夹具

车床是用来加工工件的回转表面,所以夹具的夹具体一般都设计为圆形,夹具以不同方式与机床主轴连接(详情见上一任务)。

(1)常用的车床通用夹具

在车削加工中,可利用工件或毛坯的外圆表面定位。

1)三爪卡盘

三爪卡盘是最常用的车床通用夹具,也是铣床、磨床等其他机床的夹具,如图4-48所示,卡爪有正爪和反爪两种形式。三爪卡盘最大的优点是可以自动定心。它的夹持范围大,但定心精度不高,不适合于零件同轴度要求高时的二次装夹。

三爪卡盘常见的有机械式和液压式两种。液压卡盘装夹迅速、方便,但夹持范围小,尺寸变化大时需重新调整卡爪位置。数控车床经常采用液压卡盘,液压卡盘特别适用于批量加工。

由于三爪卡盘定心精度不高,当加工同轴度要求较高的工件,或者进行工件的二次装夹时,常使用软爪。通常三爪卡盘的卡爪要进行热处理,硬度较高,很难用常用刀具切削,又容易压坏加工好的面。软爪是为改变上述不足而设计制造的一种具有切削性能的夹爪,又可保护已加工面。

软爪要在与使用时相同的夹紧状态下进行车削,以免在加工过程中松动和由于反向间

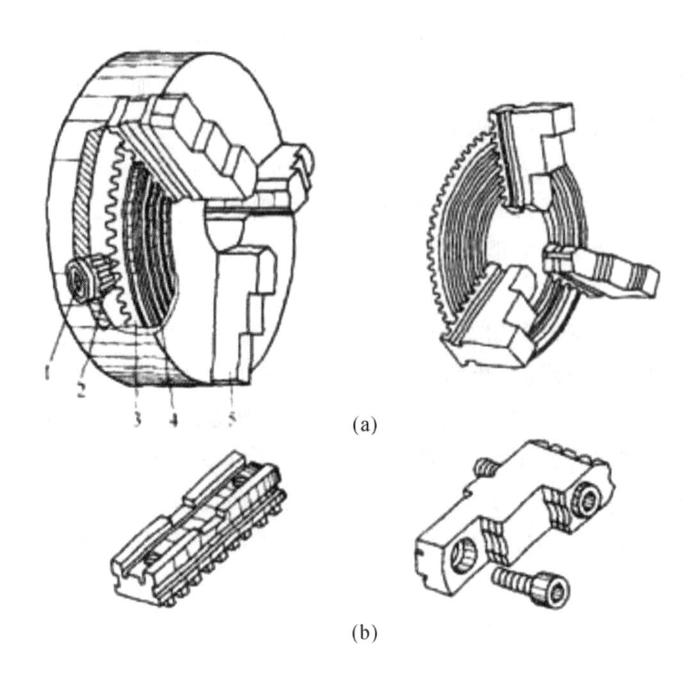

(a)

(b)

图 4-48　三爪自动定心卡盘

隙而引起定心误差。车削软爪内定位表面时，要在软爪尾部夹一适当的圆盘，以消除卡盘端面螺纹的间隙。当被加工件以外圆定位时，软爪夹持直径应比工件外圆直径略小。其目的是增加软爪与工件的接触面积。软爪内径大于工件外径时，会造成软爪与工件形成三点接触，此种情况下夹紧牢固度较差，所以应尽量避免。当软爪内径过小时，会形成软爪与工件形成六点接触，此时不仅会在被加工表面留下压痕，而且软爪接触面也会变形。这在实际使用中都应该尽量避免。

2)四爪卡盘

四爪卡盘的四个卡爪是各自独立移动的，通过调整工件夹持部位在车床主轴上的位置，使工件加工表面的回转中心与车床主轴的回转中心重合，如图 4-49 所示。用四爪卡盘装夹工件，夹紧可靠、用途广泛，但不能自动定心，需要与划针盘、百分表进行找正安装工件。通过找正后的工件安装精度较高，夹紧可靠。适用于方形、长方形、椭圆形及各种不规则形状零件的装夹。但是，四爪卡盘的找正烦琐费时，一般用于单件小批生产。四爪卡盘的卡爪也有正爪和反爪两种形式。

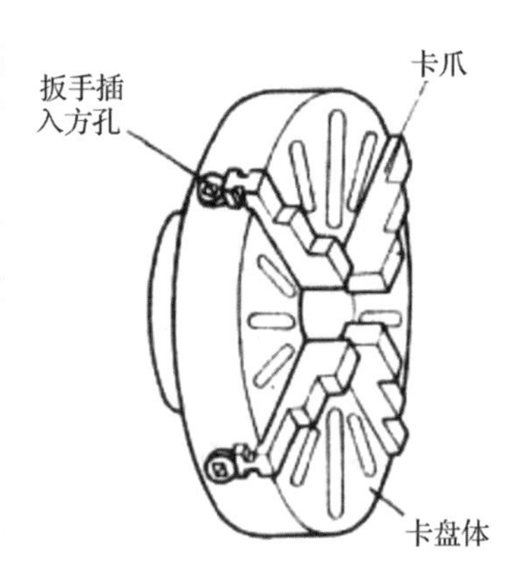

图 4-49　四爪卡盘

3)花盘、角铁

在车削中，有时会遇到一些外形较复杂和形状不规则的零件或精度高、加工难度大(如细长轴、薄壁、深孔)的工件。这些外形奇特的工件，通常需用相应的车床附件或专用车床夹具来加工。当数量较少时，一般不设计专用夹具，而使用花盘、角铁等一些车床附件来加工，既能保证加工质量，又能降低生产成本。

花盘是一个铸铁大圆盘，如图 4-50 所示，它的盘面上有很多长短不同，呈辐射状分布的通槽(或 T 形槽)，用于安装各种螺钉，以紧固工件。花盘可以直接安装在车床主轴上，其盘面必须与主轴轴线垂直，且盘面平整，表面粗糙度值 Ra 不大于 1.6 μm。

图 4-50　花盘

安装好花盘后，在装夹工件前应检查。花盘盘面对车床主轴轴线的端面跳动，其误差应小于 0.02mm。检查方法：用百分表触头触及花盘外端面上，用手轻轻转动花盘，观察百分表指针的摆动量；然后再移动百分表到花盘的中部平面上，按上述方法，观察百分表摆动量应小于 0.02mm，如图 4-51(a)所示。花盘盘面的平面度误差应小于 0.02mm(只许中间凹)。检查方法：将百分表固定在刀架上，使其测头接触花盘外端，花盘不动，移动中滑板，从花盘的一端移动到另一端(通过花盘的中心)，观察其指针的摆动量 Δ，其值应小于 0.02mm，如图 4-51(b)所示。

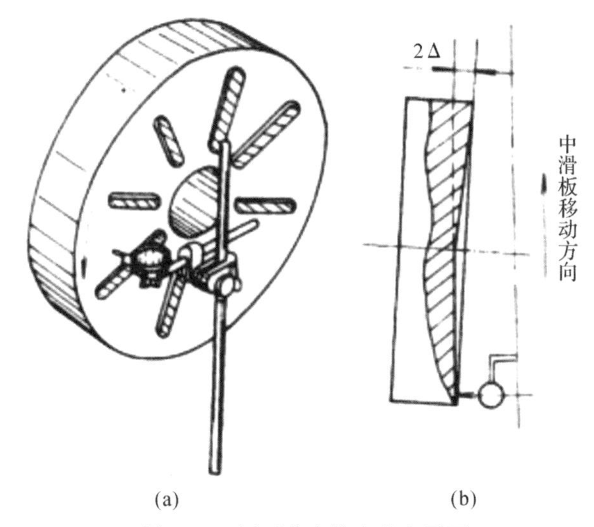

图 4-51　用百分表检查花盘平面

如图 4-52 所示是双孔连杆在花盘上的车削方法。

双孔连杆主要有四个表面要加工：前后两个平面、上下两个内孔。若两个平面已精加工，现要加工两个内孔。由于两孔中心距有一定要求，且两孔轴线要相互平行且与基准面垂直，而且两孔本身有一定的尺寸要求。因此首先选择前后两个平面中的一个合适平面作为定位基准面，将其贴平在花盘盘面上。再将 V 型架轻轻靠在连杆下端圆弧形表面，并初步固定在花盘上。然后按预先划好的线找正连杆第一孔，然后用压板压紧工件。同时调整 V 型架，使其 V 型槽轻抵工件圆弧形表面，并锁紧 V 型架。再用螺钉压紧连杆另一孔端。接着加适当配重

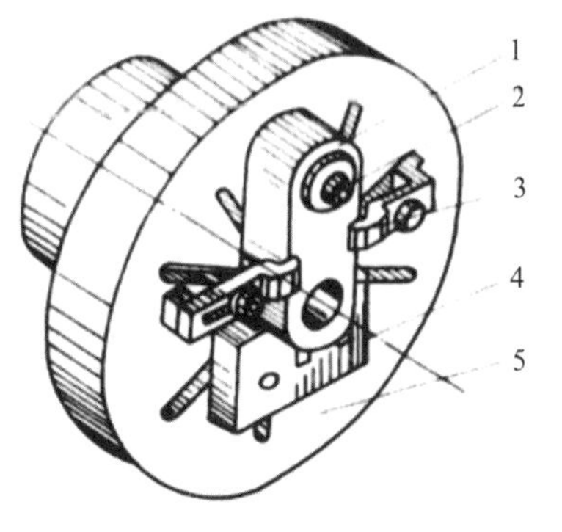

1-工件　2-方头螺钉
3-压板　4-V 型架　5-花盘
图 4-52　双孔连杆在花盘上的车削

铁，将主轴箱手柄置于空挡位置，用手转动花盘，使之能在任何位置都处于平衡状态。最后用手转动花盘，如果旋转自由，且无碰撞现象，即可开始车孔。第一个工件找正以后，其余工件即可按V型架定位加工，不必再进行找正。车削第二孔时，关键问题在于保证两孔距公差，为此要求采用适当的装夹和测量方法，如图4-53所示。先在主轴锥孔内安装一根专用心轴，并找正心轴的圆跳动，再在花盘上安装一个定位套，其外径与加工好的第一孔呈较小的间隙配合。然后用千分尺测量出定位套与心轴之间的距离 M。若测量出的中心距 L 与图样要求不符，则可微松定位套螺母，用铜棒轻敲定位套，直至符合图样要求。中心距校正好后，取下心轴，并将连杆已加工好的第一孔套在定位套上，并校正好第二孔的中心，夹紧工件，即可加工第二孔。

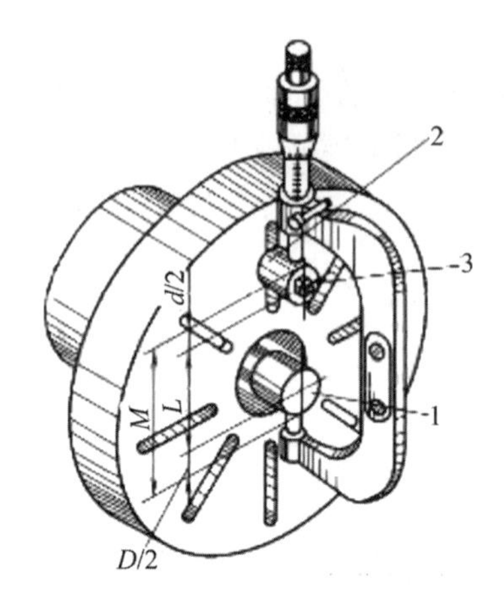

1-心轴　2-定位套　3-螺母

图4-53　在花盘上测量中心距的方法

角铁也是用铸铁制成的车床附件，通常有两个互相垂直的表面，如图4-54所示。在角铁上有长短不同的通孔，用以安装连接螺钉。由于工件形状、大小不同，角铁除有内角铁和外角铁之分外，还可做成不同形状，以适应不同的加工要求。

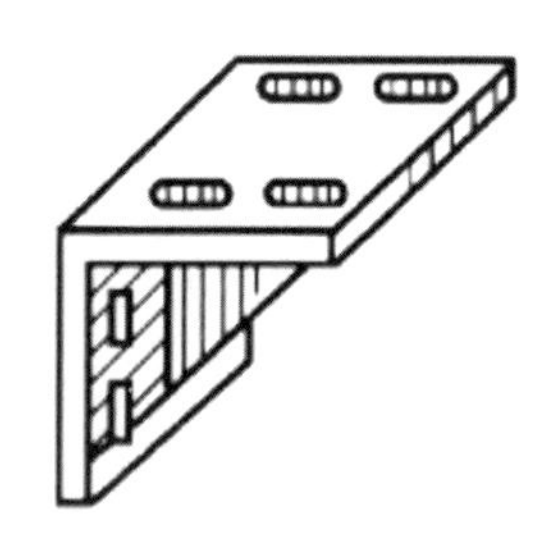

图4-54　角铁

被加工表面的回转轴线与基准面互相平行，外形较复杂的工件，可以装夹在花盘、角铁上加工，如轴承座、减速器壳体等零件。如轴承座的加工，具体装夹方法有两种：若工件数量较少，可将轴承座装夹在角铁上后，先用压板轻压，再用划线盘找正轴承座轴线，根据划好的十字线找正轴承座的中心高，如图4-55所示；若工件数量较多时，得先将工件找正画线，铣削底面（基准平面），再用钻模将两孔钻、铰至要求，作装夹时定位用，然后在角铁上根据两孔中心距的要求，钻、铰孔并压入两只定位销（工件采用一面两销定位），用压板压紧工件并使其平衡后即可车削。此方法定位较准确、装夹方便（开始安装第一个工件时仍需通过调整角铁位置来找正水平中心线，以后加工时，则不需重复）。按上述画线找正工件的方法，其尺寸精度只能达到0.2mm，对于位置精度要求较高的工件，用画线找正满足不了要求。若用百分表或量块找正，则其尺寸精度可控制在0.01mm以内。例如上述轴承座零件，其位置精度要求最高的应是孔轴线到基准平面之间的距离。若轴承座基

准平面至孔轴线的距离（即中心高）有尺寸精度要求，那么角铁的工作平面应这样校正：如图 4-56 所示，先在车床主轴锥孔中装入一根预先加工好的专用心轴，再用量块测量心轴和角铁工作平面之间的距离，角铁工作平面至主轴轴线的高度尺寸公差，可取工件中心高公差的 1/3～1/2。在花盘、角铁上加工轴孔，关键问题是要确保被加工孔的轴线与主轴轴线重合，因此，在装夹工件时要保证找正精度。

在花盘、角铁上加工工件时，要特别注意安全。因为工件形状不规则，并有螺栓、角铁等露在外面，不小心就会发生工伤事故，所以要求工件、角铁安装牢固、可靠，要校好平衡，车削时转速不宜太高。夹紧工件时要防止变形，应使夹紧力的方向与主要定位基准面垂直，以增加工件加工时的刚性。

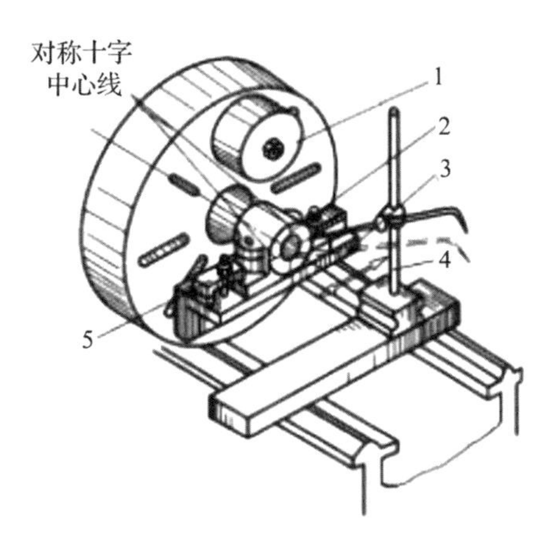

1-平衡铁　2-工件　3-角铁　4-划线盘　5-压板

图 4-55　用十字线找正轴承座的中心高

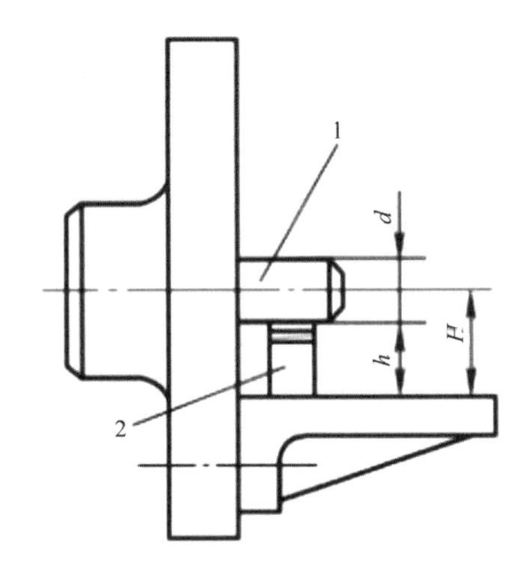

1-专用心轴　2-量块组

图 4-56　用量块测量心轴和角铁位置

4)卡盘加顶尖

在车削质量较大的工件时，一般工件的一端用卡盘夹持，另一端用后顶尖支撑，如

图 4-57所示。为了防止工件由于切削力的作用而产生轴向位移，必须在卡盘内装一限位支撑，或者利用工件的台阶面进行限位。此种装夹方法比较安全可靠，能够承受较大的轴向切削力，安装刚性好，轴向定位准确，所以在车削加工中应用较多。顶尖分活络顶尖和固定顶尖，图 4-58(a)为活络顶尖，图 4-58(b)为固定顶尖。

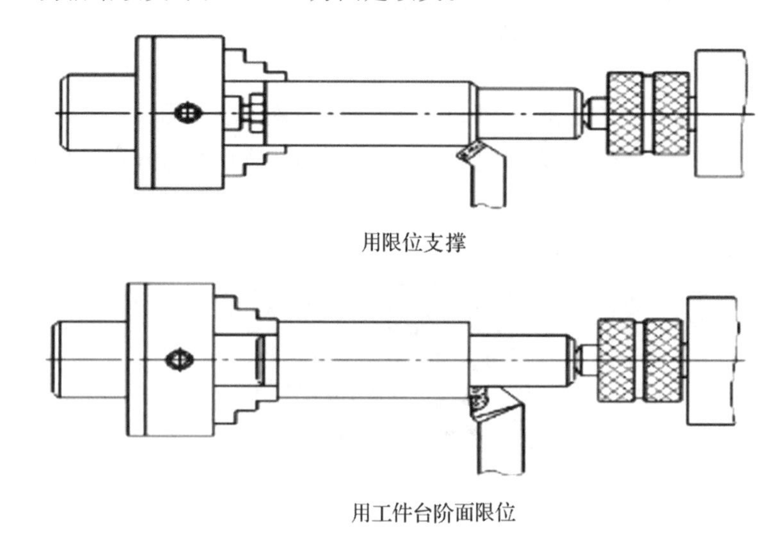

图 4-57 一顶一夹装夹工件

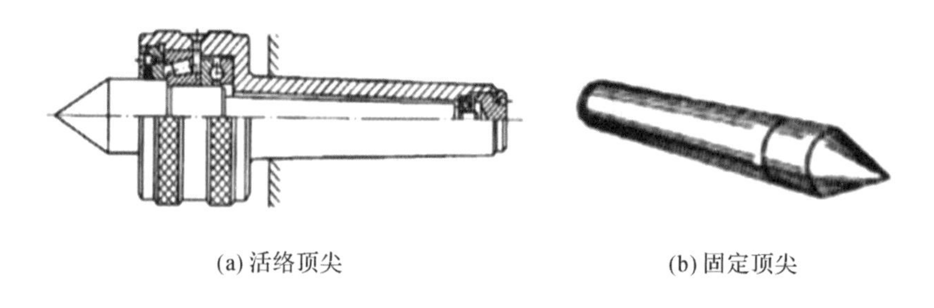

(a) 活络顶尖　　(b) 固定顶尖

图 4-58 顶尖

5)两顶尖

对于较长的或必须经过多次装夹才能完成的工件，如长轴、长丝杆的加工，或工序较多在车削后还要进行铣削和磨削的工件，为了使每次装夹都保持其安装精度(即保证同轴度)可以采用两顶尖安装的方法，如图 4-59 所示。用两顶尖装夹工件符合基准统一原则，加工精度高，但刚性较差，影响切削用量的提高，一般在精加工时使用。前顶尖一般可用固定顶尖安装于机床主轴内也可在卡盘上自制，如图 4-60 所示。

6)中心架与跟刀架

当加工细长轴($L/d>15$)类工件时，工件在自重、离心力和切削力的作用下，往往容易产生弯曲变形、振动，无法保证加工精度，甚至难以进行加工。为防止上述现象发生，需要附加辅助支承装夹工件，即中心架或跟刀架。使用这两种附件时，在工件的支承部位都必须预先车出光滑的定位用圆柱面。

中心架如图 4-61 所示，底部用螺钉和压板固定在床身上，三个径向布置支承柱可以单

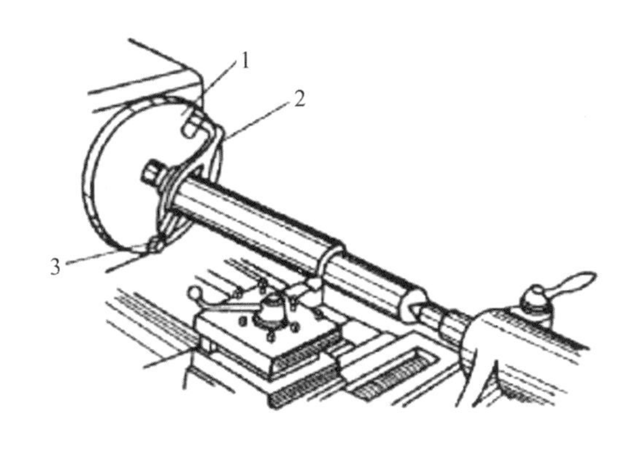

1-拨盘　2-鸡心夹头 3-螺丝
图 4-59　两顶尖装夹工件

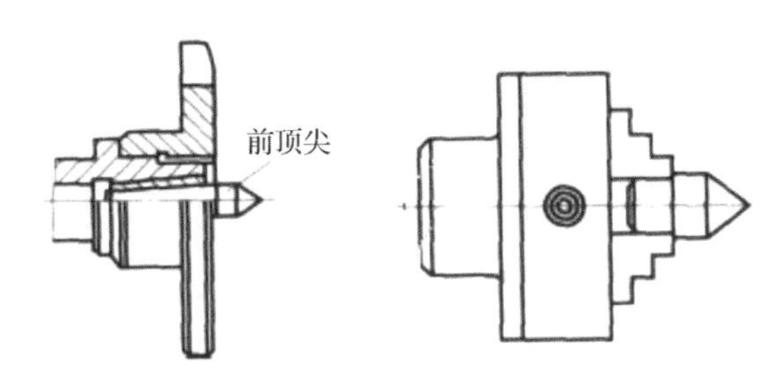

图 4-60　前顶尖

独调节,支承柱支承在工件已车好的光滑圆柱面上,调节支承柱时应使工件轴线与回转轴线重合,且使支承柱与工件接触松紧适当,否则钻中心孔时会折断中心钻,车孔时会产生锥度,两轴线偏斜严重时,会造成工件从支承柱内摔落的事故。使用中心架能有效地增加细长轴工件的刚度,从而提高工件的加工精度。

跟刀架固定在车床床鞍上,并跟车刀一起移动,如图 4-62 所示。跟刀架一般只有两个支承柱,第三个支承柱由车刀来代替。跟刀架的支承柱在工件上的支承部位,一般是车刀刚车出的部位。因此,每次进给前必须重新调节支承柱,并保持松紧适当的接触。使用跟刀架加工细长轴类工件时,可增加工件的刚度,防止工件弯曲变形。

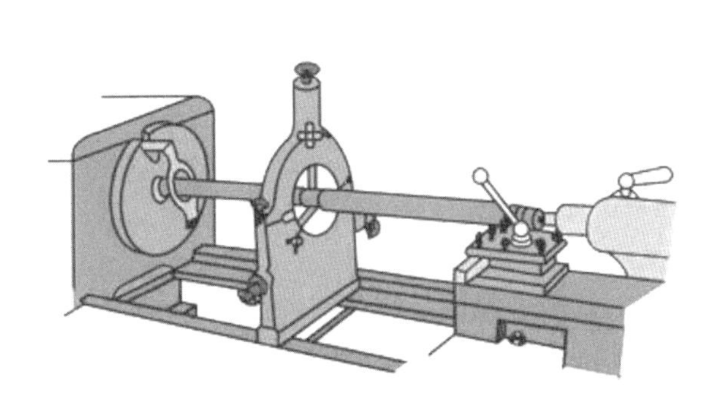

图 4-61　用中心架车削

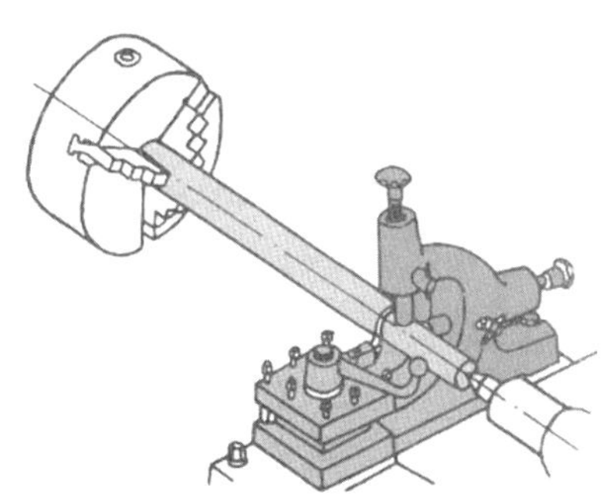

图 4-62　用跟刀架车削

(2)典型车床专用夹具

如图 4-63 所示的半螺母工件夹具。为了便于车削梯形螺纹,毛坯采用两件合并加工后,在铣床上用锯片铣刀切开。

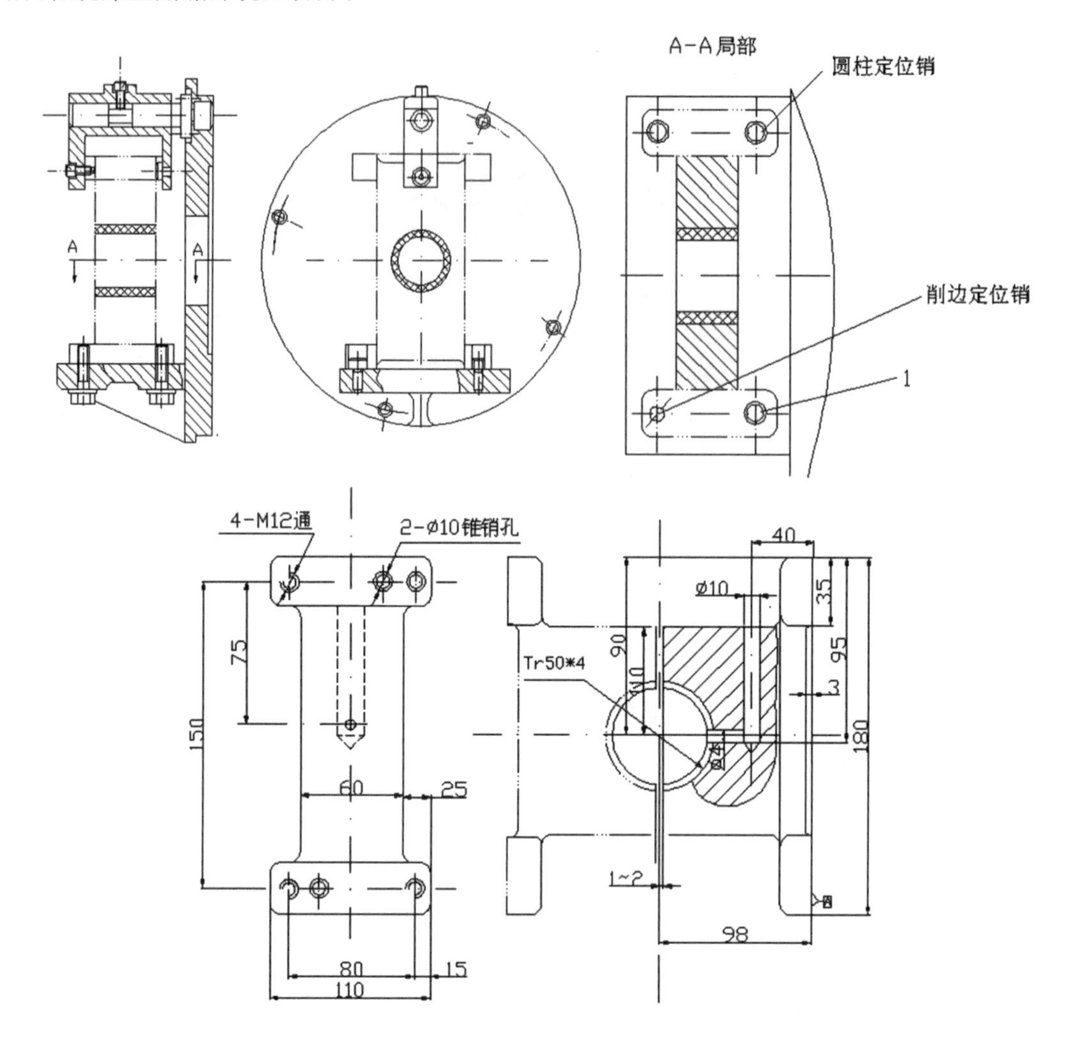

图 4-63 半螺母工件夹具

车削梯形螺纹前,上,下两底面及 4-M12 螺孔已加工好,2-ϕ10mm 锥销孔铰至 2-ϕ10H9 作定位孔用。

2. 铣床夹具

(1)常用的铣床通用夹具

1)平口钳

平口钳是铣床上常用的装夹工件的夹具。铣削一般的长方体零件的平面、阶台、斜面,铣削轴类零件的沟槽等,都可以用平口钳装夹工件。平口钳除是铣床常用的夹具外,也是钻床、磨床用来夹持工件的机床附件。

常用的平口钳有回转式和非回转式两种。如图 4-64 所示为回转式平口钳,主要由固定钳口、活动钳口、底座等组成。非回转式与回转式的平口钳结构基本相同,只是底座没有转

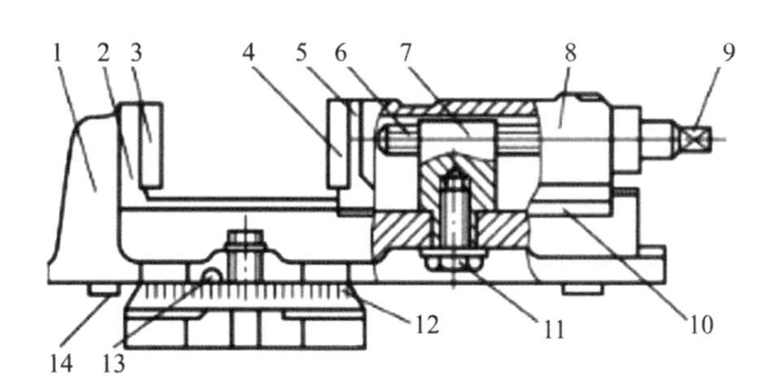

1-虎钳体　2-固定钳口　3、4-钳口铁　5-活动钳口　6-丝杠　7-螺母　8-活动座
9-方头　10-压板　11-紧固螺钉　12-回转底盘　13-钳座零线　14-定位键

图 4-64　机用虎钳的结构

盘，钳体不能回转，但刚性好。回转式平口钳可以扳转任意角度，其适应性很强。

2)分度头

分度头是铣床上重要精密附件，其主要功用是将工件装夹为需要的角度(垂直、水平或倾斜)；把工件作任意的圆周等分或直线移距分度；铣削螺旋线时，使工件连续转动。配合其使用的还有千斤顶、挂轮架、挂轮轴、配换齿轮以及尾座等，其结构如图 4-65 所示。

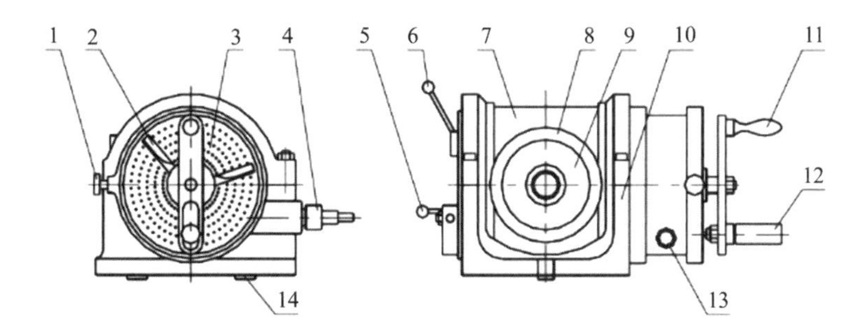

1-分度套紧固螺钉　2-计孔板　3-分度盘　4-传动轴　5-蜗杆脱落手柄　6-主轴锁紧手柄
7-本体　8-刻度盘　9-主轴　10-底座　11-分度手柄　12-插销　13-油面视镜　14-定位键

图 4-65　FW250 万能分度头结构

3)圆转台用来加工不等半径的圆弧线，或由圆弧线与直线组成的曲线外形，可分为手动圆转台和机动圆转台，如图 4-66 所示为机动圆转台。

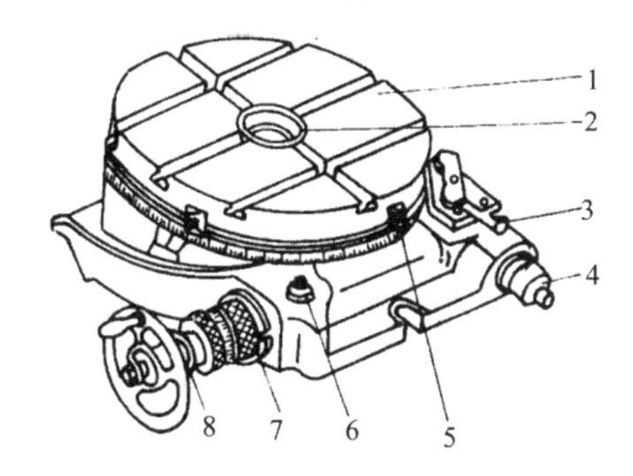

1-圆工作台　2-锥孔　3-离合器手柄　4-传动轴　5-挡铁　6-螺母　7-偏心环　8-手轮

图 4-66　机动圆转台

(2)典型的铣床专用夹具

如图 4-67(a)所示是一种利用偏心轮来夹紧工件的典型铣床夹具,用来铣削如图 4-67(b)所示工件上的扁榫,装夹时以工件两端的轴挡及一端面定位。

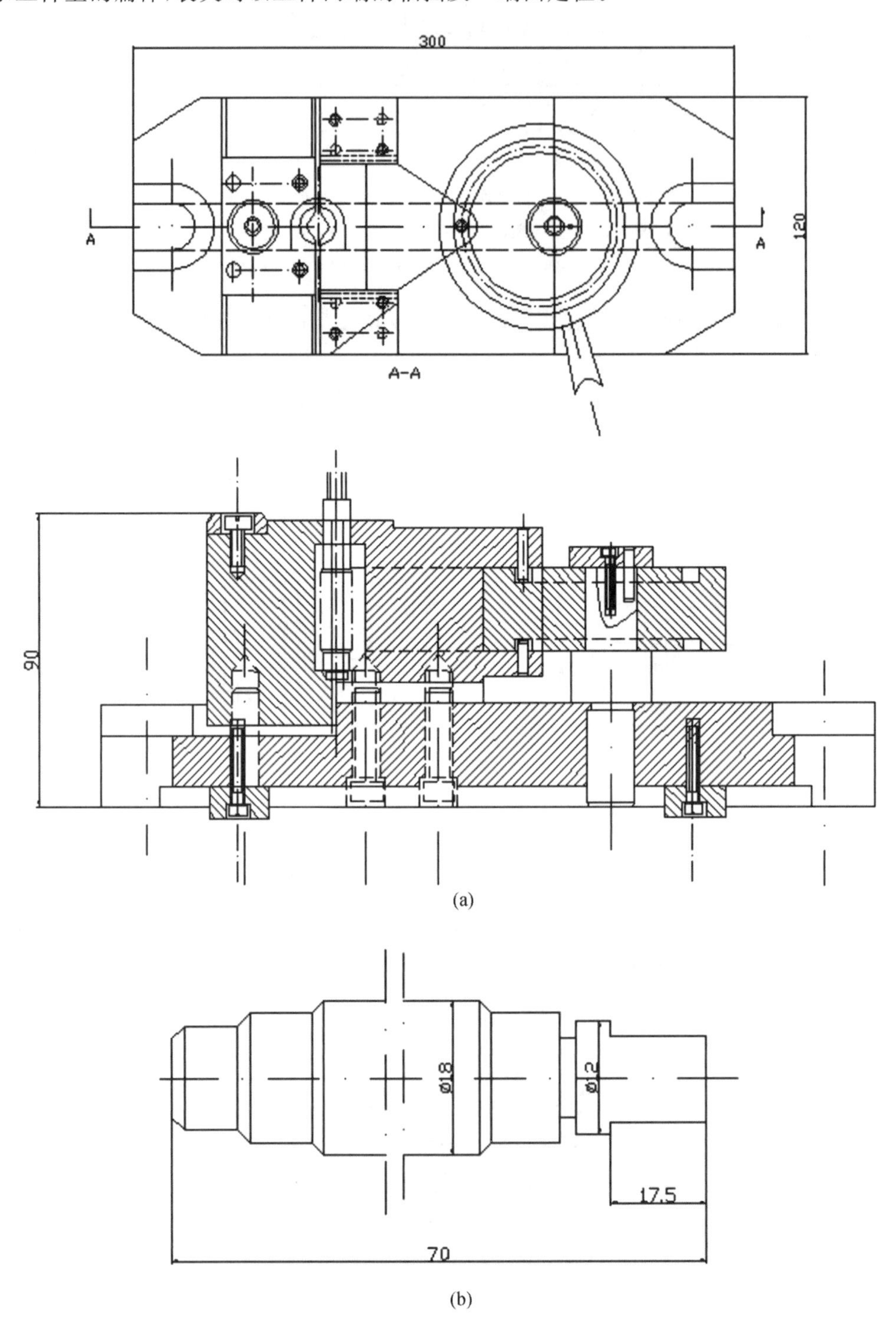

图 4-67　利用偏心轮夹紧的铣床夹具

铣削前，先将夹具上的定位键一侧紧贴于工作台中间T形槽的侧面，然后将夹具紧固在工作台上，通过对刀装置，调整工件相对铣刀的位置。转动偏心轮，通过嵌入偏心轮两端面环形槽中的销钉，使活动钳口张开，将工件放入V型槽中，再转动偏心轮将工件夹紧，即可进行铣削。

铣削加工时，由于切削力变化很大，振动也大，所以铣床夹具须用螺栓固定在铣床工作台上，通常利用夹具体底平面上的定位键在铣床工作台的T形槽内进行夹具定位。相对于夹具的位置一般用对刀块来确定。

任务拓展

拓展任务描述：了解平衡在车床夹具中的重要性。

1)想一想

- 平衡在车床夹具中起哪些作用，怎样调整平衡块？

2)试一试

- 进工厂实地观察。

作业练习

一、判断题

1. 用软卡爪装夹已加工表面或软金属零件时，不易夹伤零件表面。(　　)

2. 车床夹具的夹具体，应设计成圆形机构，夹具上各元件不应突出夹具体的轮廓外。(　　)

3. 加工表面的回转轴线与安装基面垂直的工件可直接在花盘上装夹。(　　)

二、单项选择题

1. 采用软卡爪反撑孔装夹工件，车软卡爪时定位环应放在卡爪的(　　)。

A. 里面　　B. 外面　　C. 里面或外面　　D. 任意位置

2. 车床上的卡盘、中心架等属于(　　)夹具。

A. 通用　　B. 专用　　C. 组合　　D. 标准

3. 车床夹具主要由(　　)角铁压板等元件组合成。

A. 卡盘　　B. 转盘　　C. 花盘　　D. 顶尖

4. (　　)结构不对称，用于加工壳体，支座，杠杆接头等零件的回转面和端面。

A. 心轴类车床夹具　　B. 角铁类车床夹具

C. 偏心类车床夹具　　D. 花盘类车床夹具

5. 在批量车加工中，为保证套类零件同轴度和垂直度，常采用的(　　)装夹工件。

A. 三爪卡盘　　B. 四爪卡盘　　C. 软卡爪　　D. 心轴

6. 校正跳动大的花盘(　　)要精车一刀。

A. 内孔　　B. 外圆　　C. 平面　　D. 所有

7. 在花盘上装好工件后，还要装(　　)。

A. 压板　　B. 保险块　　C. 平衡块　　D. 角铁

8. 采用软卡爪夹紧，为了消除夹紧对工件产生的变形，可以(　　)。

A. 增大对工件的夹紧力　　B. 增大夹紧点的接触面积

C. 减少对工件的夹紧力　　D. 减少夹紧点的接触面积

9. 车削长轴时，为(　　)，必须用一端夹持，另一端搭中心架的方法。

A. 提高工件刚性　　B. 车端面　　C. 钻中心孔　　D. A,B,C 都是

10. (　　)能在一次安装中最大限度地加工多个外圆及端面，容易保证各轴颈间的同轴度以及它们与端面的垂直度。

A. 三爪卡盘　　B. 四爪卡盘　　C. 两顶尖　　D. 一夹一顶

模块三　工件的安装

模块目标

- 能根据零件的要求，利用所选夹具完成工件的正确安装
- 能利用百分表完成工件的找正

学习导入

机械加工时，必须使工件在机床或夹具中相对刀具及其切削成形运动占有某一正确位置，称为定位。为了在加工中使工件能承受切削力，并保持其正确位置，还需把它压紧或夹牢，称为夹紧。从定位到夹紧的过程称为安装或装夹。

任务　安装工件

任务目标

1. 会判别夹紧力的方向和作用点
2. 掌握夹紧力的方向和作用点的选择原则

知识要求

- 掌握判别夹紧力方向和作用点
- 理解领会夹紧力方向和作用点选择原则

技能要求

- 能根据夹紧力方向和作用点选择原则，判断夹紧力方向和作用点的合理性

任务描述

比较分析夹紧方式的工件受力情况，并根据实际判断合理性。

任务准备

图 4-68 所示两种夹紧的方式，受力截然不同，结果也不同，判断应采用哪个方法。

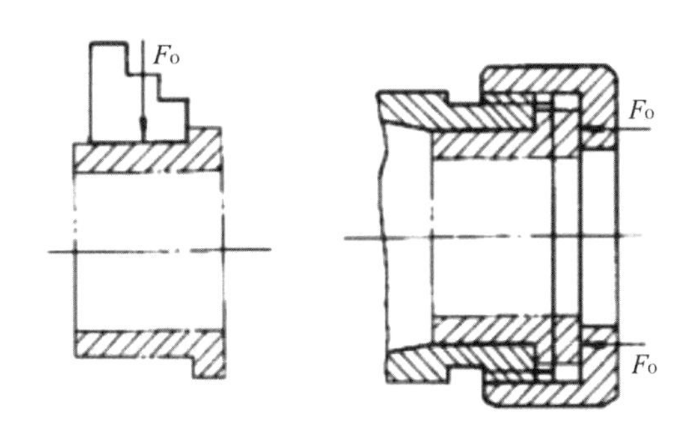

图 4-68　薄壁工件夹紧力方向

任务实施

1. 操作准备

图纸，如图 4-68 所示薄壁工件夹紧力方向图，笔。

2. 操作步骤

(1)阅读与该任务相关的知识

(2)分析图纸

1)分析图示夹紧力方向

2)用夹紧力方向作用点选择原则分析

3)判断得出结论

3. 任务评价(见表 4-7)

表 4-7　任务评价

序号	评价内容	配分	答案	得分
1	分析图示夹紧力方向	30		
2	用选择原则分析	30		
3	结论	30		
4	职业素养	10		
合计		100		
总分				

注意事项：

一定要结合夹紧力方向和作用点选择原则从工件的形状和夹紧实际情况出发分析。

知识链接

一、工件的安装方式

工件安装是否正确、可靠、迅速和方便，会影响加工质量和生产率。常用安装方法有：

1. 直接安装

工件直接安装在工作台或通用夹具上，例如三爪卡盘、四爪卡盘、平口钳、电磁吸盘等。有时直接安装工件不需另行找正即可夹紧，例如利用三爪卡盘或电磁吸盘安装工件。有时直接安装需要以工件上某个表面或划线作为找正工件的基准，用划针或百分表找正后，再行夹紧，例如用四爪卡盘（如图4-69所示）或机床工作台安装工件。

这种安装方法的定位精度和工作效率，取决于找正面（或划线）的精度、找正方法、所用工具和工人技术水平。如划线找正，一般找正精度为0.2～0.5mm。由于此法安装找正费时，定位精度不易保证，生产率低，所以适用于单件小批生产及大型工件的粗加工。

2. 利用专用夹具安装

如图4-70所示，工件直接安装在为其加工而专门设计和制造的夹具中，无须进行找正，就可迅速可靠地保证工件对机床和刀具的正确相对位置。此法操作简便，要求工人技术水平不高。但因专用夹具的设计、制造和维修，需要投资成本，所以在成批生产或大批大量生产中应用很广。

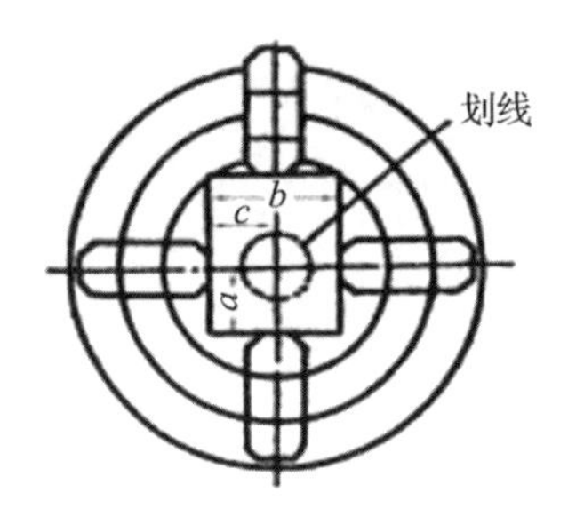

图4-69　划线找正安装工件

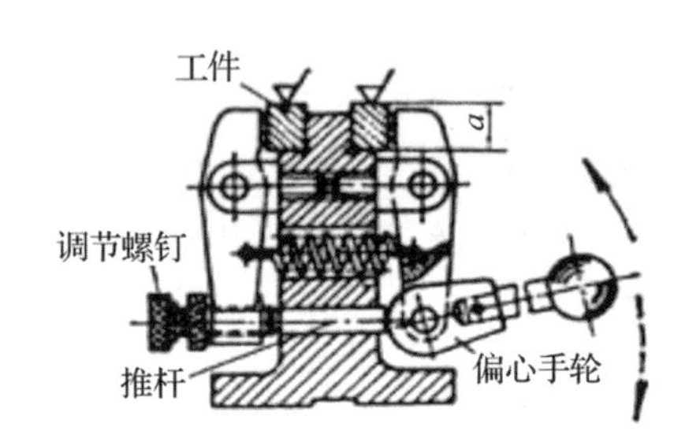

图4-70　利用专用夹具安装工件

二、工件的夹紧

为使工件已定好的位置在加工中不发生变化，需要用夹紧装置牢牢固定。

1. 夹紧力的确定

夹紧力过小，起不到夹紧工件的作用；夹紧力过大，会造成工件变形。夹紧力大小必须保证工件在加工过程中位置不发生变化。夹紧力的大小一般用经验估算的方法获得。

2. 夹紧力方向

夹紧力的方向应尽可能垂直于工件的主要定位基准面。这样可使夹紧稳定可靠，保证加工精度；夹紧力的方向应尽量与切削力方向一致；夹紧力作用方向应使工件变形最小。

3. 夹紧力的作用点

夹紧力作用点的确定选择的问题是指在夹紧方向已定的情况下，确定夹紧力作用点的位置和数目。其应依据以下原则：

(1)夹紧力作用点应落在支承元件上或几个支承元件所形成的支承面内。

如图4-71(a)所示，夹紧力作用在支承面范围之外，会使工件倾斜或移动，而图(b)则是合理的。

(2)夹紧力作用点应落在工件刚性好的部位上。

图4-72(a)会造成工件的变形大，如图4-72(b)所示，将作用在壳体中部的单点改成在工件外缘处的两点夹紧，夹紧更可靠合理。

该原则对刚度差的工件尤其重要。

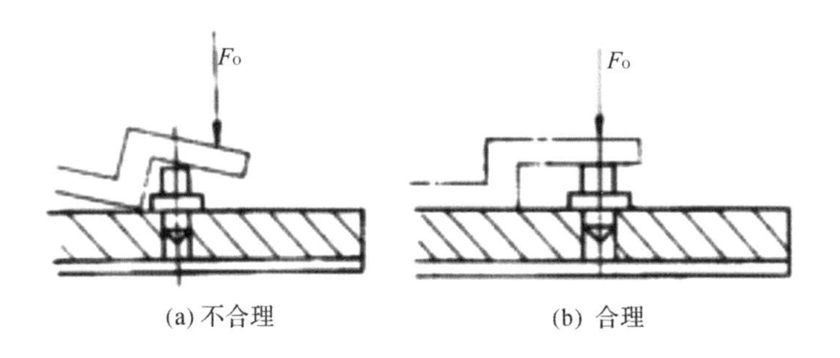

图 4-71　夹紧力作用点应在支承面

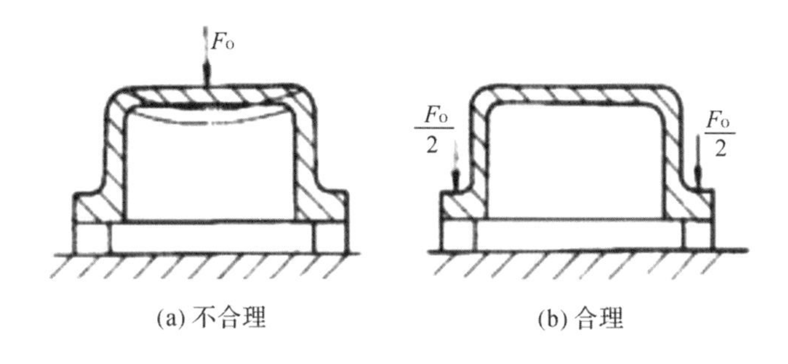

图 4-72　夹紧力作用点应在刚性较好部位

(3)夹紧力作用点应尽可能靠近被加工表面,以减小切削力对工件造成的翻转力矩。

必要时应在工件刚性差的部位增加辅助支承并施加夹紧力,以免振动和变形。如图 4-73所示,支承 a 尽量靠近被加工表面,同时给予夹紧力 Q_2。这样翻转力矩小,同时增加了工件的刚性,既保证了定位夹紧的可靠性,又减小了振动和变形。

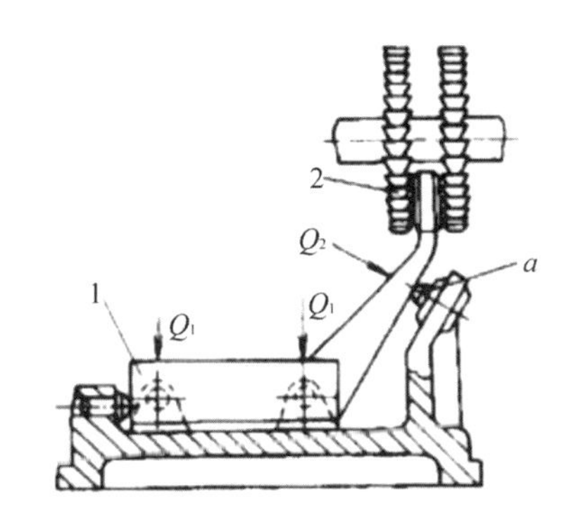

图 4-73　夹紧力作用点应靠近加工表面

三、夹紧装置

1. 夹紧装置的组成

夹紧装置的种类繁多,综合起来其结构均由三部分组成,如图 4-74 所示。

(1)动力装置

产生夹紧力。动力装置是产生原始作用力的装置。按夹紧力的来源,夹紧分手动夹紧和机动夹紧。手动夹紧是靠人力;机动夹紧采用动力装置。常用的动力装置有液压装置、气压装置、电磁装置、电动装置、汽—液联动装置和真空装置等，如图 4-74 所示的动力装置为气缸。

(2)中间传力机构

中间传力机构是介于力源和夹紧元件之间传递力的机构，如图 4-74 所示的杠杆。在传递力的过程中，它能起到如下作用：

1)改变作用力的方向。

2)改变作用力的大小，通常是起增力作用。

3)使夹紧实现自锁，保证力源提供的原始力消失后，仍能可靠地夹紧工件。这对手动夹紧来说尤为重要。

(3)夹紧元件

夹紧元件是最终执行元件，与工件直接接触完成夹紧作用，如图 4-74 所示的压板。

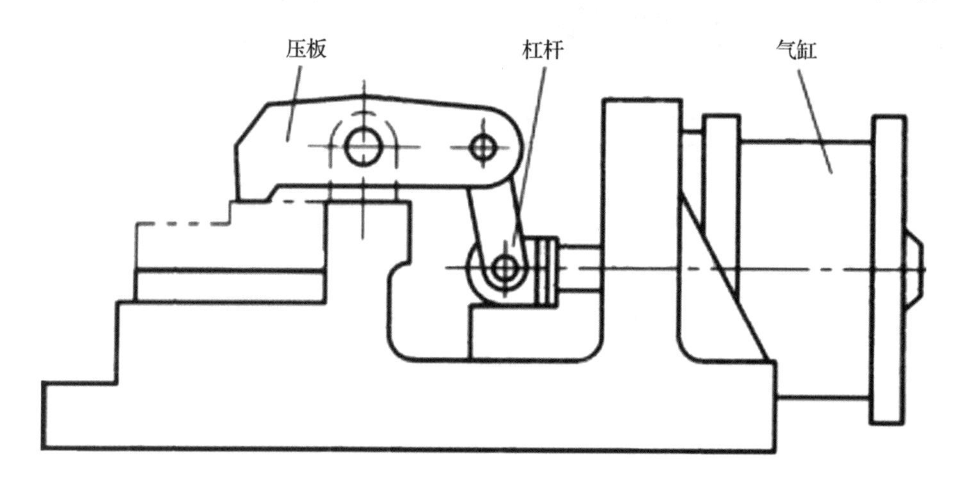

图 4-74　夹紧装置组成

2. 对夹紧装置的基本要求

夹紧装置的具体组成并非一成不变，须根据工件的加工要求、安装方法和生产规模等条件来确定。但无论其具体组成如何，都必须满足如下基本要求：

(1)夹紧时，不应破坏工件原有的正确位置。

(2)夹紧后，应保证工件在加工过程中位置不发生变化。

(3)为提高工效和减轻工人的劳动强度，夹紧装置要操作方便，安全省力。

(4)夹紧装置的结构要简单、紧凑，并有足够的刚性和强度，又便于制造。

3. 基本的夹紧机构

夹紧机构的种类虽然很多，但其结构大都以斜楔夹紧机构、螺旋夹紧机构、偏心夹紧机构、铰链夹紧机构等为基础。

(1)斜楔夹紧机构

如图 4-75 所示为几种用斜楔夹紧机构夹紧的实例。

如图 4-75(a)所示是在工件上钻相互垂直的 ϕ8mm、ϕ5mm 两组孔。工件装入后，锤击斜楔大头，夹紧工件。加工完毕后，锤击斜楔小头，松开工件。斜楔夹紧机构的优点是结构

简单，容易制造，具有良好的自锁性，并有增力作用。其缺点是增力比小，夹紧行程小，而且动作慢，工作时既费时又费力，效率低，实际上很少采用手动的斜楔夹紧机构。多数情况下是将斜楔与其他机构联合起来使用。如图 4-75(b)所示是将斜楔与滑柱合成一种夹紧机构，一般用气压或液压驱动。

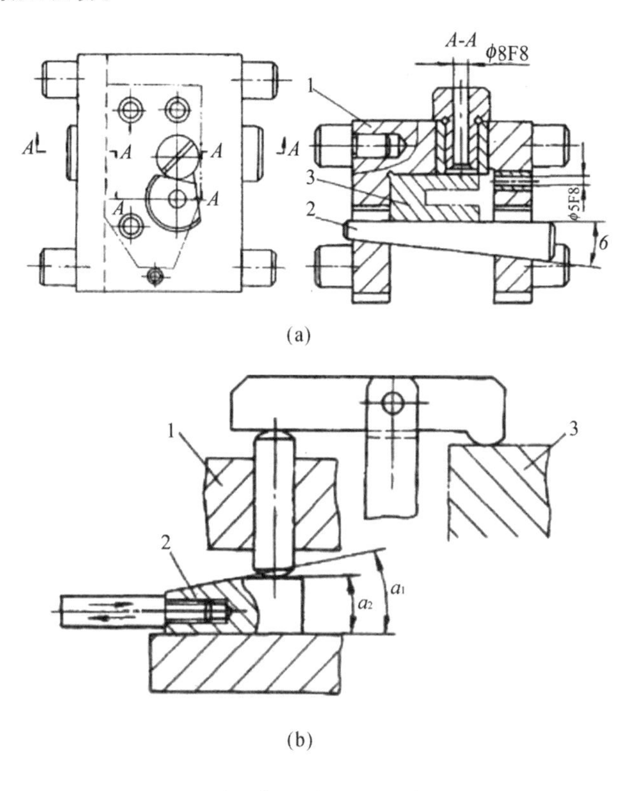

1-夹具体　2-斜楔　3-工件

图 4-75　斜楔夹紧机构

(2)螺旋夹紧机构

螺旋夹紧机构结构简单，夹紧可靠(自锁性能最可靠)，使用广泛。可分为单个螺旋夹紧机构、螺旋压板夹紧机构。

1)单个螺旋夹紧机构

单个螺旋夹紧机构的结构形式有螺钉式夹紧和螺母式夹紧机构。

①螺钉式夹紧

螺钉式夹紧如图 4-76(a)所示，为防止螺钉拧紧时螺钉头直接跟工件接触，并产生相对运动而造成压痕，可采用如图 4-76(b)所示的摆动压块。

②螺母式夹紧

当工件以孔定位时，常用螺母来夹紧。但每次装卸工件时，都必须把螺母从螺栓上全部旋出。改进方法是采用开口垫圈，如图 4-77 所示，卸下工件时，只需旋松螺母，抽去开口垫圈，即可将工件取下(螺母应比工件的孔径小)。开口垫圈应做得厚一些，并在淬硬后把两平面磨平。注意在车床上不能采用开口垫圈来夹紧工件，以防垫圈飞出发生事故。

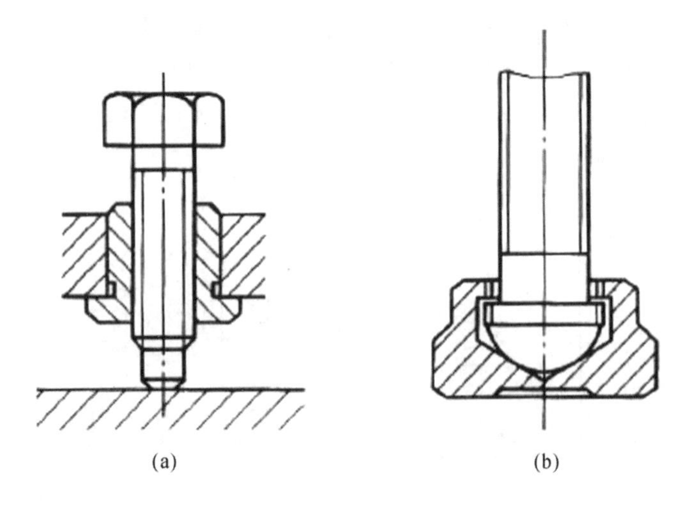

图 4-76　螺钉式夹紧与摆式压块

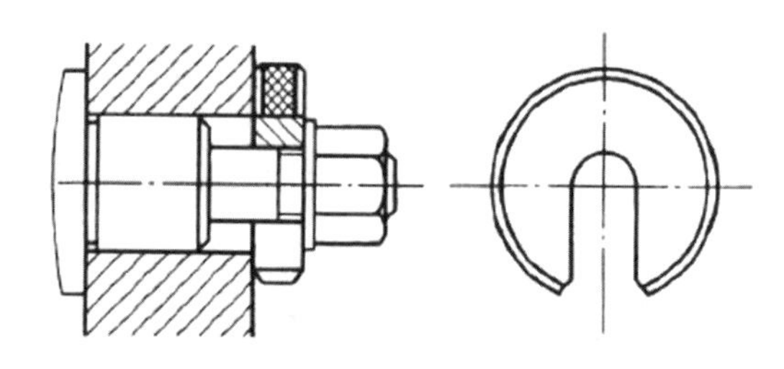

图 4-77　开口垫圈

2)螺旋压板夹紧机构

螺旋压板也是一种应用很广的夹紧装置,它的结构如图 4-78 所示。图 4-78(a)为简单的螺旋压板,在车床上使用不够安全;图 4-78(b)为整体式螺旋压板,比较安全,但高度不能调整;图 4-78(c)为可调整高度的螺旋压板,使用安全、方便。当工件由于结构上的原因而无法采用中间压紧压板装置时,可采用旁边压紧的螺旋压板夹紧装置,如图 4-79 所示。如图 4-80 所示为钩形压板夹紧装置,其特点是结构紧凑,使用方便,但制造复杂。

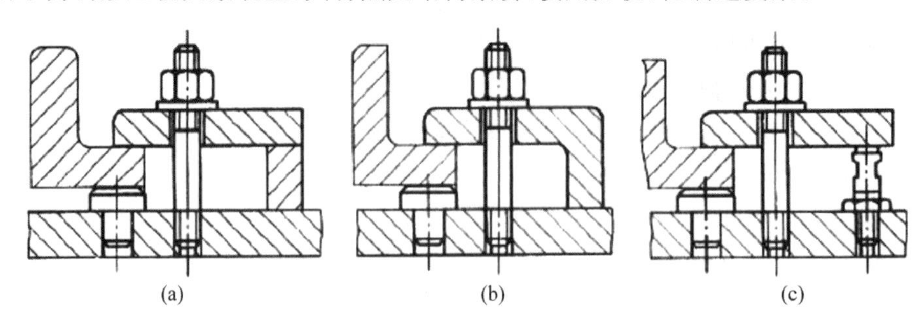

图 4-78　螺旋压板夹紧机构

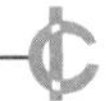

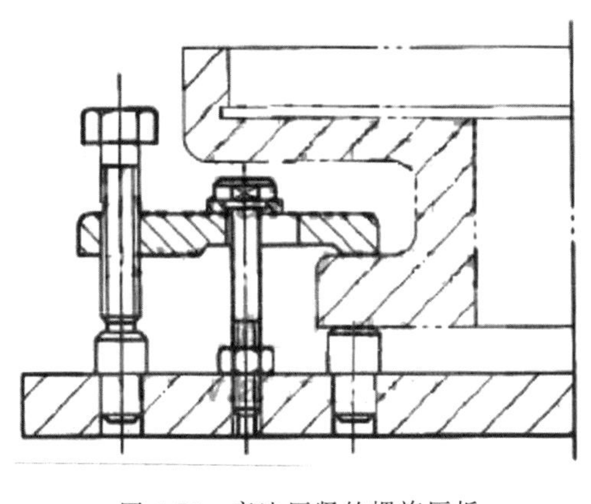

图 4-79　旁边压紧的螺旋压板　　　　图 4-80　钩形压板

(3)偏心夹紧机构

偏心夹紧机构是指用偏心件直接或间接与其他元件组合来实现夹紧工件的机构。偏心件有圆偏心和曲线偏心(即凸轮)。圆偏心有圆偏心轮或圆偏心轴。曲线偏心有对数曲线和阿基米德曲线。曲线偏心制造困难,应用较少;圆偏心因结构简单,制造容易,生产中应用广泛。如图 4-81 所示为圆偏心夹紧及其圆偏心展开图。

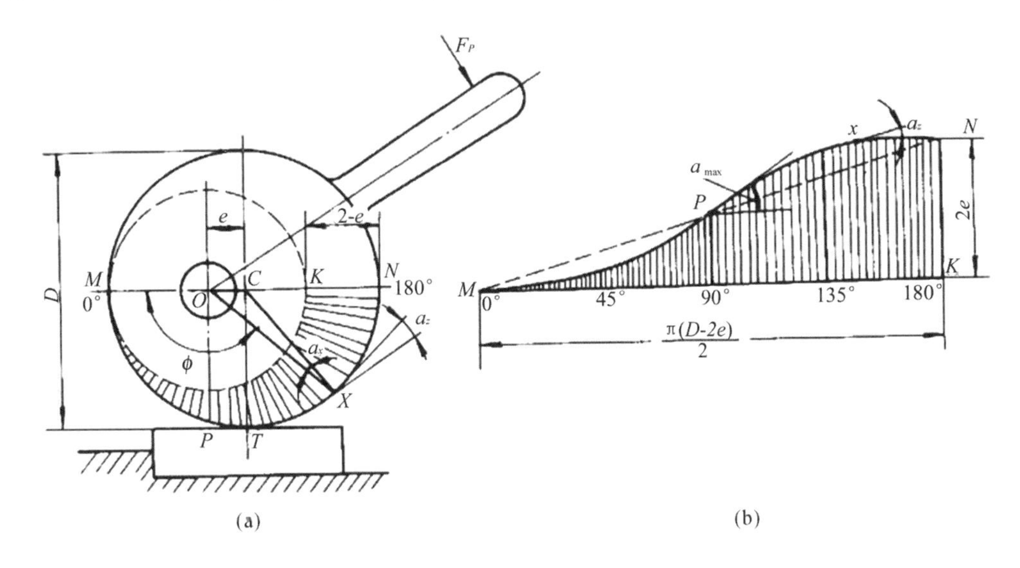

图 4-81　圆偏心夹紧及其圆偏心展开图

偏心夹紧的主要优点是操作方便,动作迅速,结构简单,其缺点是工作行程小,自锁不如螺旋夹紧好,结构不耐振,适合于切削平稳且切削力不大的场合,常用于手动夹紧机构。由于偏心轮带手柄,所以在旋转的夹具上不允许用偏心夹紧机构,以防误操作。

(4)铰链夹紧机构

铰链夹紧机构是由铰链杠杆组合而成的一种增力机构,其结构简单,增力倍数较大,摩擦损失较小,但无自锁性能。它常与动力装置(气缸、液压缸)联用,故在机械化装置中得到广泛应用。

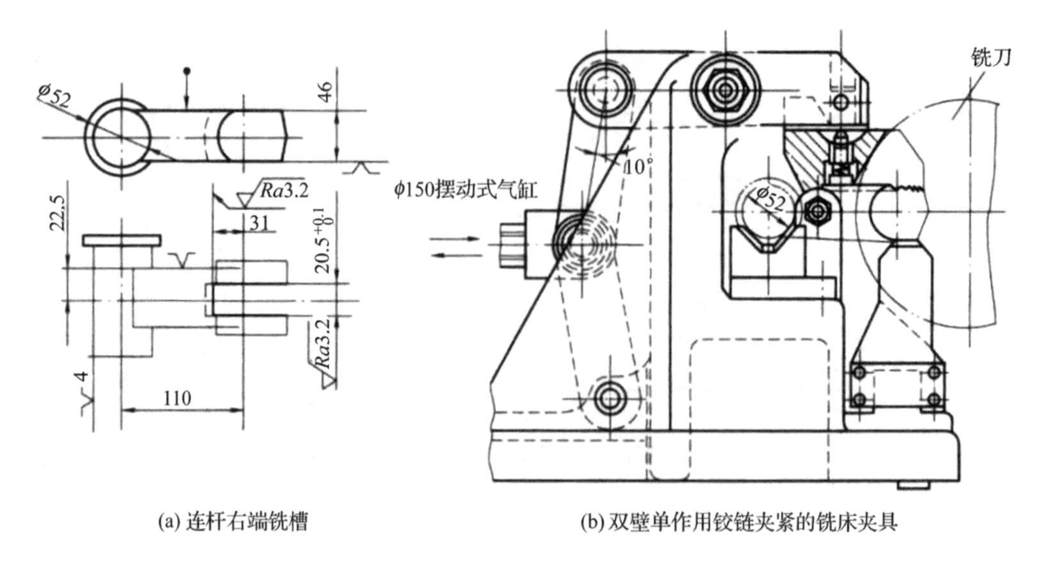

(a) 连杆右端铣槽　　(b) 双壁单作用铰链夹紧的铣床夹具

图 4-82　连杆右端铣槽夹具

如图 4-82(a)所示为连杆右端铣槽工序图，中批生产。如图 4-82(b)所示，在连杆右端铣槽，工件以ϕ52mm 外圆柱面、侧面及右端底面分别在 V 型块、可调螺钉和支承座上定位，采用气压驱动的双臂单作用铰链夹紧机构夹紧工件。

任务拓展

拓展任务描述：结合生产实践巩固已了解的各种夹紧原理。

1)想一想

- 平时学习实践时经常看到哪些夹紧，它们包含哪些原理？

2)试一试

- 进工厂实地观察分析。

作业练习

一、判断题

1. 夹紧力的三要素：大小、方向、作用力。(　　)
2. 夹紧力过大加工过程中将发生工件位移而破坏定位。(　　)
3. 夹紧装置要求结构简单紧凑，并且有足够的刚度。(　　)
4. 为减少工件变形，薄壁工件应尽可能不用径向夹紧的方法，而采用轴向夹紧的方法。(　　)
5. 定位和夹紧是两个不同的概念。(　　)

二、单项选择题

1. 夹紧力作用点应落在工件(　　)的部位上。

A. 刚度较好　　B. 刚度较差　　C. 偏上位置　　D. 偏下位置

2. 常用的夹紧机构中，自锁性能最可靠的是(　　)。

A. 斜楔　　B. 螺旋　　C. 偏心　　D. 铰链

3. 夹紧力的三要素包括大小、方向和(　　)。

A. 操作方便　　B. 安全省力　　C. 作用点　　D. 作用力

4. 夹紧力的作用点应尽量作用在(　　)较好的部位。

A. 韧性　　B. 强度　　C. 刚度　　D. 刚性

5. 夹紧力作用点应靠近(　　)的几何中心。

A. 定位元件　　B. 辅助元件　　C. 夹紧元件　　D. 支承元件

6. 夹紧力的作用点应保持工件定位(　　),而不致引起工件位移或偏转。

A. 稳固　　B. 精确　　C. 良好　　D. 偏移

7. 夹紧力的作用点应尽可能靠近工件被加工表面,以提高定位稳定性和(　　)可靠性。

A. 定位　　B. 夹紧　　C. 加工　　D. 移动

8. 夹紧装置要求结构简单 紧凑,并且有足够的(　　)。

A. 韧性　　B. 强度　　C. 刚度　　D. 压力

9. (　　)是夹紧装置的基本要求。

A. 工艺性好　　B. 使用性好

C. 夹紧力的大小要适当　　D. A,B,C 都是

10. 夹具中确定夹紧力方向时,应尽可能与切削力(　　)。

A. 同向　　B. 反向　　C. 垂直　　D. 无所谓

11. 安装是将工件在机床上或夹具中(　　)的过程。

A. 定位、找正和夹紧　　B. 找正、定位和夹紧

C. 夹紧并定位　　D. 定位并夹紧

12. (　　)能获得较高的精度要求,但效率低,适用于单件小批量生产。

A. 直接找正　　B. 划线找正　　C. 夹具定位　　D. 吸盘定位

项目五　金属切削加工刀具

项目导学

- 能掌握刀具切削部分的组成；
- 能掌握刀具几何角度；
- 掌握车床刀具和铣床刀具的种类；
- 能掌握刀具材料应具备的性能；
- 能掌握刀具材料的种类及特性；
- 能掌握刀具主要几何参数的选择原则；
- 能了解金属的切削过程。

模块一　切削加工刀具的种类

模块目标

- 掌握刀具切削部分的组成
- 掌握刀具各几何角度的构成
- 掌握车刀的种类
- 掌握铣刀的种类
- 掌握孔加工常用的刀具

学习导入

在日常生活中，用菜刀切菜、果刀削皮、切开、去核都是用刀的刃口来切的，是否有观察过刀刃呈什么形状的？如果刃口是一个平面，你认为这把刀是否还能切得了菜或水果？对于我们金属切削刀具也是这个道理，工件加工最关键就是切削刀具。

任务一　刀具切削部分的几何参数

任务目标

1. 掌握车刀切削部分的组成
2. 熟悉确定车刀角度的辅助平面
3. 掌握车刀六个基本角度的含义和作用

知识要求

- 掌握刀具切削部分的组成要素

● 掌握刀具各几何角度的构成

技能要求

● 能根据刀具的进给方向指出切削部分的各部分名称
● 掌握刀具各部分角度的名称

任务描述

在图 5-1(a)上指出刀具各部分的名称，在图 5-1(b)上用规定的刀具角度符号填写出六个基本角度，并标注出各角度的名称。

任务准备

空白刀具图，如图 5-1 所示。

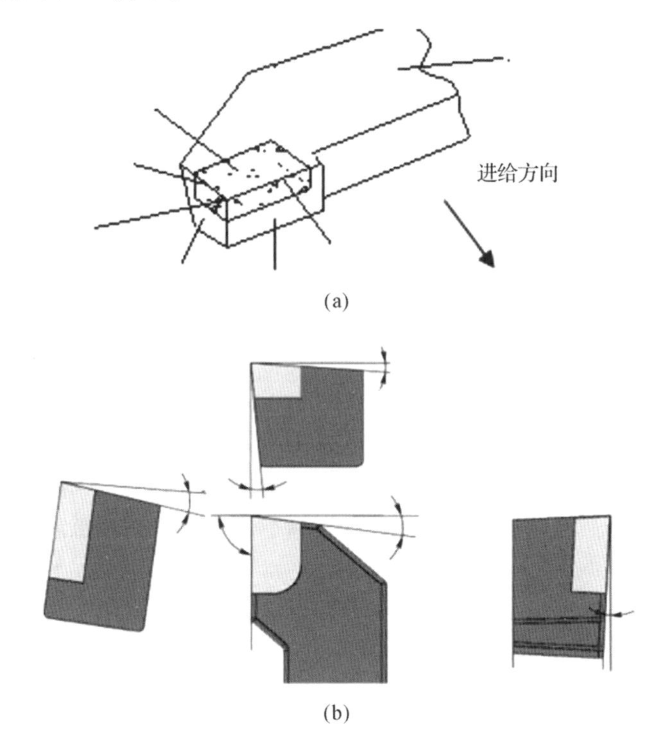

图 5-1　刀具图

任务实施

1. 操作准备

笔

2. 操作步骤

(1)阅读与该任务相关的知识

(2)分析刀具图

1)判断图中刀具的进给方向

2)在刀具图中填写刀具各部分名称

3. 任务评价(见表 5-1)

表 5-1　任务评价

序号	评价内容	配分	得分
1	刀具各部分名称	42	
2	刀具的基本角度(符号)	24	
3	刀具的基本角度(名称)	24	
4	职业素养	10	
合计		100	
总分			

注意事项:

在确定刀具切削部分的组成和几何参数时,一定要分清刀具切削时的进给运动方向。

知识链接

刀具是机械制造中用于切削加工的工具,又称切削工具。广义的切削工具既包括刀具,还包括磨具。绝大多数刀具是机用的,但也有手用的。由于机械制造中使用的刀具基本上都用于切削金属材料,所以"刀具"一词一般就理解为金属切削刀具。尽管切削加工用的刀具种类繁多、形状各异,但其组成要素的构造和作用都有许多共同之处。

一、车刀的结构要素和几何角度

1. 车刀的组成

车刀是由刀体和刀头(或刀片)两部分组成的。刀体用来装夹车刀。刀头担负切削工作,又称切削部分。刀头是由若干刀面和切削刃组成的,如图 5-2 所示。

(1)前刀面(前面)——刀具上切屑流过的表面。它直接作用于被切削的金属层,并控制切屑沿其排出。

(2)后刀面(后面)——与工件上切削中产生的表面相对的表面。后面又分主后刀面和副后刀面。

1)主后刀面(主后面)——刀具与工件的过渡表面相对的刀面。

2)副后刀面(副后面)——刀具与工件已加工表面相对的刀面。

(3)主切削刃——起始于切削刃上主偏角为零的点,并至少有一部分拟用来在工件上切出过渡表面的那个整段切削刃。它担负着主要的切削工作。

(4)副切削刃——切削刃上除主切削刃以外的刃,它起始于切削刃上主偏角为零的点,但它向背离主切削刃的方向延伸。它配合主切削刃完成少量的切削工作。

(5)刀尖——是主切削刃与副切削刃的连接处相当少的一部分切削刃。为了提高刀尖强度,延长刀具寿命,通常将刀尖磨成圆弧形或直线形过渡刃,如图 5-2(d)所示。一般硬质合金车刀的刀尖圆弧半径 $r_{\varepsilon}=0.5\sim1\text{mm}$。

(6)修光刃——副切削刃近刀尖处一小段平直的切削刃称修光刃。装刀时必须使修光刃与进给方向平行,且修光刃长度必须大于进给量,才能起修光作用。

2. 确定车刀角度的辅助平面

为了确定和测量刀具的几何角度,需要假设以下五个辅助平面作为测量基准平面,即基

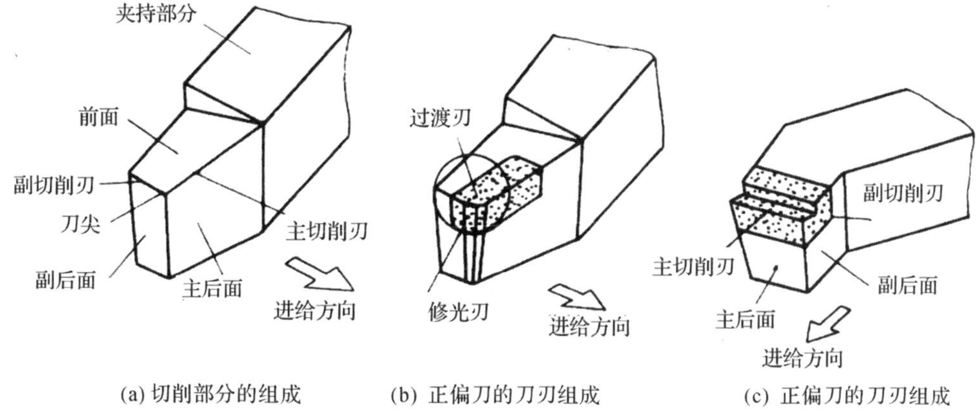

(a) 切削部分的组成　(b) 正偏刀的刀刃组成　(c) 正偏刀的刀刃组成

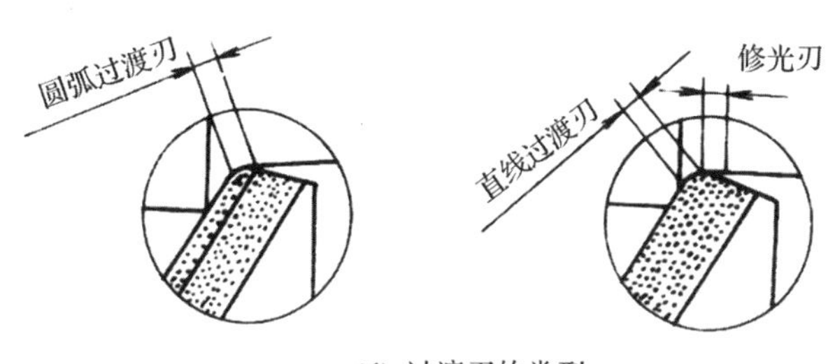

(d) 过渡刃的类型

图 5-2　车刀切削部分的组成

面、切削平面、副切削平面、正交平面和假定工作平面。

(1)基面

通过切削刃选定点的平面，它平行或垂直于刀具在制造、刃磨及测量时适合于安装或定位的一个平面或轴线，一般来说其方位要垂直于假定的主运动方向，如图 5-3(a)所示的 $EFGH$ 平面即为 P 点的基面。

(2)主切削平面

通过主切削刃选定点与主切削刃相切并垂直于基面的平面，如图 5-3(a)所示的 ABCD 平面即为 P 点的切削平面。

(3)副切削平面

通过副切削刃选定点与副切削刃相切并垂直于基面的平面。

显然，切削平面和基面始终是相互垂直的。对于车削，基面一般是通过工件轴线的。

(4)正交平面

通过切削刃选定点并同时垂直于基面和切削平面的平面，如图 5-3(b)中通过 P 点的截面为正交平面。

(5)假定工作平面

通过切削刃选定点并垂直于基面，它平行或垂直于刀具在制造、刃磨及测量时适合于安装或定位的一个平面或轴线，一般说来其方位要平行于假定的进给方向。

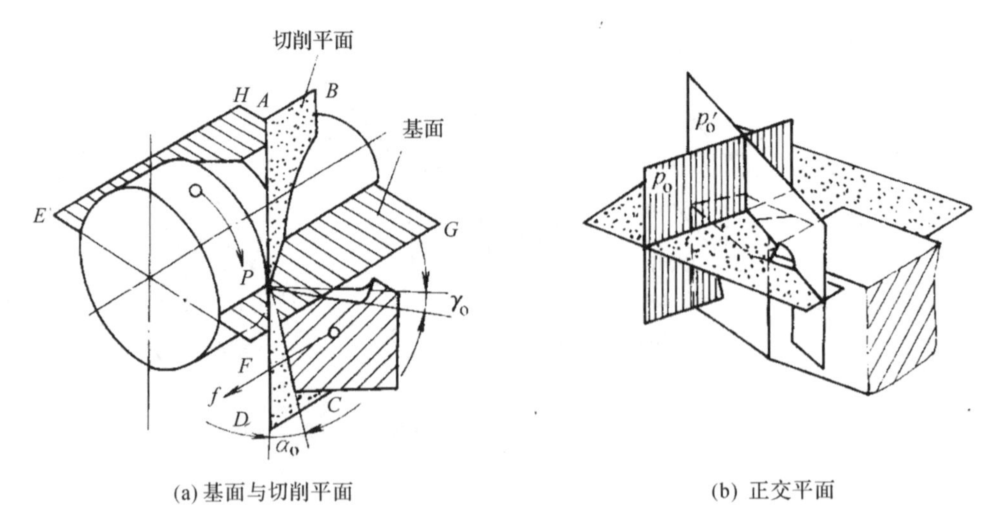

(a) 基面与切削平面　　(b) 正交平面

图 5-3　辅助测量平面

3. 车刀切削部分的几何角度

车刀切削部分共有六个独立的基本角度：前角(γ_o)、主后角(α_o)、副后角(α_o')、主偏角(κ_r)、副偏角(κ_r')和刃倾角(λ_s)。还有几个派生的角度如楔角(β_o)和刀尖角(ε_r)等。外圆车刀角度的标注如图 5-4 所示。

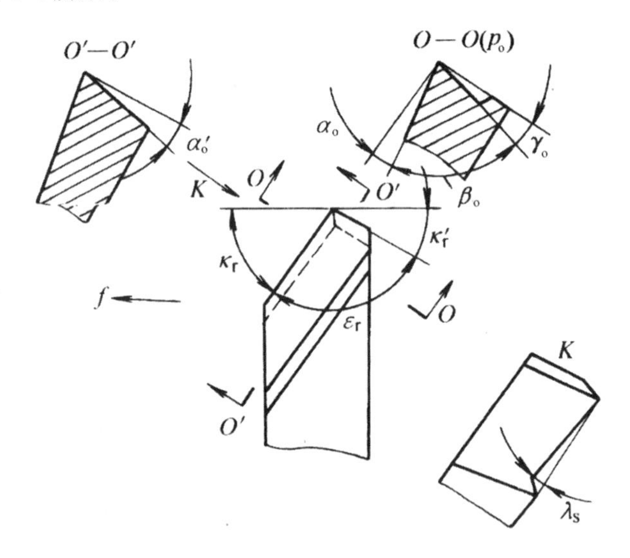

图 5-4　车刀角度的标注

(1)在基面内测量的角度

1)主偏角(κ_r)——主切削刃在基面上的投影与进给方向之间的夹角。主偏角的主要作用是改变主切削刃和刀头的受力及散热情况。

2)副偏角(κ_r')——副切削刃在基面上的投影与背离进给方向之间的夹角。副偏角的主要作用是减少副切削刃与工件已加工表面的摩擦。

3)刀尖角(ε_r)——主切削刃与副切削刃在基面上的投影间的夹角，它影响刀尖强度和散热性能。刀尖角可用下式计算：

$$\varepsilon_r = 180° - (\kappa_r + \kappa_r')$$

(2)在主切削刃正交平面内测量的角度

1)前角(γ_o)——前面与基面间的夹角。前角影响刃口的锋利程度和强度的大小，影响切削变形和切削力。前角增大能使车刀刃口锋利，减少切削变形，可使切削省力，并使切屑顺利排出；负前角能增加切削刃强度并耐受冲击。

2)主后角(α_o)——主后面和切削平面之间的夹角。主后角的主要作用是减少车刀主后面与工件过渡表面之间的摩擦。

3)楔角(β_o)——前面与后面间的夹角。它影响刀头的强度。楔角可用下式计算：

$$\beta_o = 90° - (\gamma_o + \alpha_o)$$

(3)在副切削刃的正交平面内测量的角度

副后角(α_o')——副后面与副切削平面之间的夹角，副后角的主要作用是减少车刀副后面与工件已加工表面之间的摩擦。

(4)在主切削平面内测量的角度

刃倾角(λ_s)——主切削刃与基面间的夹角。刃倾角的主要作用是控制排屑方向，当刃倾角为负值时，可增加刀头的强度，并且在车刀受冲击时保护刀尖。

(5)刀具角度正负值的规定

1)前角正负值的规定

前角有正值、负值和零度三种，如图 5-5(a)所示。在正交平面中，前面与切削平面之间夹角小于 90°时，前角为正值($\gamma_o > 0°$)；大于 90°时，前角为负值($\gamma_o < 0°$)；等于 90°时，前角为零($\gamma_o = 0°$)。

2)后角正负值的规定

后角有正值、负值和零度三种，如图 5-5(a)所示。后面与基面夹角小于 90°时，后角为正值($\alpha_o > 0°$)；大于 90°时，后角为负($\alpha_o < 0°$)；等于 90°时，后角为零($\alpha_o = 0°$)。

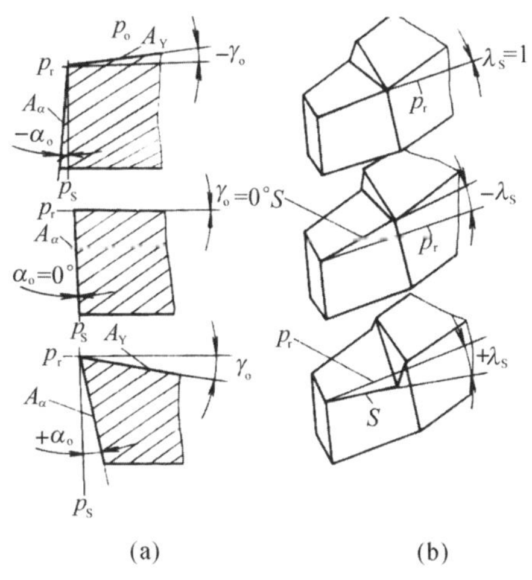

图 5-5 刀具角度正负值的规定

3)刃倾角正负值的规定

刃倾角也有正值、负值和零度三种，如图 5-5(b)所示。当刀尖位于主切削刃的最高点时，刃倾角为正值($\lambda_s>0°$)。切削时，切屑流向工件待加工表面，切屑不易擦毛已加工表面，车出的工件表面粗糙度值小，但此时刀尖强度较差，尤其是在车削不圆整的工件时，刀尖容易受到冲击，使刀尖容易损坏。当刀尖位于主切削刃的最低点时，刃倾角为负值($\lambda_s<0°$)。切削时，切屑流向工件已加工表面，容易擦毛已加工表面，但刀尖强度好，受到冲击时，冲击点先接触远离刀尖的切削刃处，从而保护了刀尖。当主切削刃和基面平行时，刃倾角为零度($\lambda_s=0°$)，切削时，切屑基本上垂直于主切削刃方向排出。

二、铣刀的结构要素和几何角度

1. 铣刀的几何形状

铣刀的几何形状如图 5-6 所示。铣刀主要由以下部分组成：

(1)前刀面　　刀具上切屑流过的表面。

(2)主后刀面　　刀具上同前刀面相交形成主切削刃的后面。

(3)副后刀面　　刀具上同前刀面相交形成副切削列的后面。

(4)主切削刃　　由前刀面与主后刀面的交线所形成(图 5-6 中的 3)。

(5)副切削刃　　切削刃上除主切削刃以外的刃。

(6)刀尖指主切削刃与副切削刃的连接处相当少的一部分切削刃。

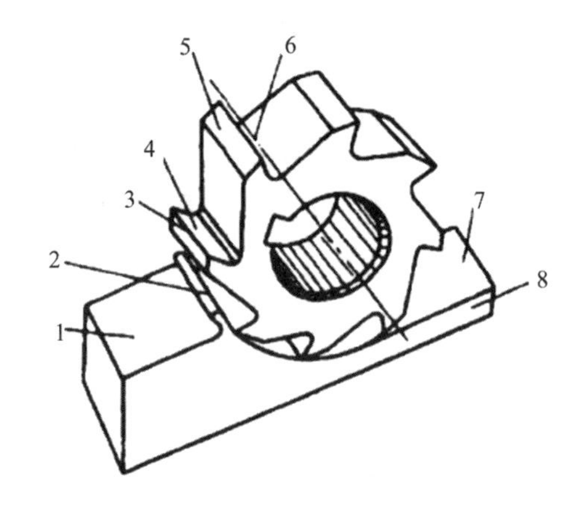

1-待加工表面　2-切屑　3-主切削刃　4-前刀面　5-主后刀面
6-铣刀棱　7-已加工表面　8-工件

图 5-6　铣刀的组成部分

2. 铣刀切削部分几何角度

要正确地描述铣刀的几何角度，必须用一个重要的参数角度来确定刀面的位置，确定刀面位置的角度就是确定铣刀的几何角度。在确定铣刀几何角度时，还需要两个作为角度测量基准的坐标平面，即基面和切削平面，铣刀的几何角度就是各刀面和坐标平面之间的夹角。如图 5-7 和图 5-8 所示分别为螺旋齿圆柱铣刀和端铣刀的几何角度。

前角 γ_o：是基面和刀齿前刀面之间的夹角。前角的作用是在切削中减少金属变形，使切屑顺利排出，从而减少切削力。增大前角，则切削刃锋利，从而使切削省力，但会使刀齿强度减弱。一般高速钢铣刀的前角在 10°～25°之间。

后角 α_o：切削刃上任一点处的后角是通过这一点的切削平面与后面之间的夹角。后角的主要作用是减少刀具后面与切削平面之间的摩擦，使切削顺利进行，并获得较光洁的已加

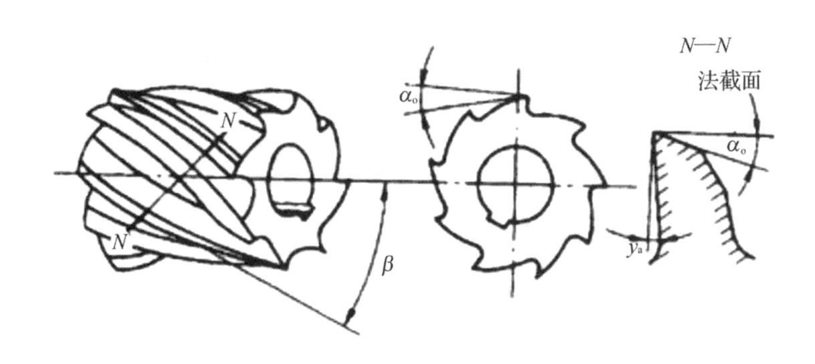

图 5-7 螺旋齿圆柱铣刀的几何角度

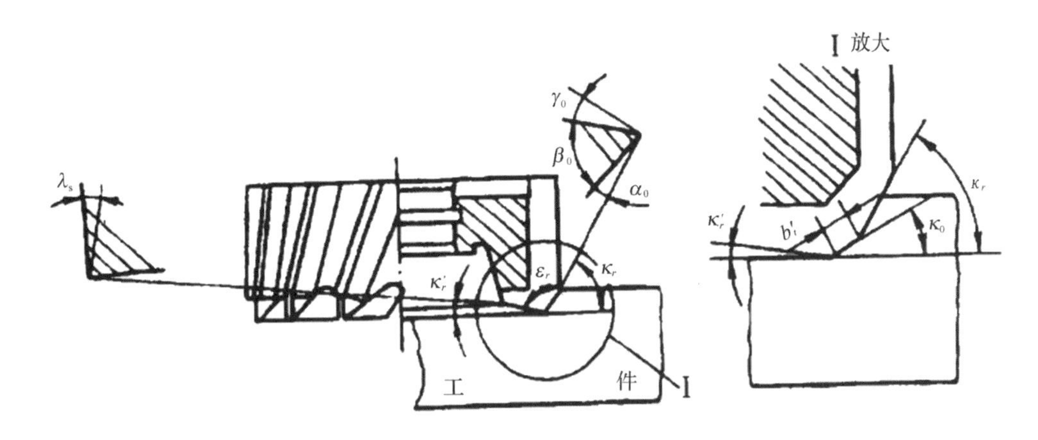

图 5-8 端铣刀切削部分的几何角度

工表面，但增大后角，会使刀尖强度减弱。一般后角的选择范围是在 6°～20°之间。

楔角 β_0：前刀面与后刀面之间的夹角是楔角。在同一截面内，楔角、前角与后角之和为 90°，楔角的大小决定了切削刃的强度。楔角越小，切入金属越容易，但刀刃强度较差。

螺旋角 β_0：直齿圆柱铣刀在铣削时是整条刀刃同时切入和离开工件的，因此切削时振动较大，另外，排屑也不顺利。所以，圆柱铣刀的刀齿一般都做成螺旋形。铣削时，螺旋齿圆柱铣刀的刀齿是逐渐切入和离开工件的，同时参加切削的刀齿也多。螺旋齿刀刃的切线与铣刀轴之间的夹角称为螺旋角。其作用是使刀具在切削时受力均衡，工作较为平稳，切屑流动顺利。

主偏角 κ_r：主切削刃与已加工表面之间的夹角为主偏角。主偏角的大小影响切削刃参加铣削的长度，并影响刀具散热、铣削分力之间的比值。主偏角一般在 45°～90°之间。

副偏角 κ_r'：副切削刃与已加工表面之间的夹角为副偏角。副偏角影响副切削刃对已加工表面的修光作用。减小副偏角，可以使已加工表面的波纹高度减小，降低表面粗糙度值。副偏角一般选择范围在 5°～15°之间。

刃倾角 λ_s：主切削刃与基面之间的夹角为刃倾角。刃倾角可以控制切屑流出方向，影响切削刃强度并能使切削力均匀。

任务拓展

拓展任务描述：指出如图 5-9 所示刀具图中各部分名称。

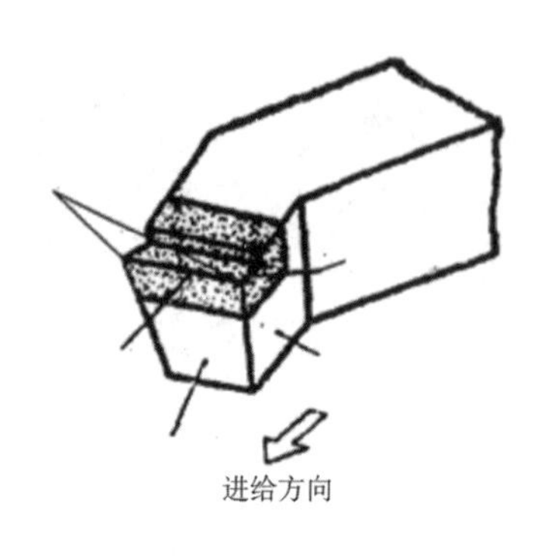

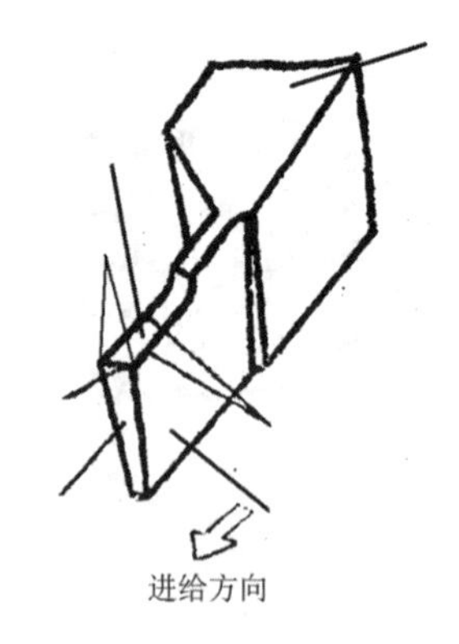

图 5-9　刀具图

1)想一想

● 图中两把车刀与外圆车刀在各部分名称标注上有何不同?

2)试一试

● 根据进给方向,标注各部分的名称。

作业练习

一、判断题

1. 在刀具的切削部分,切屑流出经过的表面称为后面。(　　)

2. 当刃倾角为负值时,切屑向已加工表面流出。(　　)

3. 通过切削刃上选定点,并垂直于该点切削速度方向的刀具静止角度参考平面为基面。(　　)

4. 前角是在基面内测量的。(　　)

二、单项选择题

1. 在刀具的切削部分,切屑流出经过的表面称为(　　)。

A. 前面　　B. 后面　　C. 副前面　　D. 副后面

2. 刀具的主偏角和副偏角都在(　　)。

A. 基面内　　B. 切削平面内　　C. 假定工作平面内　　D. 正交平面内

3. 基面的方位要垂直于假定的(　　)方向。

A. 进给运动　　B. 辅助运动　　C. 合成运动　　D. 主运动

4. 主切削刃在基面上的投影与进给运动方向之间的夹角称为(　　)。

A. 前角　　B. 后角　　C. 主偏角　　D. 刃倾角

5. 在刀具的切削部分,(　　)担负主要的切削工作。

A. 主切削刃　　B. 副切削刃　　C. 刀尖　　D. 前面

6. 主切削刃是起始于切削刃上主偏角为零的点,并至少有一段切削刃拟用来在工件上切出(　　)的那个整段切削刃。

A. 待加工表面　　B. 过渡表面　　C. 已加工表面　　D. 切屑

7. 正交平面是通过切削刃选定点并同时垂直于基面和(　　)的平面。

A. 法平面　　B. 切削平面　　C. 假定工作平面　　D. 背平面

8. 在正交平面内,(　　)之和等于 90°。

A. 前角、后角、刀尖角　　B. 前角、后角、楔角

C. 主偏角、副偏角、刀尖角　　D. 主偏角、副偏角、楔角

任务二　车床常用刀具的种类

任务目标

1. 掌握车床常用刀具的种类
2. 掌握车床常用刀具的用途

知识要求

- 掌握车床常用刀具的分类

技能要求

- 掌握车床常用刀具的用途

任务描述

根据如图 5-10 所示的常用车刀的种类,根据图示编号依次写出刀具名称及加工内容。

任务准备

图纸,如图 5-10 所示。

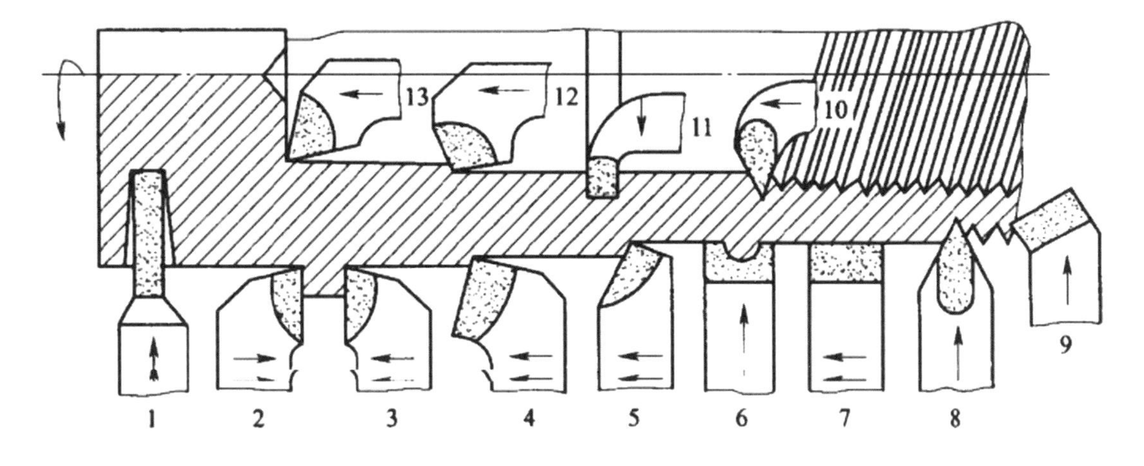

图 5-10　常用车刀的种类、形状和用途

任务实施

1. 操作准备

笔

2. 操作步骤

(1)阅读与该任务相关的知识

(2)分析图纸

1)根据图中编号依次写出刀具名称

2)根据图中刀具的进给方向写出加工内容

3. 任务评价(见表 5-2)

表 5-2 任务评价

序号	评价内容		配分	得分
	刀具名称	加工内容		
1			7	
2			7	
3			7	
4			7	
5			7	
6			7	
7			7	
8			7	
9			7	
10			7	
11			7	
12			7	
13			7	
14	职业素养		9	
合计			100	
总分				

注意事项:
有的刀具可以有多种用途,在选用刀具时一定要注意加工内容。

知识链接

一、车床常用刀具的种类

1. 按车刀用途分类

可分为外圆车刀、端面车刀、切断刀、车孔刀、成形车刀和螺纹车刀等。

(1)外圆车刀的种类

常用的外圆车刀有主偏角为 45°、75°、90°的几种车刀,如图 5-11 所示。

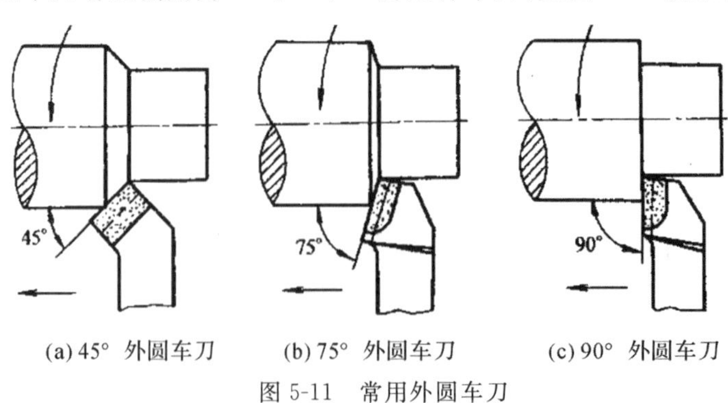

(a) 45° 外圆车刀　(b) 75° 外圆车刀　(c) 90° 外圆车刀

图 5-11 常用外圆车刀

1)90°车刀

90°车刀又称偏刀,它分右偏刀和左偏刀,如图 5-12 所示。

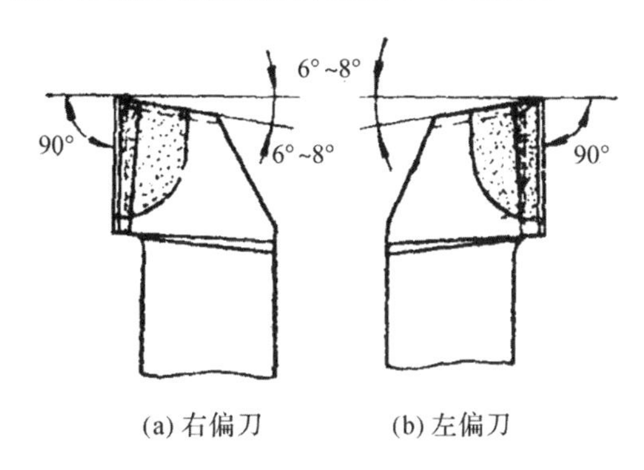

(a) 右偏刀　　(b) 左偏刀

图 5-12　偏刀

90°车刀一般用来车削工件的外圆和台阶,如图 5-13(a)所示。因为它的主偏角较大,车外圆时产生的径向力较小,不易将工件顶弯。

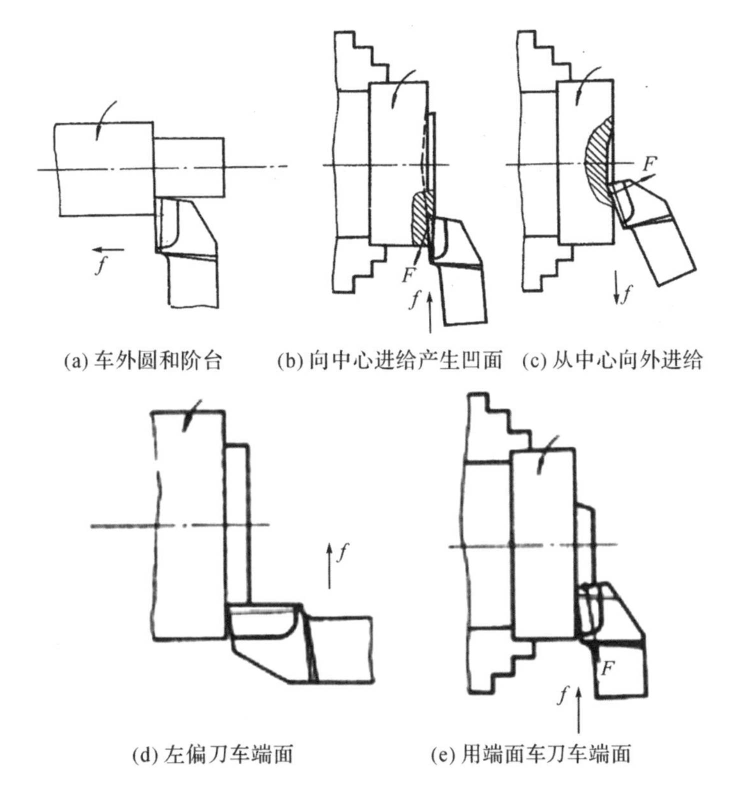

(a) 车外圆和阶台　(b) 向中心进给产生凹面　(c) 从中心向外进给

(d) 左偏刀车端面　(e) 用端面车刀车端面

图 5-13　90°车刀的使用

90°车刀也可用来车削端面,但车削时如果由工件外缘向中心进给,因为用切削刃切削,当背吃刀量较大时,切削力会使车刀扎入工件,而形成凹面,如图 5-13(b)所示。为了防止产生凹面,可从中心向外进给,用主切削刃切削,如图 5-13(c)所示,或用左偏刀车削,如图 5-13(d)所示,也可用如图 5-13(e)所示的端面车刀车削。

2)75°车刀

75°车刀的刀尖角大于 90°,刀头强度最好,耐用度高,使用寿命长,因此适用于粗车轴类零件的外圆以及强力切削铸、锻件等余量较多的工件,如图 5-14(a)所示，75°左偏刀还可以用来车削铸、锻件的大平面,如图 5-14(b)所示。

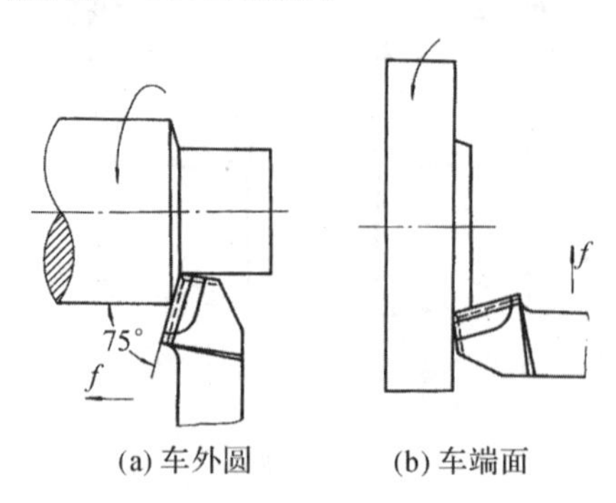

(a) 车外圆　　(b) 车端面

图 5-14　75°车刀的使用

(2)45°车刀

45°车刀常用于车削工件的端面和进行 45°倒角,还可车削长度较短的外圆,如图 5-15 所示。

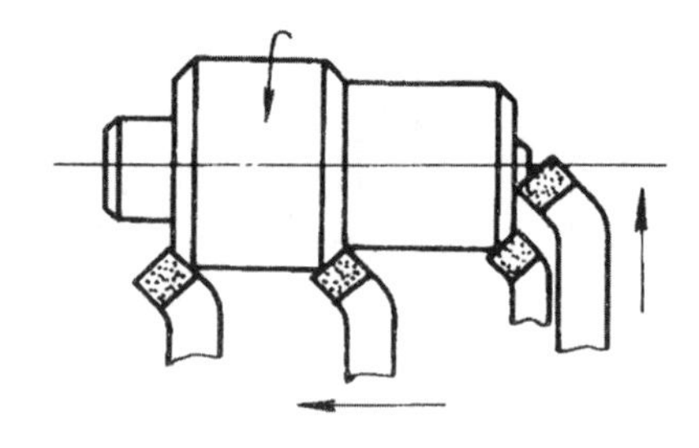

图 5-15　45°车刀的使用

(3)切断刀

切断刀常用于切断工件或加工槽类零件,如图 5-16 所示。

(4)车孔刀

车孔刀用来车孔,可分为通孔车刀和盲孔车刀,如图 5-17 所示。

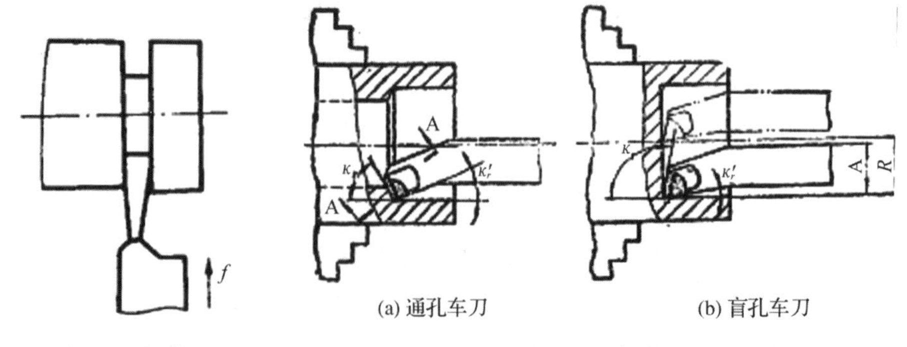

(a) 通孔车刀　　(b) 盲孔车刀

图 5-16　切断刀　　图 5-17　车孔刀

(5)螺纹车刀

螺纹车刀可以用来车螺纹,可分为外螺纹车刀和内螺纹车刀,如图 5-18 所示

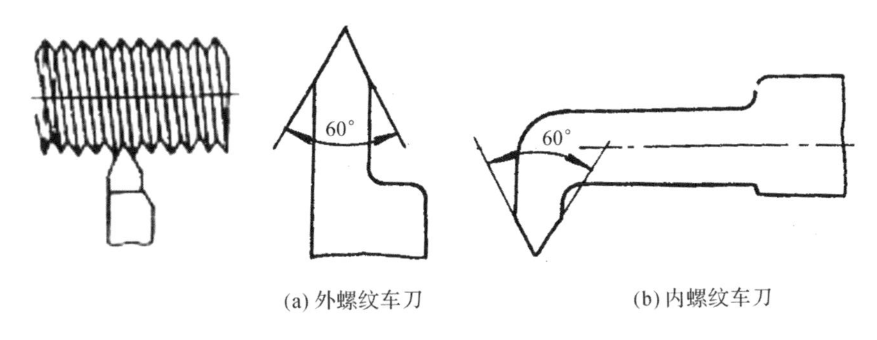

(a) 外螺纹车刀　　(b) 内螺纹车刀

图 5-18　螺纹车刀

2. 按车刀结构分类

可分为整体式车刀、焊接式车刀、机夹车刀、可转位车刀和成形车刀,如图 5-19 所示。其中,可转位车刀的应用日益广泛,在车刀中所占比例逐渐增加。

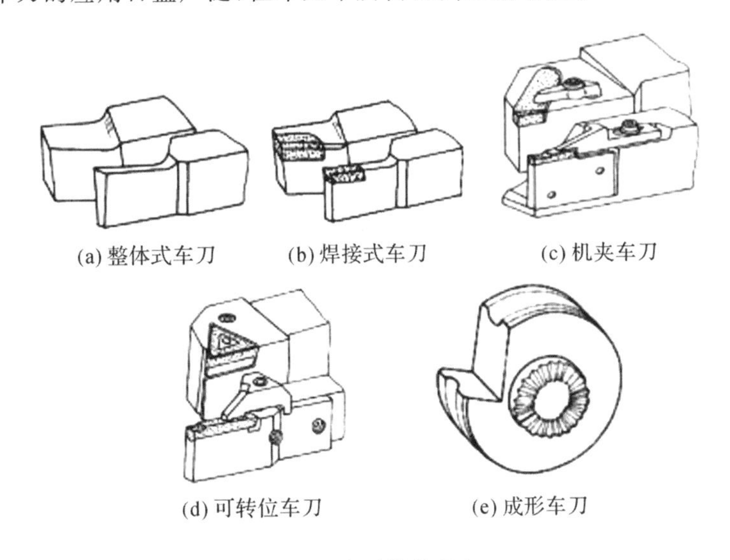
(a) 整体式车刀　(b) 焊接式车刀　(c) 机夹车刀

(d) 可转位车刀　(e) 成形车刀

图 5-19　各种结构的车刀

3. 按切削刃形状分类

数控车刀按切削刃形状,可分为尖形车刀、圆弧形车刀和成形车刀 3 类。

(1)尖形车刀　尖形车刀的刀尖由直线形的主、副切削刃构成,如外圆车刀、端面车刀、切断(切槽)刀及螺纹车刀等。

用这类车刀加工零件时,其零件的轮廓形状由一个独立的刀尖或一条直线形主切削刃位移后得到。

尖形车刀的几何参数的选择方法与普通车刀基本相同,但应适合数控加工的特点。有时候要考虑加工路线和加工干涉等问题,有的外圆车刀就取较大的副偏角,如图 5-20(a)所示,这样一把刀就可用来车外圆、平面、沟槽和成形面

(2)圆弧形车刀　如图 5-20(b)所示,圆弧形车刀刀刃上每一点都是圆弧形车刀的刀

尖，因此，刀位点不在圆弧上，而在该圆弧的圆心上。圆弧车刀特别适合车削各种光滑联结的成形面。

选择车刀圆弧半径时，应考虑切削刃圆弧半径应小于或等于零件凹形轮廓上的最小曲率半径，以免发生加工干涉。另外要考虑，半径不能太小，否则不但制造困难，还会因刀具强度太弱或刀体散热能力差而导致车刀使用寿命降低。

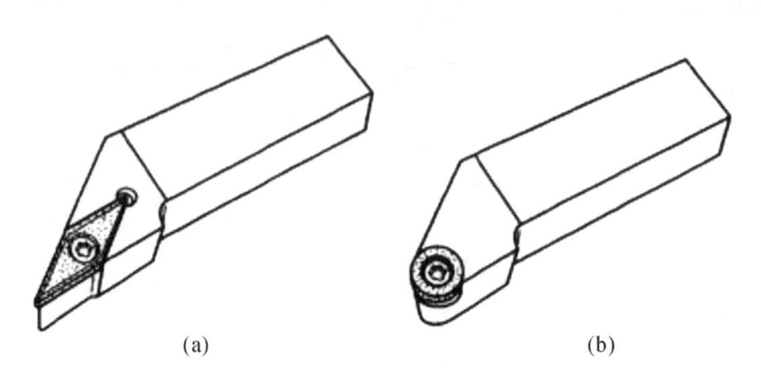

图 5-20　尖形车刀与圆弧形车刀

(3)成形车刀　成形车刀刀刃的形状和尺寸取决于加工零件的轮廓形状和尺寸。由于成形车刀设计与制造都比较麻烦，并且数控车削完全可由编程、采用刀尖轨迹法来完成成形面的加工。因此，数控加工较少使用成形车刀。

二、可转位车刀

1. 可转位车刀结构

可转位车刀由刀片、刀垫、刀柄及杠杆、螺钉等元件组成，如图 5-21 所示。压制的刀片具有合理的几何参数和断屑槽形状，用机械夹固的方法装夹在特制的刀杆上。刀片的切削刃磨钝后，可方便地转位换刃，用另一新的切削刃继续工作，待多角形刀片的各刀刃均已磨钝后，换上新的刀片又可继续使用。

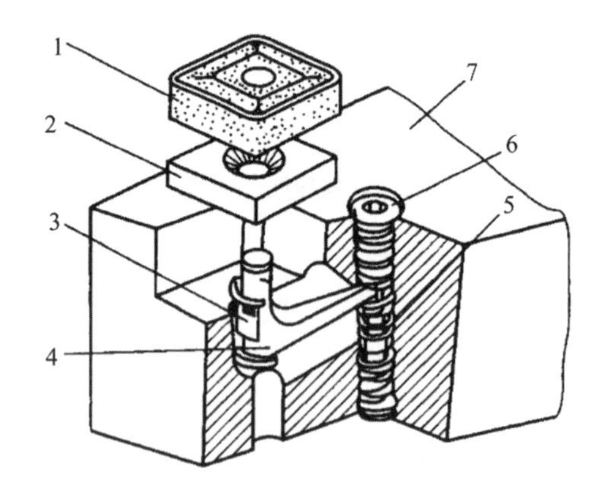

1-刀片　2-刀垫　3-卡簧　4-杠杆　5-弹簧　6-螺钉　7-刀柄

图 5-21　可转位车刀结构

2. 可转位车刀的优点

可转位车刀与整体式或焊接式车刀比较有一系列的优点。

(1)刀具耐用度高，避免焊接、刃磨引起的热应力，提高刀具耐磨及抗破损能力，保持硬质合金刀片原来的组织结构和性能。

(2)由于刀片不需重磨，可使用涂层刀片，有合理槽形与几何参数，断屑效果好，能选用较高切削用量，刀片转位、更换方便，缩短了辅助时间，提高生产率。

(3)有利于新型刀具材料的发展，有利于涂层和陶瓷等新型材料刀片的推广使用。

(4)刀杆和刀片可以标准化，能实现一刀多用，刀具成本低，刀杆使用寿命长，大大减少刀具库存量，有利于工具的计划供应和储存保管。

可转位刀具尚不能完全取代焊接与机夹刀具，因为在刃形、几何参数方面还受刀具结构与工艺的限制。例如，尺寸小的刀具常用整体式或焊接式。

3. 可转位车刀刀片的 ISO 代码

国标 GB 2076—87 至 GB 2076—97 中，对可转位车刀刀片形状、代号及其选择作了详细规定。可转位车刀的刀片形状、尺寸、精度、结构等用 10 个号位表示，与 ISO 规则一致，见表 5-3。

表 5-3 可转位车刀刀片标记方法示例

号位	1	2	3	4	5	6	7	8	9	10
表达特性	刀片形状	刀片后角	精度代号	断屑槽及夹固形式	刀片刃长/mm	刀片厚度/mm	刀尖圆角半径	切削刃截面形状	切削方向	断屑槽型与宽度
举例	T	N	U	M	12	03	08	E	R	A4

(1)刀片形状　号位 1 表示刀片形状，见表 5-4。

表 5-4 刀片形状的表示

代号	T	S	F	W	P	R	V	D	L
形状	60°	90°	82°	80°	108°		35°	55°	

正三角形(T)多用于刀尖角小于 90°的外圆、端面车刀，但刀尖强度差，只宜用较小的切削用量；正方形(S)刀尖角等于 90°，通用性广，可用于外圆、端面、内孔、倒角车刀；有副偏角的三边形(F)刀尖角等于 82°，多用于偏头车刀；凸三边形(W)刀尖角等于 80°，刀尖强度、寿命比正三角形刀片好，应用面较广，除工艺系统较差者均宜采用；菱形刀片(V，D)适合用于仿形、数控车床刀具；圆刀片(R)适合用于加工成形曲面或精车刀具。

(2)刀片的后角　号位 2 表示刀片的后角，见表 5-5。后角中使用最广的是 N 型刀片后角，其数值为 0°。实际刀具的后角，靠刀片安装在刀杆上倾斜形成。

表 5-5 刀片的后角的表示

代号	A	B	C	D	E	F	G	N	P	O
角度	3°	5°	7°	15°	20°	25°	30°	0°	11°	特殊

(3)刀片尺寸的公差等级　号位 3 表示刀片的尺寸公差等级，见表 5-6，公差等级共有

12 种。其中,U 为普通级,M 为中等级,其余 A,F,G,…均属精密级。

表 5-6 刀片尺寸公差等级的表示

内切圆直径 d	$d(\pm)$			$m(\pm)$			刀片厚度 $S(\pm)$
	G	M	U	G	M	U	GMU
6.35		0.05	0.08		0.08	0.13	
9.525		0.05	0.08		0.08	0.13	
12.70	0.025	0.08	0.13	0.025	0.13	0.20	0.13
13.375		0.10	0.18		0.15	0.27	
19.05		0.10	0.18		0.15	0.27	
25.40		0.13	0.25		0.18	0.38	

(4)刀片结构类型　号位 4 表示刀片结构类型,见表 5-7,结构类型有 A,N,R,M,G 和 X6 种。其中,A 表示带孔无断屑槽型,用于不需断屑的场合;N 表示无孔平面型,用于不需断屑的上压式;R 表示无孔单面槽型,单面有断屑槽;M 表示带孔单面断屑槽型,一般均使用此类,用途最广;G 表示带孔双面断屑槽型,可正反使用,提高刀片利用率;X 表示特殊形式,需要附加说明和图形。

表 5-7 刀片结构类型的表示

代号	A	N	R	M	G	X
结构类型						特殊形式

(5)刀片的边长和厚度　号位 5 和号位 6 分别表示刀片边长和刀片厚度。其中,刀片边长选取舍去小数部分的刀片边长值作代号,刀片厚度选取舍去小数部分的刀片厚度值作代号。若舍去小数部分后,只剩下一位数字,则必须在数字前加“0”。例如,切削刃长度分别为 16.5mm,9.52mm,则数字代号分别为 16 和 09。当刀片厚度的整数值相同,而小数部分不同,则将小数部分大的刀片的代号用“T”代替“0”,以示区别。例如,刀片厚度分别为 3.18mm和 3.97mm 时,前者代号为 03,后者代号为 T3。

(6)刀尖转角形状或刀尖圆弧半径　号位 7 表示刀尖转角形状或刀尖圆弧半径,若刀尖转角为圆角,则用省去小数点的圆角半径毫米数表示。例如,刀片圆角半径为 0.8mm,代号为 08;刀片圆角半径为 1.2mm,代号为 12;当刀片转角为夹角时,代号为 00。

(7)刃口形式　号位 8 表示刃口形式,刃口形式用一字母表示刀片的切削刃截面形状,

见表 5-8。其中，F 代表尖锐刀刃，E 代表倒圆刀刃，T 代表倒棱刀刃，S 代表既倒棱又倒圆刀刃。

表 5-8　刃口形式的表示

代号	F	E	T	S
刃口形式				

（8）切削方向。号位 9 表示切削方向，见表 5-9。其中，R 表示右切的外圆刀；L 表示左切的外圆刀；N 表示左、右均有切削刃，既能左切又能右切。

表 5-9　切削方向的表示

代号	R	L	N
切削方向			

（9）断屑槽型与槽宽　号位 10 表示断屑槽型与槽宽，用舍去小数位部分的槽宽毫米数表示刀片断屑槽宽度的数字代号，见表 5-10。例如，槽宽为 0.8mm，代号为 0；槽宽为 3.5mm，代号为 3。

表 5-10　断屑槽型与槽宽的表示

代号	A	Y	K	H	J	U	槽宽 a
断屑槽型状							a—1，2，3，4，5，6，7
	Z	V	M	W	G	P	
	B	O	D	C			

刀片标记方法举例：SNUMI50612-V4 代表正方形、零后角、普通级精度、带孔单面断屑槽型刀片，刀片刃长 15.875mm，刀片厚度 6.35mm，刀尖圆弧半径 1.2mm，V 型断屑槽槽宽度 4mm。

任务拓展

拓展任务描述：常用的外圆车刀有左偏刀和右偏刀，还有哪几种车刀也分左偏刀和右偏刀？

1）想一想

- 还有哪几种车刀也分左偏刀和右偏刀？

2)试一试

● 用简图画出其他种类的左偏刀和右偏刀。

作业练习

一、判断题

1. 在数控加工中,应尽量少用或不用成形车刀。( )
2. 车刀刀片尺寸的大小取决于必要的有效切削刃长度。( )

二、单项选择题

1. 为提高换刀速度,刀柄、刀夹、刀具、刀片要有很好的( )。

A. 刚性　　B. 互换性　　C. 可靠性　　D. 精度

2. 号位( )表示刀片形状。

A. 1　　B. 2　　C. 3　　D. 4

3. 下列刀片形状中,( )以通用性逐渐增强排列。

A. 圆形、三角形、菱形、正方形　　B. 菱形、三角形、正方形、圆形

C. 三角形、圆形、菱形、正方形　　D. 圆形、正方形、三角形、菱形

4. 圆弧形车刀的刀位点在该圆弧的( )。

A. 起始点　　B. 终止点　　C. 中点　　D. 圆心点

任务三　铣床常用的刀具

任务目标

1. 掌握铣床常用刀具的种类
2. 掌握铣床常用刀具的用途

知识要求

● 掌握铣床常用刀具的分类

技能要求

● 掌握铣床常用刀具的用途

任务描述

根据如图5-22所示的常用铣刀的种类及用途,根据图示编号依次写出刀具名称及加工内容。

任务准备

图纸,如图5-22所示。

任务实施

1. 操作准备

笔

2. 操作步骤

(1)阅读与该任务相关的知识

(2)分析图纸

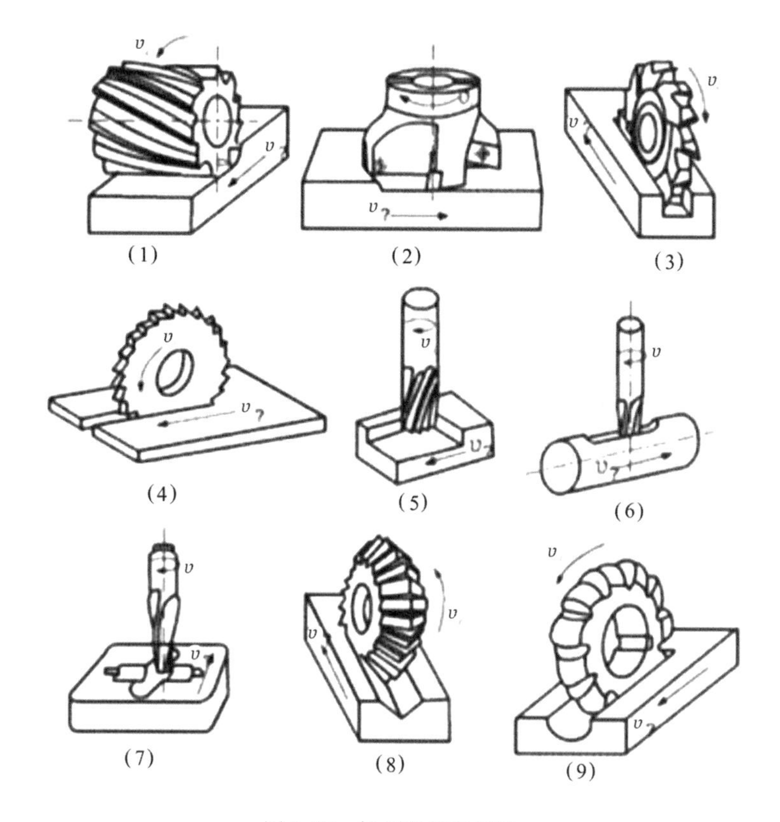

图 5-22 铣刀种类及用途

1)根据图中编号依次写出刀具名称

2)根据图示写出加工内容

3. 任务评价(见表 5-11)

表 5-11 任务评价

序号	评价内容		配分	得分
	刀具名称	加工内容		
1			10	
2			10	
3			10	
4			10	
5			10	
6			10	
7			10	
8			10	
9			10	
10	职业素养		10	
合计	100			
总分				

注意事项：

键槽铣刀和立铣刀很相似，但用途不一样，在选用时一定要注意。

知识链接

一、铣刀的种类

1. 按铣刀的用途分类

(1)加工平面的铣刀

加工平面一般用套式端铣刀和圆柱铣刀，如图 5-23 所示。

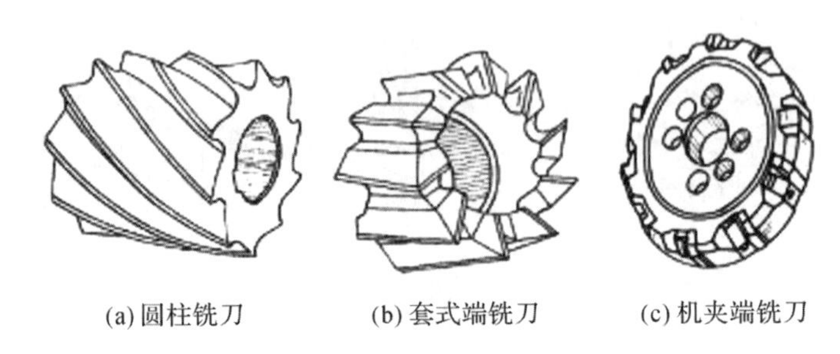

(a) 圆柱铣刀　(b) 套式端铣刀　(c) 机夹端铣刀

图 5-23　铣平面的铣刀

(2)加工沟槽的铣刀

一般加工沟槽用三面刃铣刀、立铣刀、键槽铣刀、盘形槽铣刀、锯片铣刀等，如图 5-24 所示。

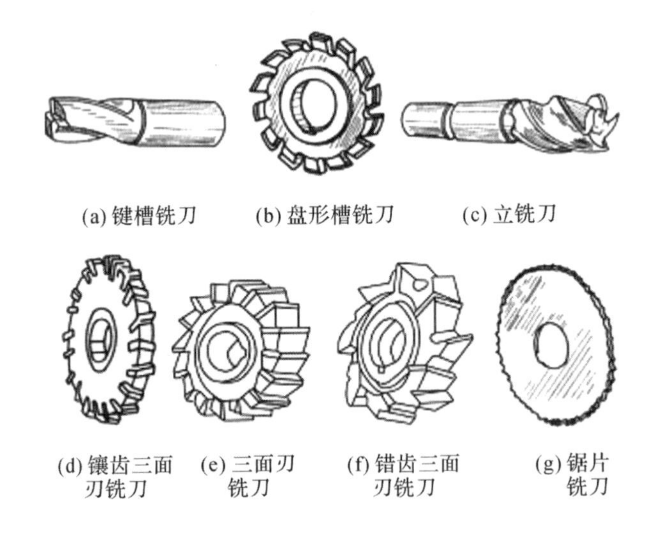

(a) 键槽铣刀　(b) 盘形槽铣刀　(c) 立铣刀

(d) 镶齿三面刃铣刀　(e) 三面刃铣刀　(f) 错齿三面刃铣刀　(g) 锯片铣刀

图 5-24　铣槽的铣刀

(3)加工特形沟槽的铣刀

加工特形沟槽有 T 形槽铣刀、燕尾槽铣刀、半圆键槽铣刀、角度铣刀等，如图 5-25 所示。

(4)加工成形面铣刀

加工成形面有凸、凹半圆铣刀、齿轮铣刀、特形铣刀、模具铣刀等，如图 5-26 所示

模具铣刀是由立铣刀演变而成的，主要用于加工模具型腔或凸模成形表面。按工作部

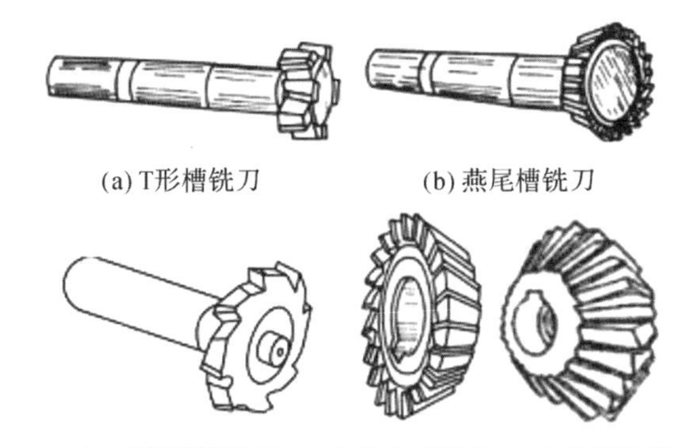

(a) T形槽铣刀　(b) 燕尾槽铣刀

(c) 半圆键槽铣刀　(d) 单角度铣刀 (e) 双角度铣刀

图 5-25　铣特形沟槽的铣刀

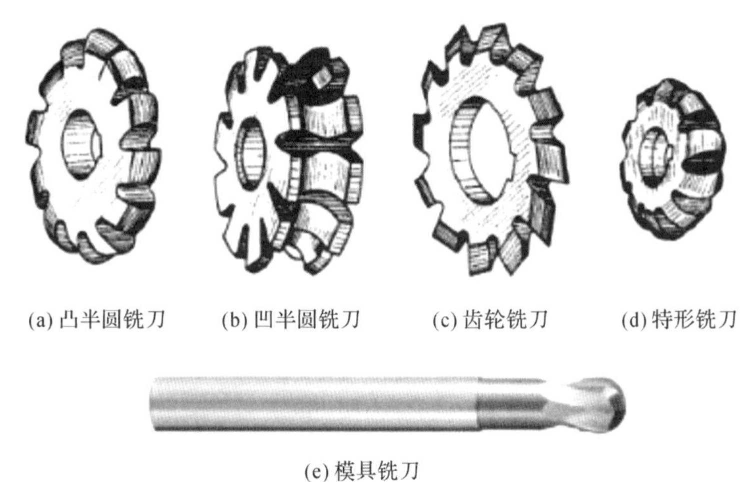

(a) 凸半圆铣刀　(b) 凹半圆铣刀　(c) 齿轮铣刀　(d) 特形铣刀

(e) 模具铣刀

图 5-26　铣成形面的铣刀

分可分为锥形平头、圆柱形球头、圆锥形球头三种。

(5)型面刀具

加工型面零件和变斜角轮廓外形时常采用球头刀、环形刀、鼓形刀和锥形刀等，如图 5-27所示。

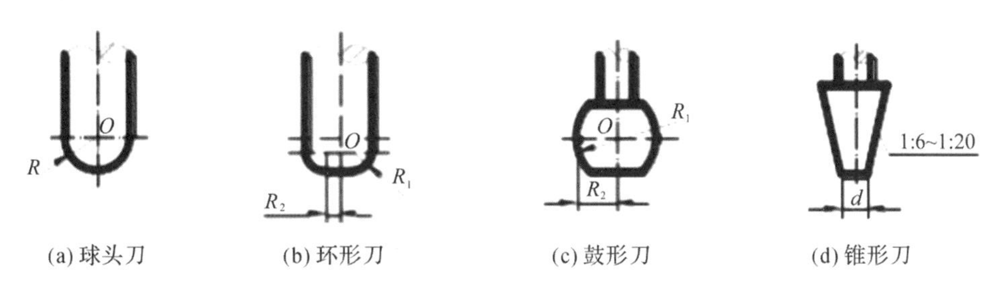

(a) 球头刀　(b) 环形刀　(c) 鼓形刀　(d) 锥形刀

图 5-27　型面刀具

2. 按铣刀刀齿的结构分类

(1)尖齿铣刀

尖齿铣刀的刀齿截面上,齿背是由直线或折线构成。这类铣刀齿刃锋利,刃磨方便,制造比较容易,生产中常用的三面刃铣刀、圆柱铣刀等都是尖齿铣刀,其截面形状如图 5-28(a)所示。

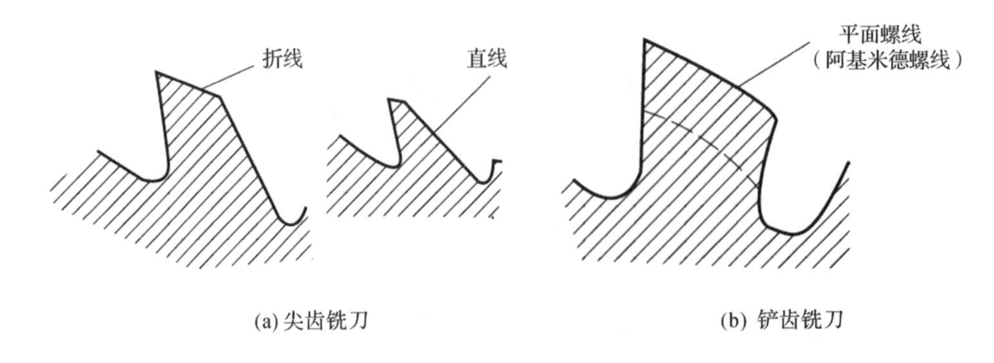

图 5-28 尖齿与铲齿铣刀刀齿的截面

(2)铲齿铣刀

铲齿铣刀也叫曲线齿背铣刀,这种铣刀是在铲齿机床上铲出来的,铲齿铣刀的刀齿截面上,齿背是阿基米德螺线。它的刀齿用钝后刃磨时只磨前刀面,而不磨后刀面,这样齿背处的曲线形状就不会发生变化,刀齿截面形状一直保持着原有的形状。铲齿铣刀多用于成形铣刀,如齿轮铣刀、凸半圆铣刀、凹半圆铣刀等,其截面形状如图 5-28(b)所示。

二、镗铣类数控工具系统

镗铣类数控工具系统是镗铣床主轴到刀具之间的各种联结刀柄的总称。其主要作用是联结主轴与刀具,使刀具达到所要求的位置与精度,传递切削所需扭矩及保证刀具的快速更换。不仅如此,有时工具系统中某些工具还要满足某些特殊要求(如丝锥的扭矩保护及前后浮动等)。多数镗铣类数控机床的主轴有一个 7∶24 的锥孔,工作时,7∶24 锥形刀柄连同刀具按工艺顺序先后装在主轴的锥孔上,随主轴一起旋转,工件固定在工作台上作进给运动。

镗铣类数控工具系统按结构,又可分为整体式结构(TSG 工具系统)和模块式结构(TMG 工具系统)两大类。

1. TSG 整体式工具系统

整体式结构镗铣类数控工具系统中,每把工具的柄部与夹持刀具的工作部分连成一体,不同品种和规格的工作部分都必须加工出一个能与机床相联结的柄部,这样使得工具的规格、品种繁多,给生产、使用和管理带来诸多不便。

我国于 20 世纪 80 年代初制定了整体式镗铣类数控机床工具系统的标准 JB/GQ50101983《TSG82 工具系统形式及尺寸》以及 JB/GQ15017—1986《镗铣类数控机床工具制造与验收技术条件》,该标准中规定了各式刀柄、刀杆、接长杆等工具代号、结构、尺寸,还规定了与机床联结采用锥柄形式,因为锥柄具有定心精度高、刚性好、装夹方便、机械手行程短以及和机床联结部分结构简单等优点。如图 5-29 所示是 TSG82 工具系统的图谱,选用时要按图示进行配置。

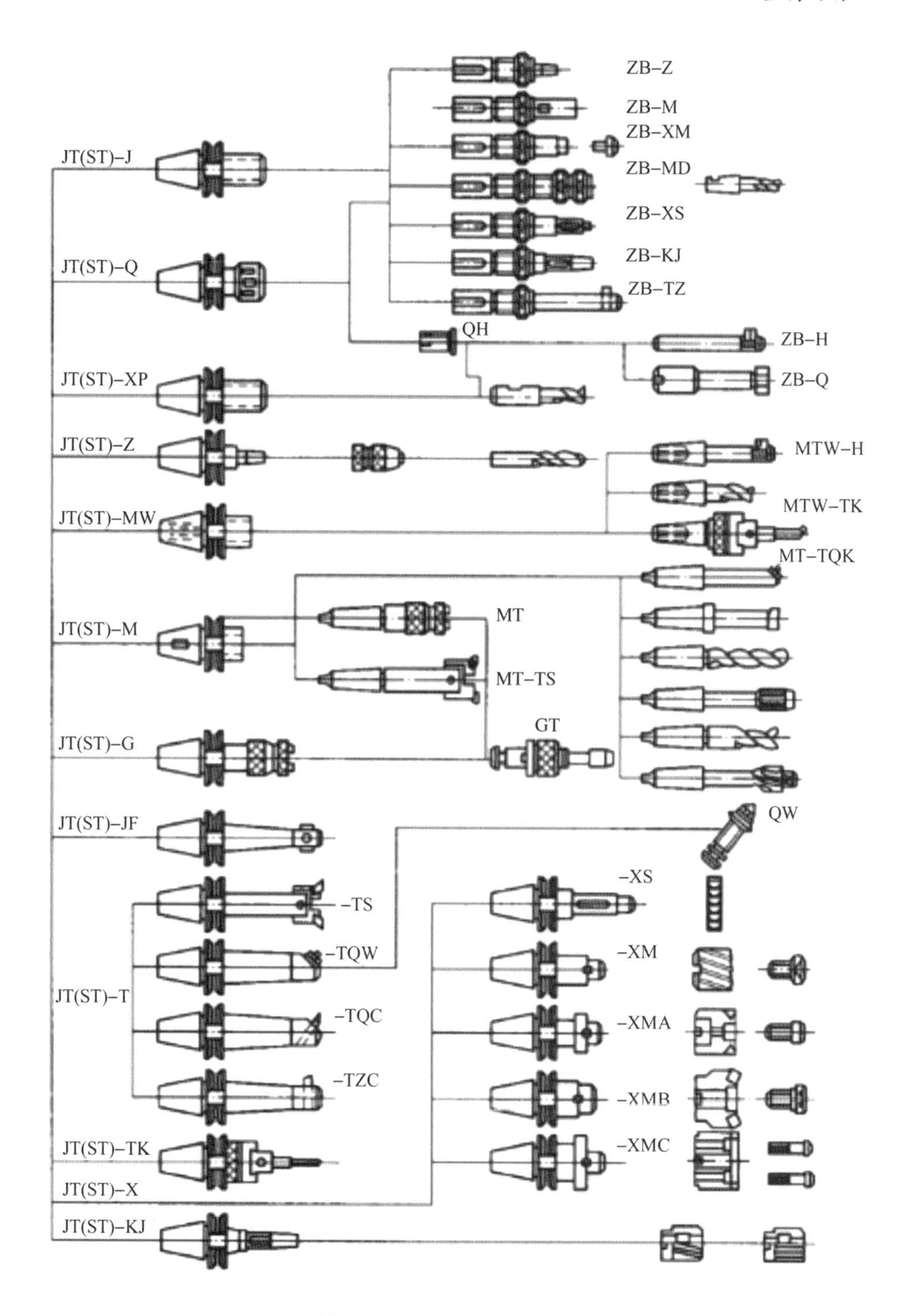

图 5-29　TSG82 工具系统图谱

2. TMG 模块式工具系统

随着数控机床的推广使用，工具的需求量迅速增加。为了克服整体式工具系统规格品种繁多，给生产、使用和管理带来许多不便的缺点，20 世纪 80 年代以来相继开发了模块式镗铣类工具系统。

模块式工具系统就是把工具的柄部和工作部分分割开来，制成各种系列化的模块，然后经过不同规格的中间模块，组装成一套套不同用途、不同规格的模块式工具。这样，既方便制造，也方便使用和保管，大大减少用户的工具储备。目前，世界上出现的模块式工具系统不下几十种，它们之间的区别主要在于模块联结的定心方式和锁紧方式不同。然而，不管哪种模块式工具系统都是由下述 3 个部分所组成。

(1)主柄模块　模块式工具系统中，直接与机床主轴联结的工具模块。

(2)中间模块　模块式工具系统中，为了加长工具轴向尺寸和变换联结直径的工具模块。

(3)工作模块　模块式工具系统中，为了装夹各种切削刀具的模块。

如图 5-30 所示为国产镗铣类模块式 TMG 工具系统图谱。

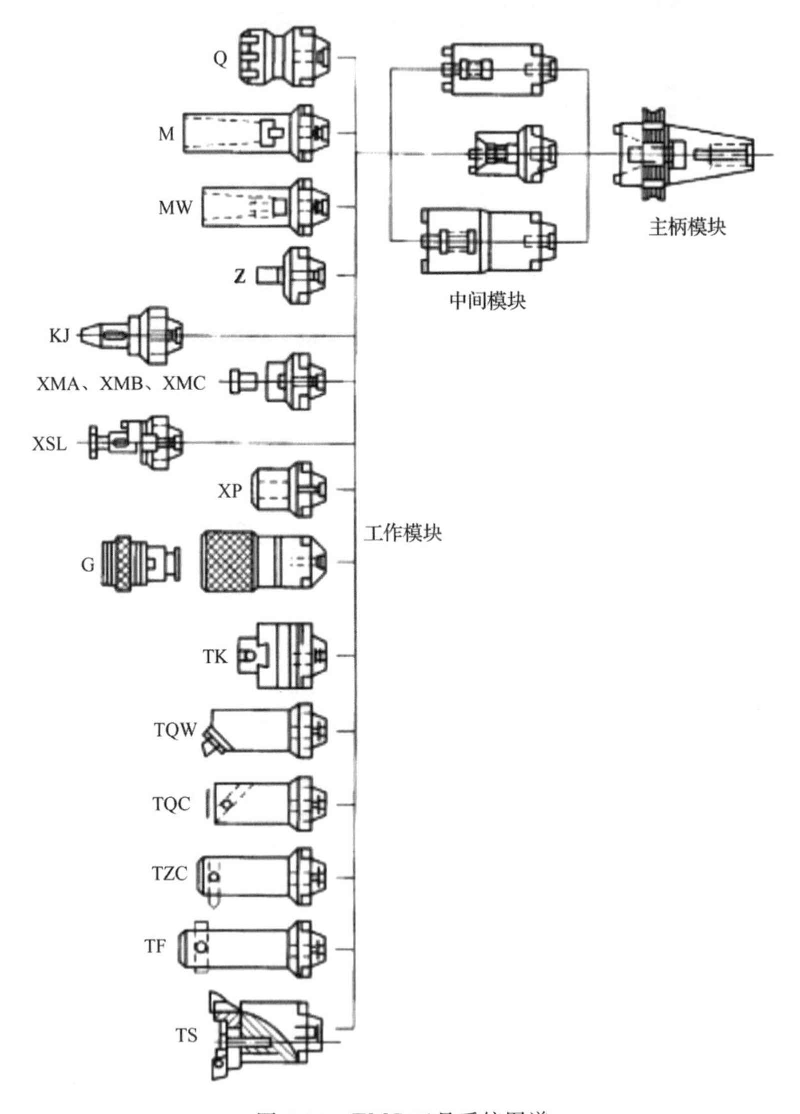

图 5-30　TMG 工具系统图谱

任务拓展

拓展任务描述：用球头铣刀铣削一凹圆弧时，分别在普通铣床和数控铣床上铣削，刀具规格如何确定，是否一致？

1)想一想

- 在普通铣床上铣凹圆弧，球头铣刀应如何选用？
- 在数控铣床上铣凹圆弧，球头铣刀应如何选用？

2)试一试

- 现有一凹圆弧半径为R6，在普通铣床和数控铣床上加工应选用直径为多少的球头铣刀？

作业练习

单项选择题

1. 三面刃铣刀的错齿结构主要目的是(　　)。

A. 增加容屑空间　　B. 提高铣刀使用寿命
C. 提高铣削效率　　D. 使铣削平稳

2. 规格较大的三面刃铣刀通常采用(　　)结构。

A. 整体　　B. 镶齿　　C. 焊接　　D. 铲齿

3. 下列选项中，由立铣刀发展而成的是(　　)。

A. 键槽铣刀　　B. 圆柱铣刀　　C. 鼓形铣刀　　D. 模具铣刀

4. 加工变斜角零件的变斜角面应选用(　　)

A. 面铣刀　　B. 成形铣刀　　C. 鼓形铣刀　　D. 立铣刀

任务四　常用的孔加工刀具

任务目标

1. 掌握孔加工刀具的种类
2. 掌握孔加工刀具可加工的零件

知识要求

- 掌握中心钻、麻花钻、扩孔钻、锪钻、铰刀的几何形状
- 掌握中心钻、麻花钻、扩孔钻、锪钻、铰刀的加工应用

技能要求

- 能根据零件材料、加工要素合理选择孔加工刀具

任务描述

根据如图5-31所示图纸，分析并合理选择孔加工的刀具。

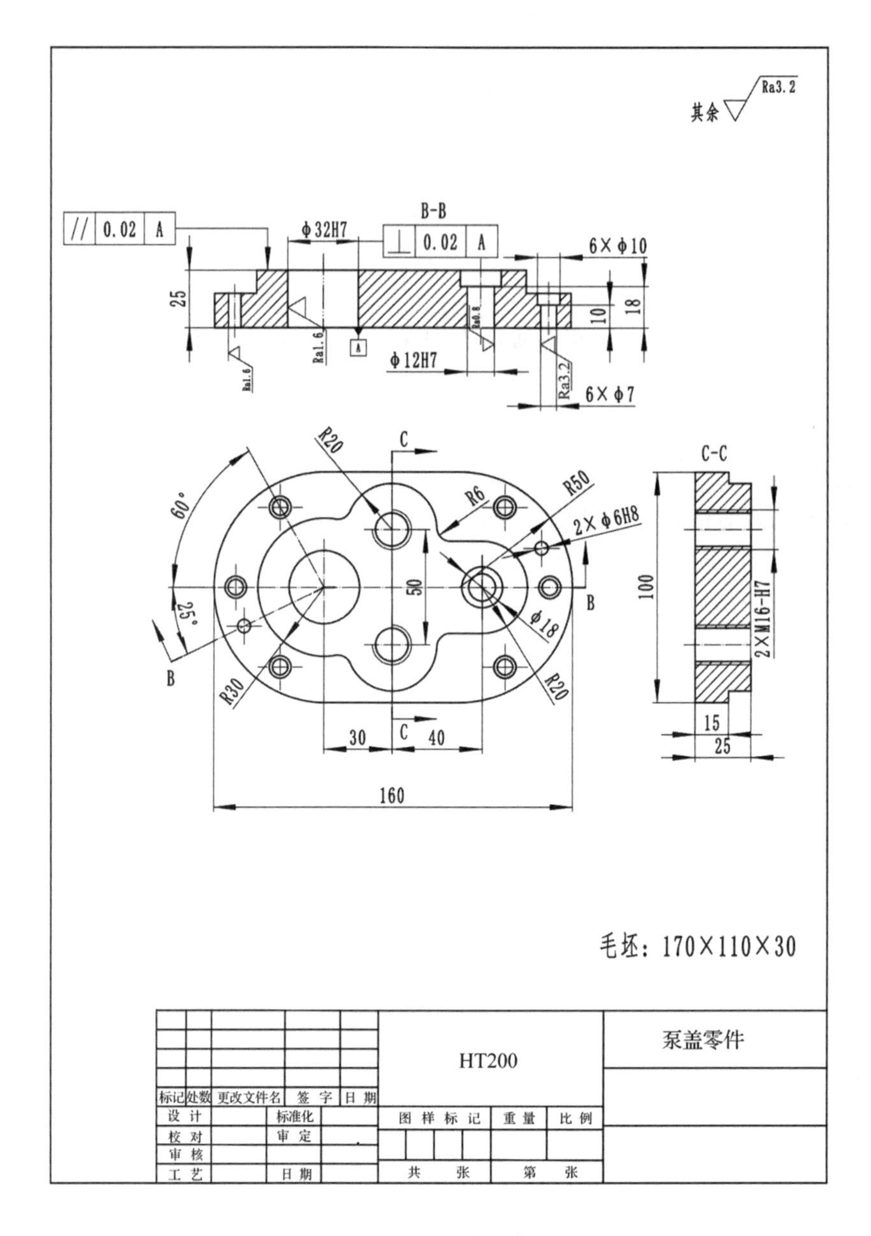

图 5-31　泵盖零件

任务准备

图纸，如图 5-31 所示。

任务实施

1. 操作准备

笔

2. 操作步骤

(1)阅读与该任务相关的知识

(2)分析图纸

1)根据图纸分别写出各孔加工方法

2)根据图纸分别写出各孔加工选用的刀具规格

3. 任务评价(见表5-12)

表5-12 任务评价

序号	评价内容			配分	得分
	加工内容	加工内容	刀具规格		
1	ϕ32H7			18	
2	ϕ12H7			18	
3	6×ϕ7			18	
4	2×ϕ6H8			18	
5	2×M16			18	
6	职业素养			10	
合计	100				
总分					

注意事项:

在选用刀具时必须注意各孔的精度等级。

知识链接

一、钻中心孔

1. 中心孔的形状和作用

常用中心孔按形状可分为四种:A型(不带护锥)、B型(带护锥)、C型(带螺孔)和R型(弧形),如图5-32所示。

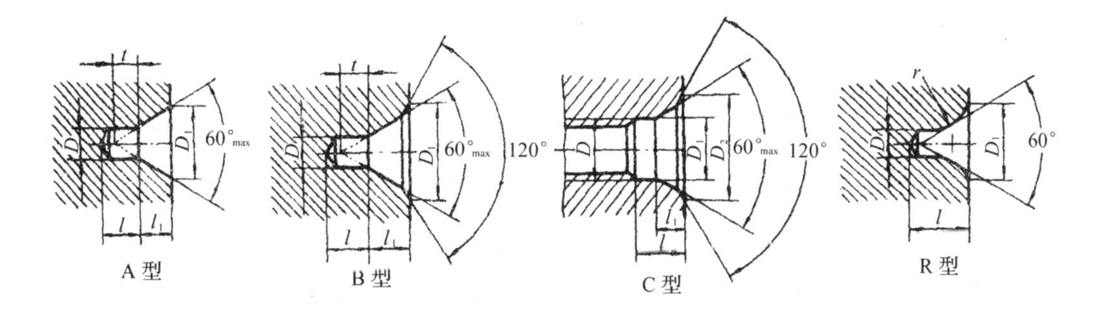

图5-32 中心孔的种类

(1)A型 A型中心孔由圆锥孔和圆柱孔两部分组成。圆锥孔的圆锥角一般为60°。它与顶尖锥面配合,起到定中心作用并承受工件重量和切削力;圆柱孔可储存润滑油,并可防止顶尖头触及工件,保证顶尖锥面和中心孔锥面配合贴切,以达到正确定心。适用于精度要求一般的工件,不需多次安装或不保留中心孔的零件。

(2)B型 B型中心孔是在A型中心孔的端面再加120°的圆锥面,用以保护60°锥面不致碰毛,并使工件端面容易加工。适用于精度要求较高,工序较多的工件。

(3)C型　C型中心孔是在B型中心孔的60°锥孔后加一短圆柱孔(保证攻制螺纹时不碰毛60°锥孔),后面有一内螺纹。适用于将其他零件轴向固定在轴上。

(4)R型　R型中心孔的形状与A型中心孔相似,只是将A型中心孔的60°圆锥改成圆弧面。这样与顶尖锥面的配合变成线接触,在轴类工件装夹时,能自动纠正少量的位置偏差。

中心孔的公称尺寸以圆柱孔直径D为标准。直径6.3mm以下的中心孔通常用高速钢制成的中心钻直接钻出,如图5-33所示。

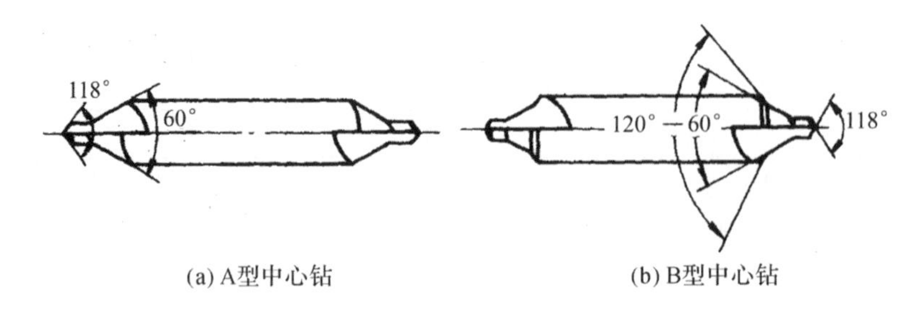

图5-33　中心钻

二、麻花钻

1. 麻花钻的组成部分(如图5-34所示)

(1)柄部　柄部在钻削时起传递扭矩和钻头的夹持定心作用。麻花钻有直柄和莫氏锥柄两种:一般直径小于13mm的钻头做成直柄;直径大于13mm的做成锥柄。

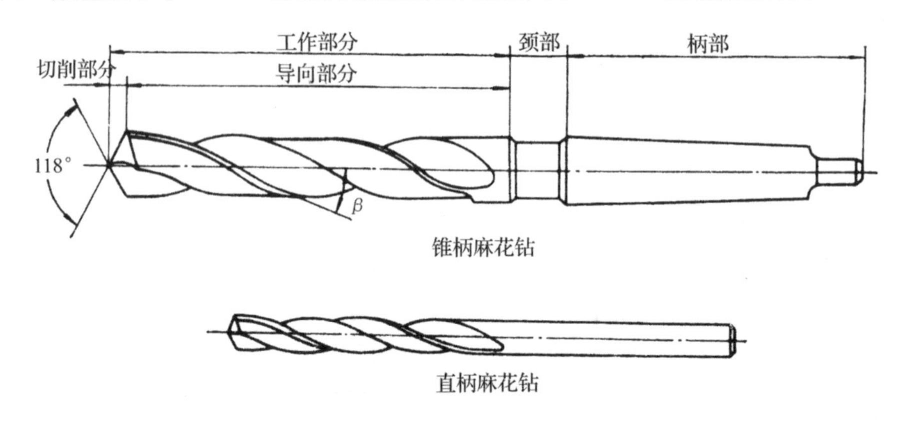

图5-34　麻花钻的组成部分

(2)颈部　直径较大的钻头在颈部标注有商标、钻头直径和材料牌号。

(3)工作部分　这是钻头的主要部分,由切削部分和导向部分组成,起切削和导向作用。

2. 麻花钻工作部分的几何形状(如图5-35所示)

麻花钻的切削部分可看作是正反的两把车刀,所以它的几何角度的概念与车刀基本相同,但也有其特殊性。

(1)螺旋槽　钻头的工作部分有两条螺旋槽,它的作用是构成切削刃、排出切屑和通切削液。

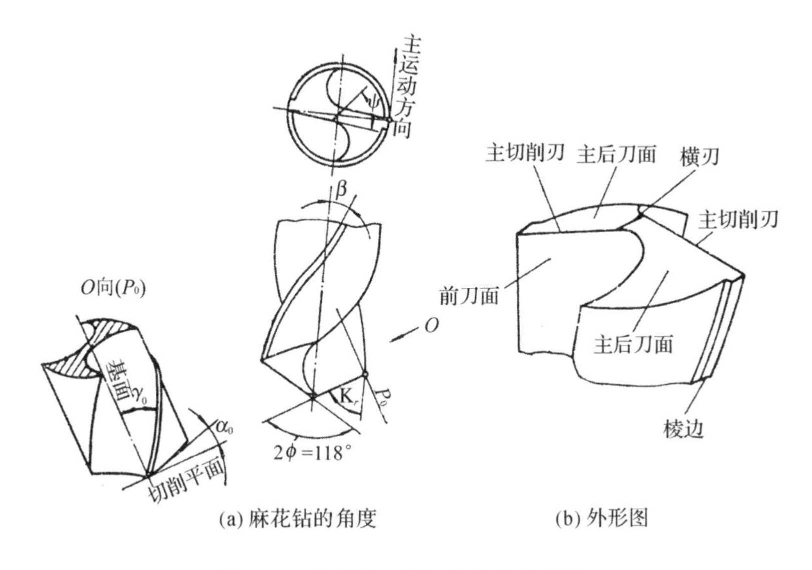

(a) 麻花钻的角度　　(b) 外形图

图 5-35　麻花钻工作部分的几何形状

螺旋角(β)是螺旋槽上最外缘的螺旋线展开成直线后与轴线之间的夹角。由于同一个钻头的螺旋槽导程是一定的，所以不同直径处的螺旋角是不同的，越近中心处的螺旋角越小，反之越大。钻头上的名义螺旋角是指外缘处的螺旋角，如图 3-37 所示。标准麻花钻的螺旋角在 18°～30°之间。

(2)前刀面　指螺旋槽面。

(3)主后刀面　指钻顶的两个螺旋圆锥面(也称曲面)。

(4)顶角(2φ)　钻头两主切削刃之间的夹角。顶角大、主切削刃短、定心差，钻出的孔容易扩大。但顶角大，前角也增大，切削省力；顶角小，则反之。一般标准麻花钻的顶角为 118°±2°。

当麻花钻顶角为 118°时，两主切削刃为直线，如果顶角不等于 118°时，主切削刃就变为曲线，如图 5-36 所示。

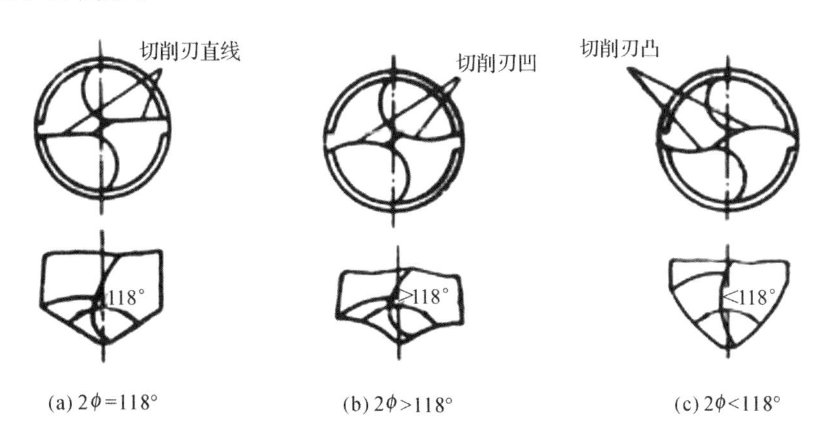

(a) 2φ=118°　　(b) 2φ>118°　　(c) 2φ<118°

图 5-36　麻花钻顶角大小对切削刃的影响

(5)前角(γ_0)　前角是基面与前刀面的夹角。麻花钻前角的大小与螺旋角、顶角、钻心直径等有关,而其中影响最大的是螺旋角。螺旋角越大、前角也越大。由于螺旋角随直径的大小而改变,所以前角也是变化的,如图 5-37 所示。前角靠近外缘处最大,自外缘向中心逐渐减小,并且约在中心$\frac{1}{3}$D 以内开始为负前角。前角的变化范围大约为$+30°\sim-30°$。

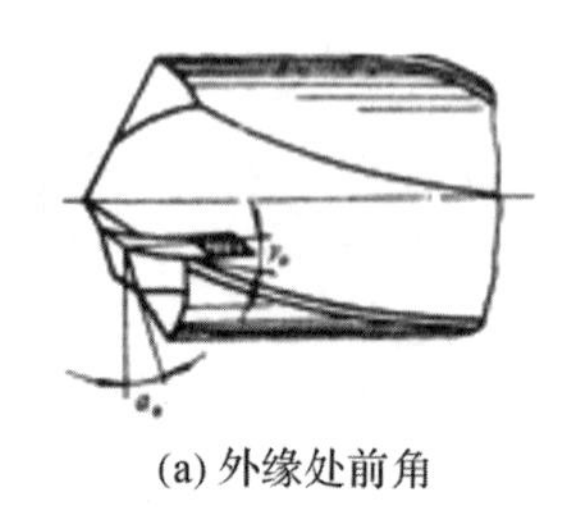

(a) 外缘处前角

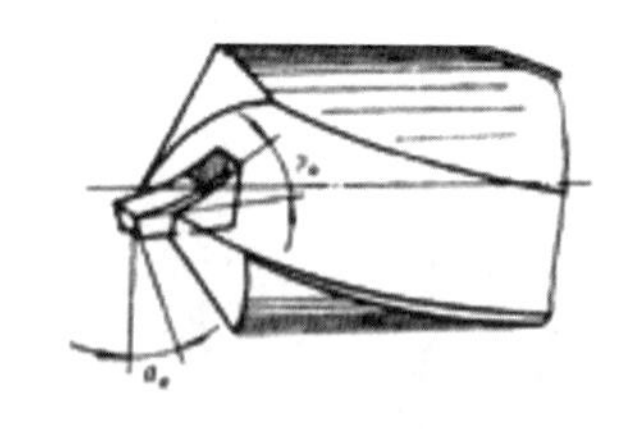

(b) 钻心处前角

图 5-37　麻花钻前角的变化

(6)后角(α_0)　后角是切削平面与后刀面的夹角。钻头的后角也是变化的,靠近外缘处的后角最小,接近中心处的后角最大。

(7)横刃　横刃是钻头两主切削刃的连接线,也就是两个主后刀面的交线。横刃太短会影响麻花钻钻尖强度;横刃太长使进给力增大,对钻削不利。

(8)横刃斜角(ψ)　横刃斜角是在垂直于钻头轴线的端面投影图中,横刃与主切削刃之间的夹角。它的大小由后角的大小决定。后角大时,横刃斜角就减小、横刃变长,钻削时进给力增大,后角小时,情况相反。横刃斜角一般为 55°。

(9)棱边和倒锥　麻花钻的导向部分在切削过程中能保持钻削方向,修光孔壁以及作为切削部分的后备部分。但在切削过程中,为了减少与孔壁之间的摩擦,在麻花钻上特地制出两条倒锥形的刃带(即棱边)。

三、扩孔

用扩孔工具扩大工件孔径的加工方法称为扩孔。常用的扩孔刀具有麻花钻、扩孔钻等。一般工件的扩孔,可用麻花钻;对于孔的半精加工,可用扩孔钻。

1. 用麻花钻扩孔

在实体材料上钻孔时,小孔径可一次钻出。如果孔径大,钻头直径也大,由于横刃长,进给力大,钻削时很费力,这时可分两次钻削。例如钻 50mm 直径的孔,可先用 25mm 直径的麻花钻钻孔,然后再用 50mm 直径的麻花钻将孔扩大。

扩孔时,由于钻头横刃不参加工作,进给力减小,进给省力,但因钻头外缘处的前角大,容易把钻头拉进去,使钻头在尾架套筒内打滑。因此,在扩孔时,应把钻头外缘处的前角修磨得小些,并对进给量加以适当控制,决不要因为钻削轻松而加大进给量。

2. 用扩孔钻扩孔

扩孔钻有高速钢扩孔钻和硬质合金扩孔钻两种,如图 5-38 所示。扩孔钻在自动机床和镗床上用得较多,它的主要特点是:

(1)切削刃不必自外缘一直到中心,这样就避免了横刃所引起的不良影响。

(2)由于背吃刀量小,切屑少,钻心粗,刚性好,且排屑容易,可提高切削用量。

(3)由于切屑少,容屑槽可以做得小些,因此扩孔钻的刃齿比麻花钻多(一般有 3～4

齿)，导向性比麻花钻好。因此，可提高生产效率，改善加工质量。

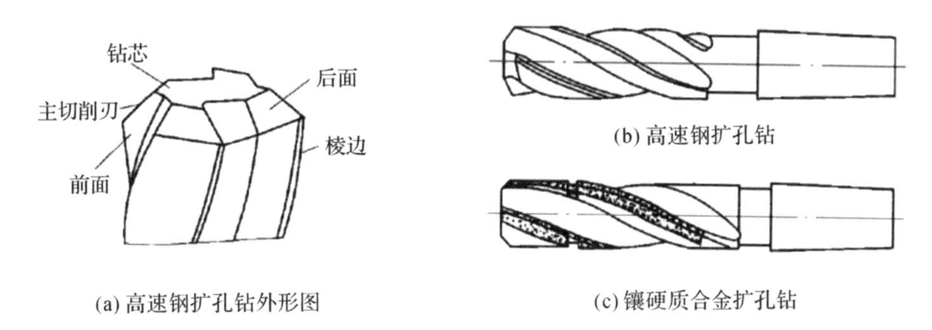

(a) 高速钢扩孔钻外形图

(b) 高速钢扩孔钻

(c) 镶硬质合金扩孔钻

图 5-38 扩孔钻

扩孔精度一般可达公差等级 IT9～IT10，表面粗糙度 $Ra25\mu m$～$Ra6.3\mu m$。

四、锪孔

用锪削方法加工平底或锥形沉孔，叫作锪孔。车工常用的是圆锥形锪钻。

有些零件钻孔后需要在孔口倒角，有些零件要用顶尖顶住孔口加工外圆，这时可用圆锥形锪钻在孔口锪出锥孔，如图 5-39 所示。

圆锥形锪钻有 60°、75°、90°、120°等几种。75°锪钻用于锪埋头铆钉孔，90°锪钻用于锪埋头螺钉孔。

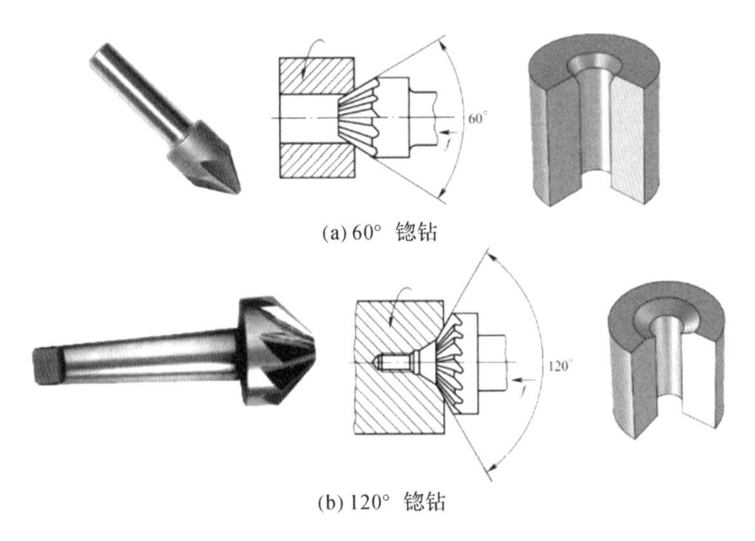

(a) 60° 锪钻

(b) 120° 锪钻

图 5-39 圆锥形锪钻

五、铰刀

铰孔是精加工孔的主要方法之一，在成批生产中已被广泛采用。因为铰刀是一种尺寸精确的多刃刀具，由于铰刀切下的切屑很薄，并且孔壁经过它的圆柱部分修光，所以铰出的孔既精确又表面粗糙度小。同时铰刀的刚性比内孔车刀好，因此更适合加工小深孔。铰孔的精度可达 IT7～IT9，表面粗糙度 Ra 值一般可达 $1.6\mu m$～$3.2\mu m$，甚至更小。

1. 铰刀的几何形状

铰刀由工作部分、颈部及柄部组成，如图 5-40 所示。柄部用来装夹和传递扭矩，有圆柱形、圆锥形和圆柄方榫形三种。工作部分由引导部分(l_1)、切削部分(l_2)、修光部分(l_3)和倒锥(l_4)组成。

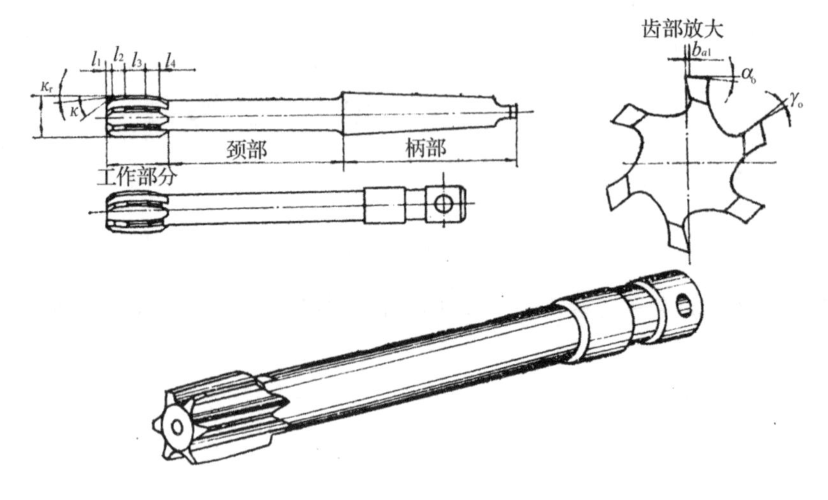

图 5-40 铰刀

(1)引导部分(l_1) 引导部分是指铰刀头部进入内孔的导向部分，其导向角(κ)一般为 45°。

(2)切削部分(l_2) 切削部分是铰刀主要参加切削的部位。切削部分的参数有：

1)前角(γ_0) 前角一般磨成零度。对于铰削孔的表面粗糙度要求较小的铸件时，前角可采用－5°～0°。加工塑性材料时，前角可增大到 5°～10°。

2)后角(α_0) 后角是为了减少铰刀与孔壁的摩擦，后角一般为 6°～10°。

3)主偏角(κ_r) 主偏角一般为 3°～15°。加工铸件时，κ_r 取 3°～5°；加工钢件时，κ_r 取 12°～15°。主偏角大，定心差，切屑厚而窄；主偏角小，定心好，切屑薄而宽。

(3)修光部分及棱边(b_a) 在铰刀的修光部分上有棱边，它起定向、修光孔壁、保证铰刀直径和便于测量等作用。棱边不能太宽，否则会增加铰刀与孔壁的摩擦，一般为 0.15～0.25mm。

(4)倒锥(l_4) 工作部分后部有倒锥，也是为了减少铰刀与孔壁之间的摩擦。

铰刀的齿数一般为 4～8 齿，为了测量直径方便，多数采用偶数齿。

铰刀最容易磨损的部位是切削部分和修光校正部分的过渡处，而且这个部位直接影响工件的表面粗糙度，因而该处不能有尖棱，要磨得每一个齿等高。

2. 铰刀的种类

铰刀按用途可分为机用铰刀和手用铰刀，如图 5-41 所示。

机铰刀的柄为圆柱形或圆锥形，工作部分较短，主偏角较大。标准机铰刀的主偏角为 15°，这是由于已有车床尾架定向，因此不必做出很长的导向部分。

手铰刀的柄部做成方榫形，以便套入扳手，用手转动铰刀来铰孔。它的工作部分较长，主偏角较小，一般为 40′～4°。为了便于定向和减小进给力，标准手铰刀的主偏角为 40′～1°30′。

铰刀按切削部分的材料可分为高速钢和硬质合金两种。

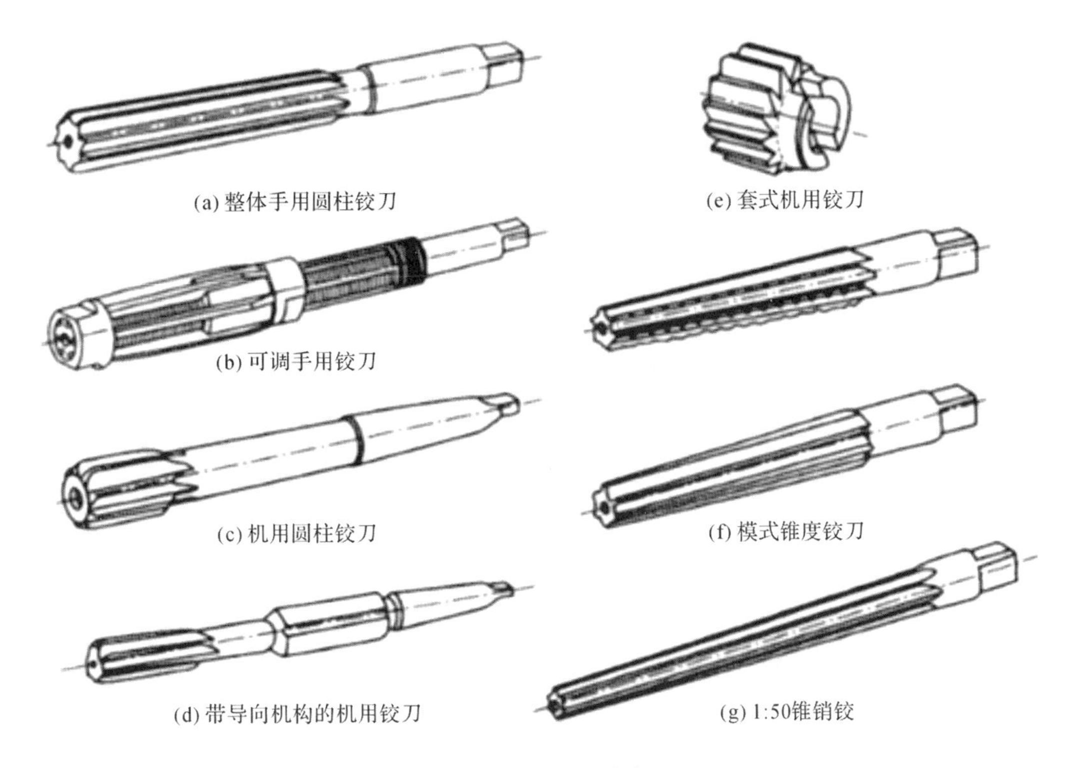

图 5-41　铰刀的种类

3. 铰孔方法

1)铰孔余量的确定

铰孔之前,一般先经过车孔或扩孔后留些孔余量。余量的大小直接影响孔质量。余量太小,往往不能把前道加工所留下的加工痕迹铰去;余量太大,切屑挤满在刀的齿槽中,使切削液不能进入切削区,严重影响表面粗糙度,或使切削刃负荷过大而迅速磨损,甚至崩刃。

铰孔余量一般是:高速钢铰刀为 0.08～0.12mm;硬质合金铰刀为 0.15～0.20mm。

2)铰刀尺寸的选择

铰孔的精度主要决定于铰刀尺寸,铰刀的工差选择被加工孔公差带中间 1/3 左右。

任务拓展

拓展任务描述:有一毛坯尺寸为ϕ120mm×20mm 的实心零件,要在车床上加工一个ϕ75mm×20mm 的孔,可以用什么方法加工?

1)想一想

- 在车床上加工一个ϕ75mm×20mm 的孔,可以用什么方法加工?

2)试一试

- 用钻、扩、镗的方法。
- 用套料的方法。

作业练习

1. 麻花钻钻孔时,同时有(　　)参加切削。

A. 二刃　　B. 三刃　　C. 一刃　　D. 五刃

2. 麻花钻的横刃斜角一般为(　　)。

A. 60°　　B. 55°　　C. 45°　　D. 118°

3. 标准麻花钻一般由工作部分、颈部、柄部构成,其切削部分由六刀面、五刃、(　　)构成。

A. 三尖　　B. 四尖　　C. 五尖　　D. 一尖

4. 钻头的两条切削刃要(　　)。

A. 对称　　B. 平直　　C. 相交　　D. 无所谓

5. 手铰刀和机铰刀主要不同之处是在(　　)。

A. 切削部分　　B. 校正部分　　C. 颈部　　D. 柄部

模块二　刀具材料

模块目标

- 掌握刀具切削部分的材料应具备的基本性能
- 掌握常用刀具的材料
- 能根据零件材料、加工精度和工作效率选择合适的刀具材料

学习导入

生活中常用的刀具有很多,目前常用的刀具材料有不锈钢和陶瓷。同样在机械加工中根据加工材料、精度的不同,刀具的材料也分为多种。

任务　刀具材料的基本性能

任务目标

1. 掌握刀具材料的基本性能
2. 掌握刀具材料的种类

知识要求

- 掌握刀具材料的基本性能
- 掌握刀具材料的种类

技能要求

- 能合理选择刀具切削部分的材料

任务描述

根据如图 5-42 所示的车削零件图,合理选择切削刀具及刀具切削部分的材料。

任务准备

图纸,如图 5-42 所示。

任务实施

1. 操作准备

笔

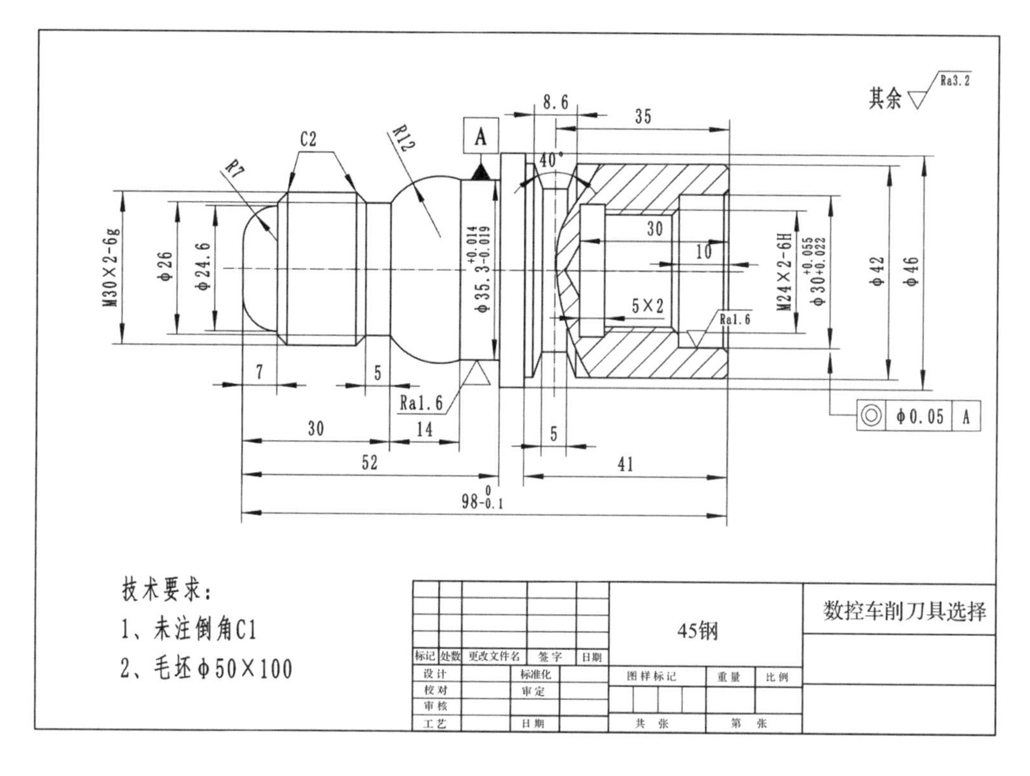

图 5-42　数控车削工件

2. 操作步骤

(1)阅读与该任务相关的知识

(2)分析图纸

1)根据图纸写出加工零件所需要的刀具

2)根据图纸及刀具写出刀具切削部分的材料

3. 任务评价(见表 5-13)

表 5-13　任务评价

序号	评价内容			配分	得分
	加工内容	刀具名称	刀具材料		
1				11	
2				11	
3				11	
4				11	
5				11	
6				11	
7				11	
8				11	
9	职业素养			12	
合计	100				
总分					

注意事项：

根据加工的先后顺序填写任务表。

知识链接

在金属切削加工过程中，刀具直接完成切削工作。刀具切削性能的优劣，直接影响到工件被加工表面的质量、切削效率、刀具的使用寿命和加工成本。合理选择刀具切削部分的材料以及刀具几何形状和结构是十分重要的。

一、刀具材料应具备的性能

刀具在切削过程中，要承受切削力、高温、冲击和振动，并被磨损。因此，刀具材料必须具备以下几方面的性能：

1. 高硬度

硬度是刀具材料应具备的基本性能。刀具切削部分的硬度必须高于工件材料的硬度，在常温下硬度一般应在 60HRC 以上。

2. 高耐磨性

耐磨性表示材料抵抗磨损的能力，它与材料硬度、强度和组织结构有关。材料硬度越高，则耐磨性越好。材料组织中碳化物、氮化物等硬质点的硬度越高、颗粒越小、数量越多且分布均匀，则耐磨性越高。

3. 足够的强度与韧性

切削时刀具要承受很大的切削力、冲击和振动。为避免崩刃和脆性断裂，刀具切削部分的材料应具有足够的强度和韧性。

4. 高的耐热性

耐热性是刀具材料在高温下仍能维持刀具切削性能的一种特性。通常把材料在高温下仍保持高硬度的能力称为热硬性。刀具材料的高温硬度越高，耐热性越好，允许的切削速度越高。它是影响刀具材料切削性能的重要指标。

5. 良好的工艺性

为便于刀具本身的加工制造，刀具材料要有良好的工艺性能，如热轧、锻造、焊接、热处理、切削和磨削加工等性能。

二、刀具材料的种类

刀具切削部分的材料主要有：工具钢（包括碳素工具钢、合金工具钢、高速钢）、硬质合金、陶瓷材料和超硬刀具材料等四类。一般切削加工使用最多的是高速钢和硬质合金。各类刀具材料的主要物理性能和力学性能见表 5-14。

表 5-14　各类刀具材料的主要物理性能和力学性能

材料种类		相对密度	硬度 HRC (HRA) [HV]	抗弯强度 σ_{bb}/GPa	冲击韧度 a_k /(MJ·m^{-2})	热导率 λ/[W/(m·K)]	耐热性 /℃
工具钢	碳素工具钢	7.6～7.8	60～65 (81.2～84)	2.16	—	≈41.87	200～250
	合金工具钢	7.7～7.9	60～65 (81.2～84)	2.35	—	≈41.87	300～400
	高速度	8.0～8.8	63～70 (83～86.6)	1.96～4.41	0.098～0.588	16.75～25.1	600～700
硬质合金	钨钴类	14.3～15.3	(89～91.5)	1.08～2.16	0.019～0.059	75.4～87.9	800
	钨钛钴类	9.35～13.2	(89～92.5)	0.882～1.37	0.0029～0.0068	20.9～62.8	900
	含有碳化钽、铌类	—	(90～92)	1.18～1.47	—	—	1000～1100
	碳化钛基类	5.56～6.3	(92～93.3)	0.78～1.08	—	—	1100
陶瓷	氧化铝陶瓷	3.6～4.7	(91～95)	0.44～0.686	0.0049～0.0117	20.93～41.9	1200
	氧化铝碳化物混合陶瓷			0.71～0.88			1100
	氧化硅陶瓷	3.26	[5000]	0.735～0.83	—	37.68	1300
超硬材料	立方氮化硼	8.44～3.49	[8000～9000]	≈0.294	—	75.55	1400～1500
	人造金刚石	3.47～3.56	[10000]	0.21～0.48	—	146.54	700～800

1. 工具钢

(1)碳素工具钢

碳素工具钢是含碳量(质量分数)为0.65%～1.35%的优质碳素钢,常用牌号有T10A及T12A等。这类钢工艺性能良好,经适当热处理,硬度可达60～64HRC,有较高的耐磨性,价格低廉。最大的缺点是热硬性差(约200～250℃),故允许的切削速度较低(v<8m/min),且淬透性差,水冷时,心部能淬透的最大直径只有ϕ10～ϕ12mm。因此,只能用于制造手用刀具、低速及小进给量的机用刀具。

(2)合金工具钢

合金工具钢是在碳素工具钢中加入适当合金元素Cr、Mo、Si、W、Mn、V等炼制而成的,它提高了刀具材料的淬透性、韧性、耐磨性和耐热性。其耐热性达250～350℃,所以切削速度比碳素工具钢高。合金工具钢主要用于制造细长刀具或截面积大、刃形复杂的刀具,如拉刀、丝锥、板牙等。常用的合金工具钢有9SiCr、CrWMn等。

(3)高速工具钢

高速工具钢简称高速钢,是含有较多合金元素如 W、Cr、Mo 及 V 等的合金工具钢。它与碳素工具钢或合金工具钢相比,突出的性能特点是热硬性很高,在切削温度高达 500～600℃时,仍能保持 60HRC 的高硬度,切削速度可提高 1～3 倍。高速钢具有良好的淬透性,小型刀具在空气中冷却即可淬透。同时,高速钢还具有较高的硬度和耐磨性以及较高的强度和韧性。高速钢的使用约占刀具材料总量的 60％～70％,特别是用于制造结构复杂的成形刀具、孔加工刀具,例如各类铣刀、拉刀、螺纹刀具及齿轮刀具等。

1)普通性能高速钢　普通性能高速钢应用最为广泛,约占高速钢总量的 75％。其性能特点是工艺性能好,具有较高的硬度、强度、耐磨性和韧性,可用于制造各种刃形复杂的刀具。切削普通钢料时的切削速度通常不高于 40～60m/min。高速钢碳的质量分数为 0.7％～0.9％,主要牌号有:W18Cr4V、W6Mo5Cr4V2、9Mo3Cr4V。

2)高生产率高速钢　高生产率高速钢是在普通高速钢成分中再添加一些 C、V、Co、Al 等合金元素,进一步提高了钢的耐热性和耐磨性。这类高速钢刀具的寿命约为普通高速钢的 1.5～3 倍。适用于加工不锈钢、耐热钢、钛合金及高强度钢等难加工的材料。主要牌号有:W6Mo5Cr4V3 高钒高速钢、W2Mo9Cr4VCo8 钴高速钢、W12Mo3Cr4V3Co5Si 低钴高速钢、W6Mo5Cr4V2Al(501)铝高速钢。

2. 硬质合金

(1)硬质合金的组成与性能。硬质合金是将一些难熔的、高硬度的合金碳化物微米数量级粉末与金属粘结剂混合,经加压成形,烧结而成的粉末冶金材料。

常用的合金碳化物有 WC,TiC,TaC,NbC 等。常用的粘结剂有 Co 以及 Mo,Ni 等。

合金碳化物是硬质合金的主要成分,具有高硬度、高熔点和化学稳定性好等特点。因此,硬质合金的硬度、耐磨性、耐热性均超过高速钢,硬质合金的常温硬度为 89～93HRA,切削温度达 800～1000℃时,仍能进行切削。切削性能比高速钢好,切削速度可提高 4～10 倍。其缺点是抗弯强度低,约为 W18Cr4V 的 1/2～1/4,且冲击韧度差,约为 W18Cr4V 的 1/3～1/4。硬质合金的性能取决于化学成分、碳化物粉末粗细及其烧结工艺。碳化物含量增加时,硬度随之增高,抗弯强度反而降低。粘结剂含量增加时,抗弯强度随之增高,硬度反而下降。

硬质合金的切削性能良好,现已成为主要的刀具材料之一。绝大多数车刀和端面铣刀的切削部分都采用硬质合金。深孔钻、铰刀以及某些复杂刀具也广泛采用硬质合金。

(2)常用硬质合金的分类、牌号及性能。硬质合金按化学成分可分为以下几类:钨钴类硬质合金、钨钛钴类硬质合金、钨钛钽(铌)类硬质合金及碳化钛基类硬质合金。其中前面三类的主要成分为 WC,也可统称为 WC 基硬质合金。常用硬质合金的牌号与性能见表 5-15。

表 5-15　常用硬质合金的牌号、性能与用途

类型	牌号	物理力学性能		使用性能			使用范围		相当的 ISO 牌号
		硬度 /HRA	抗弯强度 /GPa	耐磨	耐冲击	耐热	材料	加工性质	
乌钴类（K 类）	YG3	91	1.09	↑	↓	↑	铸铁 有色金属	连续切削时精、半精加工	K05
	YG6X	91	1.37				铸铁 耐热合金	精加工、半精加工	K10
	YG6	89.5	1.42				铸铁 有色金属	连续切削精加工、间断切削半精加工	K20
	YG8	89	1.47				铸铁 有色金属	间断切削粗加工	K30
乌钴钛类（P 类）	YT5	89.5	1.37	↓	↑	↓	钢	粗加工	P30
	YT14	90.5	1.25				钢	间断切削半精加工	P20
	YT15	91	1.13				钢	连续切削粗加工、间断切削半精加工	P10
添加稀有金属碳化物类（M 类）	YW1	92	1.28		较好	较好	难加工钢材	精加工、半精加工	M10
	YW2	91	1.47		好		难加工钢材	半精加工、钢材	M20

1）钨钴类（WC+Co）硬质合金（YG）

它由 WC 和 Co 组成，具有较高的抗弯强度的韧性，导热性好，但耐热性和耐磨性较差，主要用于加工铸铁和有色金属。细晶粒的 YG 类硬质合金（如 YG3X、YG6X），在含钴量相同时，其硬度耐磨性比 YG3、YG6 高，强度和韧性稍差，适用于加工硬铸铁、奥氏体不锈钢、耐热合金、硬青铜等。

2）钨钛钴类（WC+TiC+Co）硬质合金（YT）

由于 TiC 的硬度和熔点均比 WC 高，所以和 YG 相比，其硬度、耐磨性、红硬性增大，粘结温度高，抗氧化能力强，而且在高温下会生成 TiO_2，可减少粘结。但导热性能较差，抗弯强度低，所以它适用于加工钢材等韧性材料。

3）钨钛钽钴类（WC+TiC+TaC+Co）硬质合金（YW）

在 YT 类硬质合金的基础上添加 TaC(NbC)，提高了抗弯强度、冲击韧性、高温硬度、抗氧能力和耐磨性，既可以加工钢，又可加工铸铁及有色金属，因此常被称为通用硬质合金（又称为万能硬质合金）。目前主要用于加工耐热钢、高锰钢、不锈钢等难加工材料。

3. 其他刀具材料

（1）涂层刀具材料

对刀具进行涂覆是机械加工行业前进道路上的一大变革。在硬质合金或高速钢刀具韧度较高的基体上，通过化学或物理方法在其表面上涂覆一层、两层乃至多层具有高硬度、高耐磨性、耐高温性能的难熔金属化合物(如 TiN、TiC 等)薄层,可使刀具具有全面、良好的综合性能。硬质合金的硬度仅为 89~93.5HRA(1300~1850HV),而涂层刀具的表面硬度可达 2000~3000HV,甚至更高。涂层既能提高刀具材料的耐磨性,又能降低其韧度。在工业生产中,使用涂层刀具可以提高加工效率、加工精度,延长刀具使用寿命、降低成本。新型的数控机床所用的刀具 80%左右是涂层刀具如图 5-43 所示。

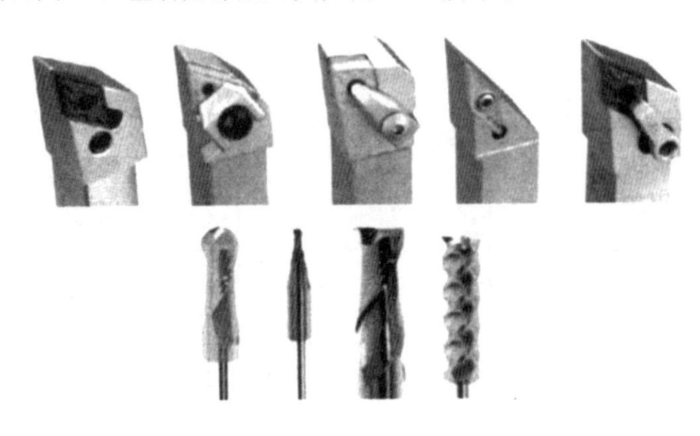

图 5-43　数控机床用刀具

(2)陶瓷刀具

1)陶瓷刀具的特点

陶瓷刀具是以氧化铝(Al_2O_3)或以氮化硅(Si_3N_4)为基体再添加少量金属,在高温下烧结而成的一种新型刀具材料。主要特点是:

①有高硬度与耐磨性　常温硬度达 91～95HRA,超过硬质合金,因此可用于切削 60HRC 以上的硬材料。

②有高的耐热性　1200℃下硬度为 80HRA,强度、韧性降低较少。

③有高的化学稳定性　在高温下仍有较好的抗氧化、抗粘结性能,因此刀具的热磨损较少。

④有较低的摩擦因数　切屑不易粘刀,不易产生积屑瘤。

⑤强度与韧性低　强度只有硬质合金的 1/2,因此陶瓷刀具切削时需要选择合适的几何参数与切削用量,避免承受冲击载荷,以防崩刃与破损。

⑥热导率低　仅为硬质合金的 1/2~1/5,热胀系数比硬质合金高 10%～30%,这就使陶瓷刀抗热冲击性能较差。故陶瓷刀切削时不宜有较大的温度波动,一般不加切削液。

陶瓷刀具一般适用于在高速下精细加工硬材料,如在 v_c=200m/min 条件下车削淬火钢。但近年来发展的新型陶瓷刀也能半精加工或粗加工多种难加工材料,有的还可用于铣、刨等断续切削。

2)陶瓷刀具的种类与应用

近几年来陶瓷刀具在开发与性能改进方面取得很大成就,抗弯强度已可达到 90～100MPa。下面介绍几种新型陶瓷刀具材料。

①氧化铝-碳化物系陶瓷。这类陶瓷是将一定量的碳化物(一般多用 TiC)添加到 Al_2O_3 中,并采用热压工艺制成,称混合陶瓷或组合陶瓷。TiC 的质量分数达 30%左右时即可有效

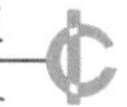

地提高陶瓷的密度、强度与韧性，改善耐磨性及抗热振性，使刀片不易产生热裂纹，不易破损。

氧化铝-碳化物系陶瓷中添加 Ni、Co、W 等作为粘结金属，可提高氧化铝与碳化物的结合强度。可用于加工高强度的调质钢、镍基或钴基合金及非金属材料。由于抗热振性能提高，也可用于断续切削条件下的铣削或刨削。

②氮化硅基陶瓷。氮化硅基陶瓷是将硅粉经氮化、球磨后添加助烧剂置于模腔内热压烧结而成。主要性能特点是：

a)硬度高，达到 1800～1900HV，耐磨性好。

b)耐热性、抗氧化性好，达 1200～1300℃。

c)氮化硅与碳和金属元素化学反应较小，摩擦因数也较低。实践证明用于切削钢、铜、铝均不粘屑，不易产生积屑瘤，从而提高零件加工表面质量。

氮化硅基陶瓷的最大特点是能进行高速切削，车削灰铸铁、球墨铸铁、可锻铸铁等材料效果更为明显，切削速度可提高到 500～600m/min。只要机床条件许可，切削速度还可进一步提高。由于抗热冲击性能优于其他陶瓷刀具，在切削与刃磨时都不易发生崩刃现象。

氮化硅陶瓷适用于精车、半精车、精铣或半精铣，还可用于精车铝合金，达到以车代磨。还可用于车削 51～54HRC 镍基合金、高锰钢等难加工材料。

(3)金刚石

金刚石是碳的同素异形体，是目前已知最硬的物质，显微硬度达 10000HV。

1)金刚石刀具的分类

①天然单晶金刚石刀具　主要用于有色金属及非金属的精密加工。单晶金刚石结晶界面有一定的方向，不同的晶面上硬度与耐磨性有较大的差异，刃磨时需选定某一平面，否则影响刃磨与使用质量。

②人造聚晶金刚石　人造金刚石是通过合金的触媒作用，在高温高压下由石墨转化而成。我国 1993 年成功获得第一颗人造金刚石。聚晶金刚石是将人造金刚石微晶在高温高压下再烧结而成，可制成所需形状尺寸并镶嵌在刀杆上使用。由于抗冲击强度提高，可选用较大的切削用量。聚晶金刚石结晶界面无固定方向，可自由刃磨。

③复合金刚石刀片　复合金刚石刀片是在硬质合金基体上烧结一层约 0.5mm 厚的聚晶金刚石。复合金刚石刀片强度较好，允许切削断面较大，也能间断切削，可多次重磨使用。

2)金刚石刀具的主要优点

①有极高的硬度与耐磨性，可加工 65～70HRC 的材料。

②有很好的导热性，较低的热膨胀系数，因此切削加工时不会产生很大的热变形，有利于精密加工。

③刃面粗糙度值较小，刃口非常锋利，因此能胜任薄层切削，用于超精密加工。

3)金刚石刀具的用途

金刚石刀具主要用于有色金属如铝硅合金的精加工、超精加工，高硬度的非金属材料如压缩木材、陶瓷、刚玉、玻璃等的精加工，以及难加工的复合材料的加工，其中聚晶金刚石主要用于刃磨硬质合金刀具、切割大理石等石材制品。金刚石耐热温度只有 700～800℃，其工作温度不能过高，又易与碳亲合，故不宜加工含碳的黑色金属。

(4)立方氮化硼(CBN)

立方氮化硼是由六方氮化硼(白石墨)在高温高压下转化而成的，是 20 世纪 70 年代发展起来的新型刀具材料。立方氮化硼刀具的主要优点是：

①有很高的硬度与耐磨性，硬度可达到3500～4500HV，仅次于金刚石。

②有很高的热稳定性，1300℃时不发生氧化，与大多数金属、铁系材料都不起化学作用。因此能高速切削高硬度的钢铁材料及耐热合金，刀具的粘结与扩散磨损较小。

③有较好的导热性，与钢铁的摩擦因数较小。

④抗弯强度与断裂韧度介于陶瓷与硬质合金之间。

由于立方氮化硼材料的一系列优点，使它能对淬硬钢、冷硬铸铁进行粗加工与半精加工；同时还能高速切削高温合金、热喷涂材料等难加工材料。

立方氮化硼也可与硬质合金热压成复合刀片，复合刀片的抗弯强度可达1.47GPa，能经多次重磨使用。

应该指出的是，加工一般材料大量使用的还是高速钢与硬质合金，只有加工高硬度的材料或超精加工时使用超硬材料才有较好的经济效益。

任务拓展

拓展任务描述：常用材料中硬质合金和高速钢可以通过在砂轮上刃磨后完成零件加工，你知道砂轮的种类和选用吗？

1）想一想

- 车刀刃磨常用的砂轮有两种，如何区别和选用？

2）试一试

- 通过自查资料方式来解决刀具切削部分材料刃磨如何选用合适的砂轮。

作业练习

一、判断题

1. 硬质合金是一种耐磨性、耐热性、抗弯强度和冲击韧性都较高的刀具材料。（　　）
2. 刀具材料的硬度应越高越好，不需考虑工艺性。（　　）
3. P类（钨钛钴类）硬质合金主要用于加工塑性材料。（　　）
4. 硬质合金中含钴量越多，韧性越好。（　　）
5. 半精车或精车钢件时，常选择刀片牌号为YT15。（　　）

二、单项选择题

1. 金属切削刀具切削部分的材料应具备（　　）要求。

A. 高硬度、高耐磨性、高耐热性

B. 足够的强度与韧性

C. 良好的工艺性

D. A，B，C都是

2. 抗弯强度最好的刀具材料是（　　）。

A. 硬质合金　　B. 合金工具钢　　C. 高速钢　　D. 人造金刚石

3. 下列K类（钨钴类）硬质合金牌号中，（　　）韧性最好。

A. K10　　B. K20　　C. K30　　D. K40

4. 下列P类（钨钛钴类）硬质合金牌号中，（　　）韧性最好。

A. P10　　B. P20　　C. P30　　D. P40

5. 常用硬质合金的牌号(　　)主要适用于铸铁、有色金属及其合金的粗加工,也可用于断续切削。

A. K01　　B. K10　　C. K20　　D. K30

6. 制造较高精度、刀刃形状复杂并用于切削钢材的刀具,其材料应选用(　　)。

A. 碳素工具钢　　B. 硬质合金　　C. 高速工具钢　　D. 立方氮化硼

7. 目前应用最多的车刀刀片材料是硬质合金和(　　)。

A. 涂层硬质合金　　B. 陶瓷　　C. 立方氮化硼　　D. 金刚石

8. 高速钢主要用于制造(　　)。

A. 冷作模具　　B. 切削刀具　　C. 高温弹簧　　D. 高温轴承

模块三　刀具的切削参数

模块目标

- 掌握刀具主要几何参数的选用
- 掌握金属的切削过程

学习导入

在机械加工过程中为了保证加工质量和刀具使用寿命,并能够满足提高生产效率,降低成本,刀具的几何参数选择很重要。

任务一　刀具几何参数的选择

任务目标

1. 掌握刀具几何角度对加工质量的影响
2. 掌握车刀在工作时的角度

知识要求

- 掌握刀具几何参数的合理选择

技能要求

- 掌握刀具在工作时的角度

任务描述

运用所学知识,在如图 5-43 所示的梯形螺纹刀具图上完成右旋螺纹车刀各工作角度的标注,并区分粗、精加工。

任务准备

图纸,如图 5-44 所示。

任务实施

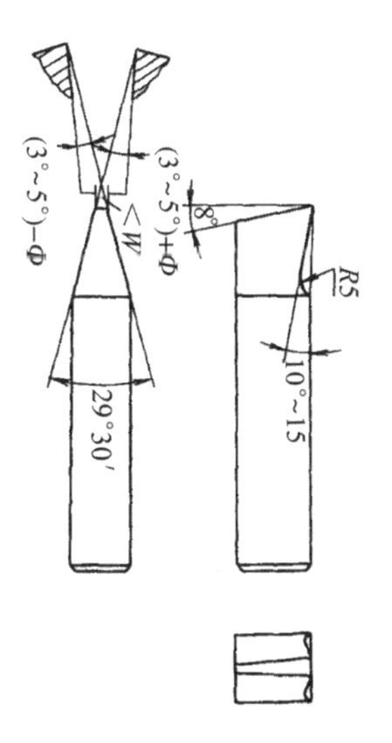

(a) 粗车刀　(b) 精车刀

图 5-44　高速钢梯形螺纹刀

1. 操作准备

笔

2. 操作步骤

(1)阅读与该任务相关的知识

(2)在图上标注工作角度

1)标注粗车刀的工作角度

2)标注精车刀的工作角度

3. 任务评价(见表 5-16)

表 5-16　任务评价

序号	评价内容	评价结果	配分	得分
1	粗车刀角度标注		45	
2	精车刀角度标注		45	
3	职业素养		10	
合计			100	
总分				

注意事项:

右旋螺纹和左旋螺纹的工作角度有所不同,注意区分清楚。

知识链接

一、刀具主要角度的选择

1. 前角的选择

(1)前角的大小对切削性能的影响

前角是刀具上最主要的角度之一,它的主要作用有:

1)影响切屑的变形和总切削力的大小　增大前角,可使刃口锐利,从而减小切削刃和前面对切削层的挤压,使切屑的变形减小,因此总切削力和切削温度均减小。

2)影响加工表面质量　增加前角可抑制积屑瘤和鳞刺的产生,并可减轻振动,从而提高加工表面质量。

3)影响刀具使用寿命　前角太大,楔角变小,使切削刃和刀尖强度变弱,散热体积减小,切削温度提高,刀具磨损加剧,使刀具寿命降低;前角太小,总切削力和切削温度增高,也会使刀具寿命降低。

4)影响断屑效果　增大前角,切屑变形小,不利于断屑;减小前角,切屑变形大,有利于切屑折断。

(2)合理前角的选择

既要切削刃锐利,又要有一定的强度和一定的散热体积,所以在切削不同材料的工件时的前角也不相同,如图 5-45 所示。使刀具达到最高寿命时的前角,称为合理前角 γ_{opt}。

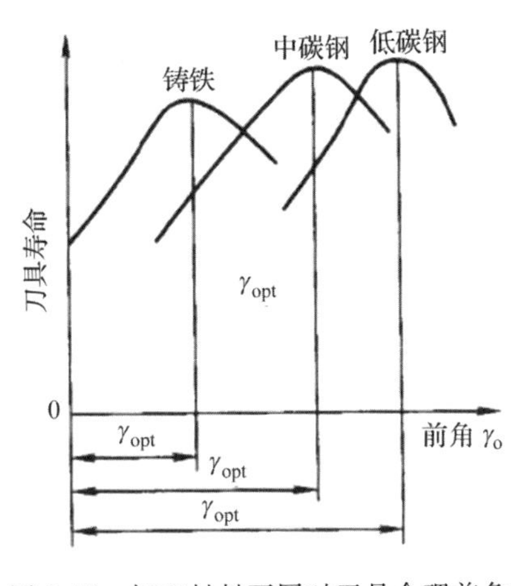

图 5-45　加工材料不同时刀具合理前角

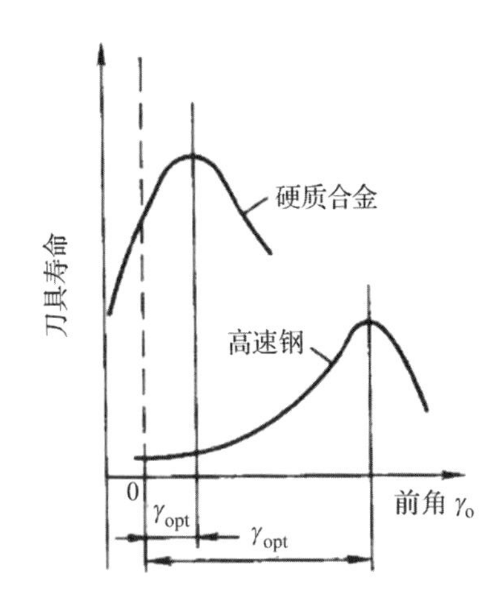

图 5-46　刀具材料不同时合理的前角

对于不同的刀具材料，有各自对应的最高寿命的合理前角，如图 5-46 所示，由于硬质合金的抗弯强度较低，抗冲击的韧性差，所以合理前角也就小于高速钢刀具的合理前角。

合理前角的选择原则如下：

1)当工件材料的强度和硬度低时，可取较大的前角；反之，应取较小的前角。当加工特硬工件(如溶火钢)时，前角甚至可取负值。

2)当加工脆性材料时，可取较小的前角；当加工塑性材料时，应取较大的前角。

3)不同的刀具材料，应选取不同的前角。高速钢刀具的前角一般大于硬质合金刀具的前角。

4)粗加工、断续切削和承受冲击载荷时，为保证切削刃强度，应取较小的前角，甚至负前角。

5)不同用途的刀具，应取不同的前角，如标准铣刀、铰刀等。为了防止切削刃畸变、增加切削刃强度，可选较小前角，为了减小设计、制造、加工的误差通常选用前角为 0°。

硬质合金车刀合理前角的参数值见表 5-17。

表 5-17　硬质合金车刀合理前角 γ_{opt} 参考值

<table>
<tr><th rowspan="2">工件材料</th><th colspan="2">合理前角 γ_{opt}/(°)</th></tr>
<tr><th>粗车</th><th>精车</th></tr>
<tr><td>低碳钢</td><td>20～25</td><td>25～30</td></tr>
<tr><td>中碳钢</td><td rowspan="2">10～15</td><td rowspan="2">15～20</td></tr>
<tr><td>合金钢</td></tr>
<tr><td>淬火钢</td><td colspan="2">－15～－5</td></tr>
<tr><td>不锈钢(奥氏体)</td><td>15～20</td><td>20～25</td></tr>
<tr><td>灰铸铁</td><td rowspan="2">10～15</td><td rowspan="3">5～10</td></tr>
<tr><td>铜及铜合金</td></tr>
<tr><td>铝及铝合金</td><td>30～35</td></tr>
<tr><td>钛合金(σ≤1.77MPa)</td><td colspan="2">5～10</td></tr>
</table>

2. 后角的选择

(1)后角的作用

主要是减小后面与加工表面之间的摩擦,后角 α_0 越大,切削刃越锋利,但切削刃和切削部分强度同时减弱,散热体积也减小。

(2)后角的选择原则

应使刀具具有足够的散热能力和强度,保持刀具的锋利性和减少对后面的摩擦。

1)粗加工时,以确保刀具强度为主,后角可取得小些,一般 $\alpha_0=4°\sim6°$;精加工时,以保证加工表面质量为主,后角可取得大些,一般在 $\alpha_0=8°\sim10°$范围内选取。

2)当加工高硬度材料时,因前角很小,甚至为负角,必须加大后角,才能保证切削刃的锋利;当加工脆性材料时,总切削力集中在切削刃附近,故宜取较小后角。

3)刀具尺寸精度高(拉刀、铰刀等),应取较小的后角,以增大刀具重磨次数,延长刀具的使用寿命。

4)对于不同的刀具材料,如图 5-47 所示,由实验曲线可见,在最高寿命条件下,硬质合金的后角比高速钢的大。

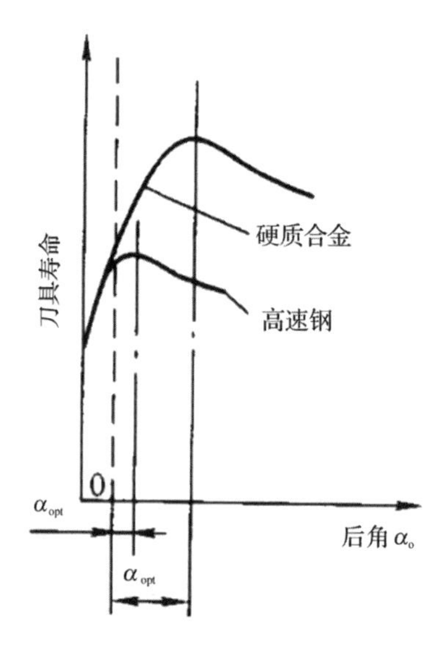

图 5-47 刀具的合理后角

硬质合金刀具合理后角的参考值见表 5-18。

表 5-18 硬质合金刀具合理后角 α_{opt} 参考值

<table>
<tr><th rowspan="2">工件材料</th><th colspan="2">合理后角 α_{opt}/(°)</th></tr>
<tr><th>粗车</th><th>精车</th></tr>
<tr><td>低碳钢</td><td>8～10</td><td>10～12</td></tr>
<tr><td>中碳钢</td><td rowspan="2">5～7</td><td rowspan="2">6～8</td></tr>
<tr><td>合金钢</td></tr>
<tr><td>淬火钢</td><td colspan="2">8～10</td></tr>
</table>

续表

工件材料	合理前角 γ_{opt}/(°)	
	粗车	精车
不锈钢(奥氏体)	6～8	8～10
灰铸铁	4～6	6～8
铜及铜合金(脆)	6～8	
铝及铝合金	8～10	10～12
钛合金(σ≤1.77MPa)	10～12	

3. 主偏角和副偏角的选择

(1)主偏角和副偏角对切削性能的影响。

1)减小主偏角和副偏角,使加工残留面积高度降低,以便减小表面粗糙度值,其中副偏角影响较大。

2)主偏角的变化会改变各切削分力之间的比例。实验表明,主偏角对切削力 F_c 影响较小,对背向力 F_p 和进给力 F_f,影响较大;减小副偏角,则 F_p 增大,F_f 减小;反之,则 F_p 减小,F_f 增大。

3)影响断屑效果,增大主偏角,使切削厚度增加,切削宽度减小,切屑容易折断。

(2)主偏角对切削速度的影响

如图 5-48 所示,由实验曲线可知,在保持一定刀具寿命条件下,高速钢刀具的主偏角减小,切削速度可增大。硬质合金刀具的主偏角在 60°处最佳,主偏角太大或太小都会使刀具寿命降低。

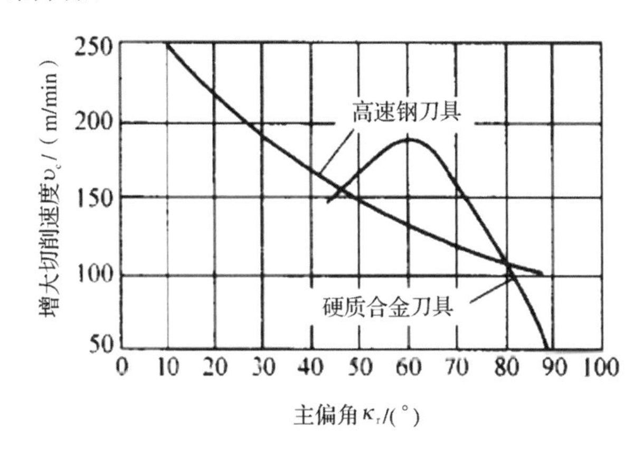

图 5-48 主偏角对切削速度的影响

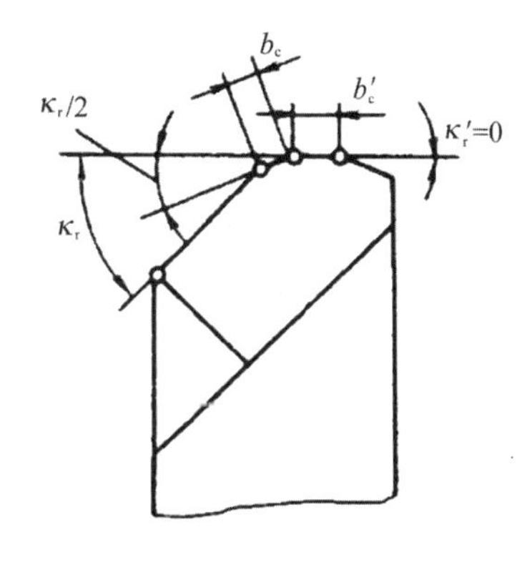

图 5-49 车刀的修光

1)粗加工、半精加工的硬质合金车刀,一般选择较大的主偏角,以减少振动,提高刀具寿命。

2)加工高强度、高硬度材料时,为了增强刀尖强度,减轻单位切削刃上的负荷,改善散热条件,提高刀具寿命,应取较小的主偏角。

3)车细长轴时,由于工件刚度不足,应取较大的主偏角,以减小背向力和振动。

4)在不影响切削的条件下,取副偏角 k_r'=5°～10°。

5)精加工时,为了减小表面粗糙度值,应取较小副偏角,同时可磨出一段修光刃,一般 $k_r'=0°$,修光刃的长度为(1.2～1.5)f,如图 5-50 所示。

6)切断刀、锯片铣刀和槽铣刀等,为了保证切削部分强度和重磨后变化小,只能取很小的副偏角 $k_r'=1°\sim2°$。

4. 刃倾角的选择

(1)刃倾角对切削性能的影响

1)控制切屑的流出方向,如图 5-50 所示为外圆车刀刃倾角 λ_s 对排屑方向的影响。精车时,刃倾角宜选用正值,使切屑流向待加工表面,防止划伤已加工表面。

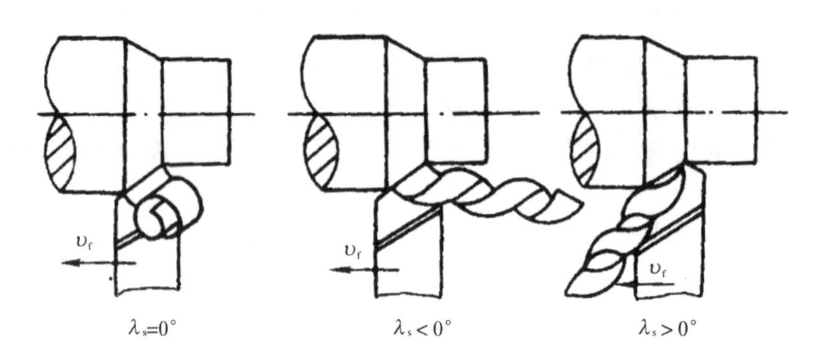

图 5-50　刃倾角对排屑方向的影响

2)增大刃倾角的绝对值,可使实际工作前角 γ_{oe} 增大,切削刃变得锋利。

3)负刃倾角使切削部分强度增加,切削时刀尖可避免冲击,散热条件好,可提高刀具的寿命。

(2)刃倾角的选择主要考虑加工性质及切削刃受力状况,其参数值见表 5-19。

表 5-19　硬质合金车刀刃倾角参考值

工件材料	合理刃倾角 λ_s/(°)	
	粗车	精车
低碳钢	0	0～5
中碳钢	−5～0	
铸铁、中碳钢断续切削	−10～−15	
不锈钢	−5～0	
45 钢淬火(40～50HRC)	−12～−5	
灰铸铁、青铜、脆青铜	−5～0	0
灰铸铁断续切削	−15～−10	0
铝及铝合金、纯铜	5～10	

二、车刀的工作角度

前面介绍的是车刀在静止状态下的角度(即标注角度),是假设刀尖对准工件轴线,进给量为零的条件下规定的角度。车刀在工作时,由于装得高低、歪斜,它的工作角度不等于标注角度。在一般情况下,工作角度与标注角度相差无几,可忽略不计,但有时相差较大时,就要考虑了。

1. 车刀安装高度对角度的影响

如图 5-51 所示，车外圆时，如果车刀刀尖高于工件的回转轴线，则工作前角 $\gamma_{oe}>\gamma_o$，而工作后角 $\alpha_{oe}<\alpha_o$；反之，若刀尖低于工件回转轴线，则 $\gamma_{oe}<\gamma_o$，$\alpha_{oe}>\alpha_o$。镗孔时的情况正好与此相反。

2. 车刀装得歪斜对角度的影响

车刀在水平面内装夹歪斜会使主偏角和副偏角的数值发生变化，如图 5-52 所示。一般车刀装得略为歪斜，对加工影响不大，但对螺纹车刀、切断刀或精车刀影响就较大。螺纹车刀若装夹歪斜，会产生螺纹牙型半角误差；切断刀装夹歪斜，会使工件切断面不平，甚至使刀头折断；精车刀装夹歪斜，会影响工件的表面粗糙度。

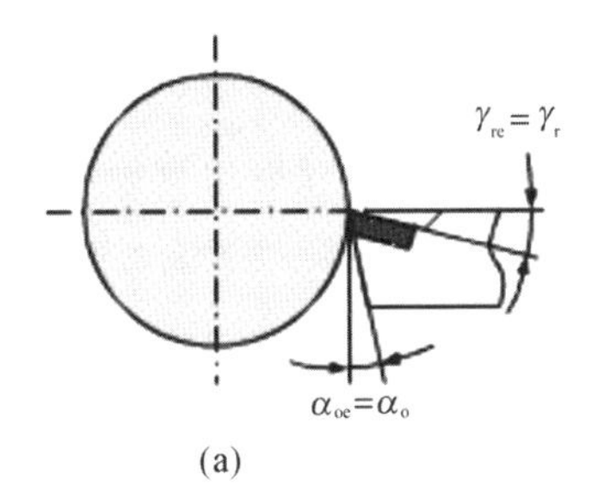

(a)

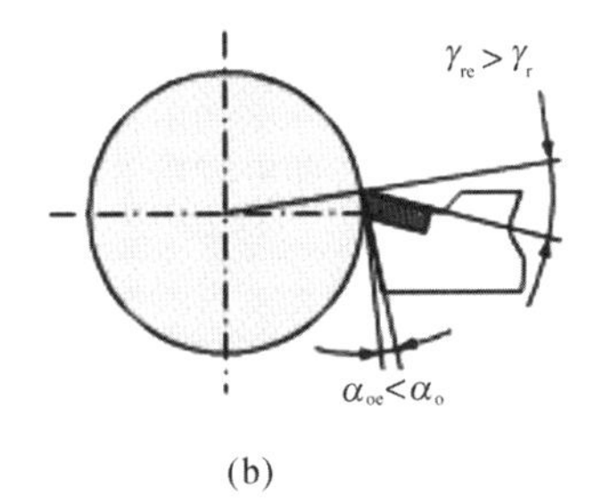

(b)

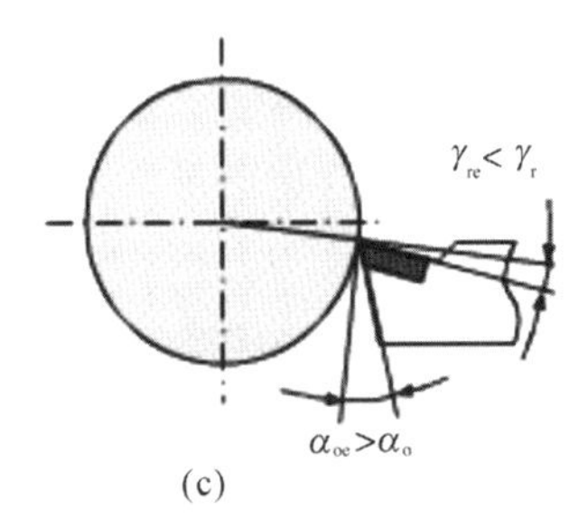

(c)

图 5-51　车刀安装高度对角度的影响

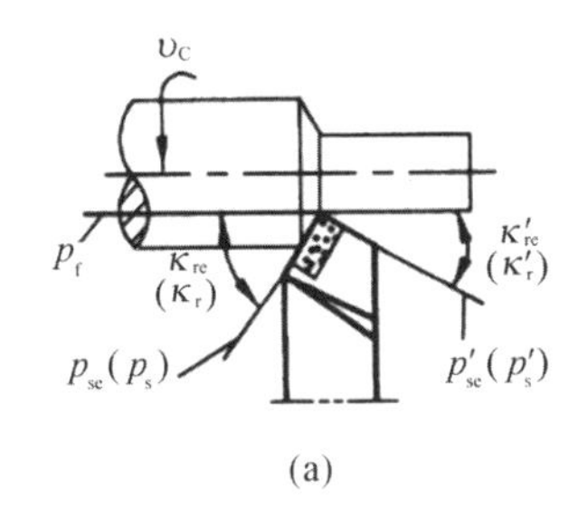

(a)

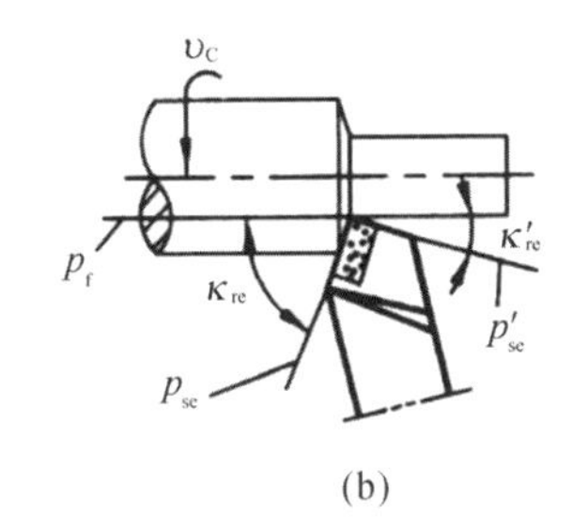

(b)

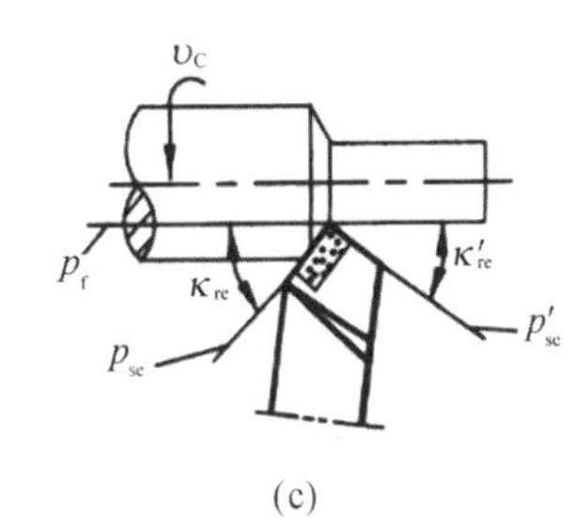

(c)

图 5-52　车刀装得歪斜对角度的影响

任务拓展

拓展任务描述：观察如图 5-53 所示刀具前刀面的几种形式，说出它们的适用特点。

1)想一想

- 前面的多种形式，能否在砂轮上磨出？

2)试一试

- 说出图中的这些前面形式各自的适用特点。

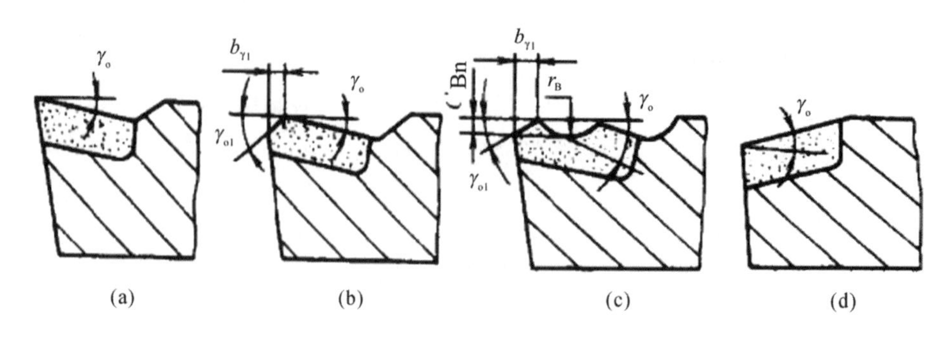

图 5-53　前面形式

作业练习

一、判断题

当刀具作横向进给运动时，刀具的工作前角较静止前角增大，刀具的工作后角较静止后角减小。(　　)

二、单项选择题

1. 车床上车外圆时，刀尖安装高于工件回转中心，则刀具工作角度与标注角度相比，(　　)。

A. 前角增大，后角减小　　B. 前角减小，后角增大

C. 前角增大，后角增大　　D. 前角减小，后角减小

2. 车床上车内孔时，刀尖安装高于工件回转中心，则刀具工作角度与标注角度相比，(　　)。

A. 前角增大，后角减小　　B. 前角减小，后角增大

C. 前角增大，后角增大　　D. 前角减小，后角减小

3. 用硬质合金车刀切削(　　)，刀具可取较大的前角。

A. 低碳钢　　B. 中碳钢　　C. 合金钢　　D. 铸铁

4. 在刀具的几何角度中，(　　)越小，刀尖强度越大，工件加工后的表面粗糙度值越小。

A. 前角　　B. 后角　　C. 刃倾角　　D. 主偏角

任务二　金属的切削过程

任务目标

1. 了解切屑的形成过程
2. 掌握积屑瘤的形成及对加工的影响
3. 理解刀具的磨损与刀具寿命
4. 掌握切削液的作用及选用

知识要求

- 掌握切屑的种类

- 掌握积屑瘤对加工的影响
- 掌握刀具磨损的原因

技能要求

- 能根据材料和加工特性选择切削液

知识链接

一、切屑的形成过程

金属切削过程是刀具前面推挤切削层，使其产生切屑和得到需要的加工表面的过程。在这一过程中，始终存在着刀具切削工件和工件材料抵抗切削的矛盾，从而产生一系列物理现象，如切削变形、切削力、切削热与切削温度以及有关的刀具磨损与刀具寿命长短、断屑等。研究金属切削过程中这些物理现象的基本理论，对提高金属切削加工的生产率和工件表面的加工质量，减少刀具的损耗，有着十分重要的意义。

1. 切削时的变形区

金属的变形有弹性和塑性两种。弹性变形是可恢复的变形，而塑性变形是永久性的变形。图 5-54 是金属的挤压变形示意图。当金属试件受挤压时，内部产生切应力应变，剪切面为 OM 和 AB 两个面，如图 5-54(a)所示。如产生滑移变形，金属便一定沿此两面中的任意一面发生滑移。当金属受偏挤压时，试件上只有一部分金属（OB 线以上）受到挤压，OB 线以下因受到金属母体的阻碍，只能沿 OM 线滑移，如图 5-54(b)所示。

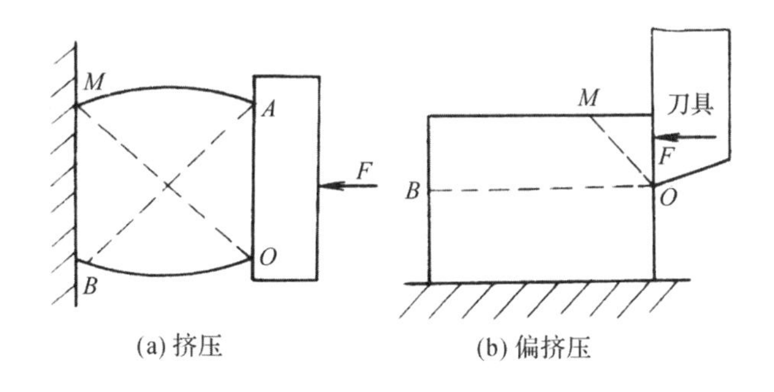

图 5-54　金属的挤压变形

为了进一步分析切削层变形的特殊规律，通常把被切削刃作用部位的金属层划分为三个变形区，如图 5-55 所示。

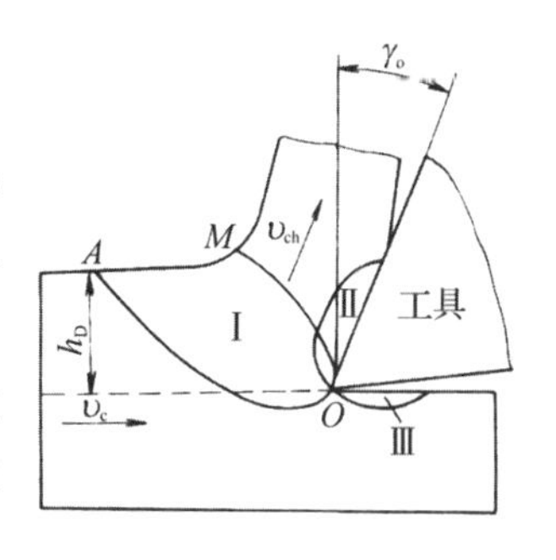

图 5-55　三个变形区

(1)第Ⅰ变形区　这一区域是由靠近切削刃的 OA 线处开始发生塑性变形，到 OM 线处的剪切滑移基本完成。当切削层受到楔形刀具的挤压和刃口的切割时，在刃口处与母体分离，改变运动方向(一般为 55°～90°)，沿刀具前刀面流出。这时在切削层内部必然发生很大的弹性变形和塑性变形。当塑性变形超过金属的极限强度，金属就断裂下来形成切屑。所以第Ⅰ变形区的主要特征就是沿滑移线的剪切变形以及随之产生的加工硬化。

(2)第Ⅱ变形区　即与前刀面相接触的附近区域，切屑沿前刀面排出，进一步受到前刀面的挤压和摩擦,使其底层长度大于外层长度,因而发生卷曲。塑性变形越大,卷曲也越厉害,最后切屑离开前刀面,变形结束。从力学角度来看,刀具前刀面的压力对切屑产生一个弯矩,迫使切屑卷曲,所以切屑的卷曲是和前刀面的挤压有关的。

(3)第Ⅲ变形区　这是已加工表面靠近切削刃处的区域,这一区域内的金属受到切削刃钝圆部分和后刀面的挤压、摩擦与回弹,造成加工硬化。

这三个变形区各具有特点,又存在着相互联系、相互影响。同时,这三个变形区都在切削刃的直接作用下,是应力比较集中,变形比较复杂的区域。

2. 切屑的类型

由于工件材料和切削条件的不同,形成的切屑形状也就不同,一般切屑的形状有四种类型,如图 5-56 所示。

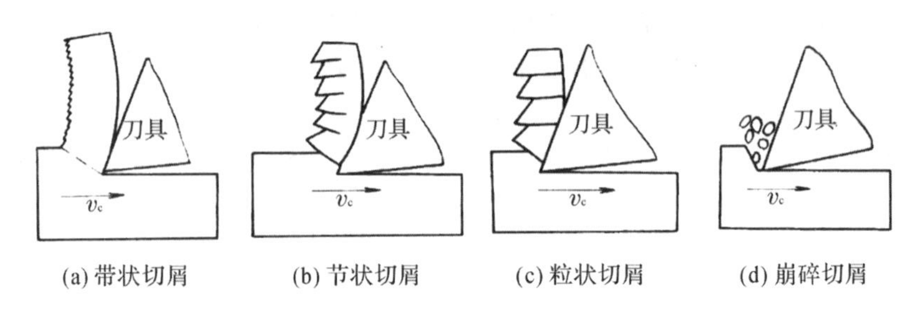

图 5-56　切屑的种类

(1)带状切屑　带状切屑是最常见的一种切屑,它的内表面是光滑的,外表面是毛茸状面,如用显微镜观察,在外表面上也可以看到剪切面的条纹,但每个单元很薄,肉眼看上去大体是平整的。一般加工塑性金属材料,切削厚度较小,切削速度较高,刀具前角较大,得到的往往是这类切屑。它的切削过程比较平稳,切削力波动较小,已加工表面粗糙度较小。但带状切屑容易伤人和妨碍工作,故应采取断屑措施。

(2)节状切屑(挤裂切屑)　节状切屑的外形和带状切屑不同之处在于外表面呈锯齿形,内表面有时有裂纹。这种切屑大都在切削速度较低、切削厚度较大情况下产生。切削力有波动,因而工件表面粗糙度比较大一些。

(3)粒状切屑(单元切屑)　如果整个剪切面上剪应力超过了材料的破裂强度,则整个单元被切离,成为梯形的粒状切屑。由于各粒形状相似,所以又称为单元切屑。这时切削力变化较大,刃口附近压力大,表面较粗糙。

(4)崩碎切屑　切削脆性金属时,由于材料的塑性很小,抗拉强度较低,刀具切入后,切削层内靠近切削刃和前刀面的局部金属未经明显的塑性变形就脆断,形成不规则的碎块状切屑,同时使工件加工表面凹凸不平。工件越是脆硬,切削厚度越大时,越容易产生这类切屑,一般称为崩碎切屑。

前三种切屑是在切削塑性金属时得到的。形成带状切屑时的切削过程最平稳,切削力的波动最小,形成粒状切屑时切削力波动最大。在生产中一般最常见到的是带状切屑;当切削厚度较大时,则得到节状切屑;粒状切屑比较少见。

二、积屑瘤

在切削塑性金属材料时,在切削速度不高又能形成带状切屑的情况下,常有一些从切屑

和工件上带来的金属“冷焊”在前刀面上，在靠近切削刃处形成一个楔块，如图 5-57 所示。此楔块的硬度较高(约为工件材料硬度的 2～3 倍)，并且在前刀面上形成新的前角($\gamma_{瘤}$)，这个楔块就是积屑瘤(也称为刀瘤)。

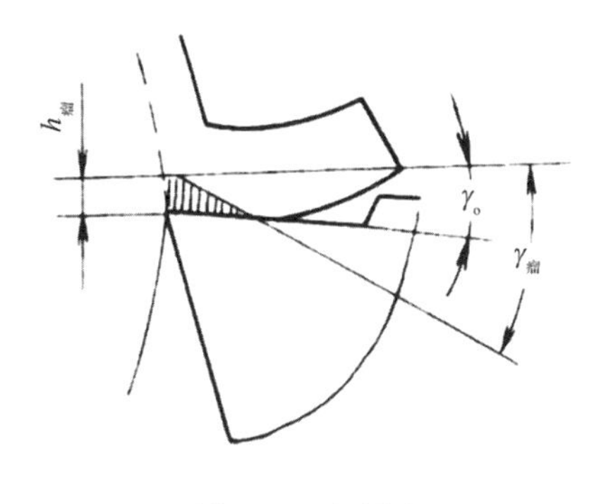

图 5-57　积屑瘤

1. 积屑瘤的形成

当在一定的加工条件下，随着切屑与前刀面间温度和压力的增加，摩擦力也增大，使近前刀面处切屑中塑性变形层流速减慢，产生“滞留”现象。越是贴近前刀面处的金属层，流速越低。当温度和压力增加到一定程度，滞留层中底层与前刀面产生了粘结。当切屑底层中剪应力超过金属的剪切屈服强度极限时，底层金属流速为零而被剪断，并粘结在前刀面上。在后继切屑流动推挤下，前面切屑的底层便于上层发生相对的滑移而分离开来，成为积屑瘤的基础，随着新的底层又在此基础上冷焊并脱离切屑。如此逐层脱离切屑，逐层在前一层上积聚，最后长成积屑瘤。

2. 积屑瘤对加工的影响

(1)增大实际前角　有积屑瘤的车刀，实际前角可增大至 30°～50°左右，因而减少了切屑的变形，降低了切削力。

(2)保护刀具　积屑瘤包围着切削刃，同时覆盖着一部分前刀面。积屑瘤一旦形成，它便代替切削刃和前刀面进行切削。切削刃和刀面都得到积屑瘤的保护，减少了刀具的磨损。

(3)增大切削厚度　积屑瘤的前端伸出切削刃之外，改变了背吃刀量，有积屑瘤的切削厚度比没有积屑瘤时增大，因而影响了工件的加工尺寸。

(4)增大已加工表面粗糙度值　积屑瘤的底部较上部稳定，但在通常条件下，积屑瘤总是不稳定的。它时大时小，时生时灭。在切削过程中，一部分积屑瘤被切屑带走，另一部分嵌入工件已加工表面内，使工件表面产生硬点和毛刺，增大了已加工表面的粗糙度值。

由上可知，由于积屑瘤会影响工件的加工尺寸及增大已加工表面的粗糙度，所以精加工时一定要设法避免。粗加工时，虽然对加工工件的尺寸精度与表面质量要求不高，积屑瘤的产生对切削有一定的好处(增大前角)，但也并不希望它产生。尤其对硬质合金刀具，应该尽量避免，否则，不仅容易引起振动，而且会加剧刀具的磨损。但是只要掌握其形成及变化规律，仍可化弊为利，有益于切削加工。

3. 各种因素对积屑瘤的影响

(1)工件材料的影响　塑性高的材料，由于切削时塑性变形较大，因此积屑瘤就容易形成；而脆性材料一般没有塑性变形，并且切屑不在刀具前面流过，因此无积屑瘤产生。

(2)切削速度的影响　切削速度主要通过切削温度影响积屑瘤。低速时(v_c<5m/min)切削温度较低,切屑流动速度较慢,摩擦力未超过切屑分子的结合力,不会产生积屑瘤。高速时(v_c≥70m/min),温度很高,切屑底层金属变软,摩擦因数明显降低,积屑瘤也不会产生。当中等速度(v_c=15～20m/min)时,切削温度约为300℃左右,这时摩擦因数最大,最容易产生积屑瘤。

(3)刀具前角的影响　采用小前角比用大前角时容易产生积屑瘤,因为前角小切屑变形剧烈,前面的摩擦力也较大,同时温度也较高,因此容易产生积屑瘤;反之前角较大时,切屑对刀具前面的正压力减少,切削力和切屑变形也随之减少,不容易产生积屑瘤,当前角大到40°～50°时一般不会产生积屑瘤。

(4)刀具表面粗糙度的影响　降低刀具前面粗糙度值,可减少积屑瘤的产生。

(5)冷却润滑液的影响　冷却润滑液中含有活性物质,能迅速渗入加工表面和刀具之间,减少切屑跟刀具前面的摩擦,并能降低切削温度,所以不易产生积屑瘤。

三、加工硬化

1. 加工硬化的形成

由于刀具的刃口不是绝对锋利的,具有刀尖圆弧半径 r_ε,刀刃实际上是处于前刀面边缘并与前刀面相连的小曲面,如图5-58所示。在切削过程中,在第Ⅲ变形区(即近切削刃处已加工面表层内产生的变形区域)有一薄金属层 $\Delta\alpha_0$ 不能沿 OM 面滑移,经过切削刃钝圆部分和后刀面磨损棱面(BE)的挤压、摩擦和弹性恢复(厚度为 Δh),留在已加工表面上,产生塑性变形,造成纤维化与加工硬化。其硬度是原来工件材料硬度的1.8～2倍。变形程度愈大,则已加工表面硬化程度愈高,硬化层的深度也愈深。

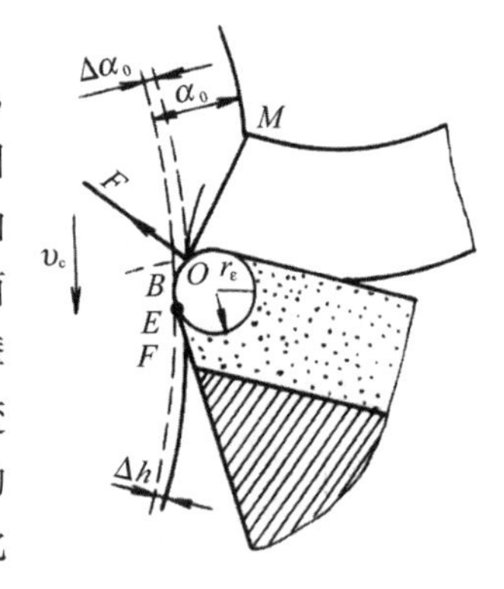

图5-58　加工硬化

2. 加工硬化对加工的影响

加工硬化现象对金属切削加工有着直接的影响,由于工件材料表层的硬度大大增加,在下一道工序加工时,会增加刀具的磨损,并可能使已加工表面出现微细裂缝和表面残余应力,影响零件的表面质量。所以在加工时,要设法减少加工硬化的影响,尤其在精加工的时候,更不可忽视这一问题。

但是,若在能控制残余应力和避免已加工表面出现微细裂缝的条件下,也可利用加工硬化现象来改善零件的使用性能,如采用滚压加工及冷挤压等工艺来提高零件已加工表面的硬度、强度和耐磨性。

四、切削力

在切削过程中产生的切削力大小相等、方向相反地作用在刀具、工件、夹具和机床上。切削力是设计机床、夹具和刀具的重要依据之一。

1. 切削力的来源

在切削过程中,切屑和工件已加工表面都要产生弹性变形和塑性变形。这些变形产生的抗力如图5-59所示。法向力 $F_{n\gamma}$ 和 $F_{n\alpha}$ 分别作用在前刀面和后刀面上。又因为切屑沿前刀面流出,所以产生摩擦力 $F_{f\gamma}$;后刀面与已加工表面摩擦,产生摩擦力 $F_{f\alpha}$。综上所述,切削力的来源为两个方面：一是弹性及塑性变形抗力，二是切屑及工件表面与刀具之间的摩擦阻力。

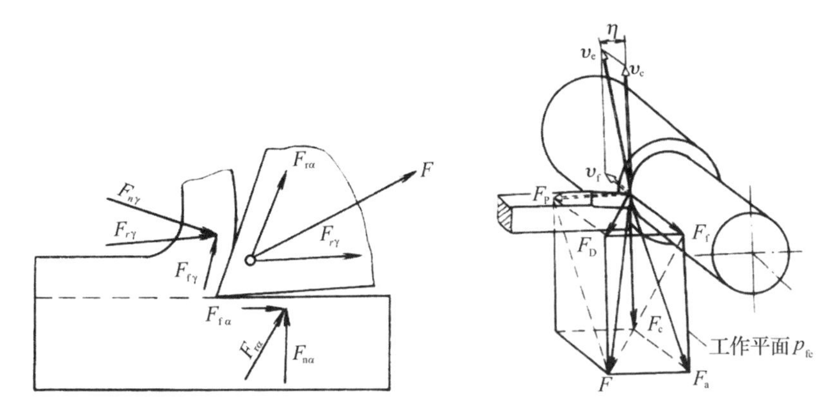

图 5-59　切削力的来源合成　　　图 5-60　切削力的分解

以车削外圆为例，在不考虑其他因素下，切削力的合力 F 就在正交平面内。具体的矢量合成是：$F_{n\gamma}$与 $F_{f\alpha}$的合力为 F_{r_γ}；$F_{n\alpha}$与 $F_{f\alpha}$的合力为 $F_{r\alpha}$；而 $F_{r\gamma}$与 $F_{r\alpha}$的合力为 F。合力 F 就是作用在车刀上的总切削力。

合力 F 的大小和方向都不容易测量。为了便于测量和应用，通常把合力 F 先分解为水平分力 F_D 和主切削力 F_C，F_D 再分解为进给力 Ff 和背向力 F_P，如图 5-60 所示，这三个分力互相垂直。

2. 三个切削分力的实用意义

主切削力 F_C 垂直于基面，与切削速度方向一致，所以又称切向力。在切削加工中，主切削力 F_C 所消耗的功最多，所以它是计算机床功率、刀柄、刀片强度以及夹具设计、选择切削用量等的主要依据。

背向力 F_P 在基面内，并与进给方向相垂直，也叫切深抗力。在车外圆时，背向力 F_P 使工件在水平面内弯曲。它会影响工件的形状精度，而且容易引起振动。在校验工艺系统的刚性时，要以背向力 F_P 为依据。

进给力 F_f 也在基面内，它与进给方向相平行，也叫进给抗力。进给力 F_f 是校核机床进给机构强度的主要依据。

在一般情况下，主切削力 F_C 最大，F_P 和 F_f 小一些。随着刀具角度、刃磨质量、磨损情况和切削用量的不同，F_P、F_f 对 F_C 的比值在很大范围内变化。

3. 影响切削力的因素

凡是影响变形和摩擦的因素都影响切削力的大小，其中以工件材料为主，其次是刀具几何参数、切削用量。

(1)工件材料的影响　一方面工件材料的强度和硬度愈高，切削力相应增大；另一方面随着强度增加，变形系数减小，又会降低切削力。但综合来看，切削力仍是增大。对于强度、硬度相近的材料，塑性大者切削力也大。这是因为材料塑性大，韧性好，刀具和切屑之间的摩擦加大，切削变形增加，切削过程中将加剧加工硬化，因此耗能多，故切削力加大。即使同一种材料，由于制造方法不同，加工时的切削力也不相同。

(2)刀具几何参数的影响　刀具几何参数影响切削力的主要因素有：前角 γ_O、主偏角 κ_γ、刀尖圆弧半径 γ_ε 和刃倾角 λ_S 等。

1)前角 γ_O　前角 γ_O 对切削力的影响较大，当 γ_O 增大时，切屑容易从前刀面流出，切屑变形小，因此切削力下降。反之 γ_O 减小，切削力增大。

2)主偏角 κ_γ　主偏角 κ_γ 对 F_P 和 F_f 的影响较大，从图 5-61 可以看出，主偏角 κ_γ 变化时水平分力 F_D 的方向发生变化，分解到背向和进给方向的两个分力的大小也随着变化。所以当 κ_γ 增大时，F_P 减小，F_f 增大。在加工细长轴零件时，一般宜取 $\kappa_\gamma=90°$，以减少 F_p，防止零件变形。

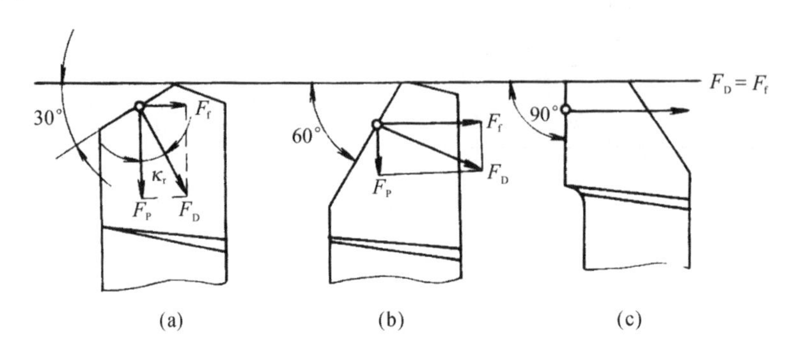

图 5-61　主偏角的大小对 F_f 和 F_P 的影响

3)刀尖圆弧半径 γ_ε　刀尖圆弧半径 γ_ε 大时，圆弧刃参加切削的长度增加，使切屑变形和摩擦力增大，所以切削力也变大。此外，由于圆弧刀刃上主偏角的变化(平均主偏角减小)，使切削力 F_P 增大。因此，当工艺刚性较差时，应选小的圆弧半径，以避免振动。

4)刃倾角 λ_S　刃倾角 λ_S 在 $-5°\sim5°$ 的范围内变化时，对切削力的影响不大，但沿正值继续增大时，F_C 基本不变，但会使 F_P 减小，F_f 增大，其中尤其对 F_P 的影响较显著。这主要是因为变形抗力是垂直作用于刀具前面的，当刃倾角 λ_S 由负到正，由小到大变化时，合力 F 的方向也随之改变，分力 F_P 和 F_f 的大小也在变化。因此在一般情况下，刃倾角的负值不宜过大，只有当加工余量不均匀或刀具受到冲击载荷，而工艺系统刚性较好时，才能采用较大的负刃倾角。

(3)切削用量的影响

1)切削速度的影响　切削速度对切削力的影响与材料性质、积屑瘤等有关。切削塑性金属时，切削速度对切削力的影响可分为两个阶段。在有积屑瘤阶段，切削速度从低速逐渐增大，刀具实际切削前角增大，切削力逐渐减小。积屑瘤达到最大值时，切削力最小。此后，随着切削速度继续增加，积屑瘤逐渐减少，切削力逐渐增大。积屑瘤消失时，切削力达到最大值。随着切削速度的继续增大，切削温度升高，摩擦因数减小，切削力逐渐降低。

2)背吃刀量 a_P 或进给量 f 的影响　背吃刀量 a_P 或进给量 f 增加，切削层公称横截面积增大，弹性、塑性变形总量及摩擦力增加，从而使切削力增大，但两者对变形和摩擦增加的程度是不同的。当 f 不变，a_P 增大一倍时，主切削刃工作长度和切削面积都增大一倍，变形抗力和摩擦阻力均增大一倍，所以切削力也增大一倍；当 a_P 不变，f 增大一倍时，由于实际切削面积增加不到一倍，切削厚度增大及主切削刃工作长度不变等原因使切削力仅增大68%～86%。

4.其他因素的影响

(1)切削液　采用润滑性能良好的切削液可显著减少前刀面与切屑、后刀面与工件表面之间的摩擦,甚至还可减少被加工金属的塑性变形。

(2)刀具的棱面　刀具棱面参数有一定的宽度和负的前角,虽然提高了刀刃的强度,但也加剧了切削时的挤压和摩擦,故棱面参数值增大,将使切削力增大。所以应尽量选用较小宽度的负刀棱。

(3)刀具磨损　后刀面磨损后,将形成后角为零,高度为 V_B 的小棱面,与工件的加工表面产生强烈的摩擦,F_C、F_P、F_f 都将逐渐增大。当磨损很大时,会使切削力成倍增加,产生振动,以至无法工作。

综上所述,影响切削力的大小,是许多因素共同作用的结果,要减少切削力,应在分析各种因素的基础上,找出主要因素,并兼顾与其他因素间的关系。

五、切削热与切削温度

切削热与切削温度是切削过程中产生的一种重要物理现象。切削时产生的热量除少量散逸在周围介质中,其余均传入刀具、切屑和工件中,并使它们温度升高,引起工件热变形,降低工件的精度,加速刀具磨损。

1. 切削热的来源

切削过程中变形和摩擦所消耗功的绝大部分转变为热能,如图 5-62 所示,切削热来源于三个变形区。在第一变形区内由于切削材料发生弹性变形和塑性变形产生大量的热量,分别用 $Q_{弹}$ 和 $Q_{塑}$ 表示;第二变形区由于刀具前面跟切屑摩擦而产生的热,用 Q_f 表示;第三变形区由于刀具跟工件摩擦而产生的热,用 Q_{fa}表示。

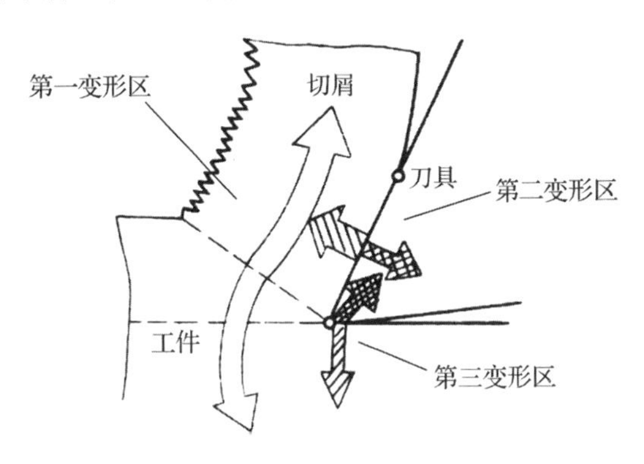

图 5-62　切削热的来源

2. 切削热的传导

切削时所产生的热由切屑、工件、刀具及周围介质传出,分别用 $Q_{屑}$、$Q_{工}$、$Q_{刀}$ 和 $Q_{介}$ 表示。

上述切削热的产生和传散可以写出平衡方程式:

$$Q=Q_{弹}+Q_{塑}+Q_f+Q_{fa}=Q_{屑}+Q_{工}+Q_{刀}+Q_{介}$$

切削热传至各部分的比例,一般情况是切屑带走的热量为最多。

3. 影响切削温度的因素

切削温度在刀具、切屑、工件上的分布是不均匀的。实验证明刀尖附近的切削温度最高，因为这里切屑变形最大，切屑与刀具的摩擦也最大，热量不易传散。影响切削温度的因素有以下几个方面：

(1)刀具几何参数的影响　凡是能减少切削过程产生热量的因素，都能降低切削温度；凡是能改善散热条件的因素，也都能降低切削温度。前角增大，切削变形减小，切削力降低，消耗的功能减小，所以切削温度降低，但又不宜过大，否则散热条件不好，切削温度反而增加。主偏角减小，在相同的背吃刀量下，切削刃参加工作的长度增加而切削厚度减薄，使散热条件改善，所以切削温度下降。

(2)切削用量的影响　切削用量中以切削速度 v_C 对切削温度的影响为最大，其次是进给量 f，影响最小的是背吃刀量 a_P。

切削速度增大，一方面由摩擦产生的热量也随之大大增加，但另一方面随切削速度的增加，切削变形减小，其流出速度也增加，由切屑带走的热量也成比例地增加，从而使刀具温度升高不多。实验得出，当切削速度 v_C 增大一倍时，切削温度不会成倍增加，约增高为20%～30%。

背吃刀量 a_P 和进给量 f 对切削温度也有一定的影响，但不如切削速度那么明显。进给量 f 增加一倍时，切屑的温度容易增加，切屑的平均变形减小，切屑带走的热量也增加，所以切削温度增高仅10%左右。当背吃刀量增加一倍时，刀刃工作长度增加，散热情况有所改善，所以切削温度只增高约5%～8%。

(3)刀具磨损的影响　磨损后的刀具，后刀面刀刃处形成后角等于零度的棱边，使刀具与已加工表面摩擦加大，增加了功的消耗。刀具磨损后，切削刃变钝，刃区前方对切屑的挤压作用增大，塑性变形增加，从而使切削力与功的消耗增加。上述两者均使产生的切削热增加，所以当刀具磨损后切削温度会急剧升高。

(4)被加工材料的影响　材料的强度好、硬度高、切削时消耗的切削功越多，产生的切削温度也高；材料的导热系数越低，切削区传出的热量越少，切削温度就越高。如切削合金钢时的切削温度一般均高于切削45钢的，就是因为合金钢的导热系数低的原因。不锈钢(1Cr18Ni9Ti)的强度、硬度虽然较低，但它的导热系数是45钢的1/3，因此，切削温度很高，比45钢约高40%。切削脆性金属材料时，由于切屑呈崩碎状，与前刀面摩擦比较小，产生的切削热也就较低，所以切削温度一般较低。

虽然切削热给金属切削加工带来许多不利影响，一般都要采取措施减少和限制切削热的产生，但也可利用切削热。如在加工淬火钢时，采用负前角在较高切削速度下进行切削，既加强了刀刃的强度，同时产生大量的切削热使切削层软化，降低硬度，易于切削。不同刀具材料在切削各种工件时，都有一个最佳切削温度范围，此时刀具寿命最高，工件切削加工性最好。所以切削温度已成为研究切削用量和切削过程最佳化的一个重要依据。

六、刀具的磨损与刀具寿命

1. 刀具的磨损形式

刀具的磨损有正常磨损和非正常磨损两种。

(1)正常磨损　正常磨损主要有以下三种形式：

1)后刀面磨损　后刀面磨损主要发生在与切削刃毗邻的后刀面上，后刀面磨损时，刀具后角形成趋向于零度的棱面。这种磨损在生产中是常见的，一般在切削脆性金属材料和切削厚度较小的塑性金属材料的情况下发生。

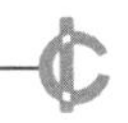

2)前刀面磨损　前刀面磨损主要发生在前刀面上。磨损后，在前刀面离开主切削刃一小段距离处形成月牙洼。磨损程度用月牙洼的深度和宽度表示。这种磨损形式一般在切削厚度较大的塑性金属材料上发生。

3)前、后刀面同时磨损　这是介于前刀面磨损和后刀面磨损两种形式之间的一种磨损形式，是在前刀面的月牙洼与后刀面的磨损棱面同时产生的。一般在加工塑性金属材料时，切削厚度为 $h_D=0.1\sim0.5$mm 的情况下发生。

(2)非正常磨损　非正常磨损有以下两种形式：

1)卷刃　切削加工时，切削刃或刀面产生塌陷或隆起的塑性变形现象称为卷刃，这是由于切削时的高温造成的。

2)破损　在切削刃或刀面上产生裂纹、崩刃或碎裂的现象称为破损。硬质合金刀具材料本身有脆性，在焊接或刃磨以及切削参数选用不当时，均能造成细微裂纹而破损。

2. 刀具磨损的原因

(1)硬质点磨损　硬质点磨损又称为机械擦伤磨损或磨粒磨损，是工件或切屑上的硬质点将刀具表面上刻划出深浅不一的沟痕而造成的磨损。

(2)粘结磨损　在切削塑性金属材料时，切屑与前刀面、工件与后刀面由于在较大的压力和适当的切削温度作用下，会产生材料分子之间的吸附作用，使刀具表面局部强度较低的微粒被切屑或工件粘结带走，从而使刀具磨损。

(3)扩散磨损　扩散磨损是指在高温切削时，刀具与工件之间的合金元素相互扩散，使刀具材料的物理机械性能降低，从而加剧刀具的磨损。

(4)相变磨损　当刀具上的最高温度超过材料相变温度时，刀具表面金相组织发生变化，如马氏体组织变为奥氏体，使硬度下降，磨损加剧并使刀具迅速失去切削能力。

3. 刀具的磨损过程

刀具的磨损随切削时间的增多而逐渐扩大，以后刀面磨损为例，刀具磨损过程可用下面的磨损曲线来表示，大致可分为三个阶段：

(1)初期磨损阶段(Ⅰ)　由于刀具表面粗糙度值较高或刀具表层组织不耐磨，在开始切削的短时间内，磨损较快，通常磨损量为 0.05～0.1mm。

(2)正常磨损阶段(Ⅱ)　随着切削时间增长，磨损量以较均匀的速度加大，这是由于刀具表面磨平后，接触面增大，压强减小所致。在该阶段磨损量缓慢增加，切削力和切削温度随磨损量增加而逐渐增大，这一阶段是刀具工作的有效时间，使用刀具时，不应超过这一阶段。

(3)急剧磨损阶段(Ⅲ)　在正常磨损阶段内，当刀具磨损量达到某一数值以后，摩擦力加大，切削温度急剧上升，使刀具材料的切削性能急剧下降，导致刀具大幅度磨损或烧损，从而失去切削能力，所以切削时应避免使用这个阶段。刀具磨损过程曲线是衡量刀具削性能好坏的重要依据。

4. 影响刀具寿命的各种因素

刃磨后的刀具自开始切削直到磨损量达到磨损标准为止的总切削时间称为刀具寿命。刀具寿命是指总切削时间，不包括用于对刀、测量、回程等非切削时间。刀具寿命的长短是衡量刀具切削性能好坏的重要指标。

刀具磨损限度确定后，刀具寿命越长表示刀具磨损越慢，反之表示刀具磨损越快。因此，凡是属影响刀具磨损的因素都会影响刀具寿命，而且二者的变化规律相同。

1）工件材料的影响　工件材料的强度、硬度越高，导热系数越小，产生的切削温度就越高，刀具磨损就越快，刀具寿命也就越短。反之，刀具寿命就越长。

2）刀具材料的影响　刀具材料是影响刀具寿命的主要因素。改善刀具材料的切削性能，使用新型刀具材料，能促使刀具寿命成倍提高。一般情况下，刀具材料的高温硬度越高、越耐磨，其刀具寿命也越长。在不带冲击切削的情况下，陶瓷刀具材料允许的切削速度最高。但是，硬度高、耐磨性好的刀具材料，其强度和韧性往往较低；反之，强度和韧性好的刀具材料则往往耐热性不够理想。

3）刀具几何参数的影响　刀具几何参数对刀具寿命有较显著的影响。选择合理的刀具几何参数，是确保刀具寿命的重要途径；改进刀具几何参数可使刀具寿命有较大幅度提高。

前角增大，能使切削力降低，切削温度随之降低，使刀具寿命延长；但是前角太大，反而使散热条件变差，同时使刀刃强度降低，易于破损，刀具寿命反而缩短。因此应根据不同刀具、不同工件材料合理地选择好前角的大小。

主偏角减小，增加了刀具强度和改善了散热条件，故刀具寿命可延长。此外，适当减小副偏角和增大刀尖圆弧半径都能提高刀具强度，改善散热条件，使刀具寿命延长。

4）切削用量的影响　切削用量三要素对刀具寿命的影响如同对切削温度的影响，即切削速度、进给量和背吃刀量增大，都会使切削温度升高，刀具寿命缩短。其中切削速度影响最大，进给量次之，背吃刀量最小。

七、切削液

1．切削液的作用

（1）冷却作用

切削液又叫冷却润滑液，它能吸收并带走切削区大量的热量，改善散热条件，降低刀具和工件的温度，从而延长了刀具的使用寿命，并能防止工件因加热变形而产生的尺寸误差，也为提高生产率创造了有利条件。

（2）润滑作用

切削液能渗透到工件与刀具之间，在切屑与刀具的微小间隙中形成一层很薄的吸附膜，减小了摩擦因数，因此可减小刀具、切屑、工件间的摩擦，使切削力和切削热降低，减少了刀具的磨损，使排屑顺利，并提高工件的表面质量。对于精加工，润滑作用就显得更重要了。

（3）清洗作用

切削过程中产生的细小的切屑粘附在工件和刀具上，尤其是钻深孔时，切屑容易堵塞，降低工件的表面精度和刀具寿命。如果加注有一定压力、足够流量的切削液，则可将切屑迅速冲走，使切削顺利进行。在磨削时，切削液可将磨屑及脱落的磨粒冲洗掉，防止工件磨削表面划伤。

（4）防锈作用

在切削液中加入防锈添加剂后，能在金属表面形成保护膜，使机床、刀具和工件不受周围介质的腐蚀，起到防锈作用。

2．切削液的分类

常用的切削液有水溶液、乳化液和切削油三大类。

(1)水溶液

水溶液是以水为主要成分的切削液，加入一定量的添加剂，使它既有良好的防锈性能，又具有一定的润滑能力。

(2)乳化液

乳化液是一种由2%～5%(体积分数)乳化油加95%～98%(体积分数)的水配制而成的切削液。乳化液主要起冷却作用。这类切削液的比热容大，粘度小，传热性较好，可以吸收大量的热量，主要用来冷却刀具和工件，延长刀具寿命，减少热变形。但因水的成分较多，所以润滑和防锈性能较差。可加入一定的油性、极压添加剂和防锈添加剂，以提高其润滑和防锈性能。

(3)切削油

切削油的主要成分是矿物油，少数采用植物油和动物油。这类切削液的比热容较小，粘度较大，散热效果较差，主要起润滑作用。常用粘度较低的矿物油，如10号、20号机油及轻柴油、煤油等。纯矿物油的润滑效果较差，使用时需加入极压添加剂和防锈添加剂，以提高它的润滑和防锈性能。动、植物油能形成较牢固的润滑膜，其润滑效果比纯矿物油好，但它们都是食用油，且易变质，应尽量少用或不用。

3. 切削液的合理选用

切削液应根据加工性质、工件材料、刀具材料和工艺性要求等具体情况合理选用。选择切削液的一般原则是：

(1)根据加工性质选用

1)粗加工时　由于粗加工时加工余量和切削用量较大，会产生大量的切削热，因而会使刀具磨损加快，这时使用切削液的目的是降低切削温度，所以应选用以冷却为主的乳化液或水溶液。

2)精加工时　切削热较少，使用切削液主要是为了延长刀具的使用寿命，保证工件的精度和表面质量，应选用切削油或高浓度的乳化液。

3)钻削、铰削和深孔加工时　由于刀具在半封闭状态下工作，排屑困难，切削热不能及时传散，容易使切削刃烧伤并严重破坏工件表面质量，这时应选用粘度较小的极压乳化液，并应增加压力和流量。一方面进行冷却、润滑，另一方面将切屑冲刷出来。

4)磨削加工时　虽然磨削用量较小，切削力不大。但由于切削速度比较高(30～80m/s)，因此，切削温度很高(可达800～1000℃)，容易引起工件的局部烧伤、变形甚至产生裂缝。同时，磨削产生的大量细碎切屑和砂粒粉末也会破坏工件表面质量，故磨削时的切削液既要求具有较好的冷却性能和清洗性能，还要具有一定的润滑性能。磨削中常用的切削液为乳化液，但选用极压型合成切削液和多效型合成切削液的效果更好。

(2)根据工件材料选用

1)切削钢件等塑性材料时　粗加工一般用乳化液，精加工用极压切削油。

2)切削铸铁、铜及铝等脆性材料时　由于切屑碎末会堵塞冷却系统，容易使机床导轨磨损，一般不加切削液，但精加工时为了得到较高的表面质量，可采用粘度较小的煤油。

3)切削有色金属和铜合金时　可使用煤油和粘度较小的切削油，但不宜采用含硫的切削液，以免腐蚀工件。切削镁合金时，不能用切削液，以免燃烧起火，必要时可使用压缩空气。

(3)根据刀具材料选用

1)高速钢刀具　粗加工时,用极压乳化液;对钢料精加工时,用极压乳化液或极压切削油。

2)硬质合金刀具　一般不加切削液。但在加工某些硬度高、强度好、导热性差的特种材料和细长工件时,可选用以冷却为主的切削液(如乳化液)。

4. 使用切削液的注意事项

为了使切削液达到应有的效果,在使用时还必须注意以下几点:

(1)油状乳化油必须用水稀释后才能使用。

(2)切削液的流量应充足,并应有一定的压力。切削液必须浇注在切削区域。磨削时切削液应直接浇注在砂轮与工件的接触部位。

(3)使用硬质合金刀具切削时,如用切削液则必须从一开始就连续充分地浇注,否则硬质合金刀片会因骤冷而产生裂纹。

(4)切削液应常保持清洁,尽可能减少切削液中的杂质的含量,已变质的切削液要及时更换,超精密磨削时,可采用专门的过滤装置。

任务拓展

拓展任务描述:在加工中,当刀具上产生了积屑瘤时该如何解决?

1)想一想

- 在加工过程中,刀具上产生了积屑瘤,有什么办法去除刀具上的积屑瘤?

2)试一试

- 在有积屑瘤的刀具上试试如何去除积屑瘤而不损坏刀具。

作业练习

一、判断题

1. 切屑在形成过程中往往塑性和韧性提高,脆性降低,为断屑形成了内在的有利条件。(　　)

2. 积屑瘤“冷焊”在前面上容易脱落,会造成切削过程的不稳定。(　　)

二、单项选择题

1. 减小或避免积屑瘤的有效措施之一是:采用大(　　)刀具切削,以减少刀具与切屑接触的压力。

A. 前角　　B. 后角　　C. 刃倾角　　D. 主偏角

2. 切削速度为(　　)时,最易产生积屑瘤。

A. 低速　　B. 中速　　C. 高速　　D. 超高速

3. 切削塑性较大的金属材料时,形成(　　)切屑。

A. 带状　　B. 挤裂　　C. 粒状　　D. 崩碎

4. 切削用量中,对刀具耐用度的影响从大到小的顺序是(　　)。

A. 进给量＞切削速度背＞背吃刀量　　B. 切削速度背＞背吃刀量＞进给量

C. 背吃刀量＞进给量＞切削速度背　　D. 切削速度＞进给量＞背吃刀量

5. 车削加工中,大部分切削热传给了(　　)

A. 机床　　B. 工件　　C. 刀具　　D. 切屑

6. 油状乳化液必须用水稀释，一般加(　　)的水后才能使用。

A. 75%～80%　　B. 80%～85%　　C. 90%～98%　　D. 98%～99%

7. 切削油是由矿物和少量添加剂组成，其主要成分是(　　)。

A. 动物油　　B. 植物油　　C. 动物油和植物油　　D. 矿物油

三、多项选择题

1. 影响切削力的因素有(　　)。

A. 工件材料　　B. 切削用量　　C. 刀具几何参数

D. 刀具磨损　　E. 切削液

2. 影响切削温度的因素有(　　)。

A. 工件材料　　B. 切削用量　　C. 刀具几何参数

D. 刀具磨损　　E. 切削液

3. 影响刀具寿命的因素有(　　)。

A. 工件材料　　B. 切削用量　　C. 刀具几何参数

D. 刀具磨损　　E. 切削液

4. 切削液的作用有(　　)。

A. 冷却　　B. 润滑　　C. 清洗

D. 防锈　　E. 消除应力

综合能力篇

项目六　典型零件加工工艺分析

项目导学

- 掌握轴类零件普通车削工艺分析
- 掌握轴类零件数控车削工艺分析
- 掌握盘类零件普通车削工艺分析
- 掌握盘类零件数控车削工艺分析
- 掌握盘类零件普通铣削工艺分析
- 掌握盘类零件数控铣削工艺分析
- 掌握板类零件普通铣削工艺分析
- 掌握板类零件数控铣削工艺分析

模块一　编制车削加工工艺

模块目标

- 能根据图纸要求完成轴类零件普通车削工艺
- 能根据图纸要求完成轴类零件数控车削工艺
- 能根据图纸要求完成盘类零件普通车削工艺
- 能根据图纸要求完成盘类零件数控车削工艺

学习导入

同一个零件在普通车床上加工和在数控车床上加工的工艺方法是完全不同的，根据机床的特点，在刀具的选用、加工的步骤、切削用量上都有一定的区别。通过本模块学习，大家可以了解具体的不同之处。

任务一　轴类零件普通车削加工工艺

任务目标

1. 掌握零件的主要加工要求及技术参数
2. 选择合理的加工设备
3. 掌握基准的选择
4. 掌握刀具的合理选用
5. 选用合理的切削用量

知识要求

- 掌握零件的加工要求
- 掌握基准的确定

技能要求

- 能根据图纸要求完成轴类零件的普通车削工艺编制

任务描述

根据知识链接中分析的工艺过程完成传动轴普通车削工艺编制。

任务准备

图纸，如图 6-1 所示。

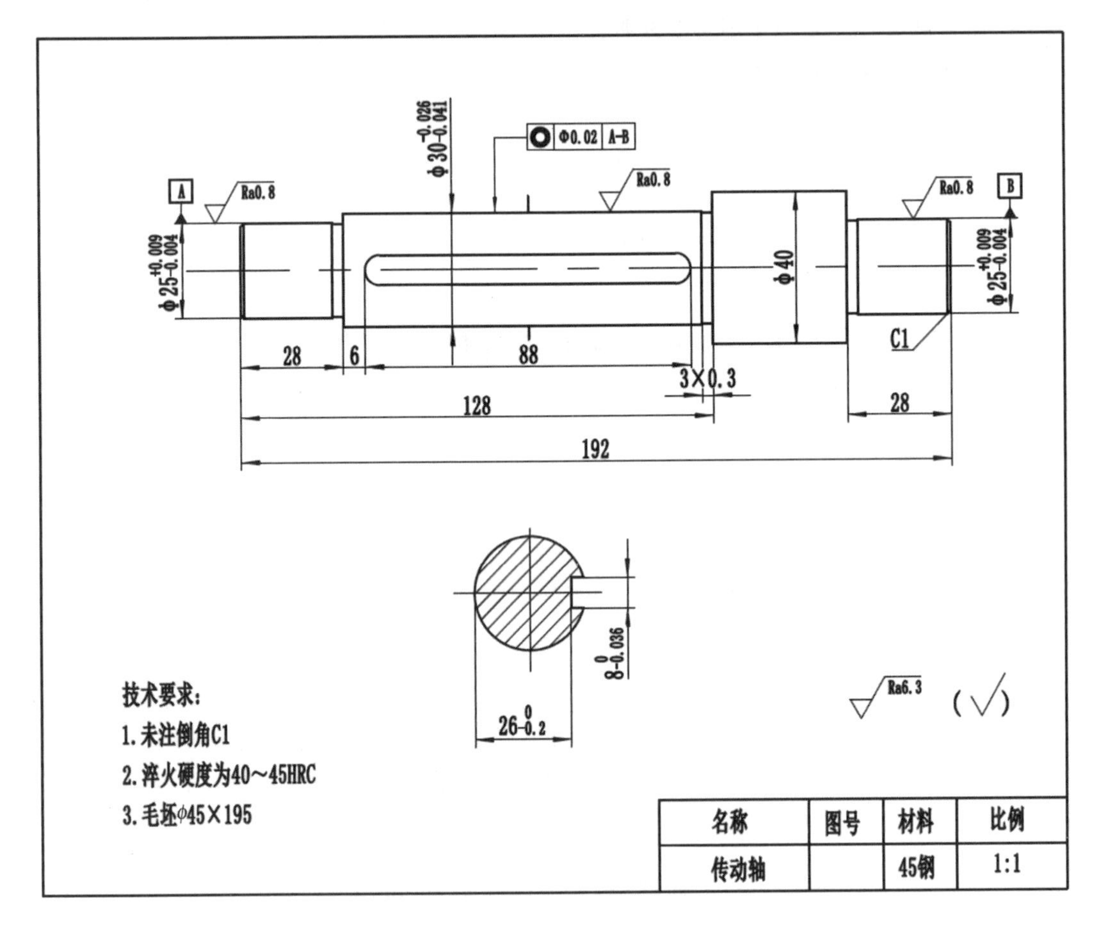

图 6-1　传动轴

任务实施

1. 操作准备

图纸、空白工艺卡片、空白刀具卡片、笔等

2. 操作步骤

(1)阅读与该任务相关的知识

(2)填写工艺卡片见表 6-1

(3)填写刀具卡片见表 6-2

表 6-1 工艺卡片

<table>
<tr><td colspan="4" rowspan="2">普通车削加工工艺卡</td><td colspan="2">零件名称</td><td colspan="2">材料名称</td><td>零件数量</td></tr>
<tr><td colspan="2"></td><td colspan="2"></td><td>1</td></tr>
<tr><td>设备名称</td><td></td><td>系统型号</td><td></td><td>夹具名称</td><td colspan="2"></td><td>毛坯尺寸</td><td></td></tr>
<tr><td>工序号</td><td colspan="3">工步内容</td><td>刀具名称</td><td>主轴转速/(r·min^{-1})</td><td>进给量/(mm·min^{-1})</td><td>背吃刀量/mm</td><td>备注</td></tr>
<tr><td></td><td colspan="3"></td><td></td><td></td><td></td><td></td><td></td></tr>
<tr><td></td><td colspan="3"></td><td></td><td></td><td></td><td></td><td></td></tr>
<tr><td></td><td colspan="3"></td><td></td><td></td><td></td><td></td><td></td></tr>
<tr><td></td><td colspan="3"></td><td></td><td></td><td></td><td></td><td></td></tr>
<tr><td></td><td colspan="3"></td><td></td><td></td><td></td><td></td><td></td></tr>
<tr><td></td><td colspan="3"></td><td></td><td></td><td></td><td></td><td></td></tr>
<tr><td></td><td colspan="3"></td><td></td><td></td><td></td><td></td><td></td></tr>
<tr><td></td><td colspan="3"></td><td></td><td></td><td></td><td></td><td></td></tr>
<tr><td></td><td colspan="3"></td><td></td><td></td><td></td><td></td><td></td></tr>
<tr><td></td><td colspan="3"></td><td></td><td></td><td></td><td></td><td></td></tr>
<tr><td></td><td colspan="3"></td><td></td><td></td><td></td><td></td><td></td></tr>
<tr><td></td><td colspan="3"></td><td></td><td></td><td></td><td></td><td></td></tr>
<tr><td>编制</td><td></td><td>审核</td><td></td><td>批准</td><td></td><td>年 月 日</td><td>共 1 页</td><td>第 1 页</td></tr>
</table>

表 6-2 刀具卡片

<table>
<tr><td>序号</td><td colspan="2">刀具名称</td><td colspan="2">刀具规格</td><td>刀具材料</td><td>备注</td></tr>
<tr><td></td><td colspan="2"></td><td colspan="2"></td><td></td><td></td></tr>
<tr><td></td><td colspan="2"></td><td colspan="2"></td><td></td><td></td></tr>
<tr><td></td><td colspan="2"></td><td colspan="2"></td><td></td><td></td></tr>
<tr><td></td><td colspan="2"></td><td colspan="2"></td><td></td><td></td></tr>
<tr><td></td><td colspan="2"></td><td colspan="2"></td><td></td><td></td></tr>
<tr><td></td><td colspan="2"></td><td colspan="2"></td><td></td><td></td></tr>
<tr><td>编制</td><td>审核</td><td></td><td>批准</td><td></td><td>年 月 日</td><td>共 1 页</td><td>第 1 页</td></tr>
</table>

3. 任务评价见表 6-3

表 6-3　任务评价

序号	评价内容	配分	评分细则	得分
1	刀具卡片填写	10	· 错 1 格扣 1 分,最多扣 10 分 · 错 10 格以上不得分	
2	工序安排	10	· 工序安排合理不扣分 · 工序安排不合理扣 5 分 · 工序安排错误不得分	
3	工步内容	20	· 完全正确不扣分 · 错一步扣 2 分,最多扣 20 分 · 描述不规范酌情扣分,最多扣 20 分	
4	主轴转速	5	· 设定合理不扣分 · 设定不合理每个扣 0.5 分,最多扣 5 分	
5	进给量	5	· 设定合理不扣分 · 设定不合理每个参数扣 0.5 分,最多扣 5 分	
6	背吃刀量	5	· 设定合理不扣分 · 设定不合理每个参数扣 0.5 分,最多扣 5 分	
7	使用设备、材料、夹具等填写	5	· 填写完整不扣分 · 填写缺一项扣 1 分,最多扣 5 分	
8	查阅切削手册	5	· 查阅熟练不扣分 · 查阅不规范每次扣 1 分,最多扣 5 分 · 不会查阅扣 5 分	
9	切削参数换算	5	· 参数换算公式运用熟练不扣分 · 参数换算公式运用不够熟练扣 3 分 · 参数设定不会运用公式扣 5 分	
10	工艺方案合理性	10	· 工艺方案非常合理不扣分 · 工艺方案不够合理扣 1～10 分	
11	考核资料整理	10	· 考核资料整理完整不扣分 · 考核资料比较凌乱扣 1～5 分	
12	职业素养	10		
合计		100		
总分				

知识链接

一、零件各主要部分的作用及技术要求(如图 6-1 所示)

1. 在 $\phi30_{-0.041}^{-0.026}$ 的轴上装滑动齿轮,为传递运动和扭矩开有键槽,$\phi25_{-0.004}^{+0.009}$ 的两端为轴

颈，支承于箱体的轴承孔中。表面粗糙度 Ra 值都是 0.8μm。

2. $\phi30_{-0.041}^{-0.026}$ 轴颈对两端轴颈 $\phi25_{-0.004}^{+0.009}$ 的同轴度允许偏差为 0.02mm。

3. 工件材料为 45 钢，淬火硬度为 40～45HRC。

二、工艺分析

该零件的各配合表面除本身有一定的精度（相当于 IT7）和表面粗糙度要求外，轴线的同轴还有一定的要求。

根据对各表面的具体要求，可采用如下的加工方案：

粗车—半精车—热处理—粗磨—精磨

轴上的键槽，可以用键槽铣刀在立式铣床上铣出。

三、基准选择

为了保证各配合表面的位置精度，用轴两端的中心孔作为粗、精加工的定位基准。这样，既符合基准统一和基准重合的原则，也有利于生产率的提高。为了保证定位基准的精度和表面粗糙度，热处理后应安排修研中心孔。

四、工艺过程（见表 6-4）

表 6-4 传动轴的工艺过程

工序号	工种	加工内容	加工简图
一	车	调头车两端面，钻中心孔，控制总长。	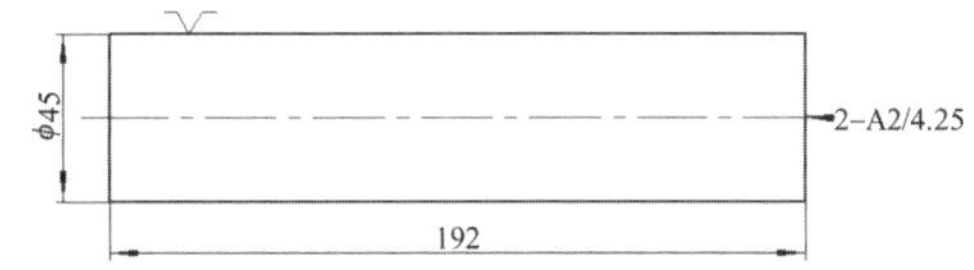 φ45　2−A2/4.25　192
		1. 粗车、半精车右端 φ40、φ25 外圆，留磨削余量 1mm	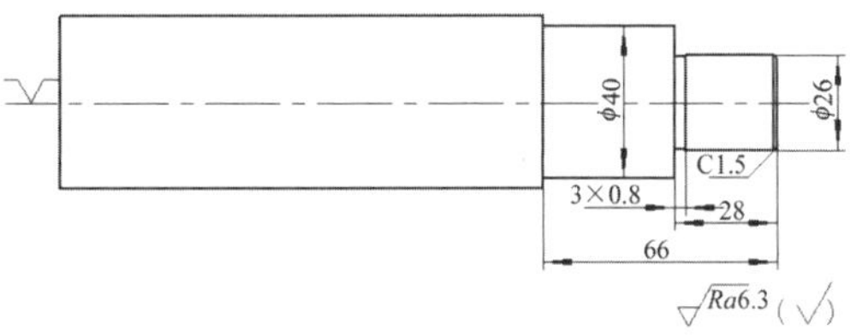 φ40　φ26　C1.5　3×0.8　28　66
		2. 割槽 3×0.8	
		3. 倒角 C1.5	Ra6.3 (√)
		4. 粗车、半精车左端 φ30、φ25 外圆，留磨削余量 1mm	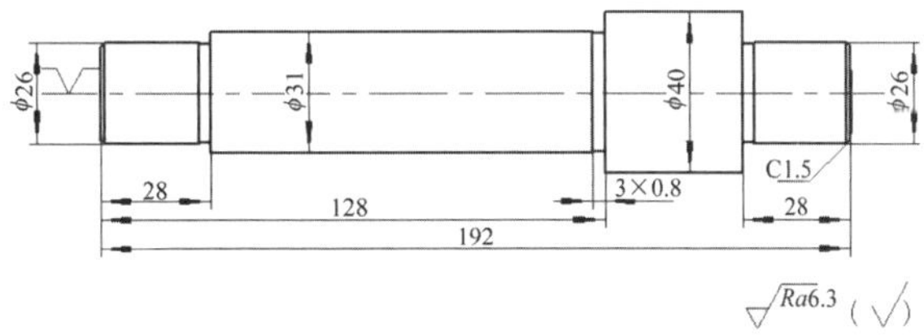 φ26　φ31　φ40　φ26　C1.5　28　128　3×0.8　28　192
		5. 割槽 3×0.8	
		6. 倒角 C1.5	Ra6.3 (√)
二	铣	粗、精铣键槽	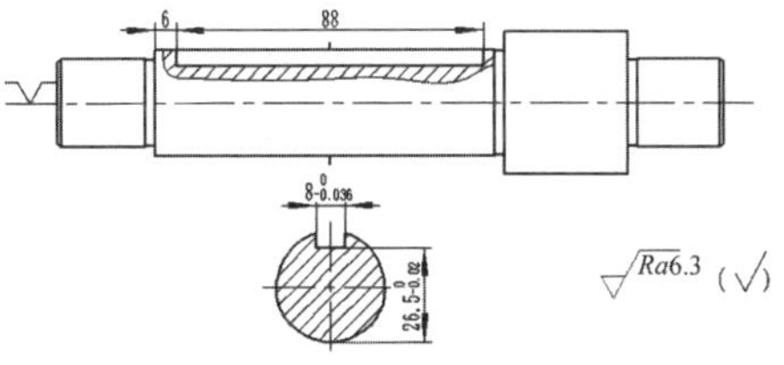 6　88　$8_{-0.036}^{0}$　$26.5_{-0.02}^{0}$　Ra6.3 (√)

续表

工序号	工种	加工内容	加工简图
三	热处理	调质 40～45HRC	
四	钳	修研中心孔	
五	磨	粗磨、精磨右端 ϕ25 外圆至图纸要求	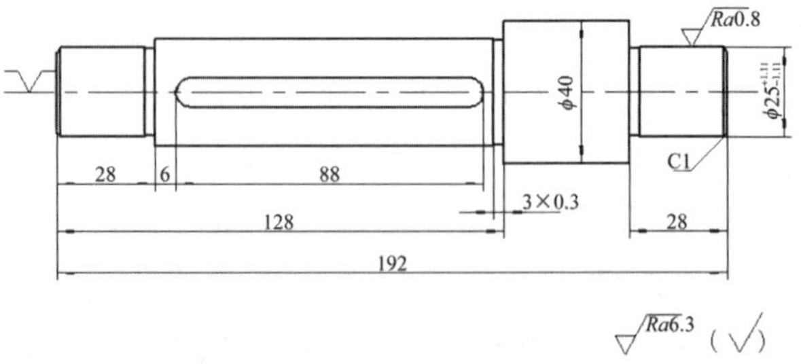 Ra0.8 ϕ40 ϕ25 C1 28　6　88 3×0.3 128　28 192 Ra6.3 (√)
		粗磨、精磨左端 ϕ30、ϕ25 外圆至图纸要求	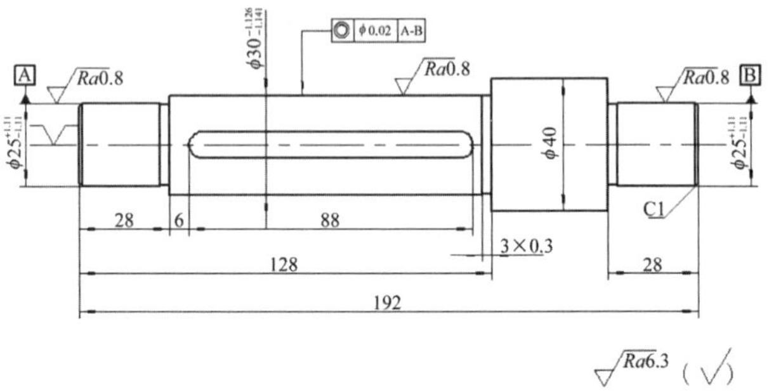 ϕ30 ϕ0.02 A-B A　Ra0.8　Ra0.8　Ra0.8　B ϕ25　ϕ40　ϕ25 C1 28　6　88 3×0.3 128　28 192 Ra6.3 (√)
六	检	按图纸要求检验	

任务二　轴类零件数控车削加工工艺

任务目标

1. 掌握零件的主要加工要求及技术参数
2. 选择合理的加工设备
3. 掌握定位基准与工件坐标系的选择
4. 掌握刀具的合理选用
5. 选用合理的切削用量

知识要求

- 掌握零件的加工要求
- 掌握定位基准与工件坐标系的确定

技能要求

- 能根据图纸要求完成轴类零件的数控车削工艺编制

任务描述

根据知识链接中分析的工艺过程完成螺纹轴的数控车削工艺编制。

任务准备

图纸，如图 6-2 所示。

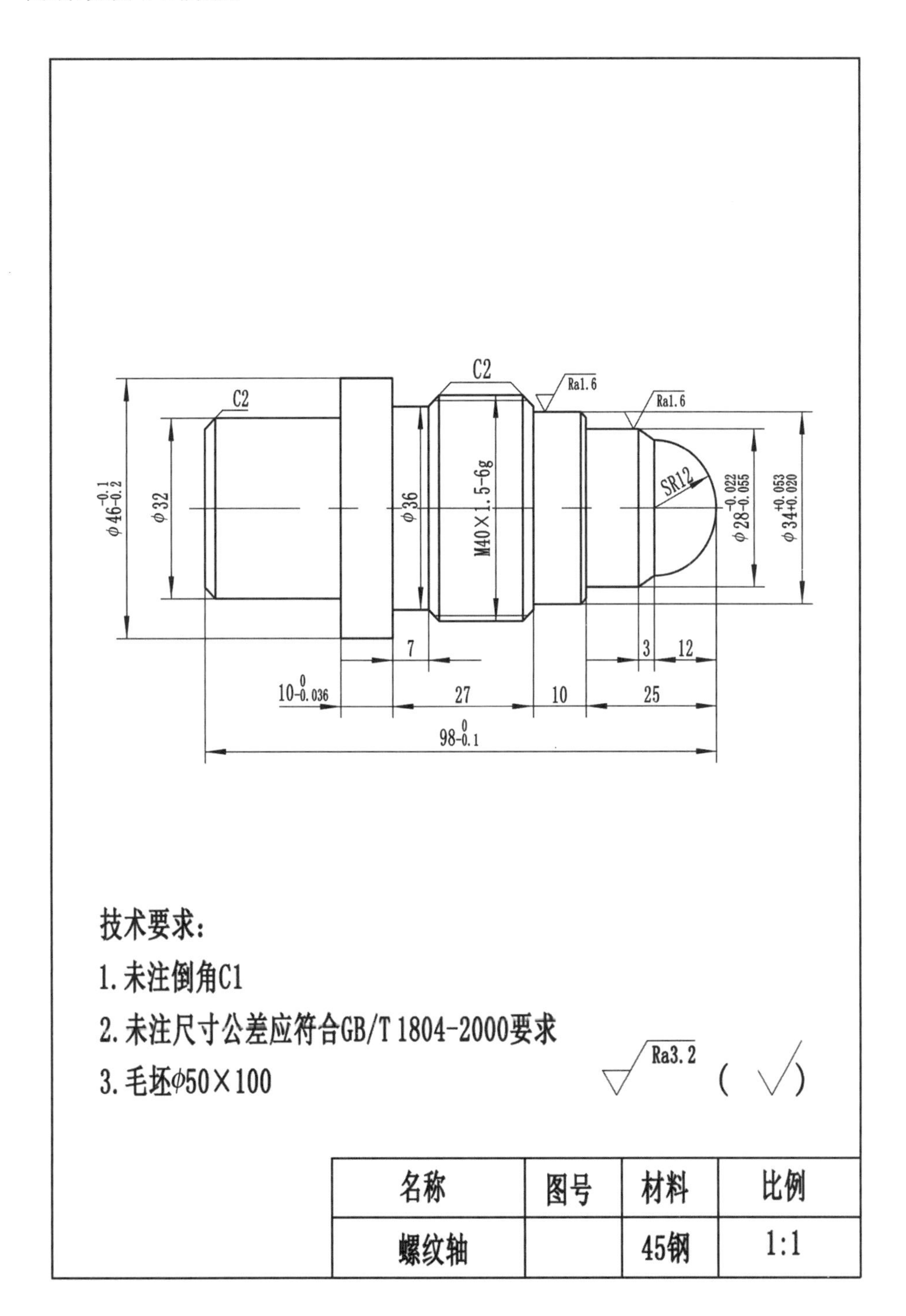

图 6-2　螺纹轴

任务实施

1. 操作准备

图纸、空白工艺卡片、空白刀具卡片、笔等。

2. 操作步骤

(1)阅读与该任务相关的知识

(2)填写工艺卡片见表 6-5

(3)填写刀具卡片见表 6-6

表 6-5 工艺卡片

<table>
<tr><td colspan="4" rowspan="2">数控车削加工工艺卡</td><td colspan="2">零件名称</td><td colspan="2">材料名称</td><td>零件数量</td></tr>
<tr><td colspan="2"></td><td colspan="2"></td><td>1</td></tr>
<tr><td>设备
名称</td><td></td><td>系统
型号</td><td></td><td>夹具
名称</td><td colspan="2"></td><td>毛坯
尺寸</td><td></td></tr>
<tr><td>工序号</td><td colspan="3">工步内容</td><td>刀具号</td><td>主轴转速
/(r·min^{-1})</td><td>进给量
/(mm·/min^{-1})</td><td>背吃刀量
/mm</td><td>备注</td></tr>
<tr><td></td><td colspan="3"></td><td></td><td></td><td></td><td></td><td></td></tr>
<tr><td></td><td colspan="3"></td><td></td><td></td><td></td><td></td><td></td></tr>
<tr><td></td><td colspan="3"></td><td></td><td></td><td></td><td></td><td></td></tr>
<tr><td></td><td colspan="3"></td><td></td><td></td><td></td><td></td><td></td></tr>
<tr><td></td><td colspan="3"></td><td></td><td></td><td></td><td></td><td></td></tr>
<tr><td></td><td colspan="3"></td><td></td><td></td><td></td><td></td><td></td></tr>
<tr><td></td><td colspan="3"></td><td></td><td></td><td></td><td></td><td></td></tr>
<tr><td></td><td colspan="3"></td><td></td><td></td><td></td><td></td><td></td></tr>
<tr><td></td><td colspan="3"></td><td></td><td></td><td></td><td></td><td></td></tr>
<tr><td></td><td colspan="3"></td><td></td><td></td><td></td><td></td><td></td></tr>
<tr><td></td><td colspan="3"></td><td></td><td></td><td></td><td></td><td></td></tr>
<tr><td></td><td colspan="3"></td><td></td><td></td><td></td><td></td><td></td></tr>
<tr><td>编制</td><td></td><td>审核</td><td></td><td>批准</td><td></td><td colspan="2">年 月 日 | 共 1 页</td><td>第 1 页</td></tr>
</table>

表 6-6 刀具卡片

序号	刀具号	刀具名称	刀片/刀具规格	刀尖圆弧	刀具材料	备注
编制人员			编制日期	年 月 日		

3. 任务评价(见表 6-7)

表 6-7　任务评价

序号	评价内容	配分	评分细则	得分
1	刀具卡片填写	10	· 错 1 格扣 1 分,最多扣 10 分 · 错 10 格以上不得分	
2	工件坐标系	10	· 设定正确不扣分 · 设定错误不得分	
3	工序安排	5	· 工序安排合理不扣分 · 工序安排不合理扣 5 分 · 工序安排错误不得分	
4	工步内容	20	· 完全正确不扣分 · 错一步扣 2 分,最多扣 20 分 · 描述不规范酌情扣分,最多扣 20 分	
5	主轴转速	5	· 设定合理不扣分 · 设定不合理每个扣 0.5 分,最多扣 5 分	
6	进给量	5	· 设定合理不扣分 · 设定不合理每个参数扣 0.5 分,最多扣 5 分	
7	背吃刀量	5	· 设定合理不扣分 · 设定不合理每个参数扣 0.5 分,最多扣 5 分	
8	使用设备、材料、夹具等填写	5	· 填写完整不扣分 · 填写缺一项扣 1 分,最多扣 5 分	
9	查阅切削手册	5	· 查阅熟练不扣分 · 查阅不规范每次扣 1 分,最多扣 5 分 · 不会查阅扣 5 分	
10	切削参数换算	5	· 参数换算公式运用熟练不扣分 · 参数换算公式运用不够熟练扣 3 分 · 参数设定不会运用公式扣 5 分	
11	工艺方案合理性	10	· 工艺方案非常合理不扣分 · 工艺方案不够合理扣 1～10 分	
12	考核资料整理	5	· 考核资料整理完整不扣分 · 考核资料比较凌乱扣 1～5 分	
13	职业素养	10		
合计		100		
总分				

序号	评价内容	配分	评分细则	得分
1	刀具卡片填写	48分	·错1格扣0.5分,最多扣5分 ·错10格以上不得分	
2	工件坐标系	48分	·设定正确不扣分 ·设定错误不得分	
3	工序安排	48分	·工序安排合理不扣分 ·工序安排不合理扣1分,最多扣2分 ·工序安排错误不得分	
4	工步内容	48分	·完全正确不扣分 ·错一步扣1分,最多扣5分 ·描述不规范酌情扣分,最多扣3分	
5	主轴转速	48分	·设定合理不扣分 ·设定不合理每个扣0.5分,最多扣5分	
6	进给量	48分	·设定合理不扣分 ·设定不合理每个参数扣0.5分,最多扣5分	
7	背吃刀量	48分	·设定合理不扣分 ·设定不合理每个参数扣0.5分,最多扣5分	
8	使用设备、材料、夹具等填写	48分	·填写完整不扣分 ·填写缺一项扣0.5分,最多扣2分	
48分	查阅切削手册	2	·查阅熟练不扣分 ·查阅不规范每次扣0.5分,最多扣2分 ·不会查阅扣2分	
10	切削参数换算	48分	·参数换算公式运用熟练不扣分 ·参数换算公式运用不够熟练扣1分 ·参数设定不会运用公式扣2分	
11	工艺方案合理性	48分	·工艺方案非常合理不扣分 ·工艺方案不够合理扣1～2分	
12	考核资料整理	48分	·考核资料整理完整不扣分 ·考核资料比较凌乱扣1～2分	
13	职业素养	48分		
合计		100		
总分				

知识链接

一、零件的加工

1. 要求

车削加工零件如图6-2所示,零件的材料为45钢,加工表面有外圆柱面、圆锥面、半球面、螺纹,径向尺寸分别为ϕ32、ϕ46、ϕ36、ϕ40、ϕ34、ϕ28、ϕ28/ϕ24、SR12;其中径向尺寸ϕ46、ϕ28、ϕ34分别有公差,相应极限尺寸的中间值分别为ϕ45.85、ϕ27.962、ϕ34.037;轴向尺寸10与98分别有公差,相应极限尺寸的中间值分别为9.982、97.95;两个封闭环尺寸分别为

10 与 25.968，零件表面粗糙度 Ra 值全为 1.6μm 和 3.2μm，选用粗加工与精加工方法可满足加工质量的要求。

2. 选择加工设备

根据零件的外轮廓选用毛坯尺寸 ϕ50mm×100mm，设备类型选用数控车床。

3. 定位基准与工件坐标系

以外圆与端面为定位基准，工件坐标系 Z 轴是回转零件的中心线，X 轴位于零件的右端面，采用掉头加工的方法。

4. 定位与装夹

选用三爪自定心卡盘装夹工件，如果先加工带有螺纹的零件右端，掉头后装夹困难，因此先考虑加工图示零件的左端，后加工图示零件的右端。

二、工艺过程（见表 6-8）

表 6-8 螺纹轴的工艺过程

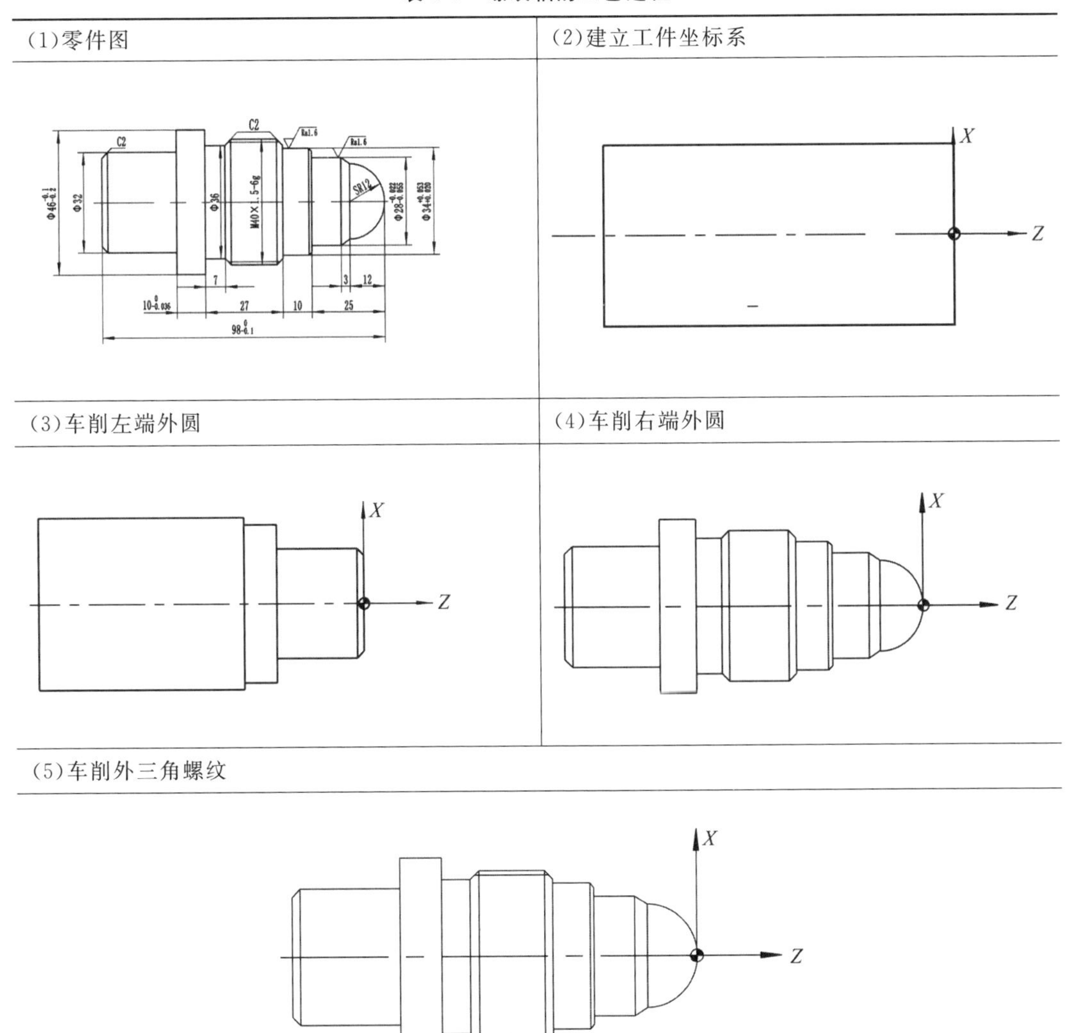

(1)零件左端加工与装夹

坯料伸出长度计算公式:坯料伸出卡爪长度=零件加工长度+10mm=(26+10)mm+10mm=46mm,坯料伸出长度约为46mm,在坯料右端面建立工件坐标系,粗、精加工零件的左端,车削C2倒角、$\phi32$与$\phi46$圆柱面。

(2)零件右端加工与装夹

掉头装夹,以$\phi32\times26$外圆柱面与$\phi46$外圆的左端面为定位面装夹零件,在坯料右端面建立工件坐标系,车削端面时使零件全长至尺寸($98_{-0.1}^{0}$mm),粗、精加工零件的右端,车削SR12半球面、$\phi24$至$\phi28$圆锥面、$\phi28$圆柱面、$\phi34$圆柱面以及C1倒角、$\phi40$圆柱面以及两边C2倒角、$\phi36$圆柱面、$\phi46$圆柱面的右端面。

(3)更换外螺纹车刀,车削加工外螺纹M40×1.5。

5. 刀具选用

(1)选用刀尖角为35°、主偏角为93°的外圆车刀。

(2)选用刀尖角为60°的外螺纹车刀。

6. 选用切削用量

根据零件图技术要求,选用粗加工、半精加工的加工方法,其切削用量选用见表6-9。

表6-9 切削用量选用

切削用量	外圆粗加工	外圆精加工	螺纹粗加工	螺纹精加工
转速/($r\cdot min^{-1}$)	600	800	500	500
背吃刀量/mm	1	0.25	逐刀递减	逐刀递减
进给速度/($mm\cdot r^{-1}$)	0.2	0.1	1.5	1.5

任务三 盘类零件普通车削加工工艺

任务目标

1. 掌握零件的主要加工要求及技术参数
2. 选择合理的加工设备
3. 掌握基准的选择
4. 掌握刀具的合理选用
5. 选用合理的切削用量

知识要求

- 掌握零件的加工要求
- 掌握基准的确定

技能要求

- 能根据图纸要求完成轴套零件的普通车削工艺编制

任务描述

根据知识链接中分析的工艺过程完成轴套普通车削工艺编制。

任务准备

图纸,如图6-3所示。

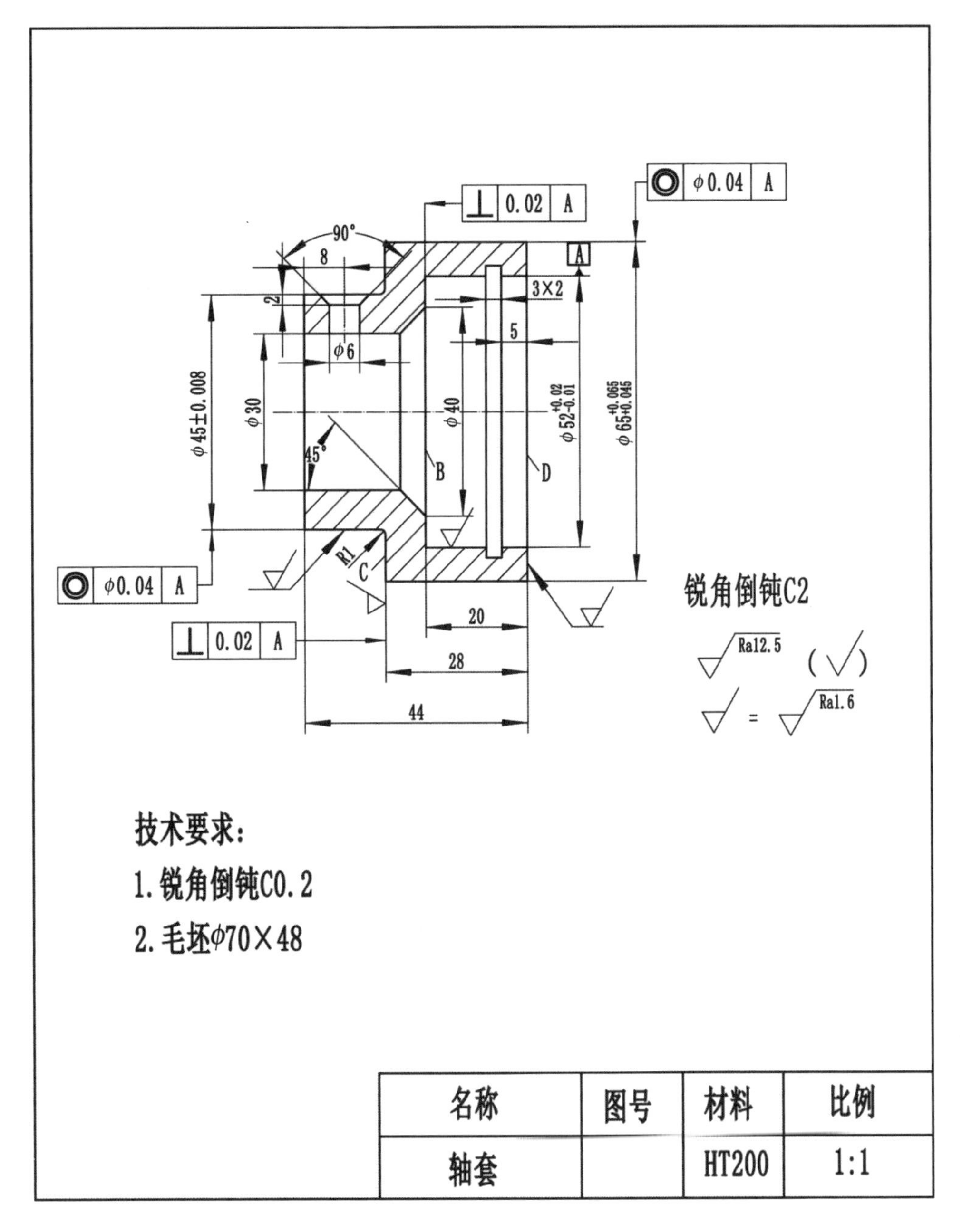

图 6-3　轴套

任务实施

1. 操作准备

图纸、空白工艺卡片、空白刀具卡片、笔等

2. 操作步骤

(1)阅读与该任务相关的知识

(2)填写工艺卡片(见表 6-10)

（3）填写刀具卡片（见表 6-11）

表 6-10 工艺卡片

普通车削加工工艺卡				零件名称		材料名称		零件数量
								1
设备名称		系统型号		夹具名称			毛坯尺寸	
工序号	工步内容			刀具名称	主轴转速/(r·min)	进给量(/mm/min^{-1})	背吃刀量/mm	备注
编制	/	审核	/	批准	/	年 月 日	共 1 页	第 1 页

表 6-11 刀具卡片

<table>
<tr><td>序号</td><td colspan="3">刀具名称</td><td colspan="2">刀具规格</td><td>刀具材料</td><td>备注</td></tr>
<tr><td></td><td colspan="3"></td><td colspan="2"></td><td></td><td></td></tr>
<tr><td></td><td colspan="3"></td><td colspan="2"></td><td></td><td></td></tr>
<tr><td></td><td colspan="3"></td><td colspan="2"></td><td></td><td></td></tr>
<tr><td></td><td colspan="3"></td><td colspan="2"></td><td></td><td></td></tr>
<tr><td></td><td colspan="3"></td><td colspan="2"></td><td></td><td></td></tr>
<tr><td></td><td colspan="3"></td><td colspan="2"></td><td></td><td></td></tr>
<tr><td>编制</td><td>审核</td><td>/</td><td>批准</td><td>/</td><td>年 月 日</td><td>共 1 页</td><td>第 1 页</td></tr>
</table>

3. 任务评价(见表 6-12)

表 6-12　任务评价

序号	评价内容	配分	评分细则	得分
1	刀具卡片填写	10	·错 1 格扣 1 分,最多扣 10 分 ·错 10 格以上不得分	
2	工序安排	10	·工序安排合理不扣分 ·工序安排不合理扣 5 分 ·工序安排错误不得分	
3	工步内容	20	·完全正确不扣分 ·错一步扣 2 分,最多扣 20 分 ·描述不规范酌情扣分,最多扣 20 分	
4	主轴转速	5	·设定合理不扣分 ·设定不合理每个扣 0.5 分,最多扣 5 分	
5	进给量	5	·设定合理不扣分 ·设定不合理每个参数扣 0.5 分,最多扣 5 分	
6	背吃刀量	5	·设定合理不扣分 ·设定不合理每个参数扣 0.5 分,最多扣 5 分	
7	使用设备、材料、夹具等填写	5	·填写完整不扣分 ·填写缺一项扣 1 分,最多扣 5 分	
8	查阅切削手册	5	·查阅熟练不扣分 ·查阅不规范每次扣 1 分,最多扣 5 分 ·不会查阅扣 5 分	
9	切削参数换算	5	·参数换算公式运用熟练不扣分 ·参数换算公式运用不够熟练扣 3 分 ·参数设定不会运用公式扣 5 分	
10	工艺方案合理性	10	·工艺方案非常合理不扣分 ·工艺方案不够合理扣 1～10 分	
11	考核资料整理	10	·考核资料整理完整不扣分 ·考核资料比较凌乱扣 1～5 分	
12	职业素养	10		
合计		100		
总分				

知识链接

一、零件的主要技术要求(如图 6-3 所示)

1. $\phi65^{+0.065}_{+0.045}$和$\phi45\pm0.008$对$\phi52^{+0.02}_{-0.01}$轴线的同轴度允许偏差$\phi0.04$;
2. 端面 B 和 C 对$\phi52^{+0.02}_{-0.01}$轴线的垂直度允许偏差 0.02mm;
3. 工件材料为 HT200,铸件。

二、工艺分析

该轴套要求较高的表面是孔$\phi52^{+0.02}_{-0.01}$，外圆面$\phi65^{+0.065}_{+0.045}$和$\phi45\pm0.008$，以及内端面B和台阶端面C。孔和外圆面不仅本身尺寸精度（相当于IT7）和表面粗糙度有较高要求，位置精度也有一定的要求。端面B和C的表面粗糙度和位置精度都有一定要求。

根据工件材料性质和具体尺寸精度、表面粗糙度的要求，可以采用粗车—精车的工艺来达到。大端外圆面$\phi65^{+0.065}_{+0.045}$对孔$\phi52^{+0.02}_{-0.01}$轴线的同轴度，以及内端面B对孔$\phi52^{+0.02}_{-0.01}$轴线的垂直度要求，可以用在一次安装中车出来保证。本图纸所要求的位置精度在一般的卧式车床上加工是可以达到的。

小端外圆面$\phi45\pm0.008$对孔$\phi52^{+0.02}_{-0.01}$轴线的同轴度，台阶端面C对孔$\phi52^{+0.02}_{-0.01}$轴线的垂直度，可以在精车小端时，以孔和与孔在一次安装中车出的大端端面D定位来保证。这就要用定位精度较高的可胀心轴（如图6-4所示）装夹工件，可胀心轴的定心精度可达0.01mm，定位端面对轴线的垂直度也比较高，装夹工件时只要使大端端面贴紧可胀心轴的定位端面，就可以保证所要求的位置精度。

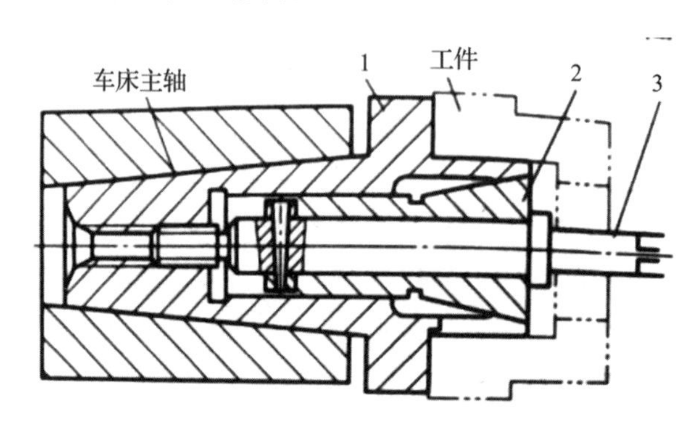

1-可胀心轴体　2-夹头芯　3-螺杆

图6-4　可胀心轴

三、基准选择

为了给粗车—精车大端时提供一个精基准，先以工件毛坯大端外圆面作粗基准，粗车小端外圆面和端面。这样也保证了加工大端时余量均匀一致。然后，以粗车后的小端外圆面和台阶端面C为定位基准（精基准），在一次安装中加工大端各表面，以保证所要求的位置精度。

精车小端时，则利用可胀心轴，以孔$\phi52^{+0.02}_{-0.01}$和大端端面D为定位基准。

四、工艺过程(见表 6-13)

表 6-13 轴套的工艺过程

工序号	工种	加工内容	加工简图
一	铸	铸造,清理	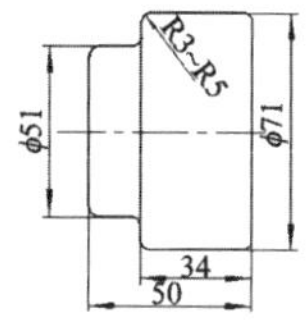
二	车	1. 粗车小端外圆和两端面至$\phi 47\times 16$	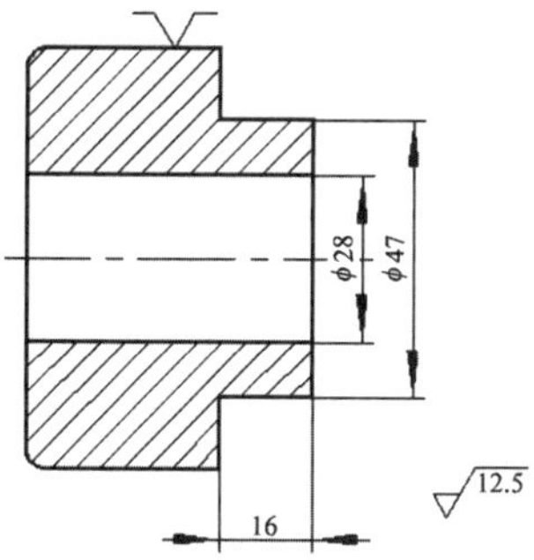 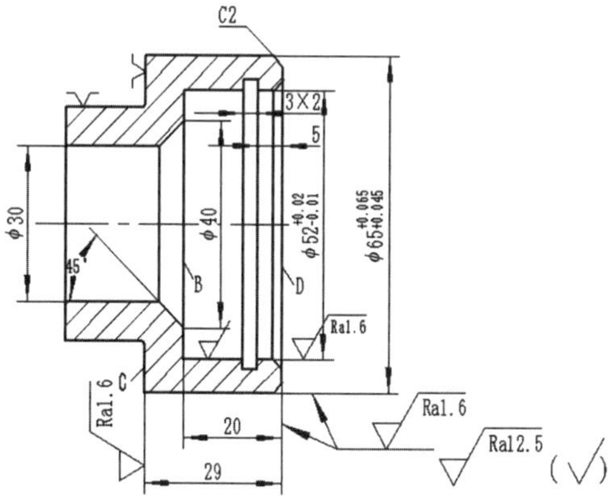
		2. 钻通孔至$\phi 28$	
		3. 调头粗车大端外圆和端面至$\phi 67\times 30$	
		4. 镗通孔至$\phi 30$	
		5. 粗镗大端孔及粗车内端面至$\phi 50\times 20$	
		6. 倒内斜角至$\phi 40\times 45°$	
		7. 精车大端外圆和端面 D 至$\phi 65^{+0.065}_{+0.045}\times 29$	
		8. 精镗大端孔和精车内端面 B 至$\phi 52^{+0.02}_{-0.01}\times 20$	
		9. 车外沟槽 3×2	
		10. 外圆及孔口倒角 C2	注:大端端面原设计要求 Ra 为 12.5μm,但由于精车小端时作为精基准,故工艺要求 Ra 改为 1.6μm
		11. 精车小端外圆至$\phi 45\pm 0.008$	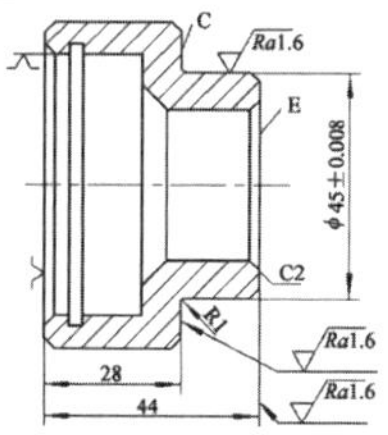
		12. 精车两端面 C,E 保证尺寸 44、28 和 R1	
		13. 外圆及孔口倒角 C2	
三	钳	1. 划$\phi 6$ 孔中心线,保证尺寸 8	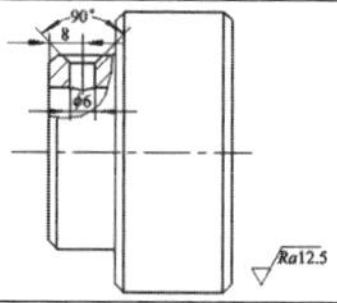
		2. 钻$\phi 6$ 孔	
		3. 锪 $2\times 90°$倒角	
四	检	按图纸要求检验	

任务四　盘类零件数控车削加工工艺

任务目标

1. 掌握零件的主要加工要求及技术参数
2. 选择合理的加工设备
3. 掌握定位基准与工件坐标系的选择
4. 掌握刀具的合理选用
5. 选用合理的切削用量

知识要求

- 掌握零件的加工要求
- 掌握定位基准与工件坐标系的确定

技能要求

- 能根据图纸要求完成盘类零件的数控车削工艺编制

任务描述

根据知识链接中分析的工艺过程完成盘盖的数控车削工艺编制。

任务准备

图纸，如图 6-5 所示。

任务实施

1. 操作准备

图纸、空白工艺卡片、空白刀具卡片、笔等。

2. 操作步骤

(1)阅读与该任务相关的知识

(2)填写工艺卡片见表 6-14

(3)填写刀具卡片见表 6-15

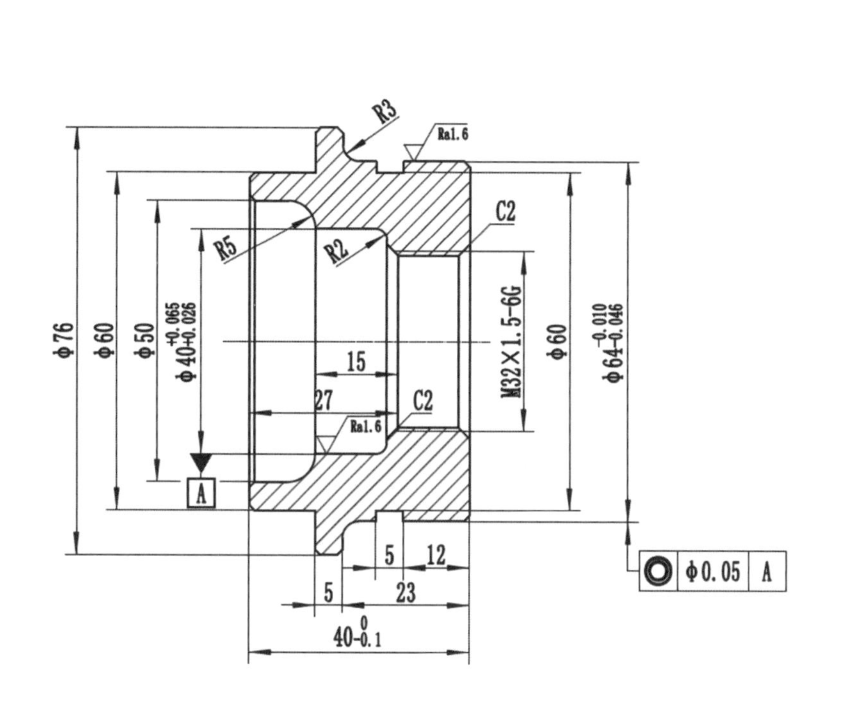

技术要求：

Ra3.2 （ √）

1. 未注倒角C1
2. 未注尺寸公差应符合GB/T1804-2000要求
3. 毛坯φ80×42（孔φ25）

名称	图号	材料	比例
盘盖		45钢	1:1

图 6-5　盘盖

表 6-14 工艺卡片

数控车削加工工艺卡				零件名称		材料名称		零件数量
								1
设备名称		系统型号		夹具名称			毛坯尺寸	
工序号	工步内容			刀具号	主轴转速（r·min^{-1}）	进给量（/mm/min^{-1}）	背吃刀量 mm	备注
编制		审核		批准		年 月 日	共 1 页	第 1 页

表 6-15 刀具卡片

序号	刀具号	刀具名称	刀片/刀具规格	刀尖圆弧	刀具材料	备注
编制	审核		批准	年 月 日	共 1 页	第 1 页

3. 任务评价（见表 6-16）

表 6-16 任务评价

序号	评价内容	配分	评分细则	得分
1	刀具卡片填写	10	·错 1 格扣 1 分，最多扣 10 分 ·错 10 格以上不得分	
2	工件坐标系	10	·设定正确不扣分 ·设定错误不得分	

续表

序号	评价内容	配分	评分细则	得分
3	工序安排	5	·工序安排合理不扣分 ·工序安排不合理扣5分 ·工序安排错误不得分	
4	工步内容	20	·完全正确不扣分 ·错一步扣2分,最多扣20分 ·描述不规范酌情扣分,最多扣20分	
5	主轴转速	5	·设定合理不扣分 ·设定不合理每个扣0.5分,最多扣5分	
6	进给量	5	·设定合理不扣分 ·设定不合理每个参数扣0.5分,最多扣5分	
7	背吃刀量	5	·设定合理不扣分 ·设定不合理每个参数扣0.5分,最多扣5分	
8	使用设备、材料、夹具等填写	5	·填写完整不扣分 ·填写缺一项扣1分,最多扣5分	
9	查阅切削手册	5	·查阅熟练不扣分 ·查阅不规范每次扣1分,最多扣5分 ·不会查阅5分	
10	切削参数换算	5	·参数换算公式运用熟练不扣分 ·参数换算公式运用不够熟练扣3分 ·参数设定不会运用公式扣5分	
11	工艺方案合理性	10	·工艺方案非常合理不扣分 ·工艺方案不够合理扣1～10分	
12	考核资料整理	5	·考核资料整理完整不扣分 ·考核资料比较凌乱扣1～5分	
13	职业素养	10		
合计		100		
总分				

知识链接

一、零件的加工

1. 要求

车削加工零件如图6-5所示,零件的材料为45钢,加工表面有外圆柱面、外沟槽、内圆柱面、内圆弧面、内螺纹,径向尺寸分别为φ76、φ64、φ60、φ50、φ40、φ30.35;其中径向尺寸φ76、φ64、φ40分别有公差,相应极限尺寸的中间值分别为φ75.85、φ63.972、φ40.026;轴向尺寸40有公差,相应极限尺寸的中间值分别为39.95;零件表面粗糙度Ra值全部为1.6μm和3.2μm,选用粗加工与精加工方法可满足加工质量的要求。

2. 选择加工设备

根据零件的外轮廓选用毛坯尺寸φ80mm×35mm,设备类型选用数控车床。

3. 定位基准与工件坐标系

以外圆与端面为定位基准，工件坐标系 Z 轴是回转零件的中心线，X 轴位于零件的右端面，采用掉头加工的方法。

4. 定位与装夹

选用三爪自定心卡盘装夹工件，如果先加工带有外沟槽的零件右端，掉头后装夹不利于后续加工，因此先考虑加工图示零件的左端，后加工图示零件的右端。

二、工艺过程(见表 6-17)

表 6-17　盘盖的工艺过程

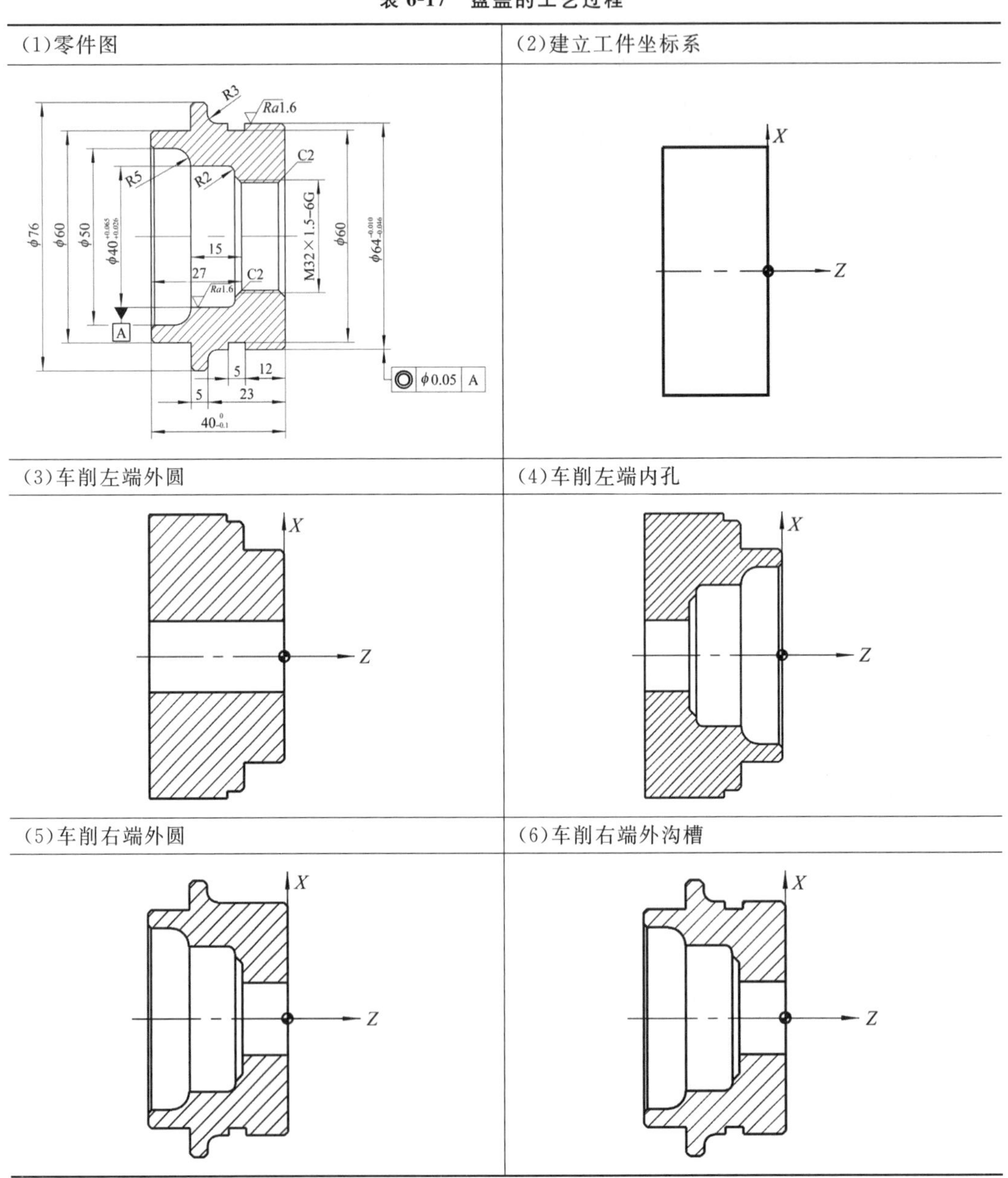

续表

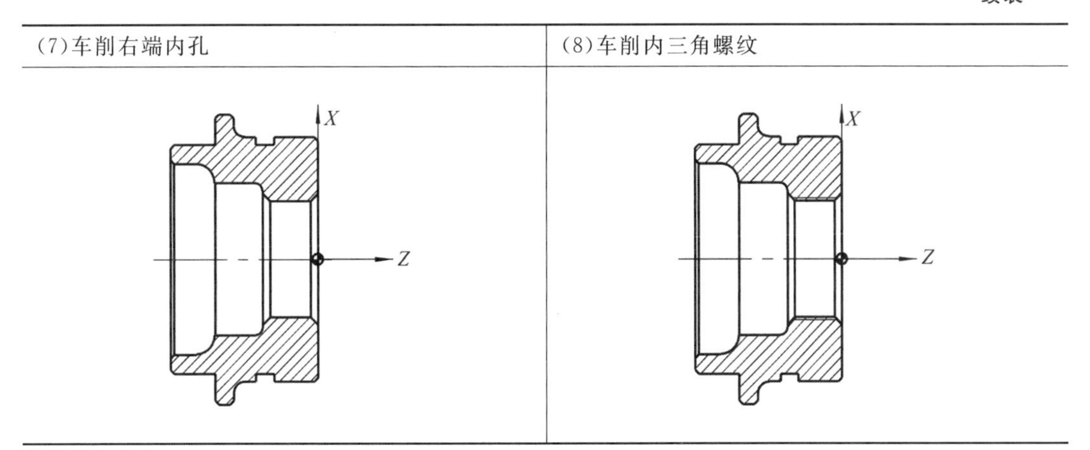

(1)零件左端加工与装夹

坯料伸出长度计算公式:坯料伸出卡爪长度=零件加工长度+5mm=(12+5)mm+5mm=22mm,坯料伸出长度约为22mm,在坯料右端面建立工件坐标系,粗、精加工零件的左端,车削C1倒角、ϕ76与ϕ60外圆柱面,C1倒角、ϕ50、ϕ40与C2倒角内圆柱面及R5与R2内圆角。

(2)零件右端加工与装夹

掉头装夹,以ϕ76×12外圆表面与ϕ76外圆的左端面为定位面装夹零件,在坯料右端面建立工件坐标系,车削端面保证零件总长至尺寸($40_{-0.1}^{\ 0}$ mm),粗、精加工零件的右端,车削C1倒角、ϕ64外圆柱面、R3圆弧及ϕ76右外圆的右端面及C1倒角。

(3)更换外沟槽车刀,车削加工ϕ60×5的外沟槽。

(4)更换镗孔车刀,车削C2倒角、ϕ30.35内圆柱面。

(5)更换内螺纹车刀,车削加工内螺纹M32×1.5。

5. 刀具选用

(1)选用刀尖角为35°,主偏角为93°的外圆车刀。

(2)选用刀尖角为55°,主偏角为93°的内孔车刀。

(3)选用刃宽为5mm,刀长为8mm的外沟槽车刀。

(4)选用刀尖角为60°的内螺纹螺纹车刀。

6. 选用切削用量

根据零件图技术要求,选用粗加工与半精加工的加工方法,其切削用量选用见表6-18。

表6-18 切削用量选用

切削用量	外圆粗加工	外圆精加工	内孔粗加工	内孔精加工	外沟槽	内螺纹粗加工	内螺纹精加工
转速/($r \cdot min^{-1}$)	600	800	500	800	500	500	500
背吃刀量/mm	1	0.25	1	0.25	5	逐刀递减	逐刀递减
进给速度/($mm \cdot r^{-1}$)	0.2	0.1	0.15	0.1	0.1	1.5	1.5

模块二　编制铣削加工工艺

模块目标

- 能根据图纸要求完成盘类零件普通铣削工艺
- 能根据图纸要求完成盘类零件数控铣削工艺
- 能根据图纸要求完成板类零件普通铣削工艺
- 能根据图纸要求完成板类零件数控铣削工艺

学习导入

同一个零件在普通铣床上加工和在数控铣床上加工的工艺方法是完全不同的，根据机床的特点，在刀具的选用、加工的步骤、切削用量上都有一定的区别。通过本模块学习，大家可以了解具体的不同之处。

任务一　轴类零件普通铣削加工工艺

任务目标

1. 掌握零件的主要加工要求及技术参数
2. 选择合理的加工设备
3. 掌握基准的选择
4. 掌握刀具的合理选用
5. 选用合理的切削用量

知识要求

- 掌握零件的加工要求
- 掌握基准的确定

技能要求

- 能根据图纸要求完成轴类零件的普通铣削工艺编制

任务描述

根据知识链接中分析的工艺过程完成槽形花键轴普通铣削工艺编制。

任务准备

图纸，如图 6-6 所示。

任务实施

1. 操作准备

图纸、空白工艺卡片、空白刀具卡片、笔等。

2. 操作步骤

(1)阅读与该任务相关的知识

(2)填写工艺卡片见表 6-19

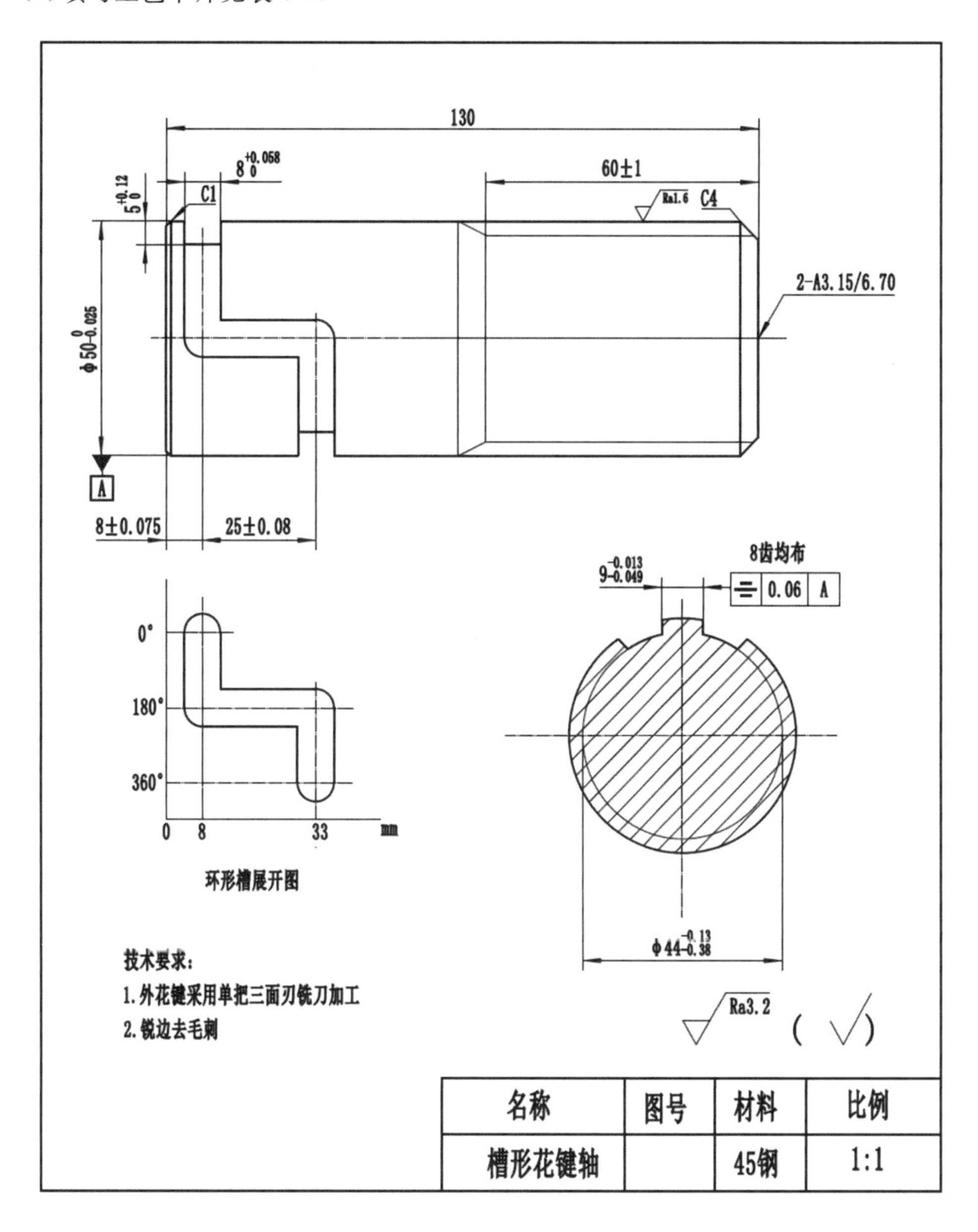

名称	图号	材料	比例
槽形花键轴		45钢	1:1

图 6-6 槽形花键轴

(3)填写刀具卡片见表 6-20

表 6-19 工艺卡片

普通铣削加工工艺卡		零件名称		材料名称		零件数量
						1
设备名称	系统型号	夹具名称			毛坯尺寸	
工序号	工步内容	刀具名称	主轴转速(r·min^{-1})	进给量/(mm·min^{-1})	背吃刀量mm	备注
编制	审核	批准	年 月 日		共 1 页	第 1 页

表 6-20 刀具卡片

序号	刀具名称	刀具规格	刀具材料	备注
编制	审核	批准	年 月 日 共 1 页	第 1 页

3. 任务评价(见表 6-21)

表 6-21 任务评价

序号	评价内容	配分	评分细则	得分
1	刀具卡片填写	10	·错 1 格扣 1 分,最多扣 10 分 ·错 10 格以上不得分	
2	工序安排	10	·工序安排合理不扣分 ·工序安排不合理扣 5 分 ·工序安排错误不得分	
3	工步内容	20	·完全正确不扣分 ·错一步扣 2 分,最多扣 20 分 ·描述不规范酌情扣分,最多扣 20 分	
4	主轴转速	5	·设定合理不扣分 ·设定不合理每个扣 0.5 分,最多扣 5 分	
5	进给量	5	·设定合理不扣分 ·设定不合理每个参数扣 0.5 分,最多扣 5 分	
6	背吃刀量	5	·设定合理不扣分 ·设定不合理每个参数扣 0.5 分,最多扣 5 分	
7	使用设备、材料、夹具等填写	5	·填写完整不扣分 ·填写缺一项扣 1 分,最多扣 5 分	
8	查阅切削手册	5	·查阅熟练不扣分 ·查阅不规范每次扣 1 分,最多扣 5 分 ·不会查阅扣 5 分	
9	切削参数换算	5	·参数换算公式运用熟练不扣分 ·参数换算公式运用不够熟练扣 3 分 ·参数设定不会运用公式扣 5 分	
10	工艺方案合理性	10	·工艺方案非常合理不扣分 ·工艺方案不够合理扣 1～10 分	
11	考核资料整理	10	·考核资料整理完整不扣分 ·考核资料比较凌乱扣 1～5 分	
12	职业素养	10		
合计		100		
总分				

知识链接

一、零件技术要求(如图 6-6 所示)

1. 环形槽的宽度、深度、圆弧半径及旋转角度应符合图样要求。
2. 花键轴的各键应等分于工件圆周。
3. 花键键宽 $9^{-0.013}_{-0.049}$应对称于$\phi 50^{0}_{-0.025}$工件轴心线,对称度为 0.06mm。
4. 工件材料为 45 钢。

二、工艺分析

该零件的各表面除本身有一定的精度(相当于IT7)和表面粗糙度要求外,轴线的同轴还有一定的要求。

根据对各表面的具体要求,可采用如下的加工方案:

粗铣—精铣

轴上的环形键槽,可以用键槽铣刀在立式铣床上铣出。花键可以用单把三面刃铣刀在卧式铣床上铣出。

三、基准选择

工件可以安装在分度头顶尖与尾座顶尖之间,为了保证各配合表面的位置精度,用轴两端的中心孔作为粗、精加工的定位基准。这样,既符合基准统一和基准重合的原则,也有利于生产率的提高。

四、工艺过程(见表6-22)

表6-22 槽形花键轴的工艺过程

工序号	工种	加工内容	加工简图
一	车	1. 调头车两端面,钻中心孔,控制总长。	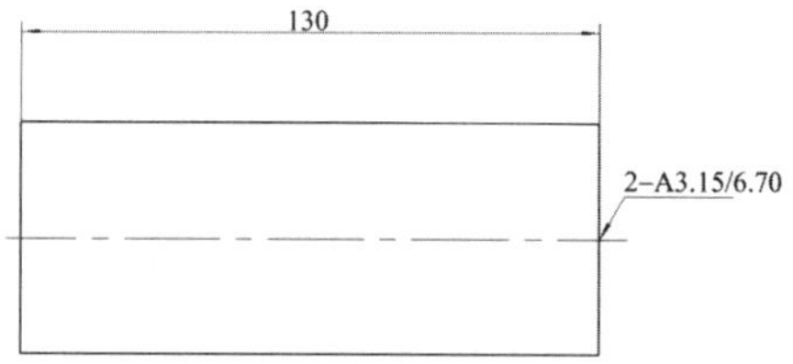 130; 2-A3.15/6.70
		2. 粗车、精车$\phi50$外圆	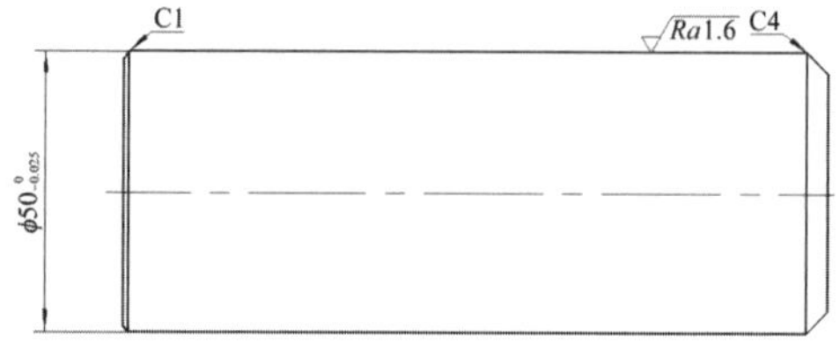 C1; Ra1.6; C4; $\phi50^{0}_{-0.025}$

续表

工序号	工种	加工内容	加工简图
二	铣	1. 粗铣、精铣环形键槽	$8^{+0.050}_{0}$ 8±0.075 25±0.08 0° 180° 360° 0 8 33 mm 环形槽展开图
		2. 粗铣、精铣花键轴	60±1 $\phi50^{0}_{-0.026}$ A $9^{-0.012}_{-0.019}$ 8齿均布 0.06 A $\phi44^{-0.12}_{-1.21}$
三	检	按图纸要求检验	

任务二　盘类零件数控铣削加工工艺

任务目标

1. 掌握零件的主要加工要求及技术参数
2. 选择合理的加工设备
3. 掌握定位基准与工件坐标系的选择
4. 掌握刀具的合理选用
5. 选用合理的切削用量

知识要求

- 掌握零件的加工要求
- 掌握定位基准与工件坐标系的确定

技能要求

- 能根据图纸要求完成盘类零件的数控铣削工艺编制

任务描述

根据知识链接中分析的工艺过程完成盘类零件的数控铣削工艺编制。

任务准备

图纸，如图 6-7 所示。

任务实施

1. 操作准备

图纸、空白工艺卡片、空白刀具卡片、笔等。

2. 操作步骤

(1)阅读与该任务相关的知识

(2)填写工艺卡片见表 6-23

(3)填写刀具卡片见表 6-24

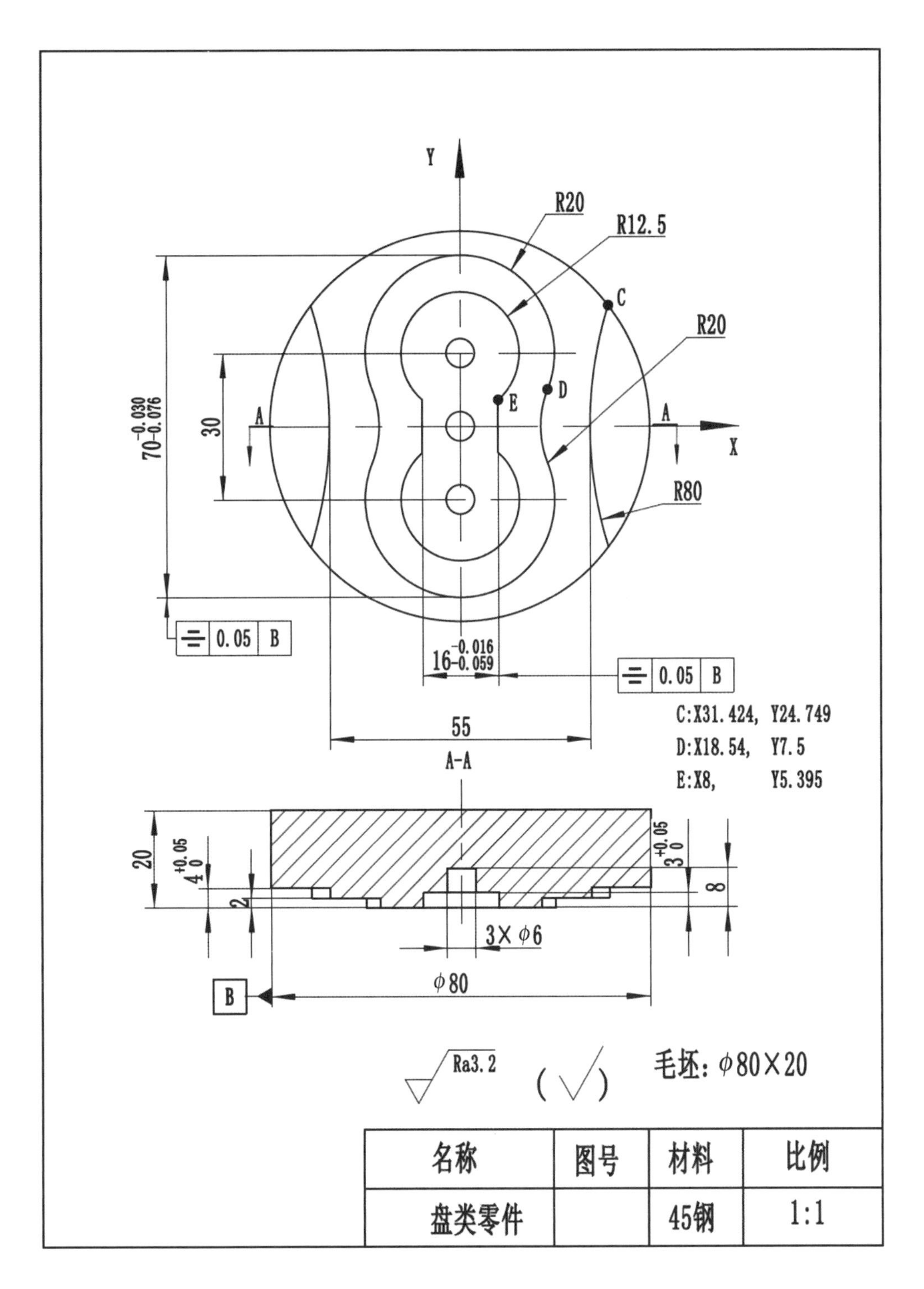
Y
R20
R12.5
C
R20
D
E
A
A
X
30
$70^{-0.030}_{-0.076}$
R80
0.05 B
$16^{-0.016}_{-0.059}$
0.05 B
55
C:X31.424, Y24.749
D:X18.54, Y7.5
E:X8, Y5.395
A-A
20
$4^{+0.05}_{0}$
2
$3^{+0.05}_{0}$
8
3×ϕ6
ϕ80
B
Ra3.2
(√)
毛坯：ϕ80×20
名称
图号
材料
比例
盘类零件
45钢
1:1

图 6-7　盘类零件

表 6-23　工艺卡片

<table>
<tr><td colspan="3" rowspan="2">数控铣削加工工艺卡</td><td colspan="2">零件名称</td><td colspan="2">材料名称</td><td>零件数量</td></tr>
<tr><td colspan="2"></td><td colspan="2"></td><td>1</td></tr>
<tr><td>设备名称</td><td></td><td>系统型号</td><td></td><td>夹具名称</td><td colspan="2"></td><td>毛坯尺寸</td></tr>
<tr><td>工序号</td><td colspan="3">工步内容</td><td>刀具号</td><td>主轴转速(r·min⁻¹)</td><td>进给量/(mm·min⁻¹)</td><td>背吃刀量mm</td></tr>
</table>

工序号	工步内容	刀具号	主轴转速 $(r \cdot min^{-1})$	进给量 $/(mm \cdot min^{-1})$	背吃刀量 mm	备注
编制	审核	批准	年　月　日	共1页	第1页	

表 6-24　刀具卡片

序号	刀具号	刀具名称	刀具规格	刀具材料	备注
编制	审核	批准	年　月　日	共1页	第1页

3. 任务评价(见表 6-25)

表 6-25　任务评价

序号	评价内容	配分	评分细则	得分
1	刀具卡片填写	10	·错1格扣1分,最多扣10分 ·错10格以上不得分	
2	工件坐标系	10	·设定正确不扣分 ·设定错误不得分	
3	工序安排	5	·工序安排合理不扣分 ·工序安排不合理扣5分 ·工序安排错误不得分	

续表

序号	评价内容	配分	评分细则	得分
4	工步内容	20	·完全正确不扣分 ·错一步扣2分,最多扣20分 ·描述不规范酌情扣分,最多扣20分	
5	主轴转速	5	·设定合理不扣分 ·设定不合理每个扣0.5分,最多扣5分	
6	进给量	5	·设定合理不扣分 ·设定不合理每个参数扣0.5分,最多扣5分	
7	背吃刀量	5	·设定合理不扣分 ·设定不合理每个参数扣0.5分,最多扣5分	
8	使用设备、材料、夹具等填写	5	·填写完整不扣分 ·填写缺一项扣1分,最多扣5分	
9	查阅切削手册	5	·查阅熟练不扣分 ·查阅不规范每次扣1分,最多扣5分 ·不会查阅扣5分	
10	切削参数换算	5	·参数换算公式运用熟练不扣分 ·参数换算公式运用不够熟练扣3分 ·参数设定不会运用公式扣5分	
11	工艺方案合理性	10	·工艺方案非常合理不扣分 ·工艺方案不够合理扣1~10分	
12	考核资料整理	5	·考核资料整理完整不扣分 ·考核资料比较凌乱扣1~5分	
13	职业素养	10		
合计		100		
总分				

知识链接

一、工艺分析

1. 零件的加工要求

铣削加工零件如图6-7所示,零件材料为45钢,加工面上有两层凸台,第一层凸台由4条圆弧组成了一个凸“8”字形,有公差要求,深度为2mm;第二层凸台由2条圆弧组成,深度为4mm,有公差要求;零件中间由2条圆弧和2条直线组成的一个凹轮廓,深度为3mm,有公差要求;在凹轮廓表面上有三个$\phi 6$的孔。零件加工表面粗糙度Ra值要求全部为3.2μm,用铣削加工方式可以满足零件加工质量的要求。

2. 选择加工设备

零件毛坯尺寸$\phi 80$mm×20mm,设备类型选择数控铣床。

3. 定位基准与工件坐标系

由于盘类零件的加工轮廓对称于零件的中心线,设定工件上表面的中心原点为工件坐标系原点。

4. 定位与装夹

以工件安装位置底平面为定位基准，用三爪卡盘夹紧工件。

毛坯料上表面伸出高度计算公式：坯料上表面伸出高度大于零件凸台高度

二、工艺过程（见表 6-26）

表 6-26 盘类零件的工艺过程

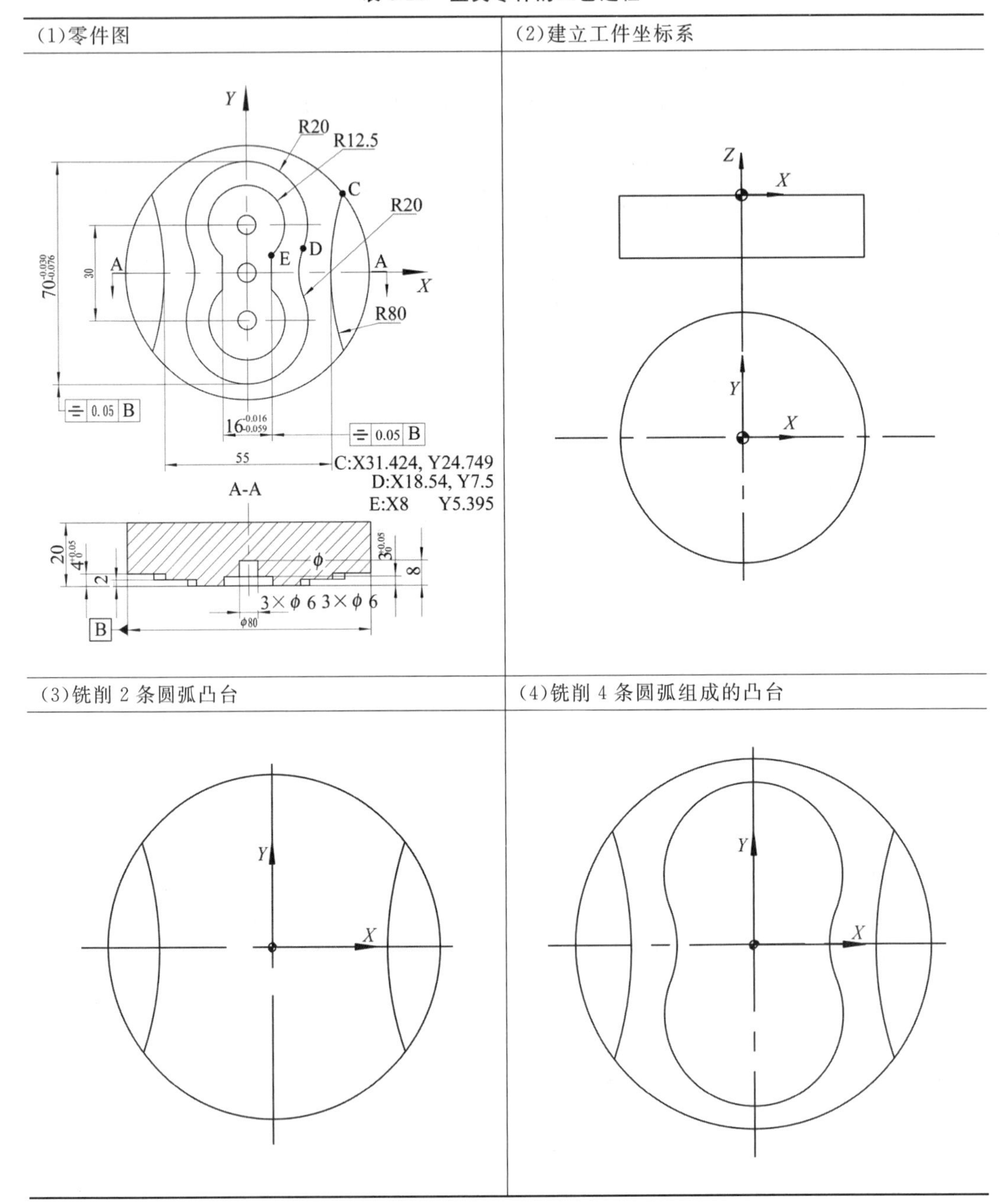

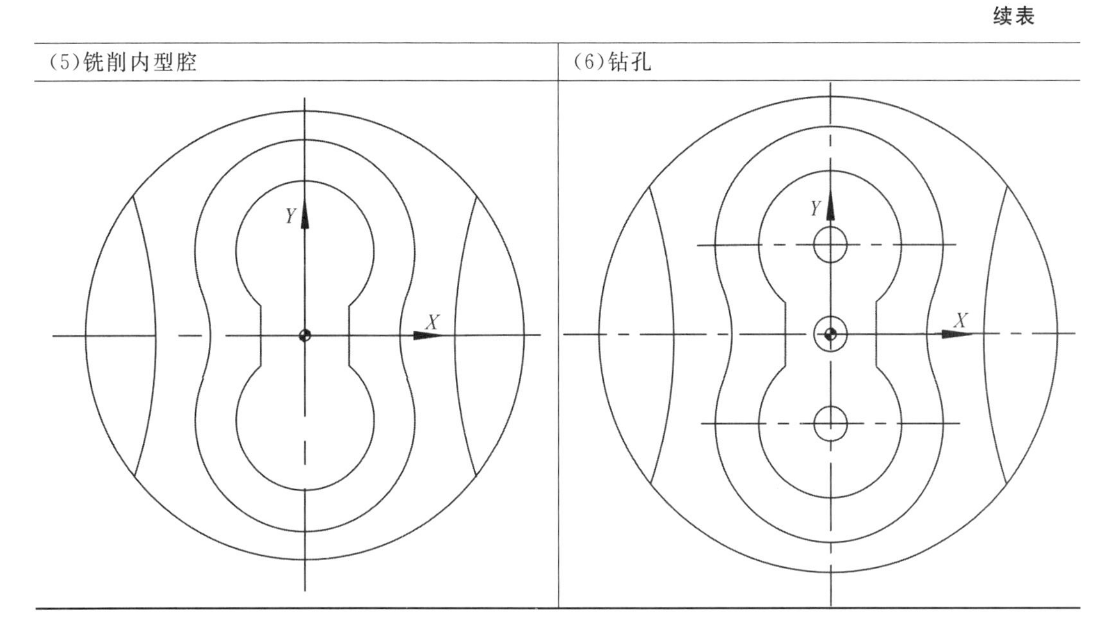

5. 刀具选用

(1)由于零件轮廓凹圆弧的最小半径为 12.5mm,考虑零件表面去除的毛坯余量不多,选用ϕ12mm 键槽铣刀较为合理

(2)3 个ϕ6mm 的孔没有精度要求,用ϕ3mm 的中心钻定位,再用ϕ6mm 的麻花钻钻孔的方法加工。

6. 选用切削用量

根据零件图纸的技术要求,采用粗加工与半精加工的加工方法,选择高速钢键槽铣刀、中心钻和麻花钻,铣削切削用量选用见表 6-27。

表 6-27 铣削切削用量选用

刀具	粗加工		精加工	
	转速 (r · min^{-1})	进给速度 /(mm · min^{-1})	转速 (r · min^{-1})	进给速度 /(mm · min^{-1})
ϕ12mm 键槽铣刀	800	100	1000	80
ϕ3mm 中心钻	/	/	1000	40
ϕ6mm 麻花钻	/	/	800	40

任务三 板类零件普通铣削加工工艺

任务目标

1. 掌握零件的主要加工要求及技术参数
2. 选择合理的加工设备
3. 掌握基准的选择
4. 掌握刀具的合理选用

5．选用合理的切削用量

知识要求

- 掌握零件的加工要求
- 掌握基准的确定

技能要求

- 能根据图纸要求完成板类零件的普通铣削工艺编制

任务描述

根据知识链接中分析的工艺过程完成板类零件普通铣削工艺编制。

任务准备

图纸，如图 6-8 所示。

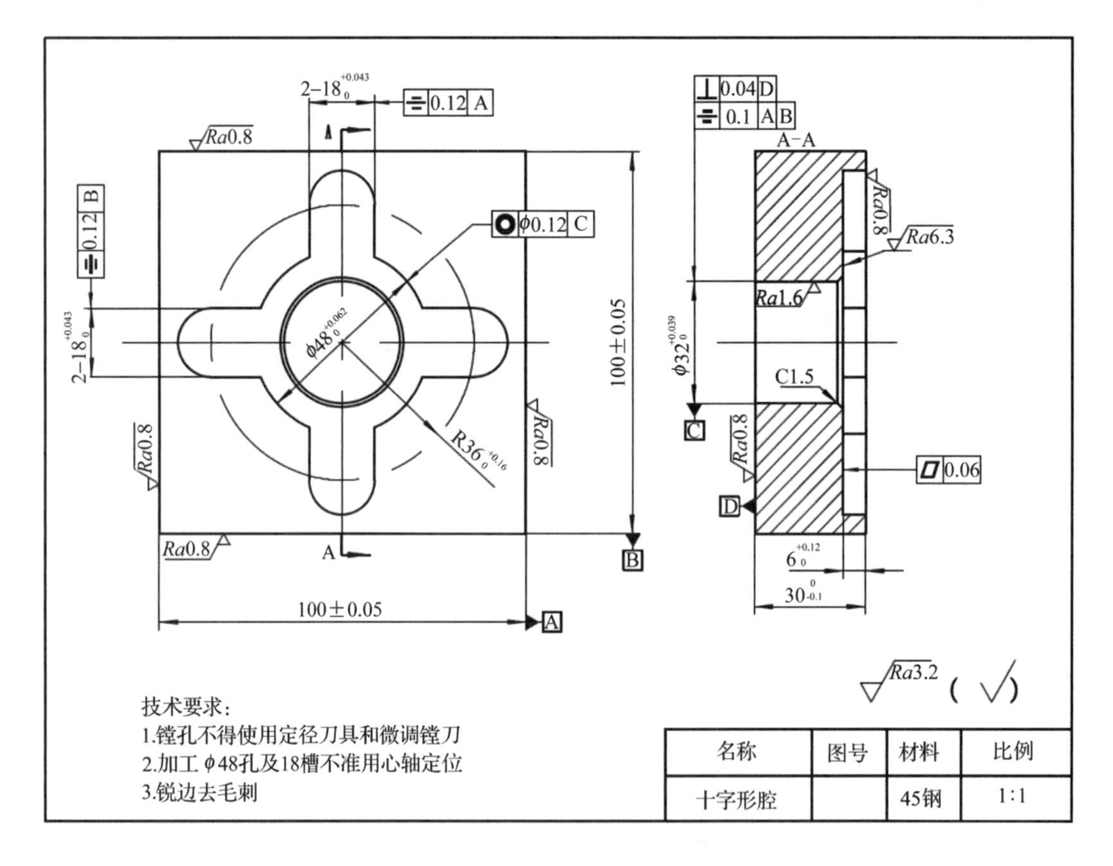

图 6-8　十字形腔

任务实施

1．操作准备

图纸、空白工艺卡片、空白刀具卡片、笔等。

2．操作步骤

(1)阅读与该任务相关的知识

(2)填写工艺卡片见表6-28

(3)填写刀具卡片见表6-29

表6-28　工艺卡片

普通铣削加工工艺卡				零件名称		材料名称		零件数量
								1
设备名称		系统型号		夹具名称			毛坯尺寸	
工序号	工步内容			刀具名称	主轴转速(r·min^{-1})	进给量/(mm·min^{-1})	背吃刀量mm	备注
编制		审核		批准		年　月　日	共1页	第1页

表6-29　刀具卡片

序号	刀具名称	刀具规格	刀具材料	备注
编制	审核　　批准	年　月　日	共1页	第1页

3. 任务评价(见表 6-30)

表 6-30 任务评价

序号	评价内容	配分	评分细则	得分
1	刀具卡片填写	10	·错 1 格扣 1 分,最多扣 10 分 ·错 10 格以上不得分	
2	工序安排	10	·工序安排合理不扣分 ·工序安排不合理扣 5 分 ·工序安排错误不得分	
3	工步内容	20	·完全正确不扣分 ·错一步扣 2 分,最多扣 20 分 ·描述不规范酌情扣分,最多扣 20 分	
4	主轴转速	5	·设定合理不扣分 ·设定不合理每个扣 0.5 分,最多扣 5 分	
5	进给量	5	·设定合理不扣分 ·设定不合理每个参数扣 0.5 分,最多扣 5 分	
6	背吃刀量	5	·设定合理不扣分 ·设定不合理每个参数扣 0.5 分,最多扣 5 分	
7	使用设备、材料、夹具等填写	5	·填写完整不扣分 ·填写缺一项扣 1 分,最多扣 5 分	
8	查阅切削手册	5	·查阅熟练不扣分 ·查阅不规范每次扣 1 分,最多扣 5 分 ·不会查阅扣 5 分	
9	切削参数换算	5	·参数换算公式运用熟练不扣分 ·参数换算公式运用不够熟练扣 3 分 ·参数设定不会运用公式扣 5 分	
10	工艺方案合理性	10	·工艺方案非常合理不扣分 ·工艺方案不够合理扣 1~10 分	
11	考核资料整理	10	·考核资料整理完整不扣分 ·考核资料比较凌乱扣 1~5 分	
12	职业素养	10		
合计		100		
总分				

知识链接

一、零件技术要求(如图 6-8 所示)

1. $\phi32^{+0.039}_{0}$、$\phi48^{+0.062}_{0}$孔的精度。
2. $2-18^{+0.043}_{0}$十字键槽的槽宽及$6^{+0.12}_{0}$槽深精度。
3. $\phi48^{+0.062}_{0}$孔对$\phi32^{+0.039}_{0}$孔的同轴度为$\leqslant\phi0.12$mm。
4. $\phi32^{+0.039}_{0}$孔对基准面 D 的垂直度为$\leqslant0.04$mm。
5. $\phi32^{+0.039}_{0}$孔对基准面 A 和 B 的对称度为$\leqslant0.1$mm。

6. 2－$18^{+0.043}_{0}$十字键槽分别对基准面 A 和 B 的对称度为≤0.12mm。

7. 十字键槽的底平面的平面度为≤0.06mm。

8. 工件材料为 45 钢。

二、工艺分析

该零件的各表面除本身有一定的精度(相当于 IT7)和表面粗糙度要求外,还有一定的形位公差,可采用如下的加工方案:

粗铣——精铣

零件安装在圆转台上用立式铣床进行铣削加工。

三、基准选择

为了保证各表面的位置精度,以底平面和一侧面为定位基准。这样,既符合基准统一的原则,又有利于提高位置精度及加工效率。

四、工艺过程(见表 6-31)

表 6-31　十字形腔的工艺过程

工序号	工种	加工内容	加工简图
一	铣	铣削六面体,100×100×30,各留 0.2mm 磨削余量,控制各面之间的形位公差	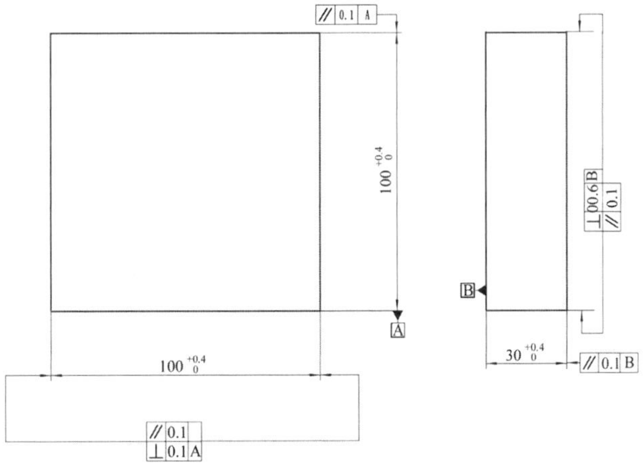
二	磨	精磨六个面,保证(100±0.05)×(100±0.05),并保证各平面的平面度,各平面之间的垂直度、平行度及表面粗糙度至图纸要求	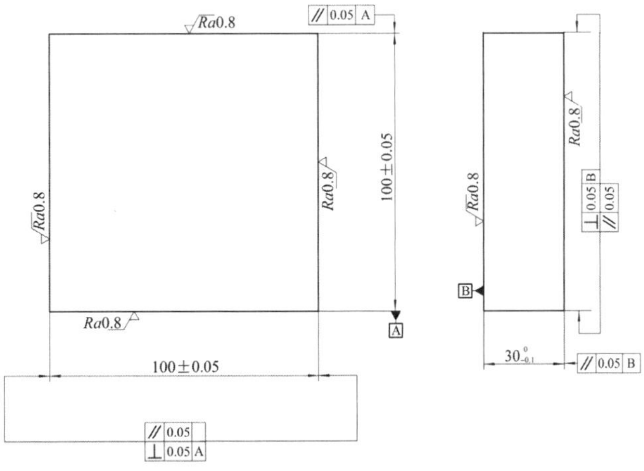

续表

工序号	工种	加工内容	加工简图
三	铣	1. 铣$\phi 32^{+0.039}_{0}$通孔	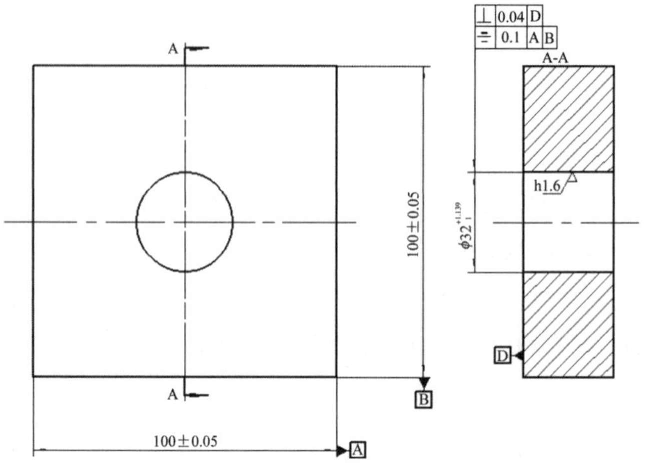
		2. 铣$\phi 48^{+0.062}_{0}\times 6$台阶孔	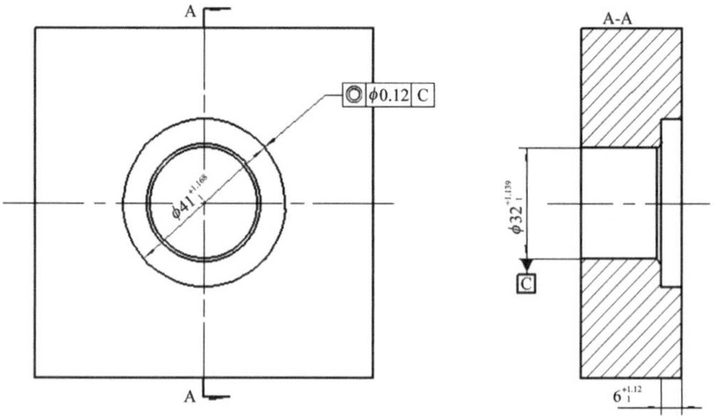
		3. 粗、精铣$2-18^{+0.043}_{0}$十字键槽	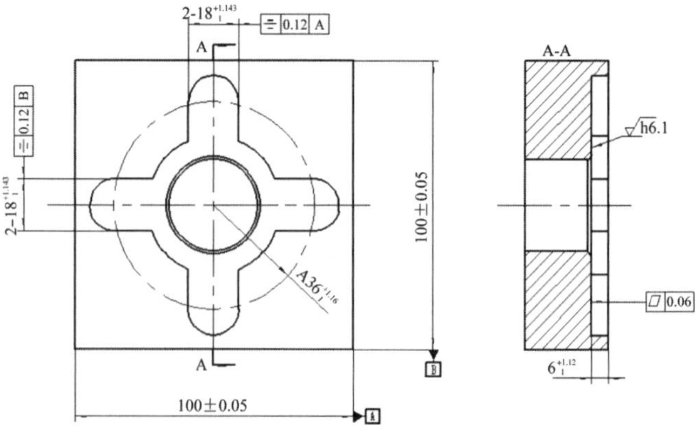
四	检	按图纸要求检验	

任务四　板类零件数控铣削加工工艺

任务目标

1. 掌握零件的主要加工要求及技术参数
2. 选择合理的加工设备
3. 掌握定位基准与工件坐标系的选择
4. 掌握刀具的合理选用
5. 选用合理的切削用量

知识要求

- 掌握零件的加工要求
- 掌握定位基准与工件坐标系的确定

技能要求

- 能根据图纸要求完成板类零件的数控铣削工艺编制

任务描述

根据知识链接中分析的工艺过程完成板类零件数控铣削工艺编制。

任务准备

图纸，如图 6-9 所示。

任务实施

1. 操作准备

图纸、空白工艺卡片、空白刀具卡片、笔等。

2. 操作步骤

(1)阅读与该任务相关的知识

(2)填写工艺卡片见表 6-32

(3)填写刀具卡片见表 6-33

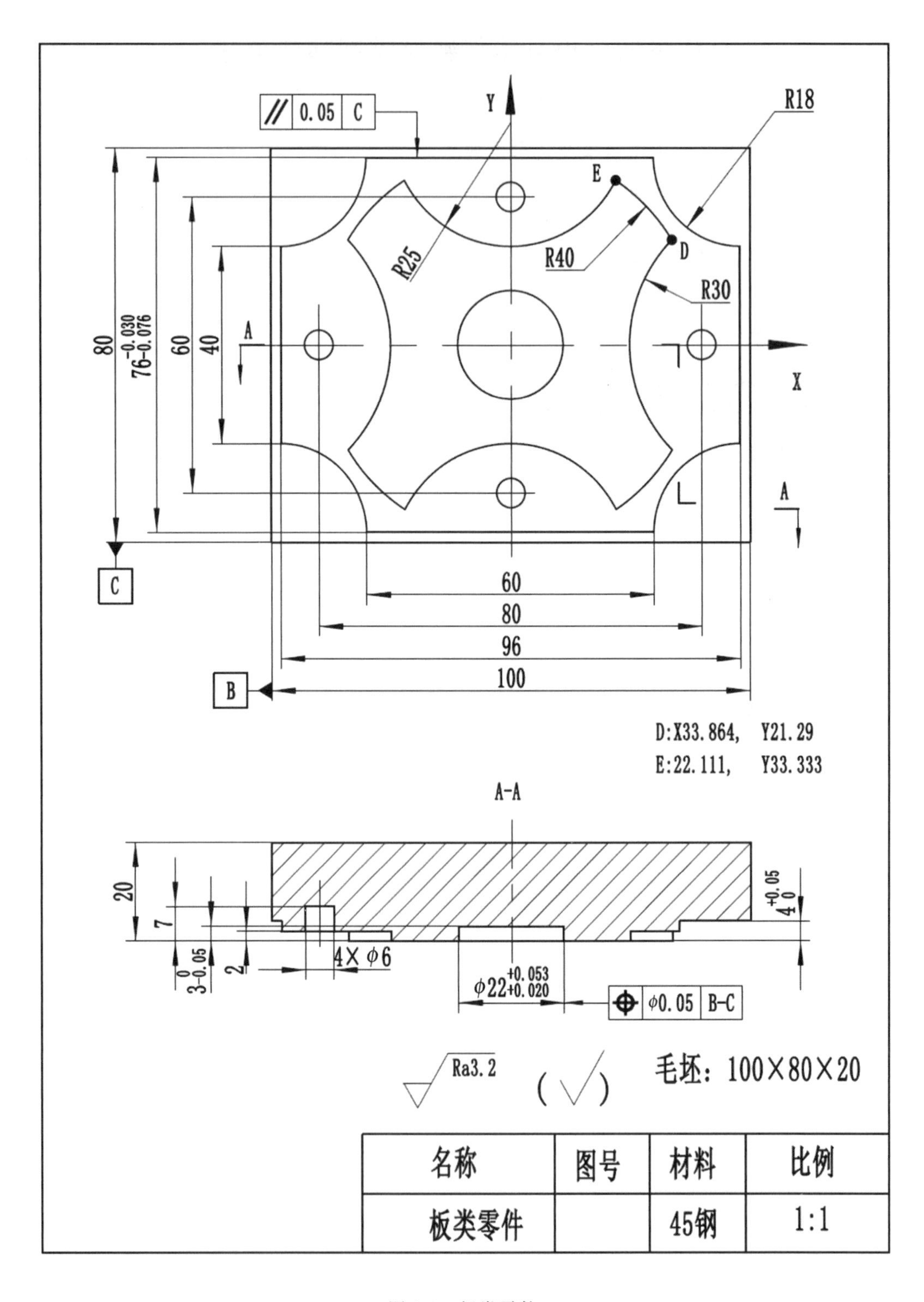

名称	图号	材料	比例
板类零件		45钢	1:1

图 6-9　板类零件

表 6-32　工艺卡片

数控铣削加工工艺卡			零件名称		材料名称	零件数量
						1
设备名称		系统型号		夹具名称		毛坯尺寸	
工序号	工步内容	刀具号	主轴转速（r·min^{-1}）	进给量/（mm/min^{-1}）	背吃刀量 mm	备注
编制	/	审核	/	批准	/	年　月　日	共 1 页	第 1 页

表 6-33　刀具卡片

序号	刀具号	刀具名称	刀具规格	刀具材料	备注
编制	审核	/	批准	/	年　月　日	共 1 页	第 1 页

3. 任务评价（见表 6-34）

表 6-34　任务评价

序号	评价内容	配分	评分细则	得分
1	刀具卡片填写	10	· 错 1 格扣 1 分，最多扣 10 分 · 错 10 格以上不得分	
2	工件坐标系	10	· 设定正确不扣分 · 设定错误不得分	

续表

序号	评价内容	配分	评分细则	得分
3	工序安排	5	・工序安排合理不扣分 ・工序安排不合理扣 5 分 ・工序安排错误不得分	
4	工步内容	20	・完全正确不扣分 ・错一步扣 2 分，最多扣 20 分 ・描述不规范酌情扣分，最多扣 20 分	
5	主轴转速	5	・设定合理不扣分 ・设定不合理每个扣 0.5 分，最多扣 5 分	
6	进给量	5	・设定合理不扣分 ・设定不合理每个参数扣 0.5 分，最多扣 5 分	
7	背吃刀量	5	・设定合理不扣分 ・设定不合理每个参数扣 0.5 分，最多扣 5 分	
8	使用设备、材料、夹具等填写	5	・填写完整不扣分 ・填写缺一项扣 1 分，最多扣 5 分	
9	查阅切削手册	5	・查阅熟练不扣分 ・查阅不规范每次扣 1 分，最多扣 5 分 ・不会查阅扣 5 分	
10	切削参数换算	5	・参数换算公式运用熟练不扣分 ・参数换算公式运用不够熟练扣 3 分 ・参数设定不会运用公式扣 5 分	
11	工艺方案合理性	10	・工艺方案非常合理不扣分 ・工艺方案不够合理扣 1～10 分	
12	考核资料整理	5	・考核资料整理完整不扣分 ・考核资料比较凌乱扣 1～5 分	
13	职业素养	10		
合计		100		
总分				

知识链接

一、工艺分析

1. 零件的加工要求

铣削加工零件如图 6-9 所示，零件材料为 45 钢，加工面上有两层凸台，第一层凸台由 8 条圆弧组成，深度为 2mm，中间是$\phi22\times3$ 平底孔，孔径有公差要求；第二层凸台是四角由 4 条圆弧组成的长方形凸台，深度为 4mm，长方形高度与凸台深度有公差要求；在长方形凸台表面上有四个$\phi6$ 的孔。零件加工表面粗糙度 Ra 要求全部为 3.2μm，用铣削加工方式可以满足零件加工质量的要求。

2. 选择加工设备

零件毛坯尺寸 100mm×80mm×20mm，设备类型选用数控铣床。

3. 定位基准与工件坐标系

由于长方形板状零件的加工轮廓对称于零件的中心线，设定工件上表面的中心原点为工件坐标系原点。

4. 定位与装夹

以工件安装位置底平面为定位基准，用平口钳夹紧工件。

毛坯料上表面伸出高度计算公式：坯料上表面伸出高度>零件凸台高度。

二、工艺过程(见表 6-35)

表 6-35 板类零件的工艺过程

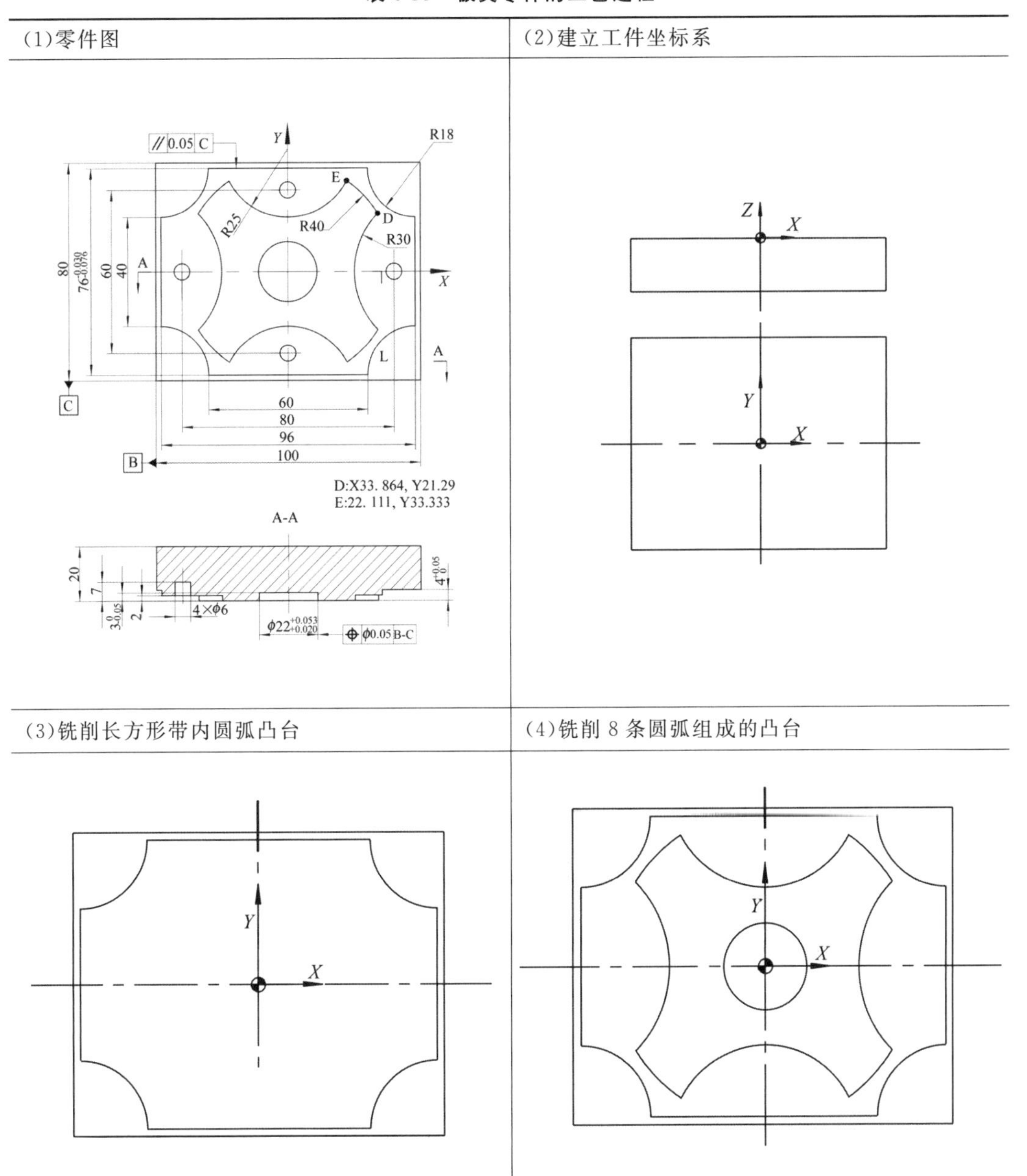

续表

(5)铣削圆形型腔	(6)钻孔

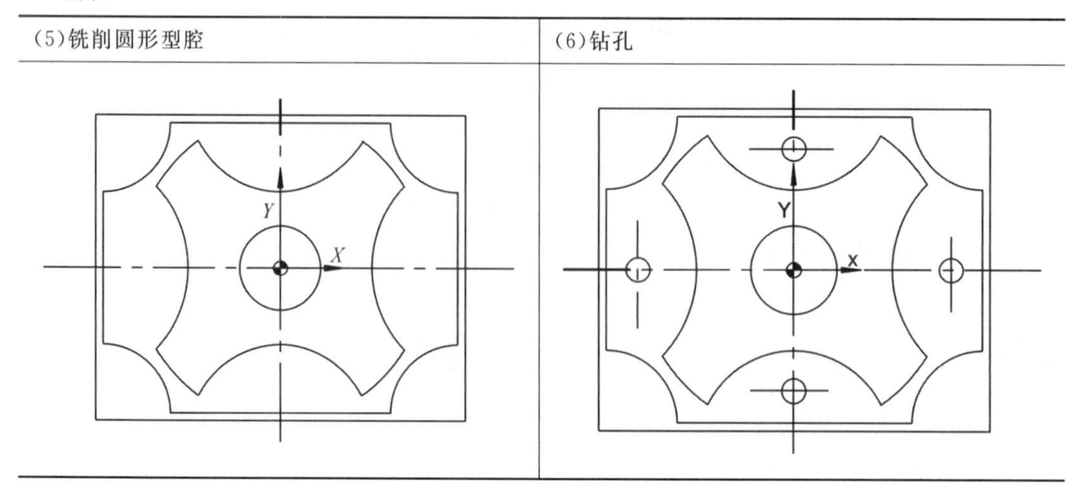

5. 刀具选用

(1)由于零件轮廓凹圆弧的最小半径为 18mm,考虑零件的加工面不大,选用ϕ12mm 键槽铣刀较为合理

(2)4 个ϕ6mm 的孔没有精度要求,用ϕ3mm 的中心钻定位,再用ϕ6mm 的麻花钻钻孔的方法加工。

6. 选用切削用量

根据零件图纸的技术要求,采用粗加工与精加工的加工方法,选择高速钢键槽铣刀、中心钻和麻花钻,铣削切削用量选用见表 6-36。

表 6-36　铣削切削用量选用

刀具	粗加工		精加工	
	转速(r·min^{-1})	进给速度/(mm·min^{-1})	转速/(r·min)	进给速度/(mm·min^{-1})
ϕ12mm 键槽铣刀	800	100	1000	80
ϕ3mm 中心钻	/	/	1000	40
ϕ6mm 麻花钻	/	/	800	40

作业布置:

1. 根据如图 6-10 所示图纸,分析工艺,填写数控车床轴类零件工艺卡片及数控刀具卡片(见表 6-37,表 6-38)。

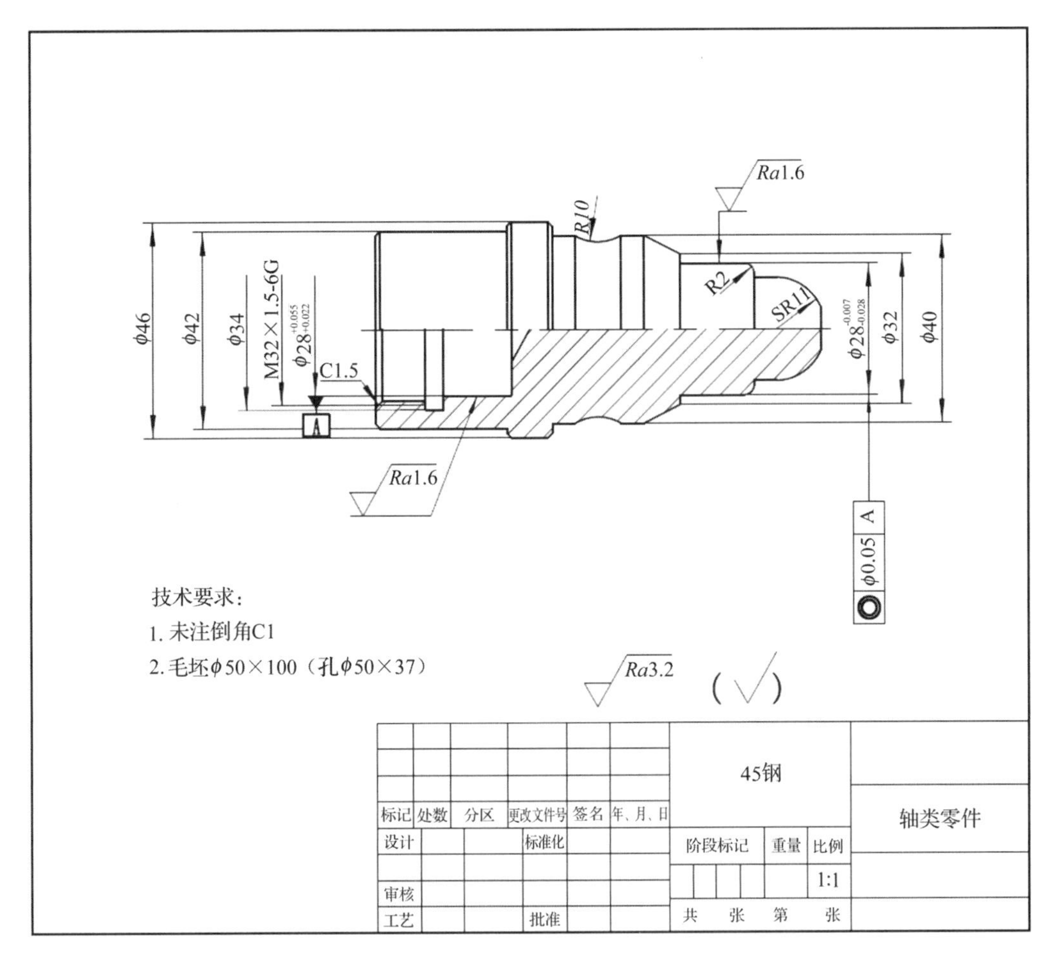

图 6-10　练习图纸(一)

表 6-37　数控加工工艺卡片

数控车削加工工艺卡				零件名称		材料名称		零件数量
								1
设备名称		系统型号		夹具名称			毛坯尺寸	
工序号	工步内容			刀具号	主轴转速(r·min^{-1})	进给量/(mm·min^{-1})	背吃刀量 mm	备注

续表

编制		审核		批准		年　月　日	共 1 页	第 1 页

表 6-38　数控刀具卡片

序号	刀具号	刀具名称	刀片/刀具规格	刀尖圆弧	刀具材料	备注

编制	审核		批准		年　月　日	共 1 页	第 1 页

2. 根据如图 6-11 所示图纸，分析工艺，填写数控铣床板类零件工艺卡片及数控刀具卡片（见表 6-39，表 6-40）。

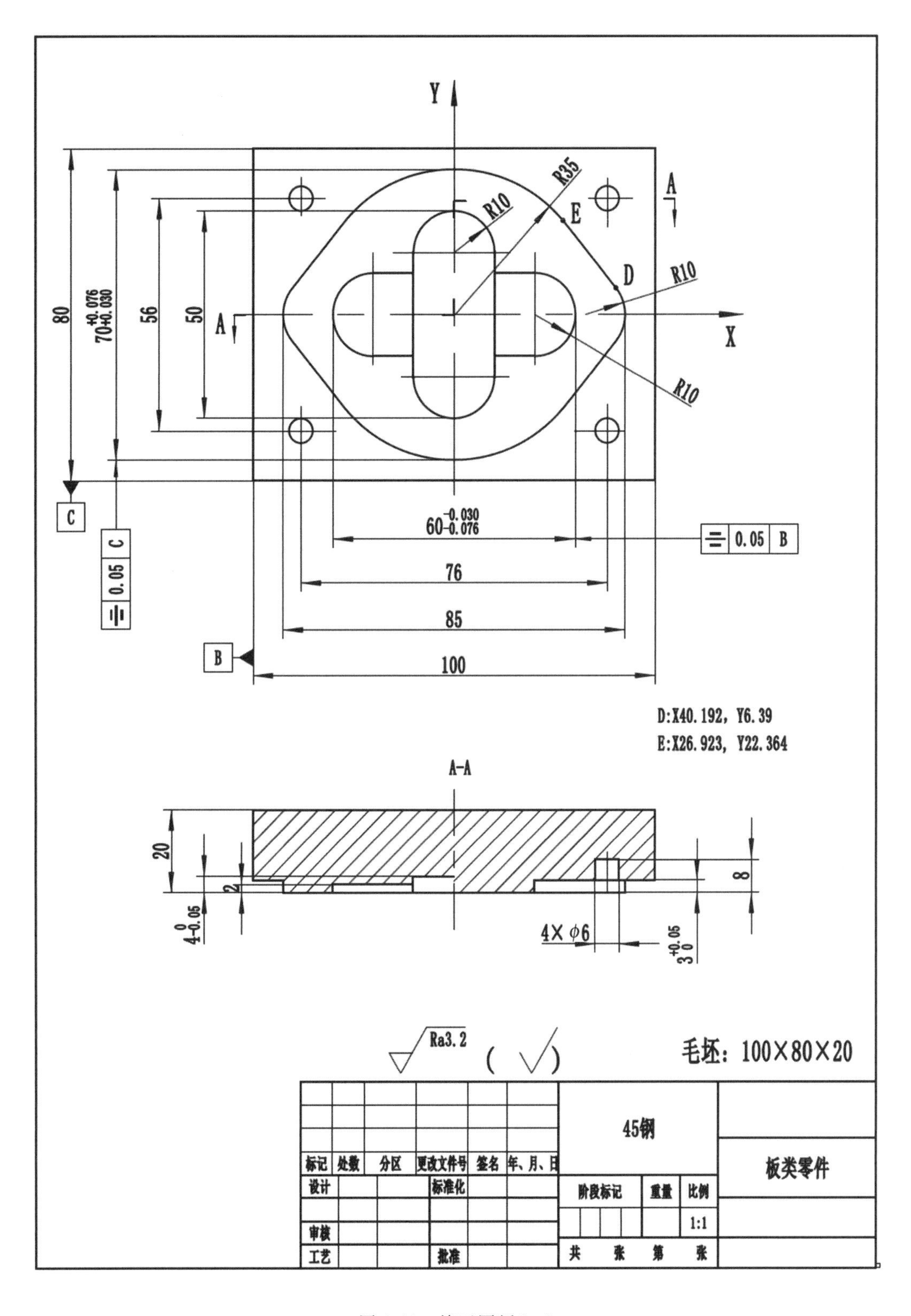
Y
X
R35
R10
R10
R10
E
D
A
A
80
$70^{+0.076}_{+0.030}$
56
50
$60^{-0.030}_{-0.076}$
76
85
100
0.05
B
C
D:X40.192，Y6.39
E:X26.923，Y22.364
A-A
20
2
$4^{0}_{-0.05}$
8
4×φ6
$3^{+0.05}_{0}$
Ra3.2
(√)
毛坯：100×80×20
45钢
板类零件
标记
处数
分区
更改文件号
签名
年、月、日
设计
标准化
审核
工艺
批准
阶段标记
重量
比例
1:1
共
张
第
张

图 6-11 练习图纸(二)

表 6-39 数控加工工艺卡片

数控铣削加工工艺卡		零件名称		材料名称		零件数量
						1
设备名称	系统型号	夹具名称			毛坯尺寸	
工序号	工步内容	刀具号	主轴转速(r·min^{-1})	进给量/(mm·min^{-1})	背吃刀量mm	备注
编制	审核	批准	年 月 日		共1页	第1页

表 6-40 数控刀具卡片

序号	刀具号	刀具名称	刀具规格	刀具材料	备注
编制	审核	批准	年 月 日	共1页	第1页

参考文献

[1] 劳动和社会保障部中国就业培训技术指导中心，全国职业培训教学工作指导委员会机电专业委员会.机械制造工艺学[M].北京：中央广播电视大学出版社，2005.
[2] 陈海魁.机械制造工艺基础(第四版)[M].北京：中国劳动社会保障出版社，2001.
[3] 孙希禄，曹丽娜.机械制造工艺[M].北京：北京理工大学出版社，2012.
[4] 劳动部职业技能开发司.铣工工艺学(96版)[M].北京：中国劳动出版社，1996.
[5] 薛源顺.机床夹具设计[M].北京：机械工业出版社，2000.
[6] 李名望.机床夹具设计实例教程[M].北京：化学工业出版社，2014.
[7] 宋放之.数控加工基础[M].北京：中国劳动社会保障出版社，2007.
[8] 李培根.机械基础(中级)[M].北京：机械工业出版社，2012.

附录 《零件加工工艺分析与编制》综合应用

综合应用一

任务一 数控车削加工刀具的合理选择

编号:1-1

名称:轴类零件数控车削加工刀具的选择(附图 1-1)

要求:

1. 刀具选择。根据加工内容在给定数控刀具备选表(附图表 1-1)中选择合适的加工刀具,并将选定刀具的编号填入答题卷相应位置。

2. 刀具名称。在答题卷相应位置写出所选刀具的名称。

附表 1-1 数控刀具备选表

刀具编号	刀具示意图	刀具编号	刀具示意图	刀具编号	刀具示意图
1	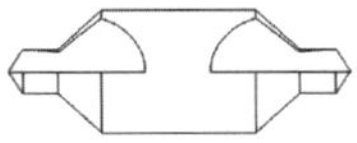	5		9	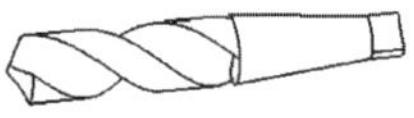
2		6	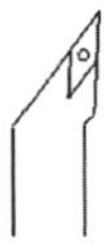	10	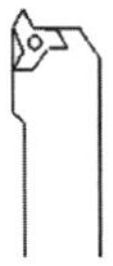
3	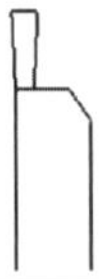	7	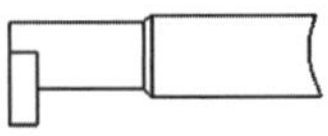	11	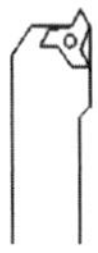
4	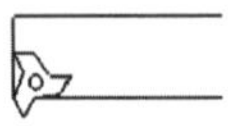	8	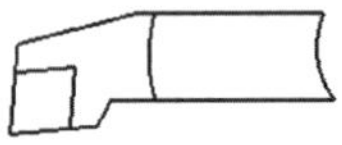		

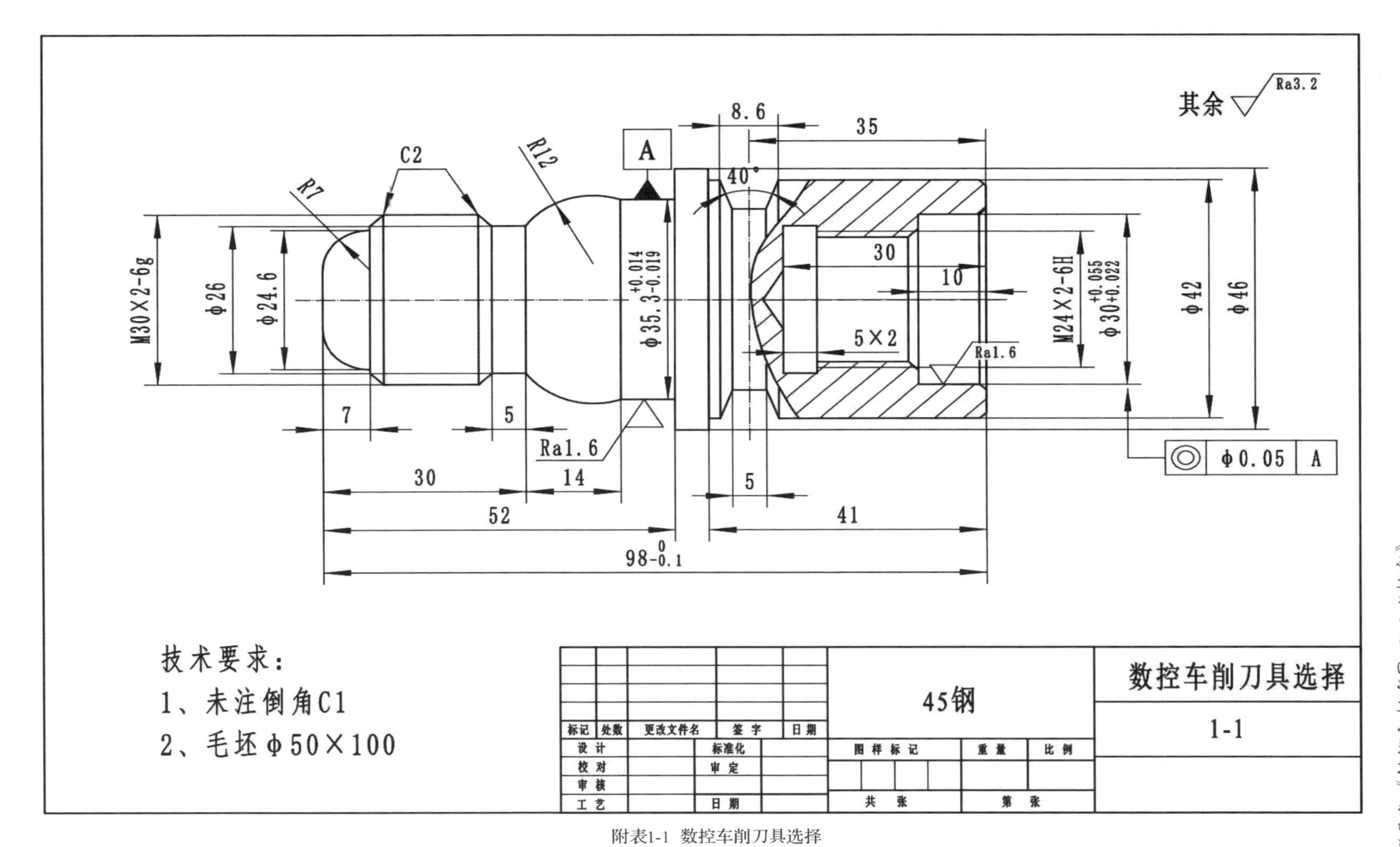

附表1-1 数控车削刀具选择

任务一　1-1 答题卷

名称			编号		
设备名称	CK6141	夹具名称	三爪卡盘	刀架位置	前置四方刀架
序号	加工内容		加工刀具（编号）	刀具名称	
1	ϕ42、ϕ46 外圆				
2	内孔	钻端面中心孔			
3	内孔	钻ϕ20 底孔			
4	内孔	镗ϕ30 内圆柱面、M24×2 螺纹底孔			
5	M30×2－6g 外螺纹				
6	M24×2－6H 内螺纹				
7	外 V 型槽				
8	宽 5mm 内直槽				

任务一　1-1 客观评分表

编号	配分	评价要素	评分细则	得分
1	4	ϕ42、ϕ46 外圆加工刀具选择	・刀具选择正确得 2 分 ・刀具选择不正确得 0 分	
			・刀具名称表述正确得 2 分 ・刀具名称表述不正确得 0 分	
2	4	中心孔加工刀具选择	・刀具选择正确得 2 分 ・刀具选择不正确得 0 分	
			・刀具名称表述正确得 2 分 ・刀具名称表述不正确得 0 分	
3	4	钻孔加工刀具选择	・刀具选择正确得 2 分 ・刀具选择不正确得 0 分	
			・刀具名称表述正确得 2 分 ・刀具名称表述不正确得 0 分	
4	4	镗孔加工刀具选择	・刀具选择正确得 2 分 ・刀具选择不正确得 0 分	
			・刀具名称表述正确得 2 分 ・刀具名称表述不正确得 0 分	
5	4	外螺纹加工刀具选择	・刀具选择正确得 2 分 ・刀具选择不正确得 0 分	
			・刀具名称表述正确得 2 分 ・刀具名称表述不正确得 0 分	

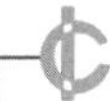

续表

编号	配分	评价要素	评分细则	得分
7	4	内螺纹加工刀具选择	·刀具选择正确得2分 ·刀具选择不正确得0分	
			·刀具名称表述正确得2分 ·刀具名称表述不正确得0分	
8	4	外槽加工刀具选择	·刀具选择正确得2分 ·刀具选择不正确得0分 ·刀具名称表述正确得2分 ·刀具名称表述不正确得0分	
8	4	内槽加工刀具选择	·刀具选择正确得2分 ·刀具选择不正确得0分	
			·刀具名称表述正确得2分 ·刀具名称表述不正确得0分	
总得分				

任务二　解读数控铣削加工工艺文件

编号:2-1

名称:数控铣削加工工艺文件解读

要求:

1. 根据附图1-2所示零件加工要求,分析零件加工工艺,仔细阅读附表1-2相关内容,找出工艺文件中3处错误的地方,并在答题卡相应位置用文字表述;

2. 在答题卡对应位置说明错误的理由;

3. 对工艺文件中错误的内容给予简单纠正。

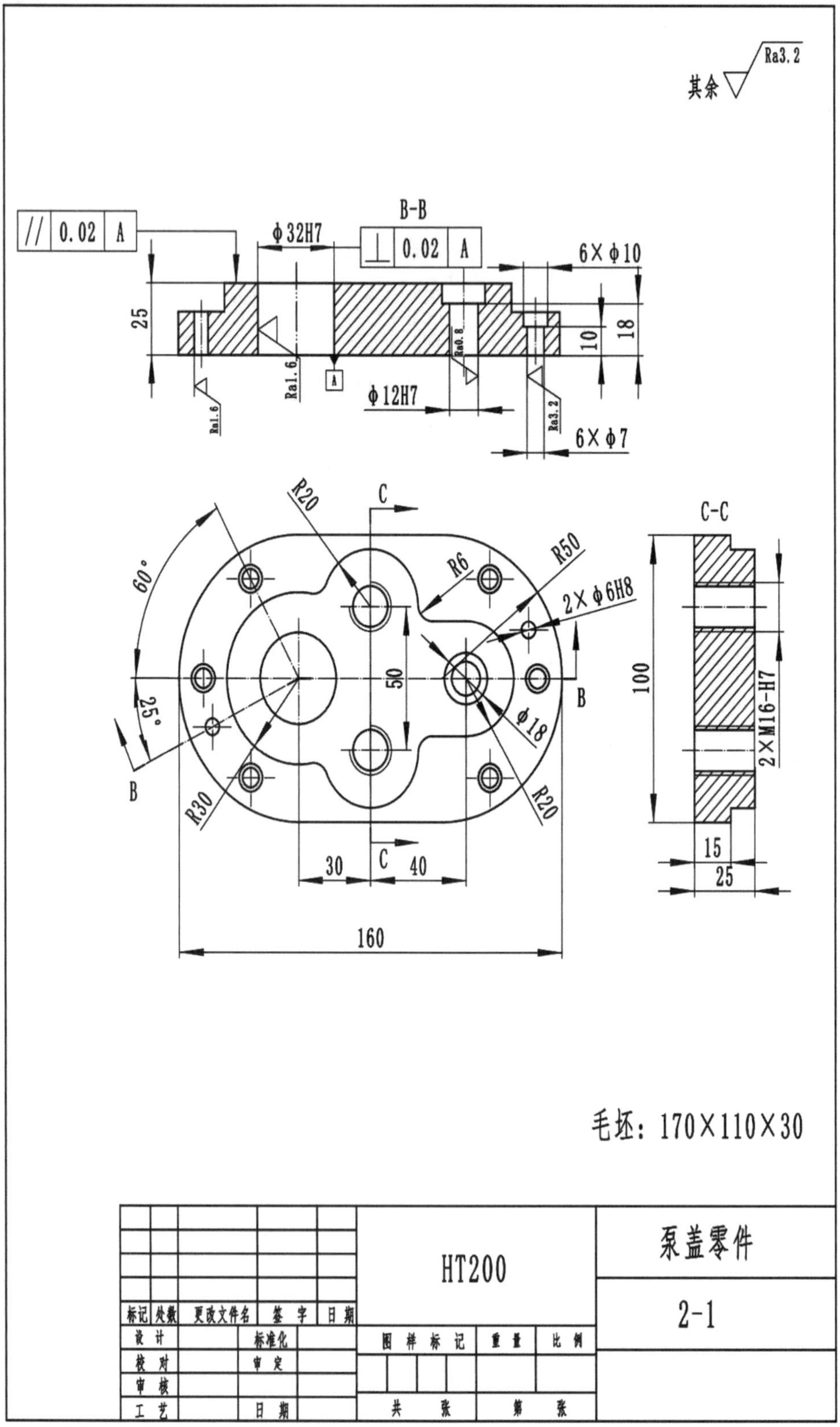

其余 Ra3.2

B-B

// 0.02 A

ϕ32H7

⊥ 0.02 A

6×ϕ10

25

Ra0.8

10

18

Ra1.6

Ra1.6

A

ϕ12H7

Ra3.2

6×ϕ7

R20

C

60°

R6

R50

2×ϕ6H8

50

B

25°

ϕ18

B

R30

R20

C

30

40

160

C-C

100

2×M16-H7

15

25

附图1-2　零件加工要求

毛坯：170×110×30

					HT200					泵盖零件
										2-1
标记	处数	更改文件名	签　字	日　期						
设　计		标准化			图　样　标　记			重　量	比　例	
校　对		审　定								
审　核										
工　艺		日　期			共　　张			第　　张		

附表 1-2 泵盖零件数控加工工艺工序卡片

<table>
<tr><td rowspan="2">单位名称</td><td rowspan="2">×××</td><td colspan="3">产品名称或代号</td><td>零件名称</td><td colspan="2">零件图号</td></tr>
<tr><td colspan="3">×××</td><td>泵盖</td><td colspan="2">2-1</td></tr>
<tr><td>工序号</td><td>程序编号</td><td colspan="3">夹具名称</td><td>使用设备</td><td colspan="2"></td></tr>
<tr><td>×××</td><td>×××</td><td colspan="3">平口钳、一面两销专用夹具</td><td>数控加工中心</td><td colspan="2"></td></tr>
</table>

工步号	工步内容	刀具号	刀具规格	主轴转速(r·min⁻¹)	进给速度/(mm·min⁻¹)	背吃刀量mm	备注
1	粗铣上表面	T01	ϕ125	180	40	2	自动
2	精铣上表面	T01	ϕ125	180	25	0.5	自动
3	粗铣定位基准面 A	T01	ϕ125	180	40	2	自动
4	精铣定位基准面 A	T01	ϕ125	180	25	0.5	自动
5	钻所有孔的中心孔	T03	ϕ3	1000			自动
6	钻ϕ32H7 底孔至ϕ27	T04	ϕ27	200	40		自动
7	粗镗ϕ32H7 孔至ϕ30	T05		500	80	1.5	自动
8	半精镗ϕ32H7 孔至ϕ31.6	T05		700	70	0.8	自动
9	精镗ϕ32H7 孔	T05		800	60	0.2	自动
10	钻ϕ12H7 底孔至ϕ11.8	T06	ϕ11.8	600	60		自动
11	锪ϕ18 层孔	T07	ϕ18×11	150	30		自动
12	粗铰ϕ12H7	T08	ϕ12	100	40	0.1	自动
13	精铰ϕ12H7	T08	ϕ12	100	40		自动
14	钻 2×M16 底孔至ϕ14	T09	ϕ14	450	60		自动
15	2×M16 底孔倒角	T10	90°倒角铣刀	300	40		手动
16	攻 2×M16 螺纹	T11	M16	100	100		自动
17	钻 6×ϕ7 底孔至ϕ6.8	T12	ϕ6.8	700	70		自动
18	锪 6×ϕ10 层孔	T13	ϕ10×5	150	30		自动
19	铰 6×ϕ7 孔	T14	ϕ7	100	25	0.1	自动
20	钻 2×ϕ6H8 底孔至ϕ5.8	T15	ϕ5.8	900	80		自动
21	铰 2×ϕ6H8 孔	T16	ϕ6	100	25	0.1	自动
22	粗铣台阶面及其轮廓	T02	ϕ12	900	40	4	自动
23	精铣台阶面及其轮廓	T02	ϕ12	900	25	0.5	自动
24	一面两孔定位粗铣外轮廓	T17	ϕ35	600	40	2	自动
25	精铣外轮廓	T17	ϕ35	600	25	0.5	自动

编制	×××	审核	×××	批准	×××	年 月 日	共 页	第 页

任务二 2-1 答题卷

<table>
<tr><td colspan="3">名称</td><td></td><td>编号</td><td></td></tr>
<tr><td>序号</td><td colspan="5">内容描述</td></tr>
<tr><td>1</td><td rowspan="3">错误一</td><td>错误描述</td><td colspan="3"></td></tr>
<tr><td>2</td><td>理由说明</td><td colspan="3"></td></tr>
<tr><td>3</td><td>如何纠正</td><td colspan="3"></td></tr>
<tr><td>4</td><td rowspan="3">错误二</td><td>错误描述</td><td colspan="3"></td></tr>
<tr><td>5</td><td>理由说明</td><td colspan="3"></td></tr>
<tr><td>6</td><td>如何纠正</td><td colspan="3"></td></tr>
<tr><td>7</td><td rowspan="3">错误三</td><td>错误描述</td><td colspan="3"></td></tr>
<tr><td>8</td><td>理由说明</td><td colspan="3"></td></tr>
<tr><td>9</td><td>如何纠正</td><td colspan="3"></td></tr>
</table>

任务二 2-1 客观评分表

<table>
<tr><td>编号</td><td>配分</td><td>评价要素</td><td>评分细则</td><td>得分</td></tr>
<tr><td>1</td><td>4</td><td rowspan="3">工艺错误一</td><td>· 错误描述正确得 4 分
· 错误描述不正确得 0 分</td><td></td></tr>
<tr><td>2</td><td>3</td><td>· 理由表述充分得 3 分
· 理由表述不全面扣 1～2 分
· 理由表述错误得 0 分</td><td></td></tr>
<tr><td>3</td><td>3</td><td>· 错误纠正正确得 3 分
· 错误纠正不正确得 0 分</td><td></td></tr>
<tr><td>4</td><td>4</td><td rowspan="3">工艺错误二</td><td>· 错误描述正确得 4 分
· 错误描述不正确得 0 分</td><td></td></tr>
<tr><td>5</td><td>3</td><td>· 理由表述充分得 3 分
· 理由表述不全面扣 1～2 分
· 理由表述错误得 0 分</td><td></td></tr>
<tr><td>6</td><td>3</td><td>· 错误纠正正确得 3 分
· 错误纠正不正确得 0 分</td><td></td></tr>
</table>

续表

编号	配分	评价要素	评分细则	得分
7	4	工艺错误三	·错误描述正确得 4 分 ·错误描述不正确得 0 分	
8	3		·理由表述充分得 3 分 ·理由表述不全面扣 1～2 分 ·理由表述错误得 0 分	
9	3		·错误纠正正确得 3 分 ·错误纠正不正确得 0 分	
总得分				

任务三　数控加工工艺文件编制

编号:3-1

名称:盘类零件数控加工工艺分析

要求:

1. 图纸分析。根据附图 1-3 图纸加工要求,分析零件各加工要素。

2. 刀夹具选择。根据各加工要素特征选择合适的数控机床和加工用刀具。

3. 确定切削参数。根据零件加工要求确定机床转速、进给量和背吃刀量,要求参数合理。

4. 确定工件坐标系。合理设置工件坐标系。

5. 完成工艺卡的编制。填写工艺卡片,要求字迹端正,工序、工步内容表述完整、规范。

6. 完成刀具卡的编制。将选定的刀具名称、规格、相关参数填写完整。

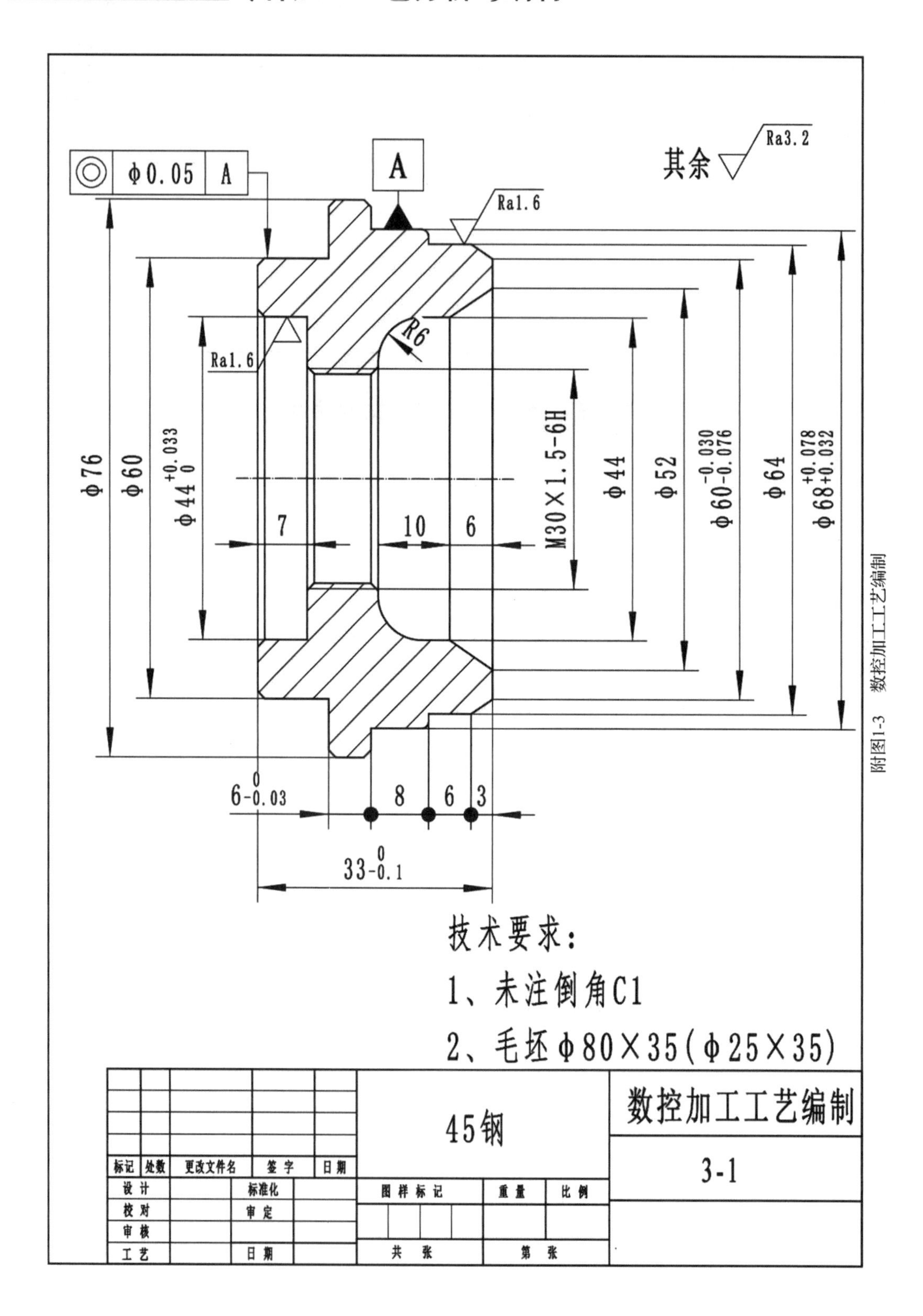

附图1-3　数控加工工艺编制

任务三 3-1 答题卷

数控加工工艺卡片

名称		零件名称		材料名称		零件数量
						1
设备名称	系统型号	夹具名称			毛坯尺寸	
工序号	工步内容	刀具号	主轴转速(r·min^{-1})	进给量/(mm·min^{-1})	背吃刀量 mm	备注
编制人员		编制时间	年 月 日			

数控刀具卡片

序号	刀具号	刀具名称	刀片/刀具规格	刀尖圆弧	刀具材料	备注
编制人员		编制时间	年 月 日			

任务三 3-1 客观评分表

任务三 3-1 主观评分表

编号	配分	评价要素	评分细则	得分
1	5	刀具卡片填写	・错 1 格扣 0.5 分,最多扣 5 分 ・错 10 格以上不得分	
2	2	工件坐标系	・设定正确不扣分 ・设定错误不得分	
3	2	工序安排	・工序安排合理不扣分 ・工序安排不合理扣 1 分 ・工序安排错误不得分	
4	5	工步内容	・完全正确不扣分 ・错一步扣 1 分,最多扣 5 分 ・描述不规范酌情扣分,最多扣 3 分	
5	4	主轴转速	・设定合理不扣分 ・设定不合理每个扣 0.5 分,最多扣 5 分	
6	5	进给量	・设定合理不扣分 ・设定不合理每个参数扣 0.5 分,最多扣 5 分	
7	5	背吃刀量	・设定合理不扣分 ・设定不合理每个参数扣 0.5 分,最多扣 5 分	
8	2	使用设备、材料、夹具等填写	・填写完整不扣分 ・填写缺一项扣 0.5 分,最多扣 2 分	
总得分				

任务三 3-1 客观评分表

编号	配分	评价要素	评分细则	得分
1	2	查阅切削手册	・查阅熟练不扣分 ・查阅不规范每次扣 0.5 分,最多扣 2 分 ・不会查阅扣 2 分	
2	2	切削参数换算	・参数换算公式运用熟练不扣分 ・参数换算公式运用不熟练扣 1 分 ・参数设定不会运用公式扣 2 分	
3	2	工艺方案合理性	・工艺方案非常合理不扣分 ・工艺方案不够合理扣 1～2 分	

续表

编号	配分	评价要素	评分细则	得分
4	2	考核资料整理	• 考核资料整理完整不扣分 • 考核资料比较凌乱扣 1～2 分	
总得分				

综合应用二

任务一　数控车削加工刀具的合理选择

编号：1-2

名称：轴类零件数控车削加工刀具的选择

要求：

1. 刀具选择。根据加工内容(附图 2-1)在给定数控刀具备附表 2-1 中选择合适的加工刀具，并将选定刀具的编号填入答题卷相应位置。

2. 刀具名称。在答题卷相应位置写出所选刀具的名称。

附表 2-1　数控刀具备选表

刀具编号	刀具示意图	刀具编号	刀具示意图	刀具编号	刀具示意图
1	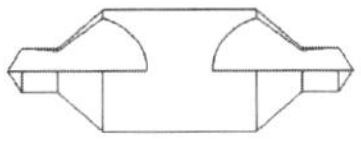	2		3	
4		5	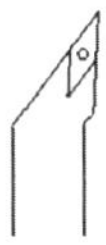	6	
7	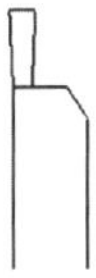	8	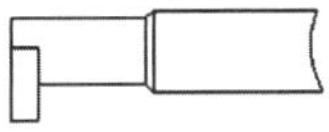	9	
10	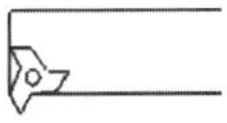	11	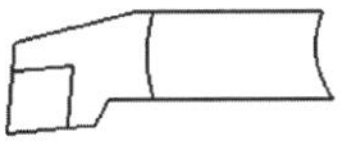		

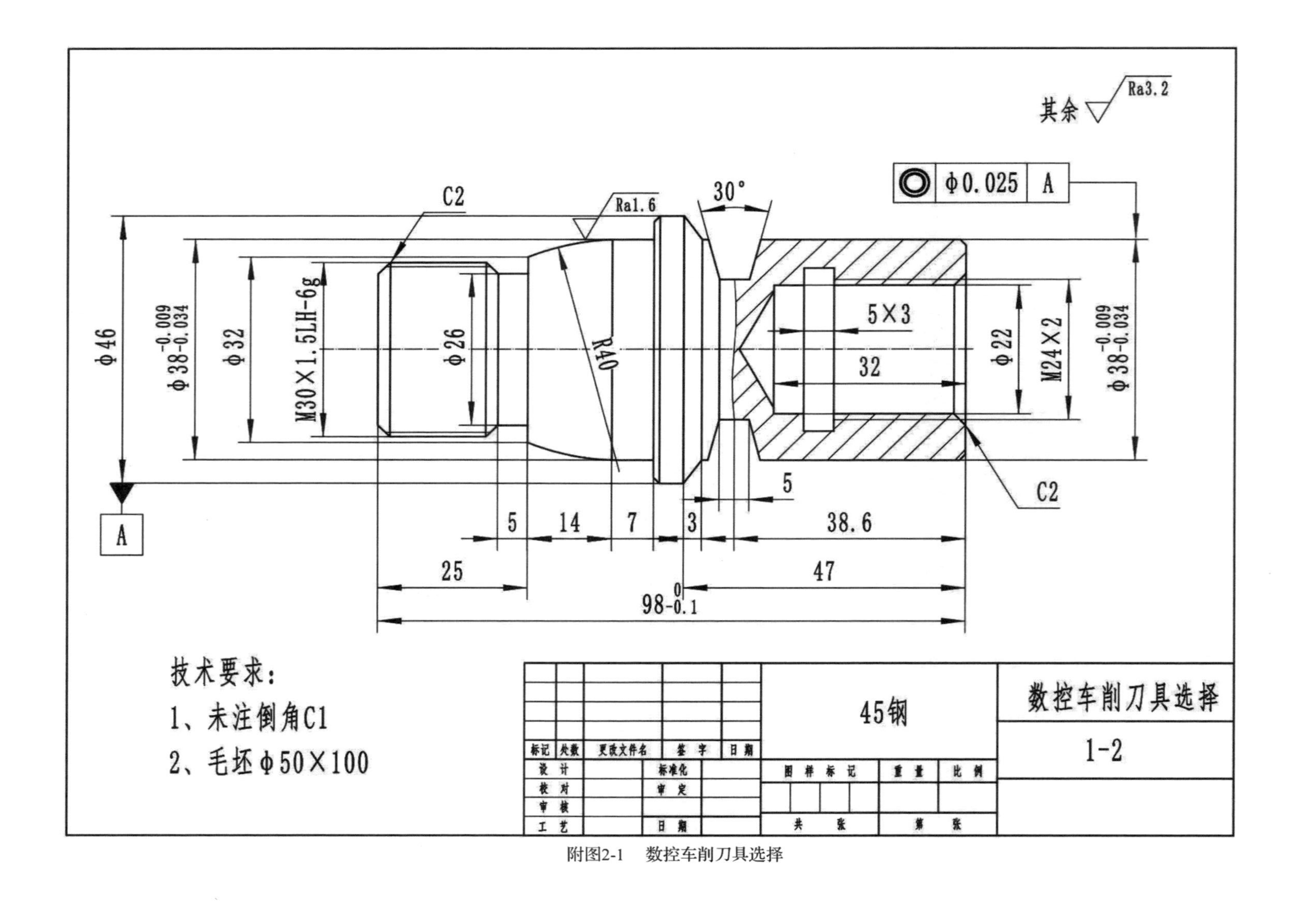

附图2-1 数控车削刀具选择

任务一　1-2 答题卷

<table>
<tr><td>名称</td><td colspan="3"></td><td>编号</td><td colspan="2"></td></tr>
<tr><td>设备名称</td><td>CK6141</td><td>夹具名称</td><td>三爪卡盘</td><td>刀架位置</td><td colspan="2">前置四方刀架</td></tr>
<tr><td>序号</td><td colspan="2">加工内容</td><td colspan="2">加工刀具
（编号）</td><td colspan="2">刀具名称</td></tr>
<tr><td>1</td><td colspan="2">ϕ38 至ϕ46 外轮廓</td><td colspan="2"></td><td colspan="2"></td></tr>
<tr><td>2</td><td rowspan="4">内孔</td><td>钻端面中心孔</td><td colspan="2"></td><td colspan="2"></td></tr>
<tr><td>3</td><td>钻ϕ20 底孔</td><td colspan="2"></td><td colspan="2"></td></tr>
<tr><td>4</td><td rowspan="2">镗 M24×2 螺纹底孔、ϕ22 等内轮廓</td><td colspan="2" rowspan="2"></td><td colspan="2" rowspan="2"></td></tr>
<tr><td></td></tr>
<tr><td>5</td><td colspan="2">M30×1.5LH－6g 外螺纹</td><td colspan="2"></td><td colspan="2"></td></tr>
<tr><td>6</td><td colspan="2">M24×2 内螺纹</td><td colspan="2"></td><td colspan="2"></td></tr>
<tr><td>7</td><td colspan="2">外 V 型槽、外直槽</td><td colspan="2"></td><td colspan="2"></td></tr>
<tr><td>8</td><td colspan="2">5×3 内直槽</td><td colspan="2"></td><td colspan="2"></td></tr>
</table>

任务一　1-2 客观评分表

<table>
<tr><td>编号</td><td>配分</td><td>评价要素</td><td>评分细则</td><td>得分</td></tr>
<tr><td rowspan="2">1</td><td rowspan="2">4</td><td rowspan="2">ϕ42、ϕ46 外圆加工刀具选择</td><td>· 刀具选择正确得 2 分
· 刀具选择不正确得 0 分</td><td></td></tr>
<tr><td>· 刀具名称表述正确得 2 分
· 刀具名称表述不正确得 0 分</td><td></td></tr>
<tr><td rowspan="2">2</td><td rowspan="2">4</td><td rowspan="2">中心孔加工刀具选择</td><td>· 刀具选择正确得 2 分
· 刀具选择不正确得 0 分</td><td></td></tr>
<tr><td>· 刀具名称表述正确得 2 分
· 刀具名称表述不正确得 0 分</td><td></td></tr>
<tr><td rowspan="2">3</td><td rowspan="2">4</td><td rowspan="2">钻孔加工刀具选择</td><td>· 刀具选择正确得 2 分
· 刀具选择不正确得 0 分</td><td></td></tr>
<tr><td>· 刀具名称表述正确得 2 分
· 刀具名称表述不正确得 0 分</td><td></td></tr>
<tr><td rowspan="2">4</td><td rowspan="2">4</td><td rowspan="2">镗孔加工刀具选择</td><td>· 刀具选择正确得 2 分
· 刀具选择不正确得 0 分</td><td></td></tr>
<tr><td>· 刀具名称表述正确得 2 分
· 刀具名称表述不正确得 0 分</td><td></td></tr>
<tr><td rowspan="2">5</td><td rowspan="2">4</td><td rowspan="2">外螺纹加工刀具选择</td><td>· 刀具选择正确得 2 分
· 刀具选择不正确得 0 分</td><td></td></tr>
<tr><td>· 刀具名称表述正确得 2 分
· 刀具名称表述不正确得 0 分</td><td></td></tr>
</table>

续表

编号	配分	评价要素	评分细则	得分
6	4	内螺纹加工刀具选择	·刀具选择正确得 2 分 ·刀具选择不正确得 0 分	
			·刀具名称表述正确得 2 分 ·刀具名称表述不正确得 0 分	
7	4	外槽加工刀具选择	·刀具选择正确得 2 分 ·刀具选择不正确得 0 分	
			·刀具名称表述正确得 2 分 ·刀具名称表述不正确得 0 分	
8	4	内槽加工刀具选择	·刀具选择正确得 2 分 ·刀具选择不正确得 0 分	
			·刀具名称表述正确得 2 分 ·刀具名称表述不正确得 0 分	
总得分				

任务二　解读数控铣削加工工艺文件

编号：2-2

名称：数控铣削加工工艺文件解读

要求：

1. 根据附图 2-2 零件加工要求，分析零件加工工艺，仔细阅读附表 2-2 相关内容，找出工艺文件中 3 处错误的地方，并在答题卡相应位置用文字表述；

2. 在答题卡对应位置说明错误的理由；

3. 对工艺文件中错误的内容给予简单纠正。

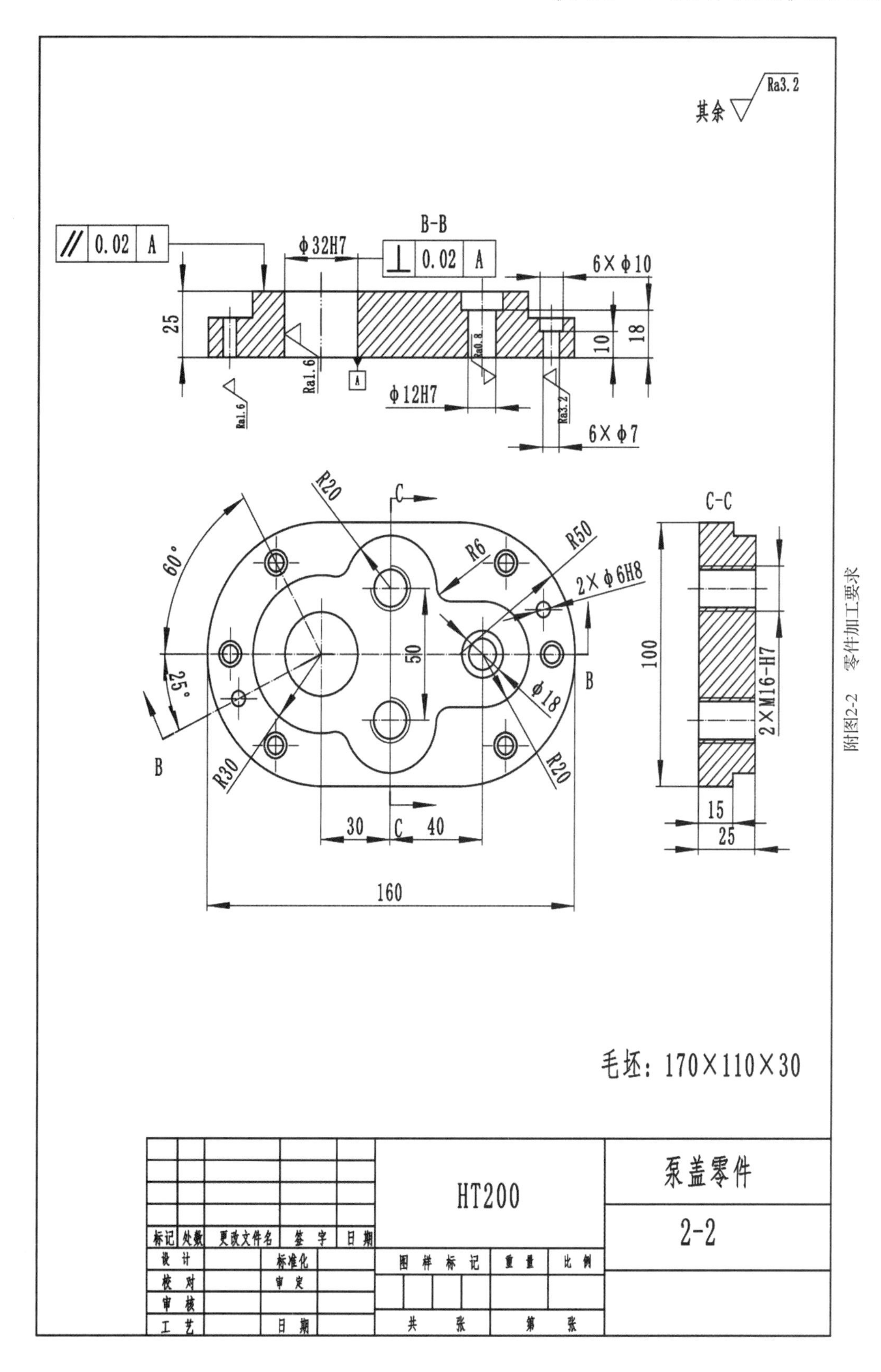
其余 Ra3.2
B-B
// 0.02 A
⊥ 0.02 A
φ32H7
6×φ10
25
18
10
Ra1.6
Ra1.6
Ra0.8
A
φ12H7
Ra3.2
6×φ7
R20
C
R6
R50
60°
2×φ6H8
50
25°
B
φ18
B
R30
R20
30
C
40
160
C-C
100
2×M16-H7
15
25
毛坯：170×110×30
HT200
泵盖零件
2-2
标记 处数 更改文件名 签 字 日 期
设 计
标准化
校 对
审 定
审 核
工 艺
日 期
图 样 标 记
重 量
比 例
共 张
第 张

附图2-2 零件加工要求

附表 2-2　泵盖零件数控加工工艺工序卡片

单位名称	×××	产品名称或代号			零件名称		零件图号	
		×××			泵盖		2-2	
工序号		程序编号		夹具名称	使用设备			
×××		×××		平口钳、一面两销专用夹具	数控加工中心			
工步号	工步内容	刀具号	刀具规格	主轴转速 (r·min^{-1})	进给速度 /(mm·min^{-1})	背吃刀量 /mm	备注	
1	粗铣定位基准面 A	T01	ϕ125	180	25	0.5	自动	
2	精铣定位基准面 A	T01	ϕ125	180	40	2	自动	
3	粗铣上表面	T01	ϕ125	180	40	2	自动	
4	精铣上表面	T01	ϕ125	180	25	0.5	自动	
5	钻所有孔的中心孔	T03	ϕ3	1000			自动	
6	钻ϕ32H7 底孔至ϕ27	T04	ϕ27	200	40		自动	
7	粗镗ϕ32H7 孔至ϕ30	T05		500	80	1.5	自动	
8	半精镗ϕ32H7 孔至ϕ31.6	T05		700	70	0.8	自动	
9	精镗ϕ32H7 孔	T05		800	60	0.2	自动	
10	钻ϕ12H7 底孔至ϕ11.8	T06	ϕ11.8	600	60		自动	
11	锪ϕ18 层孔	T07	ϕ18×11	150	30		自动	
12	粗铰ϕ12H7	T08	ϕ12	100	40	0.1	自动	
13	精铰ϕ12H7	T08	ϕ12	100	40		自动	
14	粗铣台阶面及其轮廓	T02	ϕ12	900	40	4	自动	
15	精铣台阶面及其轮廓	T02	ϕ12	900	25	0.5	自动	
16	钻 2×M16 底孔至ϕ14	T09	ϕ14	450	60		自动	
17	2×M16 底孔倒角	T10	90°倒角铣刀	300	40		手动	
18	攻 2×M16 螺纹	T11	M16	100	200		自动	
19	钻 6×ϕ7 底孔至ϕ6	T12	ϕ6	700	70		自动	
20	锪 6×ϕ10 层孔	T13	ϕ10×5	150	30		自动	
21	铰 6×ϕ7 孔	T14	ϕ7	100	25	0.5	自动	
22	钻 2×ϕ6H8 底孔至ϕ5.8	T15	ϕ5.8	900	80		自动	
23	铰 2×ϕ6H8 孔	T16	ϕ6	100	25	0.1	自动	
24	一面两孔定位粗铣外轮廓	T17	ϕ35	600	40	2	自动	
25	精铣外轮廓	T17	ϕ35	600	25	0.5	自动	
编制	×××	审核	×××	批准	×××	年 月 日	共 页	第 页

任务二 2-2 答题卷

<table>
<tr><td colspan="2">名称</td><td></td><td>编号</td><td></td></tr>
<tr><td>序号</td><td colspan="4">内容描述</td></tr>
<tr><td>1</td><td rowspan="3">错误一</td><td>错误描述</td><td colspan="2"></td></tr>
<tr><td>2</td><td>理由说明</td><td colspan="2"></td></tr>
<tr><td>3</td><td>如何纠正</td><td colspan="2"></td></tr>
<tr><td>4</td><td rowspan="3">错误二</td><td>错误描述</td><td colspan="2"></td></tr>
<tr><td>5</td><td>理由说明</td><td colspan="2"></td></tr>
<tr><td>6</td><td>如何纠正</td><td colspan="2"></td></tr>
<tr><td>7</td><td rowspan="3">错误三</td><td>错误描述</td><td colspan="2"></td></tr>
<tr><td>8</td><td>理由说明</td><td colspan="2"></td></tr>
<tr><td>9</td><td>如何纠正</td><td colspan="2"></td></tr>
</table>

任务二 2-2 客观评分表

<table>
<tr><td>编号</td><td>配分</td><td>评价要素</td><td>评分细则</td><td>得分</td></tr>
<tr><td>1</td><td>4</td><td rowspan="3">工艺错误一</td><td>• 错误描述正确得 4 分
• 错误描述不正确得 0 分</td><td></td></tr>
<tr><td>2</td><td>3</td><td>• 理由表述充分得 3 分
• 理由表述不全面扣 1～2 分
• 理由表述错误得 0 分</td><td></td></tr>
<tr><td>3</td><td>3</td><td>• 错误纠正正确得 3 分
• 错误纠正不正确得 0 分</td><td></td></tr>
<tr><td>4</td><td>4</td><td rowspan="3">工艺错误二</td><td>• 错误描述正确得 4 分
• 错误描述不正确得 0 分</td><td></td></tr>
<tr><td>5</td><td>3</td><td>• 理由表述充分得 3 分
• 理由表述不全面扣 1～2 分
• 理由表述错误得 0 分</td><td></td></tr>
<tr><td>6</td><td>3</td><td>• 错误纠正正确得 3 分
• 错误纠正不正确得 0 分</td><td></td></tr>
</table>

续表

编号	配分	评价要素	评分细则	得分
7	4	工艺错误三	·错误描述正确得 4 分 ·错误描述不正确得 0 分	
8	3		·理由表述充分得 3 分 ·理由表述不全面扣 1～2 分 ·理由表述错误得 0 分	
9	3		·错误纠正正确得 3 分 ·错误纠正不正确得 0 分	
总得分				

任务三　数控加工工艺文件编制

编号:3-2

名称:盘类零件数控加工工艺分析

要求:

1. 图纸分析。根据附图 2-3 图纸加工要求,分析零件各加工要素。

2. 刀夹具选择。根据各加工要素特征选择合适的数控机床和加工用刀具。

3. 确定切削参数。根据零件加工要求确定机床转速、进给量和背吃刀量,要求参数合理。

4. 确定工件坐标系。合理设置工件坐标系。

5. 完成工艺卡的编制。填写工艺卡片,要求字迹端正,工序、工步内容表述完整、规范。

6. 完成刀具卡的编制。将选定的刀具名称、规格、相关参数填写完整。

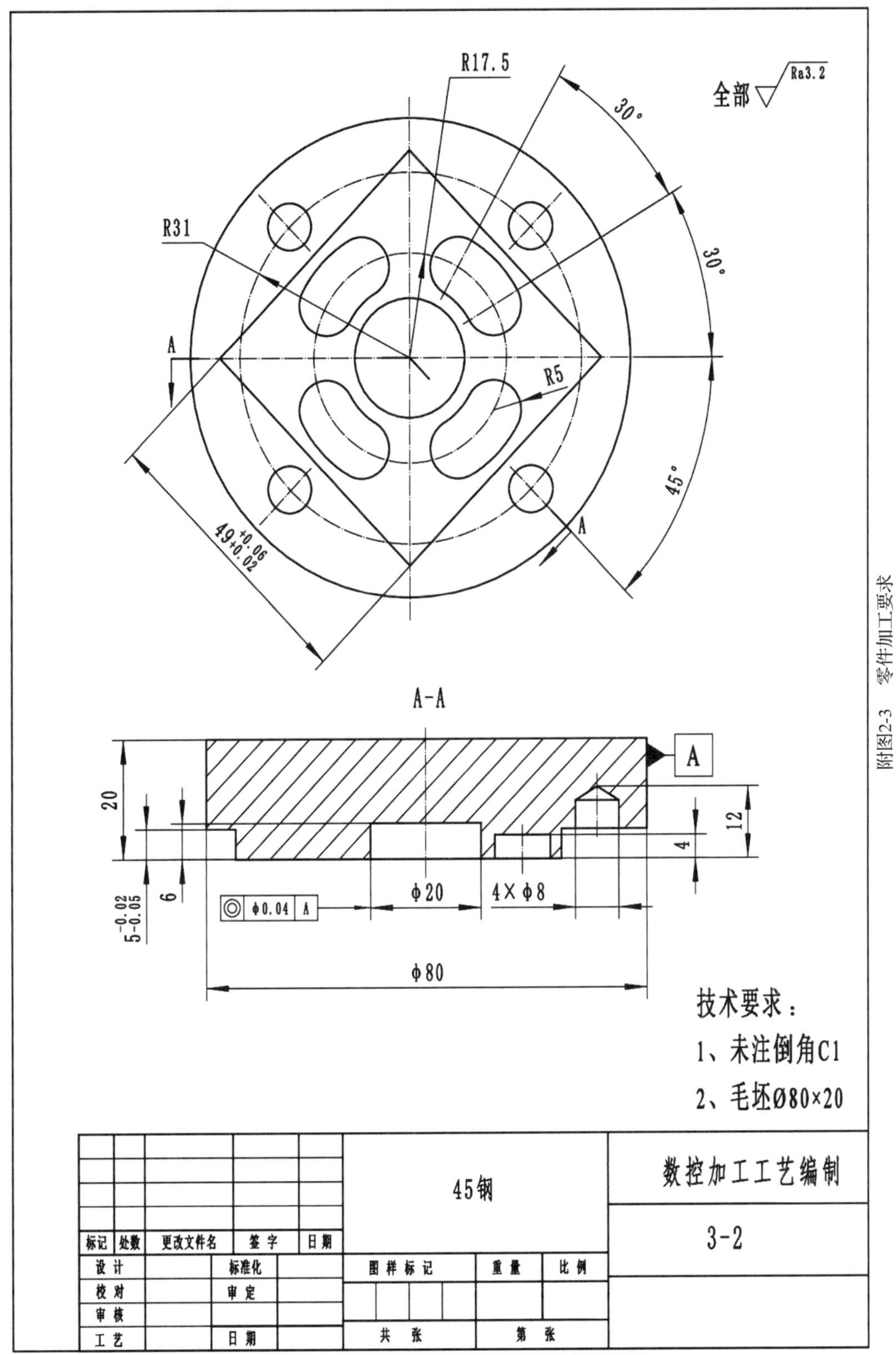
R17.5
全部
Ra3.2
30°
30°
R31
A
R5
45°
A
$49^{+0.06}_{+0.02}$
A-A
A
20
12
4
6
$5^{-0.02}_{-0.05}$
ϕ0.04 A
ϕ20
4×ϕ8
ϕ80
技术要求：
1、未注倒角C1
2、毛坯Ø80×20
45钢
数控加工工艺编制
3-2
标记 处数 更改文件名 签字 日期
设计 标准化
校对 审定
审核
工艺 日期
图样标记 重量 比例
共 张 第 张

附图2-3　零件加工要求

任务三　3-2 答题卷

数控加工工艺卡片

名称				零件名称		材料名称	零件数量
							1
设备名称		系统型号		夹具名称		毛坯尺寸	
工序号	工步内容			刀具号	主轴转速 (r·min^{-1})	进给量/(mm·min^{-1})	背吃刀量 mm	备注
编制人员				编制时间	年　月　日			

数控刀具卡片

序号	刀具号	刀具名称	刀具规格	刀具材料	备注
编制人员			编制时间	年　月　日	

任务三 3-2 客观评分表

编号	配分	评价要素	评分细则	得分
1	5	刀具卡片填写	·错 1 格扣 0.5 分,最多扣 5 分 ·错 10 格以上不得分	
2	2	工件坐标系	·设定正确不扣分 ·设定错误不得分	
3	2	工序安排	·工序安排合理不扣分 ·工序安排不合理扣 1 分 ·工序安排错误不得分	
4	5	工步内容	·完全正确不扣分 ·错一步扣 1 分,最多扣 5 分 ·描述不规范酌情扣分,最多扣 3 分	
5	4	主轴转速	·设定合理不扣分 ·设定不合理每个扣 0.5 分,最多扣 5 分	
6	5	进给量	·设定合理不扣分 ·设定不合理每个参数扣 0.5 分,最多扣 5 分	
7	5	背吃刀量	·设定合理不扣分 ·设定不合理每个参数扣 0.5 分,最多扣 5 分	
8	2	使用设备、材料、夹具等填写	·填写完整不扣分 ·填写缺一项扣 0.5 分,最多扣 2 分	
总得分				

任务三 3-2 主观评分表

编号	配分	评价要素	评分细则	得分
1	2	查阅切削手册	·查阅熟练不扣分 ·查阅不规范每次扣 0.5 分,最多扣 2 分 ·不会查阅扣 2 分	
2	2	切削参数换算	·参数换算公式运用熟练不扣分 ·参数换算公式运用不熟练扣 1 分 ·参数设定不会运用公式扣 2 分	
3	2	工艺方案合理性	·工艺方案非常合理不扣分 ·工艺方案不够合理扣 1～2 分	
4	2	考核资料整理	·考核资料整理完整不扣分 ·考核资料比较凌乱扣 1～2 分	
总得分				

综合应用三

任务一　数控车削加工刀具的合理选择

编号:1-3

名称:轴类零件数控车削加工刀具的选择

要求:

1. 刀具选择。根据附图 3-1 加工内容在给定数控刀具备选表中(附表 3-1)选择合适的加工刀具,并将选定刀具的编号填入答题卷相应位置。

2. 刀具名称。在答题卷相应位置写出所选刀具的名称。

附表 3-1　数控刀具备选表

刀具编号	刀具示意图	刀具编号	刀具示意图	刀具编号	刀具示意图
1	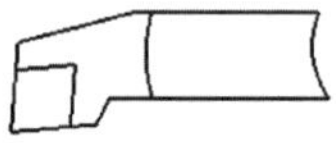	5		9	
2	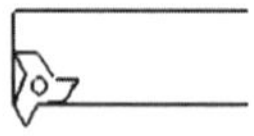	6		10	
3	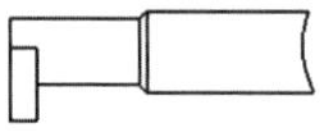	7		11	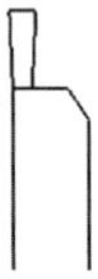
4		8	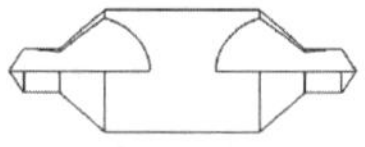		

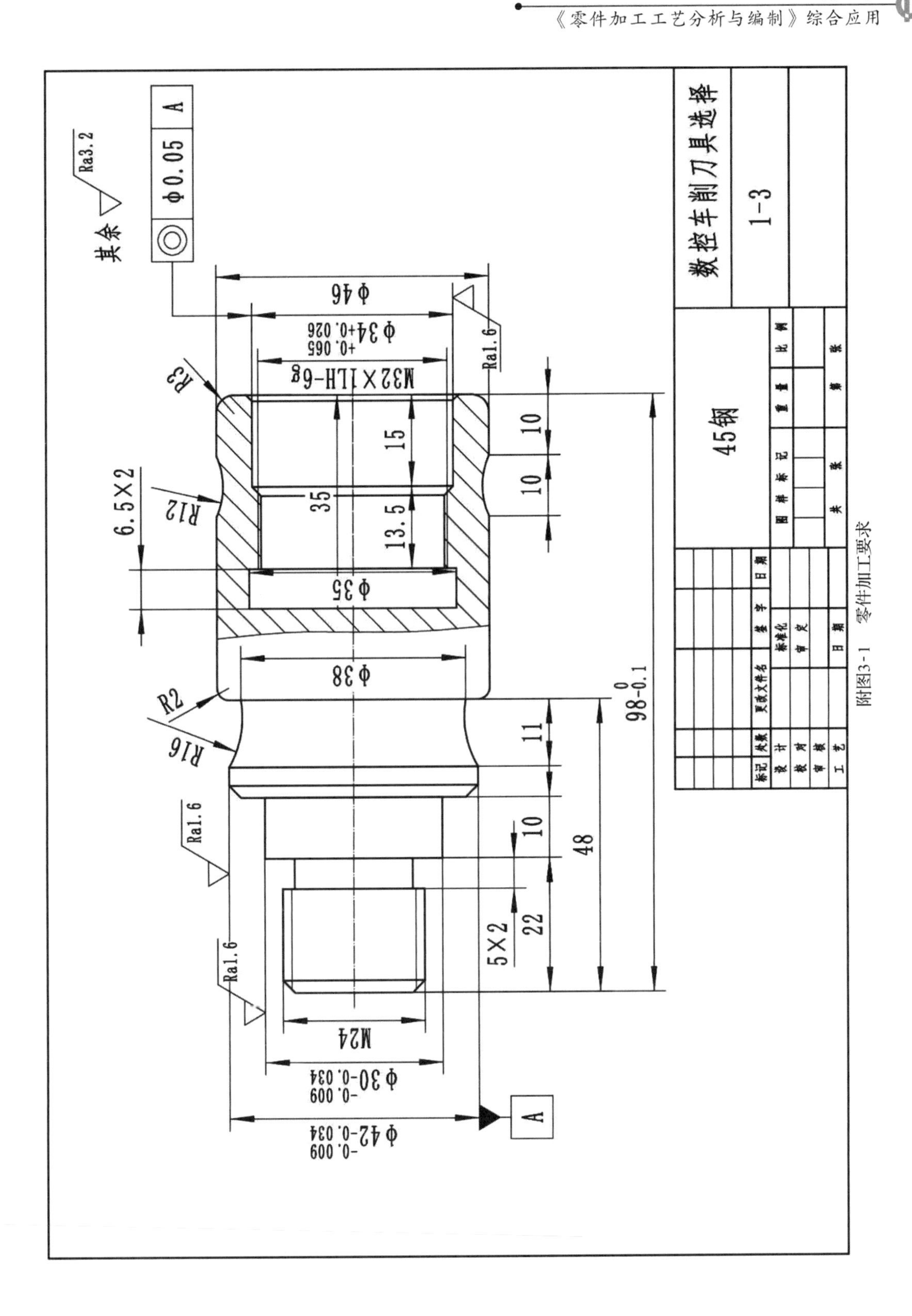
数控车削刀具选择
1-3
45钢
其余 Ra3.2
Φ0.05 A
Φ46
Φ34+0.065 +0.026
M32×1LH-6g
R3
Ra1.6
10
10
15
35
13.5
6.5×2
R12
Φ35
Φ38
R2
R16
98-0.1 0
11
48
10
22
5×2
Ra1.6
Ra1.6
M24
Φ30-0.009 -0.034
Φ42-0.009 -0.034
A
标记 处数 更改文件名 签字 日期
设计 标准化
校对 审定
审核
工艺 日期
图样标记 重量 比例
共张 第张

附图3-1 零件加工要求

任务一 1-3 答题卷

<table>
<tr><td>名称</td><td colspan="3"></td><td>编号</td><td></td></tr>
<tr><td>设备名称</td><td>CK6141</td><td>夹具名称</td><td>三爪卡盘</td><td>刀架位置</td><td>前置四方刀架</td></tr>
<tr><td>序号</td><td colspan="2">加工内容</td><td>加工刀具
（编号）</td><td colspan="2">刀具名称</td></tr>
<tr><td>1</td><td colspan="2">ϕ46 外轮廓</td><td></td><td colspan="2"></td></tr>
<tr><td>2</td><td rowspan="3">内孔</td><td>钻端面中心孔</td><td></td><td colspan="2"></td></tr>
<tr><td>3</td><td>钻ϕ20 底孔</td><td></td><td colspan="2"></td></tr>
<tr><td>4</td><td>镗 M34×M32×H 螺纹底孔等内轮廓</td><td></td><td colspan="2"></td></tr>
<tr><td>5</td><td colspan="2">M24 外螺纹</td><td></td><td colspan="2"></td></tr>
<tr><td>6</td><td colspan="2">M32×1 内螺纹</td><td></td><td colspan="2"></td></tr>
<tr><td>7</td><td colspan="2">5×2 退刀槽</td><td></td><td colspan="2"></td></tr>
<tr><td>8</td><td colspan="2">6.5×2 内直槽</td><td></td><td colspan="2"></td></tr>
</table>

任务一 1-3 客观评分表

编号	配分	评价要素	评分细则	得分
1	4	ϕ42、ϕ46 外圆加工刀具选择	· 刀具选择正确得 2 分 · 刀具选择不正确得 0 分	
			· 刀具名称表述正确得 2 分 · 刀具名称表述不正确得 0 分	
3	4	中心孔加工刀具选择	· 刀具选择正确得 2 分 · 刀具选择不正确得 0 分	
			· 刀具名称表述正确得 2 分 · 刀具名称表述不正确得 0 分	
3	4	钻孔加工刀具选择	· 刀具选择正确得 2 分 · 刀具选择不正确得 0 分	
			· 刀具名称表述正确得 2 分 · 刀具名称表述不正确得 0 分	
4	4	镗孔加工刀具选择	· 刀具选择正确得 2 分 · 刀具选择不正确得 0 分	
			· 刀具名称表述正确得 2 分 · 刀具名称表述不正确得 0 分	

续表

编号	配分	评价要素	评分细则	得分
5	4	外螺纹加工刀具选择	·刀具选择正确得 2 分 ·刀具选择不正确得 0 分	
			·刀具名称表述正确得 2 分 ·刀具名称表述不正确得 0 分	
6	4	内螺纹加工刀具选择	·刀具选择正确得 2 分 ·刀具选择不正确得 0 分	
			·刀具名称表述正确得 2 分 ·刀具名称表述不正确得 0 分	
7	4	外槽加工刀具选择	·刀具选择正确得 2 分 ·刀具选择不正确得 0 分	
			·刀具名称表述正确得 2 分 ·刀具名称表述不正确得 0 分	
8	4	内槽加工刀具选择	·刀具选择正确得 2 分 ·刀具选择不正确得 0 分	
			·刀具名称表述正确得 2 分 ·刀具名称表述不正确得 0 分	
总得分				

任务二　解读数控铣削加工工艺文件

编号:2-3

名称:数控铣削加工工艺文件解读

要求:

1. 根据附图 3-2 零件加工要求,分析零件加工工艺,仔细阅读附表 3-2 所示相关内容,找出工艺文件中 3 处错误的地方,并在答题卡相应位置用文字表述;

2. 在答题卡对应位置说明错误的理由;

3. 对工艺文件中错误的内容给予简单纠正。

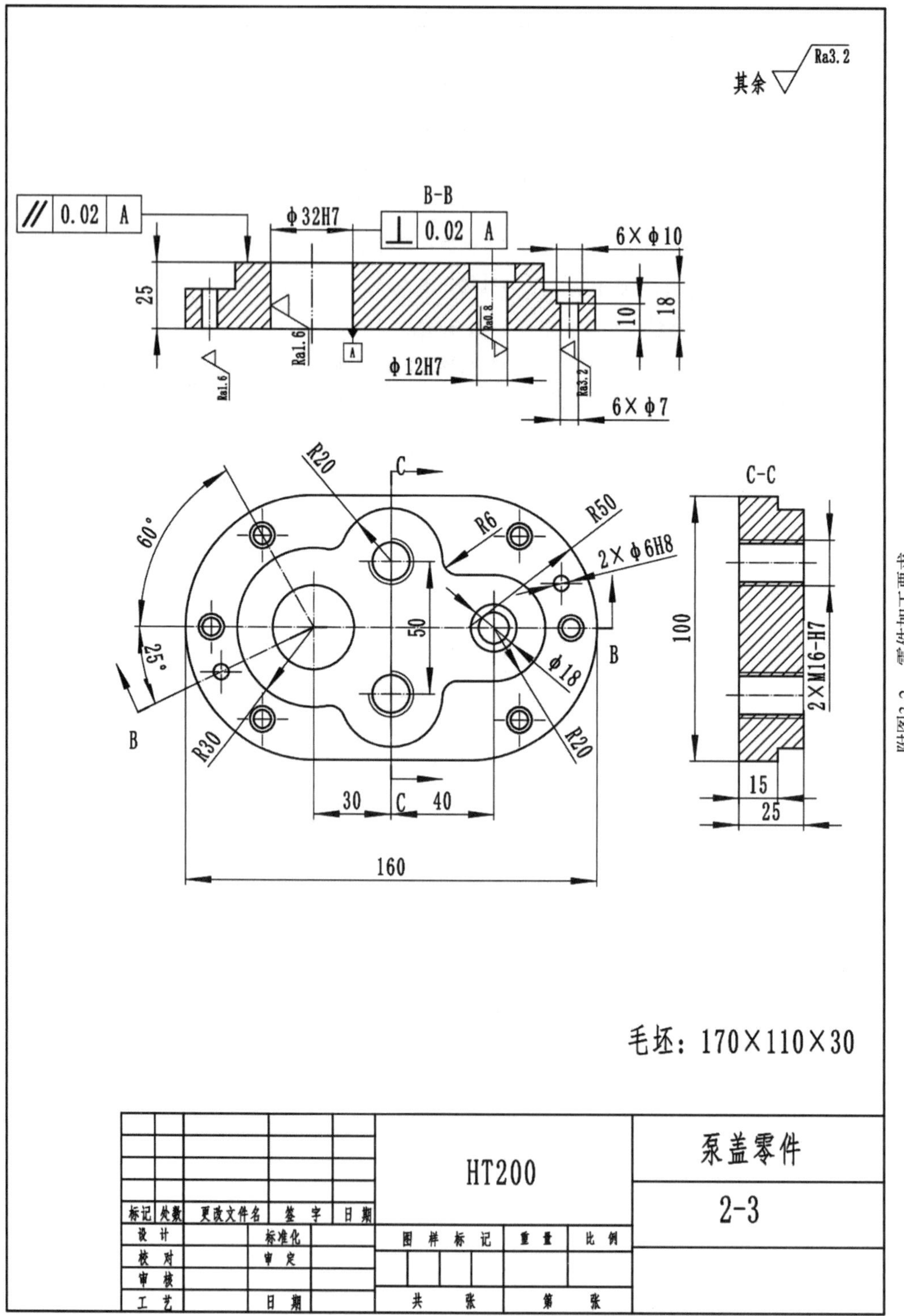
其余 Ra3.2
B-B
0.02 A
φ32H7
0.02 A
6×φ10
25
10
18
Ra1.6
Ra1.6
A
Ra0.8
φ12H7
Ra3.2
6×φ7
R20
C
C-C
R6
R50
60°
2×φ6H8
50
B
25°
φ18
100
2×M16-H7
B
R30
R20
30
C
40
15
25
160
毛坯：170×110×30
HT200
泵盖零件
2-3
标记
处数
更改文件名
签字
日期
设计
标准化
校对
审定
审核
工艺
日期
图样标记
重量
比例
共 张
第 张

附图3-2 零件加工要求

附表 3-2　泵盖零件数控加工工艺工序卡片

单位名称	×××	产品名称或代号		零件名称		零件图号	
		×××		泵盖		2-3	
工序号	程序编号	夹具名称		使用设备			
×××	×××	平口钳、一面两销专用夹具		数控加工中心			
工步号	工步内容	刀具号	刀具规格	主轴转速(r·min^{-1})	进给速度/(mm·min^{-1})	背吃刀量/mm	备注
1	粗铣定位基准面 A	T01	ϕ125	180	40	2	自动
2	精铣定位基准面 A	T01	ϕ125	180	25	0.5	自动
3	粗铣上表面	T01	ϕ125	180	25	0.5	自动
4	精铣上表面	T01	ϕ125	180	40	2	自动
5	钻所有孔的中心孔	T03	ϕ3	1000			自动
6	钻ϕ32H7 底孔至ϕ27	T04	ϕ27	200	40		自动
7	粗镗ϕ32H7 孔至ϕ30	T05		500	80	1.5	自动
8	半精镗ϕ32H7 孔至ϕ31.6	T05		700	70	0.8	自动
9	精镗ϕ32H7 孔	T05		800	60	0.2	自动
10	钻ϕ12H7 底孔至ϕ11.8	T06	ϕ11.8	600	60		自动
11	锪ϕ18 层孔	T07	ϕ18×11	150	30		自动
12	粗铰ϕ12H7	T08	ϕ12	100	40	0.1	自动
13	精铰ϕ12H7	T08	ϕ12	100	40		自动
14	钻 2×M16 底孔至ϕ14	T09	ϕ14	450	60		自动
15	2×M16 底孔倒角	T10	90°倒角铣刀	300	40		手动
16	攻 2×M16 螺纹	T11	M16	100	200		自动
17	粗铣台阶面及其轮廓	T02	ϕ12	900	40	4	自动
18	精铣台阶面及其轮廓	T02	ϕ12	900	25	0.5	自动
19	钻 6×ϕ7 底孔至ϕ6.8	T12	ϕ6.8	700	70		自动
20	锪 6×ϕ10 层孔	T13	ϕ10×5	150	30		自动
21	铰 6×ϕ7 孔	T14	ϕ7	100	25	0.1	自动
22	钻 2×ϕ6H8 孔	T15	ϕ6	900	80		自动
23	面两孔定位粗铣外轮廓	T17	ϕ35	600	40	2	自动
25	精铣外轮廓	T17	ϕ35	600	25	0.5	自动

编制	×××	审核	×××	批准	×××	年 月 日	共 页	第 页

任务二　2-3 答题卷

任务二　2-3 客观评分表

<table>
<tr><td colspan="2">名称</td><td></td><td>编号</td><td></td></tr>
<tr><td>序号</td><td colspan="4">内容描述</td></tr>
<tr><td>1</td><td rowspan="3">错误一</td><td>错误描述</td><td colspan="2"></td></tr>
<tr><td>2</td><td>理由说明</td><td colspan="2"></td></tr>
<tr><td>3</td><td>如何纠正</td><td colspan="2"></td></tr>
<tr><td>4</td><td rowspan="3">错误二</td><td>错误描述</td><td colspan="2"></td></tr>
<tr><td>5</td><td>理由说明</td><td colspan="2"></td></tr>
<tr><td>6</td><td>如何纠正</td><td colspan="2"></td></tr>
<tr><td>7</td><td rowspan="3">错误三</td><td>错误描述</td><td colspan="2"></td></tr>
<tr><td>8</td><td>理由说明</td><td colspan="2"></td></tr>
<tr><td>9</td><td>如何纠正</td><td colspan="2"></td></tr>
</table>

任务二　2-3 客观评分表

<table>
<tr><td>编号</td><td>配分</td><td>评价要素</td><td>评分细则</td><td>得分</td></tr>
<tr><td>1</td><td>4</td><td rowspan="3">工艺错误一</td><td>· 错误描述正确得 4 分
· 错误描述不正确得 0 分</td><td></td></tr>
<tr><td>2</td><td>3</td><td>· 理由表述充分得 3 分
· 理由表述不全面扣 1～2 分
· 理由表述错误得 0 分</td><td></td></tr>
<tr><td>3</td><td>3</td><td>· 错误纠正正确得 3 分
· 错误纠正不正确得 0 分</td><td></td></tr>
</table>

续表

编号	配分	评价要素	评分细则	得分
4	4	工艺错误二	·错误描述正确得 4 分 ·错误描述不正确得 0 分	
5	3		·理由表述充分得 3 分 ·理由表述不全面扣 1～2 分 ·理由表述错误得 0 分	
6	3		·错误纠正正确得 3 分 ·错误纠正不正确得 0 分	
7	4	工艺错误三	·错误描述正确得 4 分 ·错误描述不正确得 0 分	
8	3		·理由表述充分得 3 分 ·理由表述不全面扣 1～2 分 ·理由表述错误得 0 分	
9	3		·错误纠正正确得 3 分 ·错误纠正不正确得 0 分	
总得分				

任务三　数控加工工艺文件编制

编号:3-3

名称:盘类零件数控加工工艺分析

要求:

1. 图纸分析。根据附图 3-3 图纸加工要求,分析零件各加工要素。

2. 刀夹具选择。根据各加工要素特征选择合适的数控机床和加工用刀具。

3. 确定切削参数。根据零件加工要求确定机床转速、进给量和背吃刀量,要求参数合理。

4. 确定工件坐标系。合理设置工件坐标系。

5. 完成工艺卡的编制。填写工艺卡片,要求字迹端正,工序、工步内容表述完整、规范。

6. 完成刀具卡的编制。将选定的刀具名称、规格、相关参数填写完整。

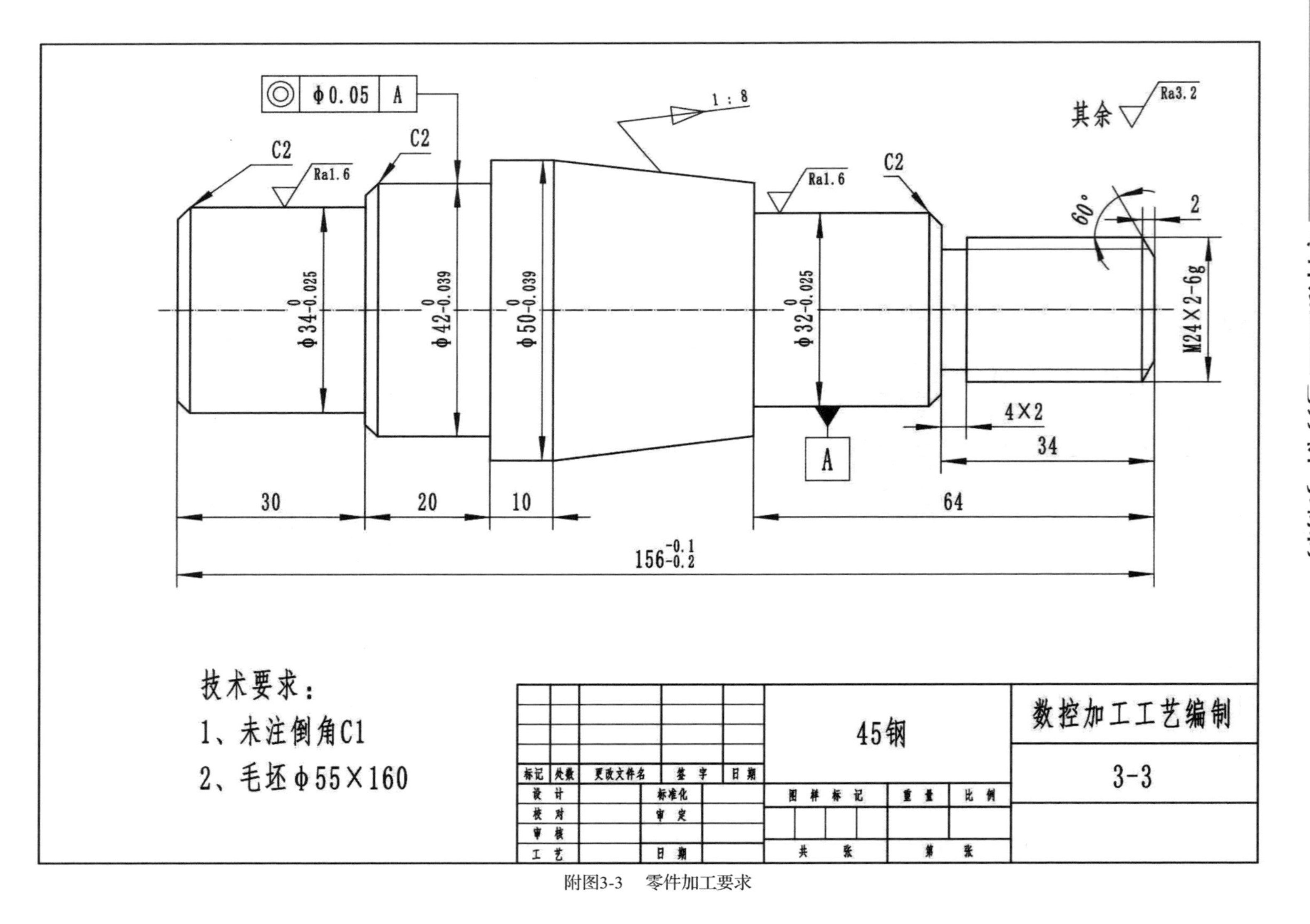
◎ φ0.05 A
C2
Ra1.6
C2
1:8
其余 Ra3.2
Ra1.6
C2
60°
2
φ34-0.025 0
φ42-0.039 0
φ50-0.039 0
φ32-0.025 0
M24×2-6g
A
4×2
34
30
20
10
64
156-0.1 -0.2
技术要求：
1、未注倒角C1
2、毛坯φ55×160
标记
处数
更改文件名
签字
日期
设计
标准化
校对
审定
审核
工艺
日期
45钢
图样标记
重量
比例
共 张
第 张
数控加工工艺编制
3-3

附图3-3　零件加工要求

任务三 3-3答题卷

数控加工工艺卡片

名称				零件名称		材料名称		零件数量
								1
设备名称		系统型号		夹具名称			毛坯尺寸	
工序号	工步内容			刀具号	主轴转速(r·min^{-1})	进给量/(mm·min^{-1})	背吃刀量/mm	备注
编制人员			编制时间		年 月 日			

数控刀具卡片

序号	刀具号	刀具名称	刀片/刀具规格	刀尖圆弧	刀具材料	备注
编制人员		编制时间		年 月 日		

任务三　3-3 客观评分表

编号	配分	评价要素	评分细则	得分
1	5	刀具卡片填写	· 错 1 格扣 0.5 分,最多扣 5 分 · 错 10 格以上不得分	
2	2	工件坐标系	· 设定正确不扣分 · 设定错误不得分	
3	2	工序安排	· 工序安排合理不扣分 · 工序安排不合理扣 1 分 · 工序安排错误不得分	
4	5	工步内容	· 完全正确不扣分 · 错一步扣 1 分,最多扣 5 分 · 描述不规范酌情扣分,最多扣 3 分	
5	4	主轴转速	· 设定合理不扣分 · 设定不合理每个扣 0.5 分,最多扣 5 分	
6	5	进给量	· 设定合理不扣分 · 设定不合理每个参数扣 0.5 分,最多扣 5 分	
7	5	背吃刀量	· 设定合理不扣分 · 设定不合理每个参数扣 0.5 分,最多扣 5 分	
8	2	使用设备、材料、夹具等填写	· 填写完整不扣分 · 填写缺一项扣 0.5 分,最多 2 扣分	
总得分				

任务三　3-3 主观评分表

编号	配分	评价要素	评分细则	得分
1	2	查阅切削手册	· 查阅熟练不扣分 · 查阅不规范每次扣 0.5 分,最多扣 2 分 · 不会查阅扣 2 分	
2	2	切削参数换算	· 参数换算公式运用熟练不扣分 · 参数换算公式运用不熟练扣 1 分 · 参数设定不会运用公式扣 2 分	
3	2	工艺方案合理性	· 工艺方案非常合理不扣分 · 工艺方案不够合理扣 1～2 分	
4	2	考核资料整理	· 考核资料整理完整不扣分 · 考核资料比较凌乱扣 1～2 分	
总得分				

综合应用四

任务一　数控车削加工刀具的合理选择

编号：1-4

名称：轴类零件数控车削加工刀具的选择

要求：

1. 刀具选择。根据附图 4-1 加工内容在给定数控刀具备选表(附表 4-1)中选择合适的加工刀具，并将选定刀具的编号填入答题卷相应位置。

2. 刀具名称。在答题卷相应位置写出所选刀具的名称。

附表 4-1　数控刀具备选表

刀具编号	刀具示意图	刀具编号	刀具示意图	刀具编号	刀具示意图
1		5		9	
2		6		10	
3		7		11	
4		8			

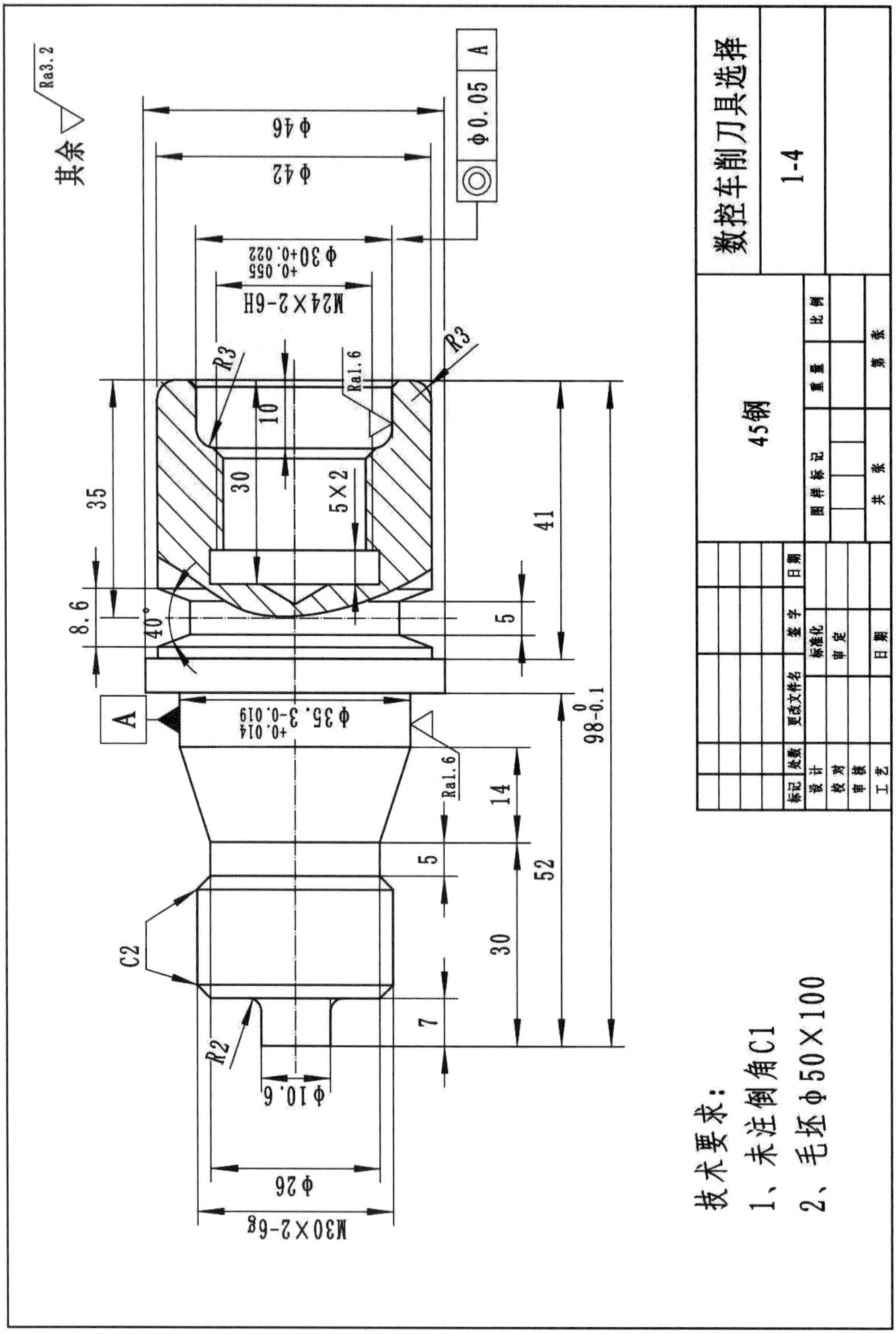
其余 Ra3.2
φ46
φ42
φ30+0.055 +0.022
M24×2-6H
◎ φ0.05 A
R3
R3
Ra1.6
10
30
5×2
35
41
8.6
40°
5
A
φ35.3-0.019 +0.014
98-0.1 0
Ra1.6
14
5
52
30
C2
7
R2
φ10.6
φ26
M30×2-6g
技术要求：
1、未注倒角C1
2、毛坯φ50×100
数控车削刀具选择
1-4
45钢
标记
处数
更改文件名
签字
日期
设计
标准化
校对
审定
审核
工艺
日期
图样标记
重量
比例
共 张
第 张

附图4-1 零件加工要求

任务一 1-4 答题卷

名称			编号		
设备名称	CK6141	夹具名称	三爪卡盘	刀架位置	前置四方刀架
序号	加工内容		加工刀具 （编号）	刀具名称	
1	φ10.6至φ35外圆轮廓				
2	内孔	钻端面中心孔			
3	内孔	钻φ20底孔			
4	内孔	镗φ30内圆柱面、M24×2螺纹底孔等内轮廓			
5	M30×2－6g外螺纹				
6	M24×2－6内螺纹				
7	外V型槽				
8	5×2内直槽				

任务一 1-4 客观评分表

编号	配分	评价要素	评分细则	得分
1	4	φ42、φ46外圆加工刀具选择	· 刀具选择正确得2分 · 刀具选择不正确得0分	
			· 刀具名称表述正确得2分 · 刀具名称表述不正确得0分	
2	4	中心孔加工刀具选择	· 刀具选择正确得2分 · 刀具选择不正确得0分	
			· 刀具名称表述正确得2分 · 刀具名称表述不正确得0分	
3	4	钻孔加工刀具选择	· 刀具选择正确得2分 · 刀具选择不正确得0分	
			· 刀具名称表述正确得2分 · 刀具名称表述不正确得0分	
4	4	镗孔加工刀具选择	· 刀具选择正确得2分 · 刀具选择不正确得0分	
			· 刀具名称表述正确得2分 · 刀具名称表述不正确得0分	

续表

编号	配分	评价要素	评分细则	得分
5	4	外螺纹加工刀具选择	·刀具选择正确得2分 ·刀具选择不正确得0分	
			·刀具名称表述正确得2分 ·刀具名称表述不正确得0分	
6	4	内螺纹加工刀具选择	·刀具选择正确得2分 ·刀具选择不正确得0分	
			·刀具名称表述正确得2分 ·刀具名称表述不正确得0分	
7	4	外槽加工刀具选择	·刀具选择正确得2分 ·刀具选择不正确得0分	
			·刀具名称表述正确得2分 ·刀具名称表述不正确得0分	
8	4	内槽加工刀具选择	·刀具选择正确得2分 ·刀具选择不正确得0分	
			·刀具名称表述正确得2分 ·刀具名称表述不正确得0分	
总得分				

任务二　解读数控铣削加工工艺文件

编号:2-4

名称:数控铣削加工工艺文件解读

要求:

1. 根据附图4-2零件加工要求,分析零件加工工艺,仔细阅读附表4-2相关内容,找出工艺文件中3处错误的地方,并在答题卡相应位置用文字表述;

2. 在答题卡对应位置说明错误的理由;

3. 对工艺文件中错误的内容给予简单纠正。

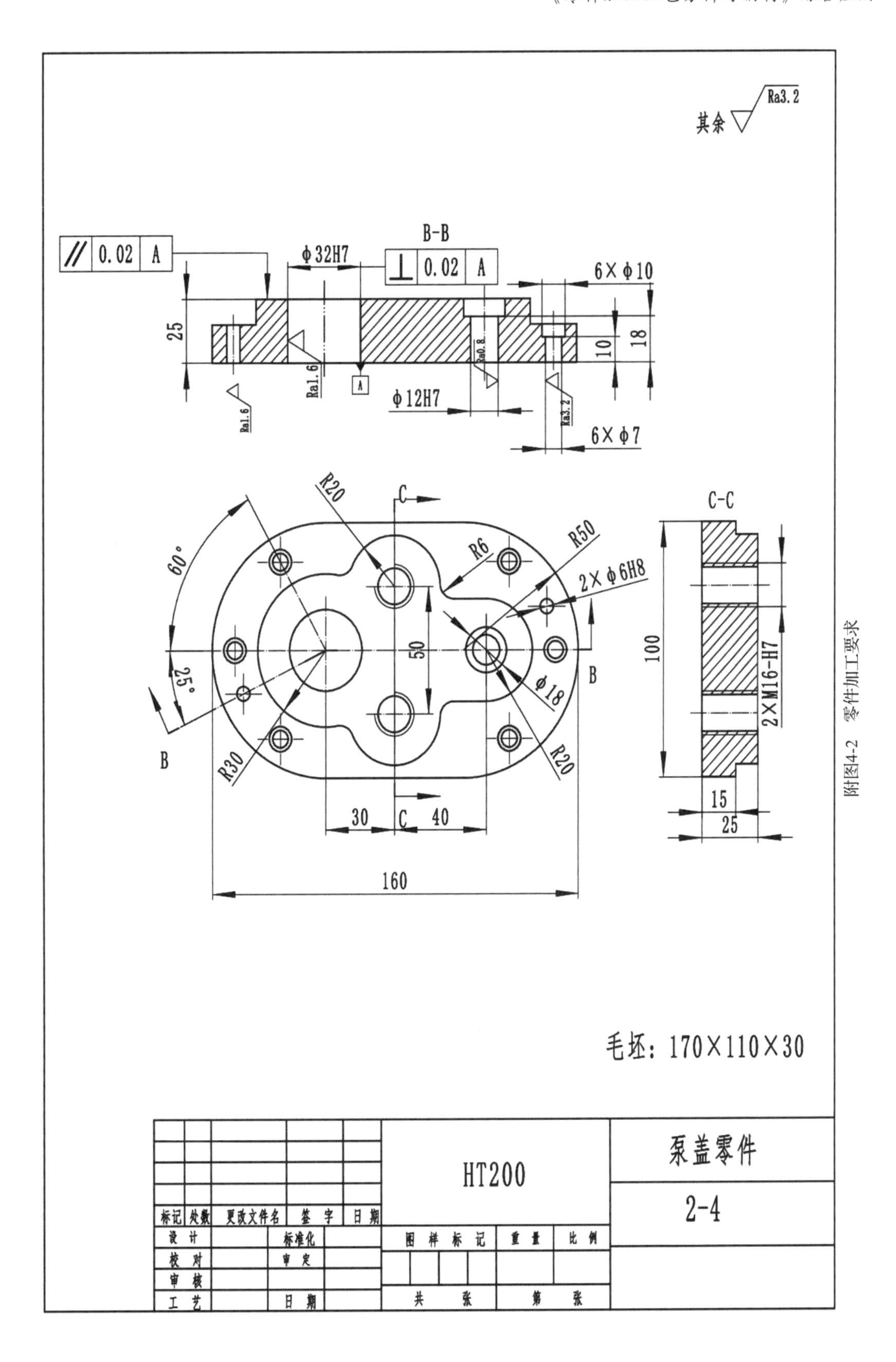
其余 Ra3.2
B-B
// 0.02 A
⊥ 0.02 A
ϕ32H7
6×ϕ10
25
18
10
Ra1.6
Ra1.6
Ra0.8
Ra3.2
A
ϕ12H7
6×ϕ7
R20
C
60°
R6
R50
2×ϕ6H8
50
25°
ϕ18
B
B
R30
R20
30
C
40
160
C-C
100
2×M16-H7
15
25
毛坯：170×110×30
HT200
泵盖零件
2-4
标记 处数 更改文件名 签 字 日 期
设 计 标准化
校 对 审 定
审 核
工 艺 日 期
图 样 标 记 重 量 比 例
共 张 第 张

附图4-2 零件加工要求

附表 4-2　泵盖零件数控加工工艺工序卡片

单位名称	×××	产品名称或代号	零件名称	零件图号
		×××	泵盖	2-4
工序号	程序编号	夹具名称	使用设备	
×××	×××	平口钳、一面两销专用夹具	数控加工中心	

工步号	工步内容	刀具号	刀具规格	主轴转速(r・min^{-1})	进给速度/(mm・min^{-1})	背吃刀量/mm	备注
1	粗铣上表面	T01	ϕ125	180	40	2	自动
2	精铣上表面	T01	ϕ125	180	25	0.5	自动
3	粗铣定位基准面 A	T01	ϕ125	180	40	2	自动
4	精铣定位基准面 A	T01	ϕ125	180	25	0.5	自动
5	粗铣台阶面及其轮廓	T02	ϕ12	900	40	4	自动
6	精铣台阶面及其轮廓	T02	ϕ12	900	25	0.5	自动
7	钻所有孔的中心孔	T03	ϕ3	1000			自动
8	钻ϕ32H7 底孔至ϕ27	T04	ϕ27	200	40		自动
9	粗镗ϕ32H7 孔至ϕ30	T05		500	80	1.5	自动
10	半精镗ϕ32H7 孔至ϕ31.6	T05		700	70	0.8	自动
11	精镗ϕ32H7 孔	T05		800	60	0.2	自动
12	钻ϕ12H7 底孔至ϕ11.8	T06	ϕ11.8	600	60		自动
13	锪ϕ18 层孔	T07	ϕ18×11	150	30		自动
14	粗铰ϕ12H7	T08	ϕ12	100	40	0.1	自动
15	精铰ϕ12H7	T08	ϕ12	100	40		自动
16	钻 2×M16 底孔至ϕ14	T09	ϕ14	450	60		自动
17	2×M16 底孔倒角	T10	90°倒角铣刀	300	40		手动
18	攻 2×M16 螺纹	T11	M16	100	150		自动
19	钻 6×ϕ7 底孔至ϕ6.8	T12	ϕ6.8	700	70		自动
20	锪 6×ϕ10 层孔	T13	ϕ10×5	150	30		自动
21	铰 6×ϕ7 孔	T14	ϕ7	100	25	0.1	自动
22	钻 2×ϕ6H8 底孔至ϕ5	T15	ϕ5	900	80		自动
23	铰 2×ϕ6H8 孔	T16	ϕ6	100	25	0.5	自动
24	一面两孔定位粗铣外轮廓	T17	ϕ35	600	40	2	自动
25	精铣外轮廓	T17	ϕ35	600	25	0.5	自动

编制	×××	审核	×××	批准	×××	年 月 日	共 页	第 页

任务二　2-4 答题卷

名称			编号	
序号	内容描述			
1	错误一	错误描述		
2		理由说明		
3		如何纠正		
4	错误二	错误描述		
5		理由说明		
6		如何纠正		
7	错误三	错误描述		
8		理由说明		
9		如何纠正		

任务二　2-4 客观评分表

编号	配分	评价要素	评分细则	得分
1	4	工艺错误一	• 错误描述正确得 4 分 • 错误描述不正确得 0 分	
2	3		• 理由表述充分得 3 分 • 理由表述不全面扣 1～2 分 • 理由表述错误得 0 分	
3	3		• 错误纠正正确得 3 分 • 错误纠正不正确得 0 分	
4	4	工艺错误二	• 错误描述正确得 4 分 • 错误描述不正确得 0 分	
5	3		• 理由表述充分得 3 分 • 理由表述不全面扣 1～2 分 • 理由表述错误得 0 分	
6	3		• 错误纠正正确得 3 分 • 错误纠正不正确得 0 分	

续表

编号	配分	评价要素	评分细则	得分
7	4	工艺错误三	·错误描述正确得 4 分 ·错误描述不正确得 0 分	
8	3		·理由表述充分得 3 分 ·理由表述不全面扣 1～2 分 ·理由表述错误得 0 分	
9	3		·错误纠正正确得 3 分 ·错误纠正不正确得 0 分	
总得分				

任务三　数控加工工艺文件编制

编号:3-4

名称:盘类零件数控加工工艺分析

要求:

1. 图纸分析。根据附图 4-3 图纸加工要求,分析零件各加工要素。

2. 刀夹具选择。根据各加工要素特征选择合适的数控机床和加工用刀具。

3. 确定切削参数。根据零件加工要求确定机床转速、进给量和背吃刀量,要求参数合理。

4. 确定工件坐标系。合理设置工件坐标系。

5. 完成工艺卡的编制。填写工艺卡片,要求字迹端正,工序、工步内容表述完整、规范。

6. 完成刀具卡的编制。将选定的刀具名称、规格、相关参数填写完整。

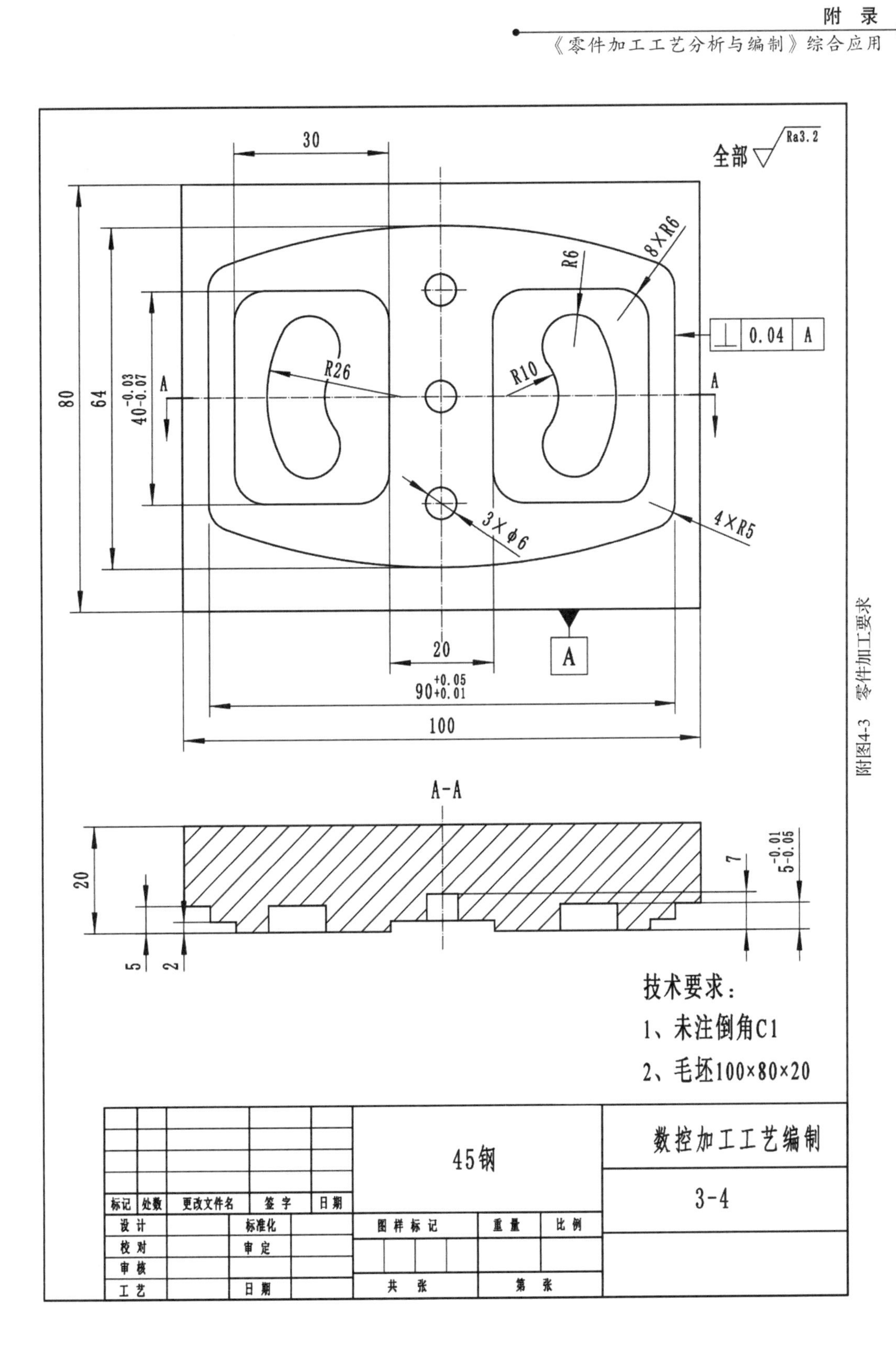
30
全部
Ra3.2
8×R6
R6
⊥ 0.04 A
R26
R10
A
A
80
64
$40^{-0.03}_{-0.07}$
3×φ6
4×R5
20
A
$90^{+0.05}_{+0.01}$
100
A-A
20
7
$5^{-0.01}_{-0.05}$
5
2
技术要求：
1、未注倒角C1
2、毛坯100×80×20
45钢
数控加工工艺编制
3-4
标记
处数
更改文件名
签 字
日期
设 计
标准化
校 对
审 定
审 核
工 艺
日 期
图 样 标 记
重 量
比 例
共 张
第 张

附图4-3 零件加工要求

任务三 3-4 答题卷

数控加工工艺卡片

名称				零件名称		材料名称		零件数量
								1
设备名称		系统型号		夹具名称			毛坯尺寸	
工序号	工步内容			刀具号	主轴转速(r·min^{-1})	进给量/(mm·min^{-1})	背吃刀量/mm	备注
编制人员			编制时间		年 月 日			

数控刀具卡片

序号	刀具号	刀具名称	刀具规格	刀具材料	备注
编制人员		编制时间	年 月 日		

任务三 3-4 客观评分表

编号	配分	评价要素	评分细则	得分
1	5	刀具卡片填写	·错1格扣0.5分,最多扣5分 ·错10格以上不得分	
2	2	工件坐标系	·设定正确不扣分 ·设定错误不得分	
3	2	工序安排	·工序安排合理不扣分 ·工序安排不合理扣1分 ·工序安排错误不得分	
4	5	工步内容	·完全正确不扣分 ·错一步扣1分,最多扣5分 ·描述不规范酌情扣分,最多扣3分	
5	4	主轴转速	·设定合理不扣分 ·设定不合理每个扣0.5分,最多扣5分	
6	5	进给量	·设定合理不扣分 ·设定不合理每个参数扣0.5分,最多扣5分	
7	5	背吃刀量	·设定合理不扣分 ·设定不合理每个参数扣0.5分,最多扣5分	
8	2	使用设备、材料、夹具等填写	·填写完整不扣分 ·填写缺一项扣0.5分,最多扣2分	
总得分				

任务三 3-4 主观评分表

编号	配分	评价要素	评分细则	得分
1	2	查阅切削手册	·查阅熟练不扣分 ·查阅不规范每次扣0.5分,最多扣2分 ·不会查阅扣2分	
2	2	切削参数换算	·参数换算公式运用熟练不扣分 ·参数换算公式运用不熟练扣1分 ·参数设定不会运用公式扣2分	
3	2	工艺方案合理性	·工艺方案非常合理不扣分 ·工艺方案不够合理扣1~2分	
4	2	考核资料整理	·考核资料整理完整不扣分 ·考核资料比较凌乱扣1~2分	
总得分